普通高等教育通识课系列教材
湖南省虚拟仿真实验教学一流课程成果教材
湖南省线上线下混合式一流课程成果教材

大学物理实验

（第四版）

主　编　詹孝贵　饶益花

副主编　吕云宾

西安电子科技大学出版社

内 容 简 介

本书是在 2022 年 2 月出版的《大学物理实验(第三版)》的基础上修订而成的。为深入实践"思政教育进课堂"的指示精神,本次修订注重挖掘实验研究的历史背景、我国古代对物理现象的认识和概述、我国近代物理学家对物理实验的贡献等思政素材,同时与时俱进地对教材内容进行了增删。

全书共 7 章,不仅介绍了基本物理实验、综合性物理实验、设计性物理实验、近代物理实验、开放创新性实验,还将现代信息技术应用到物理实验中,介绍了仿真物理实验等。

全书结构紧凑,内容丰富,实验内容与南华大学"物理实验"课程采用的线上线下、虚实结合的开放式教学模式相配套,并且有很多实验应用了新的实验技术,具有较好的可读性和实用性。

本书可作为高等院校大学物理实验课程的教学用书或参考书,也可作为函大、电大、职大等的大学物理实验课程的教学用书或参考书。

图书在版编目(CIP)数据

大学物理实验 / 詹孝贵,饶益花主编. -- 4 版. -- 西安:西安电子科技大学出版社,2025.1(2025.2 重印). -- ISBN 978-7-5606-7523-7

Ⅰ. O4-33

中国国家版本馆 CIP 数据核字第 2024UF6948 号

策　　划	杨丕勇	
责任编辑	杨丕勇	
出版发行	西安电子科技大学出版社(西安市太白南路 2 号)	
电　　话	(029)88202421　88201467　　邮　编　710071	
网　　址	www.xduph.com　　电子邮箱　xdupfxb001@163.com	
经　　销	新华书店	
印刷单位	西安日报社印务中心	
版　　次	2025 年 1 月第 4 版　2025 年 2 月第 2 次印刷	
开　　本	787 毫米×1092 毫米　1/16　印张 23	
字　　数	551 千字	
定　　价	52.00 元	

ISBN 978-7-5606-7523-7

XDUP 7824004-2

＊＊＊如有印装问题可调换＊＊＊

•••Preface 前言

　　教材是人才培养的重要支撑，是教育教学的基本载体，是教育目标、理念、内容、方法的集中体现，也是引领创新发展的重要基础。大学物理实验是理工类本科学生的重要实践课程之一，其课程教材建设必须紧跟时代进步、契合国家发展需求、不断更新升级，以便更好地服务于理工类本科人才培养。

　　根据教育部高等学校物理基础课程教学指导委员会2023年颁布的《理工科类大学物理实验课程教学基本要求》，结合南华大学物理实验课程教学大纲、实验仪器设备和数字化资源建设使用情况，我们编写了本书。

　　本书注重对物理实验基础知识的介绍，如第一章介绍了测量、误差的基础知识，以及测量结果的评价、数据处理方法，供不同基础的学生学习；第二章基本物理实验部分，主要对学生进行实验基础知识、基本方法、基本技能的训练。书中典型教学实验的补充资料、仪器介绍和实验操作均以二维码的形式呈现，学生通过手机扫码即可实现在移动互联网上学习，可提前对实验进行预习，熟悉仪器的结构和使用。为了落实教育部2020年5月制定的《高等学校课程思政建设指导纲要》，我们在编写过程中注重挖掘实验研究的历史背景、我国古代对物理现象的认识和概述、我国近代物理学家对物理实验的贡献等思政素材，以培养学生的爱国情怀，提升学生的科学素质。本书还注重将成熟的教研教改成果和现代技术应用在物理实验中，如第六章介绍了基于计算机技术的仿真实验，第七章介绍了传感器技术和数字化测量技术在物理实验中的运用，实验2.8介绍了通过CCD传感器将等厚干涉实验中的牛顿环直接显示在监视器上并使用数字标尺对干涉暗环进行了直接测量等，体现了物理实验课程的与时俱进。本书内容与南华大学物理实验室的省级线上线下混合式一流课程及虚拟仿真一流课程相配套。

　　南华大学物理实验室的管亮、李寰、郝军、肖利军、刘应传、唐益群、邓湘元、刘俊、李本良、杜丹等老师参与了本书的编写工作。实验课程的教材和教学离不开实验室的建设和发展，感谢南华大学物理实验室全体老师和实验技术人员对本书的支持。

　　本书在编写过程中参考了本校曾经使用过的相关教材，也参考了大量我国物理实验教学工作者编写的著作和已发表的最新研究成果，有些已在参考文献中列出，有些未能列出，在此向各位作者一并表示衷心的感谢！

　　由于编者水平有限，书中难免存在不妥之处，敬请读者批评指正。

编　者
2024年10月

CONTENTS 目　　录

绪　论

第一节　"物理实验"课程的地位、作用与任务

物理学是研究物质基本结构、基本运动形式、相互作用及其转化规律的自然科学。它的基本理论渗透在自然科学的各个领域，应用于生产技术的许多部门，是其他自然科学和工程技术的基础。

在人类追求真理、探索未知世界的过程中，物理学展现了一系列科学的世界观和方法论，深刻影响着人类对物质世界的基本认识以及人类的思维方式和社会生活，是人类文明的基石，在人才的科学素质培养中具有重要的地位。

物理，格物致理，物理学本质上是一门实验科学。物理实验是科学实验的先驱，体现了大多数科学实验的共性，在实验思想、实验方法及实验手段等方面是各学科科学实验的基础。

一、本课程的地位、作用和任务

"物理实验"是学生进入大学的第一门实践课，是科学实验基本训练的开始，也是系统的实验方法、实验技能训练的开端。

"物理实验"课程覆盖面广，具有丰富的实验思想、方法、手段，同时能提供综合性很强的基本实验技能训练，是培养科学实验能力、提高科学素养的重要基础。它在培养学生严谨的治学态度、活跃的创新意识、理论联系实际和适应科技发展的综合应用能力等方面具有其他实践类课程不可替代的作用。比如，深海探测工程"蛟龙"号副总设计师胡震曾在我校物理实验室学习，我们为有这样的校友深感荣幸，为祖国的科技发展感到自豪。

"物理实验"可为后续专业课的学习打下实验基础，为以后可能接触或者从事的工作提供实验基础。比如，在中国探月工程这个大科学项目里就有牛顿万有引力、第一宇宙速度、第二宇宙速度等物理概念。

本课程的具体任务如下：

（1）培养学生的基本科学实验技能，使学生初步掌握实验科学的思想和方法；培养学生的科学思维和创新意识，使学生掌握实验研究的基本方法，提高学生的分析能力和创新能力。

（2）提高学生的科学实验基本素养，培养学生理论联系实际和实事求是的科学作风，认真、严谨的科学态度，积极主动的探索精神，以及遵守纪律、团结协作、爱护公共财产的优良品德。

二、本课程的教学目标

1.课程专业目标

(1) 学习用实验的方法研究物理规律,加深对物理规律的理解,提高发现问题、分析问题、解决问题的能力。

(2) 掌握大学物理实验的测量、误差的基本知识,常用实验方法和技能,以及常用仪器的性能和使用方法。

(3) 对基于证据的学术讨论进行实践,规范地书写完整的实验记录,准确地处理实验数据,科学严谨地表示实验结果。

(4) 通过本课程的训练,培养学生独立实验的能力、理论联系实际的能力、分析与研究的能力,使学生初步具有实验探究和创新的基础。

2.课程育人目标

(1) 引领学生鉴赏自然科学之美。

(2) 引导学生树立马克思主义世界观和方法论。

(3) 激发学习兴趣,增强自信心,培养学生严谨求实的科学态度和学术道德,以及持之以恒、勇于创新的科学精神。

(4) 培养学生的家国情怀,使学生具有为实现中国梦不断奋斗的理想和信念。

第二节 "物理实验"课程的教学内容基本要求

大学物理实验包括普通物理实验(力学、热学、电磁学、光学实验)和近代物理实验,教学内容的基本要求如下:

(1) 掌握测量误差的基本知识,具有正确处理实验数据的基本能力。

① 掌握测量误差与不确定度的基本概念,能逐步学会用不确定度对直接测量和间接测量的结果进行评估。

② 掌握处理实验数据的一些常用方法,包括列表法、作图法和最小二乘法等。随着计算机及其应用技术的普及,还应包括用计算机通用软件处理实验数据的基本方法。

(2) 适当介绍物理实验史料和物理实验在现代科学技术中的应用知识。通过适当介绍一些物理实验史料和物理实验应用知识,对学生进行辩证唯物主义世界观和方法论的教育,使学生了解科学实验的重要性,明确"物理实验"课程的地位、作用和任务。

第三节 "物理实验"课程的基本程序

物理实验以实践训练为主,学生应在教师的指导下,充分发挥主观能动性,加强实践能力的训练。物理实验通常按照以下几个环节进行。

一、实验前的预习

学生在课前要仔细阅读实验教材及有关资料，弄清实验目的、实验原理、实验方法、实验仪器、实验内容和主要步骤、实验注意事项等，在此基础上写出预习报告。预习报告应简明扼要地写出实验名称、实验目的、实验原理、实验内容和实验步骤以及原始实验数据记录表。在做设计性实验前要查阅有关资料，写出实验设计方案。实验前充分预习，是做好实验的关键。

实验开始前由任课教师检查预习报告或提问，对于无预习报告或准备不够充分的学生，教师可以停止其进行本次实验。

二、实验操作

学生进入实验室要遵守实验室规则，应在老师的讲解和指导下熟悉实验原理、实验器材、实验的操作程序，有条理地布置实验仪器，且要安全操作，细心观察实验现象，认真分析实验中遇到的问题，并视为学习良机；要明白做实验不是简单地测量几个数据，不能把实验过程看成"只动手，不动脑"的机械操作；应通过仔细操作，有意识地培养自己使用和调节仪器的本领，精密、正确的测量技能，善于观察和分析实验现象的科学素养，整洁、清楚地做实验记录的良好习惯，并逐步培养自己设计实验的能力；记录实验数据时不能使用铅笔；实验完毕，应将实验数据交给老师审查和签字，将仪器、凳子规整好以后再离开实验室。

三、实验报告

书写实验报告是实验工作的最后环节，也是整个实验工作的重要组成部分。撰写实验报告，可以锻炼学生的科学技术报告写作能力和工作总结能力，这是未来从事任何工作都需要的能力。实验报告要用统一的实验报告纸书写。下面给出实验报告的一种参考格式。

大学物理实验报告

实验名称：

姓名：　　　　班级：　　　　　　专业：　　　　　　　学号：

同组人姓名：　　　　　　　　　实验日期：　　　年　月　日

实验目的：总结本实验项目要达到的目的。

实验仪器：写出主要仪器的名称、规格及编号。

实验原理：用自己的语言写出实验原理（实验的理论依据）和测量方法要点，说明实验中必须满足的实验条件；写出处理数据时必须用到的主要公式，标明公式中物理量的意义，画出必要的实验原理示意图、测量电路图或光路图。

实验内容和步骤：简明扼要地写出实验步骤。

实验原始数据记录：实验中测量出来的数据必须记录在预习时拟好的原始数据记录表格里，实验结束时原始数据必须由老师签字认可。若交上来的实验报告中原始数据记录无老师签字，则该份实验报告老师不批阅（或记为 0 分）。

实验数据处理：按数据处理的要求进行实验数据的处理，有时要按被测量的最佳估计值、被测量的不确定度(或标准偏差),或被测量表示的顺序来正确计算和表示测量结果。一般按先写公式、再代入数据、最后得出结果的程序进行每一步的运算。有时要求按数据处理的一些方法如列表法、作图法、逐差法等进行数据处理,这时要遵守这些数据处理的规则。另外要求作图的,应按作图规则在坐标纸上作图,并写上图名。

结论:要将最终的实验结果写清楚,不要将其湮没在处理数据的过程中。

问题分析与讨论:要善于对实验结果进行总结和分析,并试着提出一些改进的意见(创新能力往往是在平时一点一滴的思考中逐渐形成的)或者回答老师就本次实验提出的问题。

第四节　物理实验室规则

物理实验是理工科大学生必学的一门独立课程。物理实验是一切物理理论的基础。物理实验方法、物理实验技能、物理实验仪器几乎被所有学科、所有专业的科学实验广泛采用,任何高、精、尖的科学实验仪器,若将其拆成零部件,则这些零部件基本上都在物理实验中使用过或见过,由此不难看出物理实验在自然科学中的重要地位。

实验课和理论课的重要区别之一就是它不能在宿舍或自习室通过自学完成,学生要在实验室和各种实验仪器打交道。为了保护公共财产,防止发生安全事故,各大学物理实验室均制定了相应的规则,要求学生自觉遵守。物理实验室规则如下:

(1) 每次实验前必须针对本次实验的内容和目的进行充分、认真的学习,清楚本实验采用的方法、原理、使用的仪器、测量的内容等,并且会推导有关计算公式,掌握和弄清所用主要仪器的工作原理、各仪器的使用方法、实验的调节测量步骤及有关注意事项等,在此基础上,写好预习报告。

(2) 认真实验。每次实验必须在规定的时间内(开放式实验按自己的选课时间来定)到实验室完成规定的内容,不得迟到、早退和缺席,原则上不补做。凡因公(要求有教务处证明)或因病(要求有医务室证明)不能按时实验的,必须持有效的证明先到实验室请假,所缺的实验在和任课老师协商后另行补做。

(3) 每次实验必须带物理实验课本,补充资料,实验报告和记录用的笔、纸及绘图工具和计算器等。

(4) 进入实验室后,按老师安排的座位找到自己的实验台(桌)。实验时,一般由老师讲解主要实验原理,主要仪器的工作原理、操作步骤及注意事项,每个学生都要认真听讲。绝不允许在老师讲解时不听,盲目进行实验,甚至损坏仪器。

(5) 动手实验前,首先清点仪器,检查仪器有无问题,发现仪器数量不够或有问题时,应找老师解决,不允许学生自己随意更换仪器;易损或易丢失的仪器或材料找老师借领,实验结束后归还。凡损坏或丢失仪器者,均按学校有关规定赔偿一定的经济损失。

(6) 实验中要认真对照物理实验课本和有关资料及仪器,做到心中完全有数后,才开始动手操作或调试仪器,即需要清楚本实验要测量什么量,各量分别用什么仪器去测量,各仪器的测量条件是什么,怎样调节才能满足这些条件,怎样判断这些条件是否已经满足。测量到数据后要验算是否合乎要求,不合要求要查出原因或找老师帮助,不能盲目进行实验。不许违反仪器的操作规程。凡违反规程损坏仪器者,均按学校有关规定处理。

（7）实验中要如实记录实验数据，养成实事求是的科学作风，不许造假数据。物理实验教学的主要目的不偏重于使学生得到最好的实验结果，而在于通过实验获得物理实验知识，掌握实验方法，培养实验技能，提高动手能力和独立解决问题、排除实验故障的能力。当所得实验结果较差时，只要能找到原因，同样可得到较好的成绩。

（8）实验时，不准大声喧哗、吵闹，不得随地吐痰、乱丢纸屑，不准在实验室内抽烟、吃东西等，且每学期每个学生应打扫一次实验室卫生。

（9）当实验数据全部测量完毕后，不要急于收拾仪器，应先经自己验收基本合格后，再请老师验收。在老师验收合格并签字后，清理仪器，并把仪器摆放整齐，交还临时借用的器件后，方可离开实验室。

（10）实验结束后，要及时、严格、认真地完成实验报告。写实验报告时，不许马虎了事，字迹要整齐清晰，并按时交老师批改，且由老师签字的原始数据要粘贴在实验报告中一起交给老师。报告上必须写清专业名称、班号、学号和姓名。

第一章 测量、误差及数据处理

物理实验离不开对物理量的测量。因为受到测量仪器、测量方法、测量条件以及测量人员的测量水平等因素的限制，测量结果不可能都是绝对准确的，所以需要对测量结果的可靠性做出评价，对其误差范围做出估计，以正确地表达实验结果。

本章主要介绍误差、标准偏差和不确定度的基本概念，实验数据处理和实验结果的表达等方面的基本知识。这些知识不仅在每个实验中都要用到，而且是今后从事科学实验工作所必须了解和掌握的。

第一节 测量与误差

一、测量

1. 测量的定义

在进行科学实验时，不仅要定性地观察实验现象，还要找出有关物理量之间的定量关系，因此需要进行定量的测量。测量就是借助仪器用某一计量单位把被测量的大小表示出来的过程。

我国春秋战国时期就有"上下四方曰宇，古往今来曰宙"的时空观，明确表达了空间具有长、宽、高的三维性，时间具有一维单向性，并采用漏刻、圭表和日晷等工具测量时间，用圭臬、指南针、记里鼓车等工具测量空间。

2. 测量的分类

根据获得测量结果的方法不同，测量可分为直接测量和间接测量。由仪器或量具可以直接读出测量值的测量称为直接测量，如用米尺测量长度，用天平称质量等。依据被测量和某几个直接测量值的函数关系，通过数学运算获得测量结果的测量称为间接测量。例如，用伏安法测量电阻，已知电阻两端的电压和流过电阻的电流，依据欧姆定律求出被测电阻的大小。一个物理量能否直接测量不是绝对的。随着科学技术的发展、测量仪器的改进，很多原来只能间接测量的量，现在可以直接测量了，如车速的测量，可以用测速仪进行直接测量。物理量的测量大多数是间接的，但直接测量是一切测量的基础。

根据测量条件的不同，测量又可分为等精度测量和非等精度测量。在相同条件（如测量方法、测量仪器、环境条件、实验者等）下对同一被测量进行多次测量的过程称为等精度测量；在不同条件（如测量方法、测量仪器、环境条件、实验者等只要有一个或几个发生改变）下对同一被测量进行多次测量的过程称为非等精度测量。等精度测量的数据处理比较容易，非等精度测量的数据处理非常复杂，故绝大部分实验都用等精度测量，只有在无法采用等精度测量的条件下才用非等精度测量。本书只介绍等精度测量的数据处理方法。

二、误差

1. 真值、误差

在一定条件下，某被测量所具有的客观大小称为真值。真值是个理想概念，测量的目的就是力图得到真值。但受测量方法、测量仪器、测量条件及观测者水平等多种因素的影响，测量结果与真值之间总有一定的差异。

误差就是测量结果与真值之差。误差存在于一切测量之中，测量与误差形影不离。分析测量过程中产生的误差，将误差影响降低到最低程度，并对测量结果中未能消除的误差做出估计，是实验测量中一项不可缺少的重要工作。

西汉时期，《淮南子·泰族训》记载："寸而度之，至丈必差；铢而称之，至石必过"。意思是一寸一寸地量到丈，必然会有误差；一铢一铢地称到石，也会产生差异。这说明我国古代就对测量误差有了基本的认识。

2. 测量误差的主要来源

任何实验和测量都依据一定的方法和原理，选用一定的仪器和设备，在某特定的环境条件下由一定的测量人员完成。由于测量中依据的方法和原理可能不尽完善而有近似性，所用仪器设备的精度不可能绝对高，所处的环境条件不可能绝对稳定，测量人员的测量技术不一，因此测量结果不可能无限精确，即测量总会有误差。测量误差主要分为以下五类。

1）仪器误差

在正确使用仪器的条件下，仪器本身所允许产生的最大误差称为仪器误差。它是由于仪器本身结构的不完善所引起的误差。仪器误差主要分为以下三类。

（1）读数误差。这里所指的读数误差与在相同条件下测同一被测量时（自己测得的和他人测得的读数可能不同，这次测得的和下次测得的读数可能不同）所测得的读数误差具有不同的性质和内容。它主要是由于仪器结构不完善产生的，主要包括以下几种情况：

① 刻度误差。一般仪器的刻度盘均是按严格的等分格（线性关系）或其他标准（非线性关系）刻度的。但每条刻线的位置与其标准位置会有或多或少的差异，故读数时依据刻线读出的值与其标准值之间必有误差，再加上刻线总要有一定的宽度才能引起人们的视觉反应，而标准位置只是一个无穷小量，尽管读数时用刻度宽度的中线去读，但在判断中总会有误差。

② 校准误差。仪器的校准误差是指仪器经校准后，按某标准规定所允许产生的误差。

厂家对成批生产的仪器除特殊情况外均采用统一刻度，仪器各零部件虽在生产的每道工序中均有严格的质量检查，但各鉴定值都允许有一定的误差范围，特别是在总装后出厂前都要进行校准。按有关规定，一般每批产品中只任意抽校一定比例的产品，且被抽校的产品中也只对某些量程中的某些刻度进行校准，同时对被校点也允许它与标准仪器有一定的误差，即使被校点与标准仪器完全相同，而标准仪器也是有误差的，至于未被抽校的刻度、量程和仪器亦同样有误差，所以校准误差是仪器经校准后所允许产生的误差。

③ 仪器读数分辨率所引起的误差。仪器读数分辨率可用其分度值来定义，即它能精确

读准的最小计量单位，如米尺分度值为 1 mm，10 分游标卡尺、千分尺的分度值分别为 0.1 mm 和 0.01 mm。显然，随着分辨率越来越高，其测量的误差越来越小。

④ 仪器读数调节装置不完善所引起的误差，如丝扣或齿轮等读数装置的回程差。由于其啮合间必有一定的间隙（无此间隙则转不动），因此正向或反向旋转调节装置测量同一位置时读数不同，二者之差称为回程差。此时对各点位置，只能按同一方向旋转调节装置并严格对正各被测点去测量；或对各被测点按正、反向各测一次，取其平均值，即可消除回程差。

（2）稳定误差。仪器的稳定误差实际是指仪器未达稳定状态时所产生的额外误差。例如，电子仪器的稳定误差是由元件老化、电气性能对温度敏感、机械元件磨损、弹性疲劳等产生的；又如，仪器度数调节机构松动，某些接线或旋钮接触不良，电路工作不稳定，零点漂移，电气性能受到内部或外部干扰，寄生阻抗产生等都能引起稳定性误差，特别是当被测参数很小或工作频率很高时，可能会产生显著的误差。

（3）动态误差。有些被测量的大小随实验时间的不同而变化，若要测量出某些特定时刻被测量的大小，则应进行动态测量。在快速测量中，由于电路中的过渡过程，电表的阻尼时间及有限的调节速度等导致测量结果产生的误差叫动态误差。

2）使用误差

因测量人员对仪器使用不当而使测量值产生的额外误差称为使用误差。例如，对许多测量仪器，在测量前都必须认真、严格地调节读数装置的零点，或读出零点的示值，若未做此工作而使其零点不准，则每个测量值中均含有此零点误差；又如，在使用电子仪器时，一般均要求预热一定时间后才可以调节和测量，在未经预热、仪器还未达稳定的工作状态时就测量可能会产生误差；再如，要求严格调整到水平或垂直状态的仪器，未调整到规定的状态就测量也可能会产生误差。凡不按仪器的操作规程，没有精心把各仪器、设备调定到规定状态所测量的数据都含有使用误差。实验中一定要消除使用误差，所以，测量人员一定要正确使用仪器，严格按各仪器的规程进行实验，把各仪器都严格调整到它们的最佳工作状态再进行测量。

3）人身误差（又称为个人误差）

测量人员本人因感觉器官或运动器官的某些缺陷或心理上的某些特点和不良习惯使测量结果中产生的额外误差，称为人身误差。特别是靠人眼、耳来判断，或靠手、脚的动作来测得结果时尤为突出。例如，有的测量人员在测量时，头习惯性地偏向一边或斜视去读取数据，则会有视差；又如，用停表测量时间时，有的测量人员习惯性地超前或滞后，这也会有误差。人身误差还与测量人员当时的精神状态密切相关，这就是要求测量人员进行实验时全神贯注的原因。

4）环境条件误差（又称为影响误差）

实验时环境的温度、湿度、气压、电磁场、机械振动、声音、光照等因素中的一种或几种发生改变时，测量值的大小改变而引起的测量误差称为环境误差。有时其中某些因素甚至会造成仪器的损坏，所以做实验时一定要满足实验对环境所提出的条件，或根据环境条件的变化对测量值进行修正。例如，水的密度随其温度不同而变化，标准电池的标准电动势随温度不同而变化等，测量时需要对测量值进行修正；对于环境温度，要随时查表修正它们的值，否则会对结果产生误差。

5）理论方法误差

由于实验中所采用的理论方法不完善，或测量所依据的理论不严密，或理论计算公式具有近似性，或理论方法所提出的条件在实验中无法达到等使测定值产生的误差称为理论方法误差。

例如，用伏安法测量电阻，不管电流表是内接还是外接，由于电流表、电压表内阻的存在，均无法在单独测出加在被测电阻两端电压 U 的同时，又单独测出流过被测电阻中的电流 I。若由 $R=U/I$ 去求 R，则总存在理论方法误差，故必须进行系统误差的修正。

又如，在用混合量热法测量物体比热容的实验中，用一已知热容量的系统与一未知热容量的系统（两者温度不同）在同一绝热系统中混合，达到热平衡后，高温系统所放出的热量全部被低温系统所吸收，故可建一等式来求出被测物的比热容。但在实际中绝对的绝热系统并不存在，不管绝热条件有多好，只要系统与环境有温度差，系统与环境就不可避免地产生热交换，此时若不对等式进行散热或吸收修正，则必然会使测量结果产生误差。

再如，在用拉伸法测量金属丝的杨氏弹性模量实验中，在用光杠杆放大法测量长度的微小改变量时，假定光杠杆的摆角 θ 很小，即有 $\tan\theta \approx \theta$、$\tan 2\theta \approx 2\theta$ 时才导出了计算公式。实际上不管 θ 怎么小，用 θ 代替 $\tan\theta$、用 2θ 代替 $\tan 2\theta$ 总是有误差的，故用它们代替计算出来的结果必有误差，这就是理论计算公式的近似性结果带来的理论方法误差。

在用单摆法测量重力加速度的实验中，推导计算公式时，假定摆角 $\theta \rightarrow 0$，摆球半径 $r \rightarrow 0$。但实验时，若 $\theta \rightarrow 0$，单摆不摆动，则周期无法测定，即 θ 总要有一定的角度（$\leqslant 5°$），当 $r \rightarrow 0$ 时，摆球没有摆动，同样无法测定周期，故理论方法所规定的条件在实验中无法达到会带来理论方法误差。

3. 误差的表示

测量误差既可用绝对误差表示，也可用相对误差来表示。

设测量值为 x，相应的真值为 x_0，测量值与真值之差 $\Delta x'$ 为

$$\Delta x' = x - x_0$$

$\Delta x'$ 称为测量误差，又称为绝对误差，简称误差。

绝对误差与真值之比的百分数叫作相对误差，用 E 表示为

$$E = \frac{\Delta x'}{x_0} \times 100\%$$

由于真值无法知道，因此在实验的数据处理中，用按某种规定所求的 $\bar{x}$（$\bar{x}$ 为代真值或近真值）来代替真值 x_0。测量结果与近真值的差叫作近真误差，用 Δx 表示为

$$\Delta x = x - \bar{x}$$

习惯上把近真误差 Δx 称为测量误差。

相对误差用百分数表示，有时它更能表示测量的准确程度。例如，测量两个物体的长度，一个是 10.0 mm，另一个是 100.0 mm，若绝对误差都是 0.1 mm，则相对误差分别为 1% 和 0.1%。显然，后者的测量准确程度要大一些。

三、误差的分类

根据误差的性质和产生的原因，误差可分为 3 类：系统误差、随机误差和粗大误差。

1. 系统误差

系统误差指在同一条件(指方法、仪器、环境、人员)下多次测量同一物理量时,测量结果总是向一个方向偏离,其数值一定或按一定规律变化。系统误差的特征是测量结果与真值之间发生固定偏离,不服从统计规律,不能通过增加测量次数来减小。

系统误差的来源有以下几个方面:

(1)仪器原因。量具、仪器本身存在缺陷或没有按规定条件使用会产生误差,如螺旋测微器的零点不准、天平不等臂等,会造成测量结果相对于真值的固定偏离。这种误差要通过修理仪器以提高仪器准确度来减小。

(2)理论原因。测量所依据的理论公式本身存在近似性,或实验条件不能达到理论公式所规定的要求,或测量方法不当等,会产生误差,如实验中忽略了摩擦、散热、电表的内阻不可能无穷大、单摆的周期公式 $T=2\pi\sqrt{l/g}$ 的成立条件(摆角小于 $5°$)等。

(3)个人原因。测量人员的生理或心理特点使其形成了不良测量习惯,从而在测量时容易产生误差。例如,有的人用秒表测量时间时总是反应过快,计时短;有的人总是反应迟钝,计时长。又如,有的人看仪表时头总偏向一方。

(4)环境原因。外界环境性质(如光照、温度、湿度、电磁场等)的影响会产生误差。例如,环境温度升高或降低,会使测量值按固定规律变化。

产生系统误差的原因通常是可以被发现的,原则上可以通过修正、改进加以排除或减小。分析、排除和修正系统误差要求测量人员有丰富的实践经验,有关这方面的知识和技能,学生应在以后的实验中逐步学习并掌握。

2. 随机误差(偶然误差)

在相同测量条件下多次测量同一物理量时,大小与符号以不可预定的方式变化的误差称为随机误差,有时也叫作偶然误差。

引起随机误差的原因有很多,主要是测量过程中一系列随机因素或不可预知的无规则变化因素引起的,也与仪器的精密度和测量人员的感官灵敏度有关。例如,无规则的温度变化、气压的起伏、电磁场的干扰、电源电压的波动等会引起测量值的变化。这些因素不可控制,又无法预测和消除。单次测量的随机误差不可知,当测量次数很多时,随机误差就显示出明显的规律性。随机误差服从的规律将在本章第二节详细介绍。

3. 粗大误差

由于测量人员的过失(如实验方法不合理,用错仪器,操作不当,读错数值或记错数据等)引起的误差称为粗大误差。它是一种人为的过失误差,不属于测量误差。只要测量人员采用严肃、认真的态度,粗大误差就可以避免。在数据处理中要把含有粗大误差的异常数据剔除。剔除的准则一般为 3σ 准则或肖维纳准则。

四、测量的精密度、准确度和精确度

测量的精密度、准确度和精确度都是定性评价测量结果的术语,但目前使用时其含义并不一致,以下介绍较为普遍采用的说法。

精密度表示的是在同样测量条件下,对同一物理量进行多次测量,所得测量结果彼此间相互接近的程度,即测量结果的重复性、测量数据的分散程度,因而测量精密度是测量偶然误差的反映。测量精密度高，偶然误差小，但系统误差的大小不明确。

准确度表示的是测量结果与真值接近的程度，因而它是系统误差的反映。若测量准确度高，则测量数据的算术平均值偏离真值较小，测量的系统误差小，但数据较分散，偶然误差的大小不确定。

精确度表示的则是对测量的偶然误差及系统误差的综合评定。精确度高，测量数据集中在真值附近，测量的偶然误差及系统误差都比较小。

精密度、准确度和精确度 3 个术语可以用打靶弹着点的分布来形象地理解，如图 1-1-1 所示。在图 1-1-1 中，甲的弹着点明显偏离靶心，说明准确度低，系统误差大，但弹着点集中，说明精密度高，随机误差小；乙的弹着点分散，精密度低，随机误差大，但固定偏差小，准确度高，系统误差小；丙的弹着点既集中又无固定偏差，两类误差均小，即精确度高（既精密又准确）。

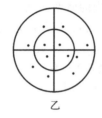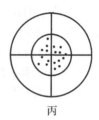

甲　　　　　　乙　　　　　　丙

图 1-1-1　精密度、准确度、精确度示意图

通常把精确度简称为精度，但其含义比较笼统。本书中的精度对实验结果来说，主要是指其相对误差的数量级，若 $E=1.0\%$，则可笼统地说精度为 10^{-2}。对仪器来说，精度是指仪器的最小分度值和等级，如游标卡尺的最小分度值为 0.02 mm，就说其精度为 0.02 mm。精度的含义有时还要看测量结果的具体情况，当测量结果的误差以随机误差为主时，它表示精密度；当测量结果的误差以系统误差为主时，它又表示准确度；当两种误差同时存在且两者的大小相差不大时，它又表示精确度。

第二节　随机误差的估计与仪器误差

一、随机误差的统计规律

为了单纯地研究随机误差，需假设系统误差已经消除或者减小到可忽略不计的状态。在同样的条件下，对某一物理量进行多次重复测量，由于随机误差的存在，测量结果间彼此有差异，当测量次数足够多时会出现某种规律性。大量事实证明，在大量、独立的随机因素影响下，随机误差服从一定的统计规律，也就是正态分布（或高斯分布），如图 1-2-1 所示。设在一组测量值中，n 次测量的值分别为 x_1，x_2，$\cdots$，x_n。

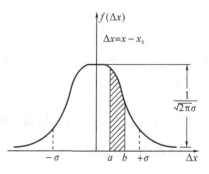

图 1-2-1　随机误差的正态分布

各次测量误差为

$$\Delta x_i = x_i - x_0 \quad (i = 1, 2, \cdots, n; \ x_0 \ \text{为真值})$$

在图 1-2-1 中，$f(\Delta x)$ 称为概率密度函数；阴影部分面积表示误差 Δx 落在区间 (a, b) 内的概率，计算公式为

$$P = \int_a^b f(\Delta x) \mathrm{d}(\Delta x) \tag{1-2-1}$$

显然，误差落在 $(-\infty, +\infty)$ 的概率为 100%，即

$$\int_{-\infty}^{+\infty} f(\Delta x) \mathrm{d}(\Delta x) = 1$$

由图 1-2-1 可知，随机误差具有下述性质。

（1）有界性：绝对值很大的误差出现的概率趋于零，即误差的绝对值不会超过一定的界限。

（2）单峰性：绝对值小的误差出现的概率比绝对值大的误差出现的概率大。

（3）对称性：绝对值相等的正误差和负误差出现的概率近乎相等。

（4）抵偿性：由于绝对值相等的正误差和负误差出现的概率近乎相等，因此随着测量次数的增加，随机误差的算术平均值将趋于零。

正是因为随机误差具有抵偿性，所以用多次测量的算术平均值表示测量结果可以减小随机误差的影响。

由统计理论的知识可知，正态分布的概率密度函数 $f(\Delta x)$ 应为

$$f(\Delta x) = \frac{1}{\sqrt{2\pi}\,\sigma} \mathrm{e}^{-\frac{(\Delta x)^2}{2\sigma^2}} \mathrm{d}(\Delta x) \tag{1-2-2}$$

其中，σ 称为标准误差，其大小取决于具体测量条件。将式(1-2-2)代入式(1-2-1)可得测量误差落在 (a, b) 区间的概率为

$$P = \frac{1}{\sqrt{2\pi}\,\sigma} \int_a^b \mathrm{e}^{-\frac{(\Delta x)^2}{2\sigma^2}} \mathrm{d}(\Delta x) \tag{1-2-3}$$

正态分布曲线峰值 $f(0) = \dfrac{1}{\sqrt{2\pi}\,\sigma}$。$\sigma$ 是曲线由向下变为向上的拐点，拐点坐标 $\Delta x = \pm\sigma$。若 σ 小，则 $f(0)$ 大，曲线中部上升，变得尖锐，表明测量离散性小，测量精密度高；相反，若 σ 大，则曲线变得平坦，测量误差分布范围大，测量离散性大，测量精密度低，如图 1-2-2 所示。一般把 $(-k\sigma, +k\sigma)(k=1, 2, 3)$ 区间称为置信区间；随机误差落在置信区间的概率叫作置信概率(或置信度)。由式(1-2-3)不

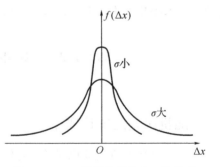

图 1-2-2　测量离散性和 σ 的关系

难得出，对应于置信区间 $(-\sigma, +\sigma)$、$(-2\sigma, +2\sigma)$、$(-3\sigma, +3\sigma)$ 的置信概率分别为 $P_1 = 68.3\%$、$P_2 = 95.4\%$、$P_3 = 99.7\%$。对于一般有限次的测量，误差超出 $(-3\sigma, +3\sigma)$ 区间几乎是不可能的，因此常把 $\pm 3\sigma$ 称为极限误差。

二、随机误差的估算

1. 算术平均值

根据最小二乘法原理可以证明(证明过程略)，测量列 $(x_1, x_2, \cdots, x_n)$ 的算术平均值为

$$\overline{x} = \frac{1}{n} \sum_{i=1}^{n} x_i \qquad (1-2-4)$$

$\overline{x}$ 是被测量真值 x_0 的最佳估计值，通常称其为近似真实值，简称近真值或最佳值。

2. 测量列的标准误差和标准偏差

根据统计理论可知标准误差 σ 如下：

$$\sigma = \lim_{n \to \infty} \sqrt{\frac{\sum_{i=1}^{n} (x_i - x_0)^2}{n}}$$

由于真值 x_0 未知，实际上 σ 是不能求得的，因此上式只有理论上的价值。实际处理中，可用标准偏差作为标准误差的估计值。根据随机误差的高斯理论可以证明，在有限次测量的情况下，每次测量值的标准偏差为

$$S_x = \sigma_x = \sqrt{\frac{\sum_{i=1}^{n} (x_i - \overline{x})^2}{n-1}} \qquad (贝塞尔公式) \qquad (1-2-5)$$

通常，$v_i = x_i - \overline{x}$ 称为偏差或残差。S_x 表示测量列的标准偏差，它表征对同一被测量在同一条件下做 n 次（在大学物理实验中，通常取 $5 \leqslant n \leqslant 10$）有限测量时，其结果的分散程度。其意义是 n 次测量中任意一次测量值的误差（或偏差）落在 $(-\sigma_x, +\sigma_x)$ 区间的可能性约为 68.3%。当 $n \to \infty$ 时，有 $\overline{x} \to x_0$，$S_x \to \sigma$，所以我们常常不去区分偏差和误差，把标准偏差也称为标准误差。

3. 算术平均值的标准偏差

按统计理论，在测量次数 n 有限的情况下，其算术平均值的标准偏差 $\sigma_{\overline{x}}$ 和 σ_x 的关系为

$$\sigma_{\overline{x}} = \frac{\sigma_x}{\sqrt{n}} = \sqrt{\frac{\sum_{i=1}^{n} (x_i - \overline{x})^2}{n(n-1)}} \qquad (1-2-6)$$

其意义是测量平均值的随机误差在 $-\sigma_{\overline{x}} \sim +\sigma_{\overline{x}}$ 之间的概率为 68.3%。或者说，被测量的真值在 $(\overline{x} - \sigma_{\overline{x}}) \sim (\overline{x} + \sigma_{\overline{x}})$ 范围内的概率为 68.3%。因此，$\sigma_{\overline{x}}$ 反映了平均值接近真值的程度。

需要指出的是，在 n 次测量中某一次测量的随机误差落在 $(-\sigma_x, +\sigma_x)$ 内的概率为 68.3%，而平均值 $\overline{x}$ 的随机误差落在 $-\sigma_{\overline{x}} \sim +\sigma_{\overline{x}}$ 内的概率也是 68.3%，由于 $\sigma_{\overline{x}} < \sigma_x$，故 $\overline{x}$ 的随机误差落在 $(-\sigma_x, +\sigma_x)$ 内的概率要大于 68.3%。σ_x 反映的是某次测量值接近真值的程度，而 $\sigma_{\overline{x}}$ 反映的是测量平均值接近真值的程度，显然 $\sigma_{\overline{x}}$ 更接近真值。

当测量次数无穷多或足够多时，测量值的误差分布才接近正态分布。当测量次数较少时（例如，测量次数少于10次，物理实验教学中一般取 $n = 6 \sim 10$ 次），测量值的误差分布将明显偏离正态分布而遵从 t 分布，又称为学生分布。t 分布曲线与正态分布曲线的形态类似，但是 t 分布曲线的峰值低于正态分布，而且 t 分布曲线上部较窄、下部较宽，如图 $1-2-3$ 所示。t 分布时，置信区间 $[(\overline{x} - \sigma_{\overline{x}})$，$(\overline{x} + \sigma_{\overline{x}})]$ 对应的置信概率达不到 68.3%，若保持置信概率

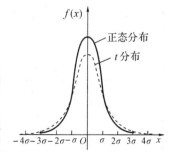

图 $1-2-3$　t 分布与正态分布曲线

不变，则应当扩大置信区间。在这种情况下，如果置信概率是 P，那么其对应的置信区间一般为 $[(\bar{x}-t_P\sigma_{\bar{x}}),(\bar{x}+t_P\sigma_{\bar{x}})]$。其中，系数 t_P 称为 t 因子，其数值既与测量次数 n 有关，又与置信概率 P 有关。在物理实验中，为了方便起见，可统一取置信概率为 0.95。表 1-2-1 给出了 $t_{0.95}$ 和 $t_{0.95}/\sqrt{n}$ 的值。

表 1-2-1　t 参 数

n	3	4	5	6	7	8	9	10	15	20	$\geqslant100$
$t_{0.95}$	3.18	2.78	2.57	2.45	2.36	2.31	2.26	2.23	2.13	2.09	$\leqslant1.97$
$t_{0.95}/\sqrt{n}$	1.836	1.390	1.149	1.000	0.892	0.817	0.753	0.705	0.550	0.467	$\leqslant0.197$

三、异常数据的剔除

剔除测量列中异常数据的标准有 $3\sigma_x$ 准则、肖维纳准则、格拉布斯准则等。下面介绍 $3\sigma_x$ 准则和肖维纳准则。

1. $3\sigma_x$ 准则

统计理论表明，测量值的偏差超过 $3\sigma_x$ 的概率已小于 1%。因此，可以认为偏差超过 $3\sigma_x$ 的测量值是其他因素或过失造成的，为异常数据，应当剔除。剔除的方法为：算出多次测量所得的一系列数据中各测量值的偏差 Δx_i 和标准偏差 σ_x，把其中最大的 Δx_j 与 $3\sigma_x$ 比较，若 $\Delta x_j > 3\sigma_x$，则认为第 j 个测量值是异常数据，应舍去；剔除 x_j 后，对余下的各测量值重新计算偏差和标准偏差，并继续审查，直到各个偏差均小于 $3\sigma_x$ 为止。

2. 肖维纳准则

假定对一物理量重复测量了 n 次，其中某一数据在一次测量中出现的概率小于 0.5，即 n 次测量这一数据出现的概率小于 $(1/2)n$，则可以肯定这个数据的出现是不合理的，应当予以剔除。

根据肖维纳准则，应用随机误差的统计理论可以证明，在标准误差为 σ 的测量列中，若某一个测量值的偏差等于或大于误差的极限值 K_σ，则此值应当剔除。不同测量次数的误差极限值 K_σ 列于表 1-2-2 中。

表 1-2-2　肖维纳系数表

n	K_σ	n	K_σ	n	K_σ
4	1.53σ	10	1.96σ	16	2.16σ
5	1.65σ	11	2.00σ	17	2.18σ
6	1.73σ	12	2.04σ	18	2.20σ
7	1.79σ	13	2.07σ	19	2.22σ
8	1.86σ	14	2.10σ	20	2.24σ
9	1.92σ	15	2.13σ	30	2.39σ

四、仪器误差

1. 仪器误差 $\Delta_{仪}$

测量必须使用仪器或量具进行。有的仪器较粗糙，有的仪器较精密，但任何仪器都有误差。在正确使用仪器的条件下，仪器的示值和被测量之间可能出现的最大误差称为仪器误差，用 $\Delta_{仪}$ 表示。在大学物理实验中，通常取 $\Delta_{仪}$ 为仪表的示值误差限或基本误差限。仪器误差一般由厂家在说明书上或标牌上给出，也可由厂家给出的仪器准确度等级算出。对于误差无明确规定的仪器，可这样规定：用刻度指示的仪表的仪器误差取最小分度值的一半，用数字显示的仪表的仪器误差可取显示数字的最后一位数的单位。例如，数字毫秒计最后位数的一个单位是 1 ms，则 $\Delta_{仪}$ 可取为 0.001 s。

下面给出常用仪器的仪器误差限：

米尺	$\Delta_{仪}=0.5$ mm
游标卡尺（20、50 分度）	$\Delta_{仪}=$ 最小分度值（0.05 或 0.02 mm）
千分尺	$\Delta_{仪}=0.004$ mm 或 0.005 mm
分光计	$\Delta_{仪}=$ 最小分度值（$1'$ 或 $30''$）
读数显微镜	$\Delta_{仪}=0.005$ mm
各类数字式仪表	$\Delta_{仪}=$ 仪器的最小读数
计时器（1、0.1、0.01 s）	$\Delta_{仪}=$ 仪器的最小分度（1、0.1、0.01 s）
物理天平（0.1 g）	$\Delta_{仪}=$ 感量（0.05 或 0.02 g）
电桥（QJ23 型）	$\Delta_{仪}=K\% \cdot R$（K 为准确度或级别，R 为示值）
电位差计（UJ33 型）	$\Delta_{仪}=K\% \cdot v$（K 为准确度或级别，v 为示值）
转柄电阻箱	$\Delta_{仪}=K\% \cdot R$（K 为准确度或级别，R 为示值）
电表	$\Delta_{仪}=K\% \cdot M$（K 为准确度或级别，M 为量程）
其他仪器、量具	$\Delta_{仪}$ 根据实际情况由实验室给出示值误差限

仪器误差取值不能一概而论，在具体到某一实验中时，还应根据具体情况对 $\Delta_{仪}$ 约定一个合适的数值。

2. 仪器的标准偏差 $\sigma_{仪}$

仪器误差的概率分布函数最常见的是服从均匀分布和正态分布。正态分布和本节前面所述的相同。均匀分布是指在 $-\Delta_{仪} \sim +\Delta_{仪}$ 范围内，各种误差出现的概率相同，在 $-\Delta_{仪} \sim +\Delta_{仪}$ 范围以外出现的概率为零，如图 1-2-4 所示。例如，游标卡尺的量具误差、仪表度盘或其他传动齿轮的空回误差、级别较高的仪器/仪表的误差、电子计数器和数字仪表的量化误差、示波器调节中李萨如图不稳定引起的频率测量误差、指零仪表判断平衡的误差、机械秒表在分度值内不能分辨的误差等，显然有

$$\int_{-\Delta_{仪}}^{+\Delta_{仪}} f(\Delta)\mathrm{d}\Delta = 1, \quad f(\Delta) = \frac{1}{2\Delta_{仪}}$$

按标准误差计算可得均匀分布的仪器标准误差（即仪器的标准偏差）为

$$\sigma_{仪}=\frac{\Delta_{仪}}{\sqrt{3}} \quad 或 \quad \Delta_{仪}=\sqrt{3}\,\sigma_{仪}$$

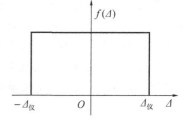

图 1-2-4　仪器误差均匀分布的概率函数

在$(-\sigma_仪,+\sigma_仪)$区间内的置信概率为

$$P=\int_{-\sigma_仪}^{+\sigma_仪}f(\Delta)\mathrm{d}\Delta=57.7\%$$

对应于置信概率95%、99%,置信区间分别为$(-1.65\sigma_仪,+1.65\sigma_仪)$和$(-1.71\sigma_仪,+1.71\sigma_仪)$,或分别为$(-0.95\Delta_仪,+0.95\Delta_仪)$和$(-0.99\Delta_仪,+0.99\Delta_仪)$。显然,置信概率为$100\%$的置信区间为$(-\sqrt{3}\sigma_仪,+\sqrt{3}\sigma_仪)$,即$(-\Delta_仪,+\Delta_仪)$。

对呈正态分布的仪器误差(如伏特表、电流表、摆动式天平误差),与置信概率68.3%、95.4%、99.7%对应的置信区间分别为$(-\sigma_仪,+\sigma_仪)$、$(-2\sigma_仪,+2\sigma_仪)$、$(-3\sigma_仪,+3\sigma_仪)$(即$(-\Delta_仪,+\Delta_仪)$)。在$(-\Delta_仪,+\Delta_仪)$范围外,仪器误差出现的概率几乎为零。因此,$\pm\Delta_仪$即为误差限。

$$\sigma_仪=\frac{\Delta_仪}{3}\quad 或\quad \Delta_仪=3\sigma_仪$$

本书对物理实验室所用主要仪器的仪器误差规定如下:

(1)所有电表的仪器误差的计算公式为

$$\sigma_仪=\frac{\Delta_仪}{\sqrt{3}}=\frac{X_m S_m\%}{\sqrt{3}}\quad (单位)$$

式中:X_m为电表的量程;S_m为电表的精确度等级。

(2)UJ24型电位差计的仪器误差的计算公式为

$$\sigma_仪=\frac{\Delta_仪}{\sqrt{3}}=\frac{U_示 S_m\%+0.5\delta_U}{\sqrt{3}}\quad (V)$$

式中:$U_示$是指用此电位差计测量电压时的电压测量指示值;δ_U为电位差计的分度值,UJ24型电位差计的分度值$\delta_U=0.00001$ V;S_m为电位差计的精确度等级,$S_m=0.02$级。

(3)ZX21型电阻箱的仪器误差的计算公式为

$$\sigma_仪=\frac{\Delta_仪}{\sqrt{3}}=\frac{R_示 S_m\%+0.002m}{\sqrt{3}}\quad (\Omega)$$

式中:$R_示$是指用此电阻箱调节好后的测量指示值;S_m为ZX21型电阻箱的精确度等级,$S_m=0.1$级;0.002表示ZX21型电阻箱每一个旋臂盘的接线电阻和接触电阻的大小均小于或等于0.002 Ω;m是电阻箱所指示的电阻$R_示$通过的旋臂盘的个数。

3. 仪器灵敏阈

仪器灵敏阈是指足以引起仪器示值可察觉变化的被测量的最小变化值,即当被测量小于这个灵敏阈时,仪器无反应。数字式仪表最末一位数代表的值就是其灵敏阈;对指针式仪表,人眼能察觉的指针改变量一般为0.2分度值,0.2分度值代表的量可作为其灵敏阈。灵敏阈越小,说明仪器的灵敏度越高。一般来说,仪器灵敏阈应小于示值误差限。但若仪器使用频度高,则灵敏阈可能变大。因此,在使用前要检查仪器灵敏阈,当灵敏阈超过示值误差限时,仪器误差$\Delta_仪$应由灵敏阈来代替。

第三节   有效数字及其运算法则

物理实验中经常要记录很多测量数据,并对这些数据进行数据处理,然后得到最终测

量结果。但是在实验观测、读数、运算与最后得出的结果中，哪些是能反映被测量实际大小的数字，应予以保留，哪些不应当保留，这就与有效数字及其运算法则有关。有效数字是对测量结果的一种准确表示，它应当是有意义的数字，不允许无意义的数字存在。本节主要讨论各数值的取位原则，总的原则是：实验时读/记的数据和数据处理、误差计算、结果表示中的数据，应能反映被测量实际大小的全部信息。

一、有效数字的概念

任何一个物理量，其测量结果必然存在误差。因此，表示一个物理量测量结果的数字取值是有限的。我们把测量结果中可靠的几位数字，加上可疑的一位数字(中间结果取两位可疑数字)，统称为测量结果的有效数字。有效数字的个数叫作有效数字的位数，如用米尺测量某物体的长度为 5.65 cm，则称此数值有三位有效数字。

二、直接测量的有效数字记录

通常仪器上显示的数字均为有效数字(包括最后一位估计读数)，都应读出并记录下来。在记录直接测量的有效数字时，常用一种称为标准式的写法，就是任何数值都只写出有效数字，而数量级则用 10 的 n 次幂的形式表示。

(1) 根据有效数字的规定，测量值的最末一位一定是可疑数字，这一位应与仪器误差的位数对齐，仪器误差在哪一位发生，测量数据的估读位就记录到哪一位，不能多记，也不能少记，即使估计数字是 0，也必须写上，否则与有效数字的规定不相符。例如，用两种仪器测量物体的长度分别为 52.4 mm、52.40 mm，它们是不同的两个测量值，前者所用仪器误差在 0.1 mm 位，后者所用仪器误差在 0.01 mm 位，从这两个值可以看出前者的仪器精度低，后者的仪器精度高出一个数量级。

对于分度式仪表或量具，一般估读到最小分度值的 1/10，如米尺估读到 0.1 mm，千分尺估读到 0.001 mm；对某些指针较宽的仪表，估读到 1/10 有困难，也可估读到分度值的 1/5 或 1/2。

如果仪表已标明精度或等级，那么可先算出 $\Delta_{仪}$，有效数字记录到 $\Delta_{仪}$ 所在位。例如，量程 1 A 的 0.5 级电流表，仪器误差 $\Delta_{仪} = 1 \times 0.5\% = 0.005$ A，电流表读数末位记录到小数点后三位(以 A 为单位)。

有些仪表，如数字仪表、游标卡尺和步进读数仪表(如电阻箱、箱式电桥)，若不能估读到最小分度值以下的数字就不要估读，但仍要把最后一位视为可疑数字，因为这些仪表显示的数字最后一位总有 ±1 的误差。游标卡尺读到分度值的整数倍，如 0.02 mm 分度值游标，读到毫米的小数点后 2 位，尾数必为偶数；0.05 mm 分度值游标，尾数必为 0 和 5；对 0.1 mm 分度值的游标，也可估读到游标分度值的一半(相邻游标刻线似乎与主刻线对齐程度差不多)，尾数也是 0 和 5。数字显示的仪表的数值总在小范围内波动时应读其平均值。

对于分度值为"2"和"5"的仪表，读数的观点有两种。第一种观点认为最小分度值就是估读位，如分度值为 0.5，则 0.1、0.2、0.3、0.4 及 0.6、0.7、0.8、0.9 都是估读数，不必再估读到下一位；又如分度值为 0.2，则 0.1、0.3、0.5、0.7、0.9 都是估读值，此时分度位就是估读位。第二种观点认为最小分度值的下一位是估读位，如分度值为 2 mA 的电表，当指针位于 24～26 mA 之间的 8 等分处时，则估读成 25.6 mA(即 24 mA＋0.8×2 mA)；又如有两个量程分别为 10 mA 和 5 mA 的电表，表盘上有 100 个分度，若用 5 mA 挡，则每个分度为 0.05 mA，当指针在第 22 和 23 两刻线之间的 7 等分处时，准确数值为 0.05×22＝1.1 mA，估读值为 0.005×7＝0.035 mA，测量值为 1.135 mA。以上两例读数出现了两位可疑数字。

如果测量结果中不确定度(详见本章第四节)只取一位，那么采用第一种读数方法；如果不确定度取两位，则可采用第二种读数方法。

(2) 根据有效数字的规定，凡是仪器上读出的数值，位于有效数字中间与末尾的 0 均应算作有效位数。用来表示小数点位置的 0 不是有效数字。显然，在有效数字的位数确定时，第一个不为零的数字左面的零不能算有效数字的位数，而第一个不为零的数字右面的零一定要算作有效数字的位数。如 0.0135 m 是三位有效数字，0.0135 m 和 1.35 cm 及 13.5 mm 三者是等效的，只不过分别采用了米、厘米和毫米作为长度的表示单位；1.030 m 是四位有效数字。从有效数字的另一面也可以看出测量用具的最小刻度值，如 0.0135 m 是用最小刻度为毫米的尺子测量的，而 1.030 m 是用最小刻度为厘米的尺子测量的。因此，正确掌握有效数字的概念对物理实验来说是十分必要的。例如，6.003 cm 和 4.100 cm 均是四位有效数字。在记录数据中，有时因定位需要而在小数点前添加 0，这不应算作有效位数。如 0.0486 m 是三位有效数字而不是四位有效数字，小数中的 0 有时算作有效数字，有时不能算作有效数字，这对初学者也是一个难点，要正确理解有效数字的规定。

(3) 根据有效数字的规定，在十进制单位换算中，其测量数据的有效位数不变。如 4.51 cm 若以米或毫米为单位，则可以表示成 0.0451 m 或 45.1 mm，这两个数仍然是三位有效数字。为了避免单位换算中位数很多时书写一长串数字，或计数时出现错位，常采用科学表达式，通常是用将数值在小数点前保留一位整数然后乘以 10^n 表示，如 $4.51×10^2$ m、$4.51×10^4$ cm 等，这样既简单明了，又便于计算和确定有效数字的位数。

(4) 根据有效数字的规定，对有效数字进行记录时，直接测量结果的有效位数的多少取决于被测物本身的大小和所使用的仪器精度。对同一个被测物，用高精度的仪器测量的有效位数多，用低精度的仪器测量的有效位数少。例如，长度约为 3.7 cm 的物体，若用最小分度值为 1 mm 的米尺测量，则其测量值为 3.70 cm；若用螺旋测微器测量(最小分度值为 0.01 mm)，则其测量值为 3.7000 cm。显然，螺旋测微器的精度较米尺高很多，所以测量结果的位数也多。被测物是较小的物体，测量结果的有效位数也少。对一个实际测量值，正确应用有效数字的规定进行记录，就可以从测量值的有效数字记录中看出测量仪器的精度。因此，有效数字的记录位数和测量仪器有关。

三、有效数字的修约

在实验数据的运算与处理中，必然遇到数据的截取和尾数舍入的问题。在不影响最后测量结果应保留有效数字的位数(或可疑数字的位置)的前提下，可以在运算前、后分别对数据进行修约。

1. 修约目的

(1) 既能使实验的数据处理、误差计算、结果表示能够进行，又能使计算尽量简单，避免因对某些数的修约影响测量结果及误差的大小。

（2）既能使测量结果简单、明了，又能反映被测结果的全部信息。

2. 修约原则

我国标准总局在 1981 年对四舍五入法所作的规定中指出了数值尾数的修约原则，即对数值进行修约后不要因修约而给结果带来修约误差。本书推荐取位的总原则：一切直接测量值和最后结果只取且要取一位可疑数，所有中间结果都取两位可疑数。中间结果是指夹在直接测量值和最后结果之间的所有结果。所有误差每位有效数都看成是可疑数。中间结果多取一位可疑数的目的是使计算结果准确一些，但并非依次类推，即并非取位越多计算结果越准确，否则不但使计算变得更繁杂，且对结果准确度的提高并无多大帮助。

3. 修约方法

（1）四舍五入法：只看尾数，当尾数小于 5 时舍，大于或等于 5 时则入。

（2）凑偶法：只看尾数，当尾数小于 5 时舍，大于 5 时入，等于 5 时再看前一位数的奇偶性，为偶数则舍，为奇数则入，即把前一位数凑成偶数，故也称"四舍六入五凑偶"法。如 1.345，若修约为三位有效数字，则为 1.34；如 1.355，修约为 1.36。当然，用凑奇法亦可达同样的效果。但是凑偶法有其优势，一方面凑偶后可简化运算，另一方面人们喜欢偶数，故用凑偶而不用凑奇。

（3）综合法：先看尾数，当尾数小于 5 时舍，大于 5 时入，等于 5 时再看 5 后面有无非零数，有则入，无则还要看 5 前面一位数的奇偶性，为偶数则舍，为奇数则入。

在物理实验室和一般的科学实验中采用四舍五入法修约即可，只有在重要的科学实验中才采用凑偶法或综合法修约。

【例 1-3-1】　应用四舍五入法、凑偶法和综合法对下列各数进行修约，保留三位小数。

$$3.523\ 26 \qquad 3.523\ 62 \qquad 3.523\ 51$$

解　（1）四舍五入法：

3.523 26→3.523（被截舍的尾数"26"中"2"＜5，故舍去"26"）

3.523 62→3.524（被截舍的尾数"62"中"6"＞5，故在前一位入 1）

3.523 51→3.524（被截舍的尾数"51"中"5"＝5，故在前一位入 1）

（2）凑偶法：

3.523 26→3.523（被截舍的尾数"26"中"2"＜5，故舍去"26"）

3.523 62→3.524（被截舍的尾数"62"中"6"＞5，故在前一位入 1）

3.523 51→3.524（被截舍的尾数"51"中"5"＝5，前一位为奇数"3"，故在前一位入 1，
　　　　　　　凑成偶数"4"）

（3）综合法：

3.523 26→3.523（被截舍的尾数"26"中"2"＜5，故舍去"26"）

3.523 62→3.524（被截舍的尾数"62"中"6"＞5，故在前一位入 1）

3.523 51→3.524（被截舍的尾数"51"中"5"＝5，且"5"后一位有非零数"1"，故在前一
　　　　　　　位入 1）

四、有效数字的运算法则

一般来讲，当两个或两个以上有效数字进行运算时，应遵守以下规则：

（1）可靠数字之间运算的结果为可靠数字。

（2）可靠数字与可疑数字、可疑数字与可疑数字之间运算的结果为可疑数字。

（3）测量数据一般只保留一位可疑数字，多余的可疑数字按规则修约取舍。

（4）运算结果的有效数字位数不由数学或物理常数来确定，数学与物理常数的有效数字位数可任意选取，一般选取的位数应比测量数据中位数最少者多取一位。例如，可取 $\pi = 3.14$、3.142 或 3.1416 等；在公式 $E_k = \dfrac{1}{2}mv^2$ 中，计算结果不能由于"2"的存在而只取一位可疑数字，还要根据 m 和 v 来具体决定。

1. 加、减运算

在进行加法或减法运算时，运算结果的末位数字所在的位置应由各量中可疑数字所在位置最前的一个数字来决定。例如：

$$\begin{array}{r} 30.\underline{4} \\ +\;\;4.32\underline{5} \\ \hline 34.\underline{7}25 \end{array} \qquad \begin{array}{r} 26.6\underline{5} \\ -\;\;3.90\underline{5} \\ \hline 22.7\underline{4}5 \end{array}$$

取 $30.\underline{4} + 4.32\underline{5} = 34.\underline{7}$，$26.6\underline{5} - 3.90\underline{5} = 22.7\underline{4}$。（"_"上方表示可疑数字）

推论 2 - 3 - 1　若干个直接测量值进行加法或减法计算时，选用精度相同的仪器最为合理。

2. 乘、除运算

用有效数字进行乘法或除法运算时，乘积或商的有效数字的位数与参与运算的各个量中有效数字的位数最少者相同。例如：

$$834.\underline{5} \times 23.\underline{9} = 19\,9\underline{44}.55 = 1.9\underline{9} \times 10^4$$

$$2\,569.\underline{4} \div 19.\underline{5} = 131.\underline{764}\,1\cdots = 132$$

推论 2 - 3 - 2　测量的若干个量，若是进行乘法或除法运算，应按照有效位数相同的原则来选择不同精度的仪器。

3. 乘方和开方运算

乘方、开方后的有效数字位数与被乘方、被开方之数即底数的有效数字的位数相同。例如：

$$(7.32\underline{5})^2 = 53.6\underline{6}$$

$$\sqrt{32.\underline{8}} = 5.7\underline{3}$$

4. 指数、对数、三角函数运算

运算结果的有效数字位数由其改变量对应的数位决定。例如，$35.58°$ 中可疑数字为 0.08，那么 $\sin 35.58° = ?$ 我们将 $35.58°$ 的末位数改变 1 后比较，找出 $\sin 35.58°$ 发生改变的位置就能得知。因为 $\sin 35.58° = 0.581\,\underline{8}39\,11$，而 $\sin 35.59° = 0.581\,\underline{9}81\,05$，则 $\sin 35.58° = 0.5818$。

以上介绍的有效数字运算规则只是一个基本原则，使中间运算不过于烦琐也是其目的之一。在计数器和计算机已普遍使用的今天，中间运算过程多取几位有效数字并不会带来多大麻烦。不妨将中间计算的有效数字适当多保留几位，以免因过多的取舍带来附加误差。只是最后表达测量结果时，有效位数按误差或不确定度所在位数截取即可。

第四节 测量结果的标准偏差评定

测量不但要得到被测物理量的近真值，而且要对近真值的可靠性做出评定（即指出误差范围）。评定的方法有 3 种：算术平均误差表示形式、标准偏差（标准误差）表示形式和不确定度表示形式。中学物理实验中因学生没有数量统计知识的基础，一般采用算术平均误差表示形式，这种表示形式计算简单，只能在粗略估计时使用。本书沿用标准偏差来对测量结果作出评价，这种表示形式在过去其至现在在工程上的应用仍较为广泛。然而在国际上，多年来已普遍采用不确定度来表示测量结果。为了加强国际交流与合作，1996 年，中国计量科学研究院在国际权威文件《测量不确定度表达指南》的基础上，制定了我国的《测量不确定度规范》。从发展的眼光来看，大学物理实验教学应与国际接轨，执行国家计量技术规范，这就要求我们必须掌握不确定度的有关概念。测量不确定度评定是以标准偏差评定为基础的，作为一种过渡，本节先介绍测量结果的标准偏差表示形式，本章第五节再介绍测量结果的不确定度表示形式。

一、直接测量结果的标准偏差表示形式

1. 单次直接测量结果表示

在做物理实验时，可能会遇到两种情况下的单次直接测量，即有时无法对被测量进行多次测量，有时没有必要对被测量进行多次测量。例如，有些实验对某个量测量精度要求不高，或所用仪器反映不出测量的随机误差，测量一次即可。那么，这种情况下如何表示测量的结果呢？

假设对物理量 x 进行了单次测量，单次测量值为 $x_测$，可以用下面归纳的方法对测量结果进行计算。

（1）计算代真值 $\bar{x}$。它可用测量值 $x_测$ 代替，即 $\bar{x}=x_测$（单位）。

（2）计算绝对误差。它可由所用仪器的仪器误差（仪器标准偏差）代替，即

$$\sigma_{\bar{x}}=\sigma_仪$$

其中，$\sigma_仪=\dfrac{\Delta_仪}{3}$（正态分布），或 $\sigma_仪=\dfrac{\Delta_仪}{\sqrt{3}}$（均匀分布）。仪器误差概率正态分布、均匀分布的知识参阅本章第二节（一般粗糙地认为仪器误差概率均匀分布）相关内容。

（3）计算相对误差：

$$E=\frac{\sigma_{\bar{x}}}{\bar{x}}=y\%\quad（E 的值写成百分数形式）$$

（4）最后结果表示为

$$x=\bar{x}\pm\sigma_{\bar{x}}\quad（单位），\quad E=y\%$$

表明测量真值落在 $\bar{x}-\sigma_{\bar{x}}\sim\bar{x}+\sigma_{\bar{x}}$ 范围内的置信概率为 68.3%（正态分布）或 57.7%（均匀分布）。

2. 多次等精度直接测量结果表示

如果不考虑系统误差，对某物理量 x 进行了 n 次等精度直接测量，测量值为 x_1，x_2，$\cdots$，x_n，则测量结果可以用下面归纳的方法进行计算。

(1) 计算代真值 $\overline{x}$。它可用所有测量值的算术平均值代替，即

$$\overline{x} = \frac{1}{n}\sum_{i=1}^{n} x_i \quad (单位)$$

(2) 计算绝对误差。它可由所有测量值的算术平均值的标准偏差代替，即

$$\sigma_{\overline{x}} = \sqrt{\frac{\sum_{i=1}^{n}(x_i - \overline{x})^2}{n(n-1)}} \quad (单位)$$

(3) 计算相对误差：

$$E = \frac{\sigma_{\overline{x}}}{\overline{x}} = y\% \quad (E\ 的值写成百分数形式)$$

(4) 最后结果表示为

$$x = \overline{x} \pm \sigma_{\overline{x}} \quad (单位)，E = y\%$$

表明测量真值落在 $\overline{x} - \sigma_{\overline{x}} \sim \overline{x} + \sigma_{\overline{x}}$ 范围内的置信概率为 68.3%。

对于多次等精度直接测量每次结果都相同的情况，可参考单次直接测量结果表示。

【例 1-4-1】 用 3 V 量程 0.5 级的电压表测量某电路两点间电压的读数为 136.7 格（刻度盘有 150 个最小等分格），求电压的测量结果。

解 该电表的分度值为

$$\delta_u = \frac{3}{150} = 0.02 \text{ V}$$

测量电压的示值为

$$U_示 = 0.02 \times 136.7 = 2.734 \text{ V}$$

仪器误差为

$$\Delta_仪 = U_m \times S_m\% = 3 \times 0.5\% = 0.015 \text{ V}$$

$$\sigma_仪 = \frac{\Delta_仪}{\sqrt{3}} = \frac{0.015}{\sqrt{3}} = 0.0087 \text{ V}$$

相对误差为

$$E = \frac{\sigma_仪}{U_示} = \frac{0.0087}{2.7} = 0.32\%$$

测量结果为

$$U_测 = (2.734 \pm 0.009) \text{ V}，E = 0.32\%$$

【例 1-4-2】 等精度对某物的长度测量 5 次，各次测定值 L_i 依次为 222.33 mm、222.25 mm、222.22 mm、222.18 mm、222.13 mm，试求长度的测量结果。

解 (1) 列表求出 5 次测量长度的代真值 $\overline{L}$ 及标准偏差表达式中 $\sum_{i=1}^{5}(\Delta L_i)$ 的值，参见表 1-4-1。

表 1-4-1　L_i 的数据及其数据处理表

i	L_i/mm	$\Delta L_i/\text{mm}$	$(\Delta L_i)^2/(\times 10^{-6}\ \text{mm}^2)$
1	222.33	0.108	11 664
2	222.25	0.028	784
3	222.22	0.002	4
4	222.18	0.042	1764
5	222.13	0.092	8464
	$\overline{L}=222.222$		$\displaystyle\sum_{i=1}^{5}(\Delta L_i)^2 = 22\ 680$

（2）
$$\sigma = \sqrt{\frac{\displaystyle\sum_{i=1}^{n}(\Delta L_i)^2}{n(n-1)}} = \sqrt{\frac{0.022\ 68}{5(5-1)}} = 0.034\ \text{mm}$$

（3）
$$E = \frac{\sigma}{\overline{L}} = \frac{0.034}{222} = 0.015\%$$

（4）测量结果为
$$L = (222.22 \pm 0.03)\ \text{mm},\ E = 0.015\%$$

二、间接测量结果的标准偏差表示形式

若间接测量量 N 为直接测量量 x，y，z，…的函数，则它们间的函数关系可表示为
$$N = F(x,\ y,\ z,\ \cdots) \tag{1-4-1}$$

间接测量的近真值是由直接测量结果通过函数式计算出来的，既然直接测量有误差，那么间接测量也必有误差，这就是误差的传递（或合成）。由直接测量值及其直接测量量的平均值的标准偏差来计算间接测量值的标准偏差之间的关系式，称为误差的传递公式。由于函数关系式的表现形式不同，因此计算间接测量量的标准偏差也有所区别。下面分两种情况讨论。

1. 函数关系以和、差形式为主的间接测量结果的表示

设 N 为间接测量的量，它和 n 个直接测量互相独立的物理量 x，y，z，…有函数关系，各直接观测量的测量结果分别为
$$x = \overline{x} \pm \sigma_x,\ y = \overline{y} \pm \sigma_y,\ z = \overline{z} \pm \sigma_z,\ \cdots$$

（1）计算代真值 $\overline{N}$。将各个直接测量量的代真值 $\overline{x}$，$\overline{y}$，$\overline{z}$，…代入函数表达式中，即可得到间接测量的代真值：
$$\overline{N} = F(\overline{x},\ \overline{y},\ \overline{z},\ \cdots)$$

（2）计算间接测量 $\overline{N}$ 的标准偏差。对函数式 $N = F(x,\ y,\ z,\ \cdots)$ 求全微分，即得
$$\text{d}N = \frac{\partial F}{\partial x}\text{d}x + \frac{\partial F}{\partial y}\text{d}y + \frac{\partial F}{\partial z}\text{d}z + \cdots$$

式中：微分 $\text{d}N$、$\text{d}x$、$\text{d}y$、$\text{d}z$ 是高等数学中的微小改变量。在物理实验中，任何被测量的绝对误差相对被测量的代真值来说也是一个很小的量，所以可以将上面全微分式中的微分

d(•)改写为标准偏差 $\sigma_{(•)}$，$\dfrac{\partial F}{\partial x}$，$\dfrac{\partial F}{\partial y}$，$\dfrac{\partial F}{\partial z}$ 为函数对自变量的偏导数，将微分式中的各项求"方和根"，即为间接测量的合成不确定度：

$$\sigma_N = \sqrt{\left(\frac{\partial F}{\partial x}\sigma_x\right)^2 + \left(\frac{\partial F}{\partial y}\sigma_y\right)^2 + \left(\frac{\partial F}{\partial z}\sigma_z\right)^2 + \cdots} \qquad (1-4-2)$$

（3）计算相对误差：

$$E = \frac{\sigma_{\bar{N}}}{\bar{N}} = y\% \quad （E \text{ 的值写成百分数形式}）$$

（4）最后结果表示为

$$N = \bar{N} \pm \sigma_{\bar{N}} \quad （单位），E = y\%$$

2. 函数关系以积、商形式为主的间接测量结果的表示

（1）计算代真值 $\bar{N}$。将各个直接测量量的代真值 $\bar{x}$，$\bar{y}$，$\bar{z}$，…代入函数表达式中，即可得到间接测量的代真值：

$$\bar{N} = F(\bar{x}, \bar{y}, \bar{z}, \cdots)$$

（2）计算间接测量 $\bar{N}$ 的相对误差。

当间接测量的函数表达式为积和商（或含和、差的积和商）的形式时，为了使运算简便，可以先将函数式两边同时取自然对数，然后求全微分，即

$$\frac{\mathrm{d}N}{N} = \frac{\partial\ln F}{\partial x}\mathrm{d}x + \frac{\partial\ln F}{\partial y}\mathrm{d}y + \frac{\partial\ln F}{\partial z}\mathrm{d}z + \cdots \qquad (1-4-3)$$

同样改写微分 d(•)为绝对误差（标准偏差）$\sigma_{(•)}$，并根据各项分误差按照"方和根"原则传递和合成总误差，即为间接测量的相对误差 E_N，且

$$E_N = \frac{\sigma_{\bar{N}}}{\bar{N}} = \sqrt{\left(\frac{\partial\ln F}{\partial x}\sigma_x\right)^2 + \left(\frac{\partial\ln F}{\partial y}\sigma_y\right)^2 + \left(\frac{\partial\ln F}{\partial z}\sigma_z\right)^2 + \cdots} \qquad (1-4-4)$$

（3）计算间接测量 $\bar{N}$ 的标准偏差。

已知 E_N、$\bar{N}$，由式（1-4-4）可以求出合成标准偏差为

$$\sigma_{\bar{N}} = \bar{N} \cdot E_N$$

（4）最后结果表示为

$$N = \bar{N} \pm \sigma_{\bar{N}}（单位），\quad E = y\%$$

表 1-4-2 对常用函数的误差传递与合成做了总结。

表 1-4-2　常用函数的误差传递与合成

测量函数关系式 $N = F(x, y, z, \cdots)$	误差传递与合成
$N = x + y$	$\sigma_{\bar{N}} = \sqrt{\sigma_x^2 + \sigma_y^2}$
$N = x - y$	$\sigma_{\bar{N}} = \sqrt{\sigma_x^2 + \sigma_y^2}$
$N = kx$	$\sigma_{\bar{N}} = |k|\sigma_x，E_N = \dfrac{\sigma_x}{x}$

续表

测量函数关系式 $N=F(x, y, z, \cdots)$	误差传递与合成
$N=\sqrt[n]{x}$	$E_{\bar{N}}=\dfrac{1}{n}\dfrac{\sigma_x}{x}$，$\sigma_{\bar{N}}=\bar{N}E_N$
$N=xy$	$E_{\bar{N}}=\sqrt{\left(\dfrac{\sigma_x}{x}\right)^2+\left(\dfrac{\sigma_y}{y}\right)^2}$，$\sigma_{\bar{N}}=\bar{N}E_N$
$N=\dfrac{x}{y}$	$E_{\bar{N}}=\sqrt{\left(\dfrac{\sigma_x}{x}\right)^2+\left(\dfrac{\sigma_y}{y}\right)^2}$，$\sigma_{\bar{N}}=\bar{N}E_N$
$N=\dfrac{x^p y^q}{z^\gamma}$	$E_{\bar{N}}=\sqrt{p^2\left(\dfrac{\sigma_x}{x}\right)^2+q^2\left(\dfrac{\sigma_y}{y}\right)^2+\gamma^2\left(\dfrac{\sigma_z}{z}\right)^2}$，$\sigma_{\bar{N}}=\bar{N}E_N$
$N=\sin x$	$\sigma_{\bar{N}}=\lvert\cos\bar{x}\rvert\sigma_x$
$N=\ln x$	$\sigma_{\bar{N}}=\dfrac{\sigma_x}{x}$

【例 1-4-3】 已知 $N=\pi A+2B-C+D$，且已求得各直接测量量的中间结果 $\bar{A}=71.35$，$\bar{B}=6.2624$，$\bar{C}=0.7536$，$\bar{D}=271.2$；$\sigma_A=0.16$，$\sigma_B=0.0010$，$\sigma_C=0.0011$，$\sigma_D=1.0$，单位都为 mm，求 N 的测量结果。

解 （1）求代真值：

$$\bar{N}=\pi\bar{A}+2\bar{B}-\bar{C}+\bar{D}=3.14\times71.4+2\times6.3-0.8+271.2=507.2 \text{ mm}$$

（2）函数为和差关系，$\bar{N}$ 的标准偏差为

$$\sigma_N=\sqrt{\left(\frac{\partial N}{\partial A}\right)^2\sigma_A^2+\left(\frac{\partial N}{\partial B}\right)^2\sigma_B^2+\left(\frac{\partial N}{\partial C}\right)^2\sigma_C^2+\left(\frac{\partial N}{\partial D}\right)^2\sigma_D^2}$$

$$=\sqrt{\pi^2\sigma_A^2+2^2\sigma_B^2+(-1)^2\sigma_C^2+\sigma_D^2}$$

$$=\sqrt{3.14^2\times0.16^2+2^2\times0.0010^2+0.0011^2+1.0^2}$$

$$=1.1 \text{ mm}$$

为简化计算，可找出各分误差中的最大者，凡小于它的 1/10 的分误差可略去，不参与计算，比如：

$$\sigma_N=\sqrt{\pi^2\sigma_A^2+\sigma_D^2}=\sqrt{3.14^2\times0.16^2+1.0^2}=1.1 \text{ mm}$$

（3）测量的相对误差为

$$E=\frac{\sigma_N}{\bar{N}}=\frac{1.1}{507}=0.22\%$$

（4）最后结果表示为

$$N=(507\pm1)\text{mm}，E=0.22\%$$

【例 1-4-4】 用钢卷尺单次测得长方体的长度 A 为 150.00 cm；5 次等精度测量其宽度，测定值分别如表 1-4-3 中的 B_i 所示；用千分尺测量 10 次其高度，每次测定值均为

5.000 mm。求长方体的总棱长 L、总表面积 S、体积 V。

解 (1) 计算各直接测量量的数据处理误差。

表 1−4−3　B_i 的数据及数据处理表

i	B_i/mm	$\Delta B_i/\mathrm{mm}$	$(\Delta B_i)^2 (\times 10^{-6})/\mathrm{mm}^2$
1	250.29	0.028	784
2	250.25	0.012	144
3	250.28	0.018	324
4	250.26	0.002	4
5	250.23	0.032	1024
	$\overline{B}=250.262$		$\sum\limits_{i=1}^{5}(\triangle B_i)^2=2280$

长度测量的数据处理为

$$\overline{A}=A_{测}=1500.0 \text{ mm}, \quad \Delta_{仪}=0.5\times 1=0.50 \text{ mm} \quad (钢卷尺误差限)$$

$$\sigma_A=\frac{\Delta_{仪}}{\sqrt{3}}=\frac{0.50}{\sqrt{3}}=0.29 \text{ mm}$$

$$A=(1500.0\pm 0.3)\text{mm}$$

宽度测量的数据处理为

$$\sigma_B=\sqrt{\frac{\sum(\Delta B_i)^2}{n(n-1)}}=\sqrt{\frac{2280\times 10^{-6}}{5(5-1)}}=0.011 \text{ mm}$$

$$B=(250.26\pm 0.01)\text{mm}$$

高度测量的数据处理为

$$\overline{C}=C_{测}=5.000 \text{ mm}, \quad \Delta_{仪}=0.5\delta_C=0.5\times 0.01=0.0050 \text{ mm} \quad (千分尺误差限)$$

$$\sigma_C=\frac{\Delta_{仪}}{\sqrt{3}}=0.0029 \text{ mm}$$

$$C=(5.000\pm 0.003) \text{ mm}$$

(2) 求总棱长 L。关系式为 $L=4(A+B+C)$，函数以和、差形式为主。

$$\overline{L}=4(\overline{A}+\overline{B}+\overline{C})=4\times(1500.0+250.3+5.0)=7021.2 \text{ mm}$$

$$\sigma_L=\sqrt{4^2(\sigma_A^2+\sigma_B^2+\sigma_C^2)}=\sqrt{16(0.29^2+0.011^2+0.0029^2)}=1.2 \text{ mm}$$

$$E=\frac{\sigma_L}{\overline{L}}=\frac{1.2}{7021}=0.017\%$$

总棱长测量结果为

$$L=(7021\pm 1) \text{ mm}, \quad E=0.017\%$$

(3) 求总表面积 S。关系式为 $S=2(AB+AC+BC)$，以和、差形式为主，先求绝对误差。

$$\overline{S}=2(\overline{A}\,\overline{B}+\overline{A}\,\overline{C}+\overline{B}\,\overline{C})$$

$$=2\times(1500.0\times 250.26+1500.0\times 5.000+250.26\times 5.000)$$

$$=7682.8\times 10^2 \text{ mm}^2=7682.8 \text{ cm}^2$$

$$\sigma_S = \sqrt{2^2\left[(\overline{B}+\overline{C})^2\sigma_A^2 + (\overline{A}+\overline{C})^2\sigma_B^2 + (\overline{A}+\overline{B})^2\sigma_C^2\right]}$$

$$= \sqrt{4\left[(250+5.0)^2\times0.29^2 + (1500+5.0)^2\times0.011^2 + (1500+250)^2\times0.0029^2\right]}$$

$$= 1.5\times10^2 \text{ mm}^2 = 1.5 \text{ cm}^2$$

$$E = \frac{\sigma_S}{\overline{S}} = \frac{1.5}{7683} = 0.020\%$$

总表面积的测量结果为

$$S = (7683\pm2) \text{ cm}^2, \ E = 0.020\%$$

（4）求体积 V。关系式为 $V = A \cdot B \cdot C$，以积、商形式为主，故

$$\overline{V} = \overline{A} \cdot \overline{B} \cdot \overline{C} = 1500.0\times250.26\times5.000 = 1877.0\times10^3 \text{ mm}^3 = 1877.0 \text{ cm}^3$$

$$E = \sqrt{\left[\frac{\sigma_A}{\overline{A}}\right]^2 + \left[\frac{\sigma_B}{\overline{B}}\right]^2 + \left[\frac{\sigma_C}{\overline{C}}\right]^2}$$

$$= \sqrt{\left(\frac{0.29}{1500}\right)^2 + \left(\frac{0.011}{250}\right)^2 + \left(\frac{0.0029}{5.0}\right)^2} = 0.061\%$$

$$\sigma_V = \overline{V} \cdot E = 1877\times0.061\% = 1.1 \text{ cm}^3$$

体积测量结果为

$$V = (1877\pm1) \text{ cm}^3, \ E = 0.06\%$$

第五节 测量结果的不确定度评定

1980 年国际计量局提出了关于"实验不确定度"的建议书，1981 年国际计量大会通过了采纳该建议书的决议。1986 年我国计量科学院发出了用不确定度作为误差指标的通知。国家技术监督局于 1991 年正式下发文件 JJF1027—1991《测量误差及数据处理》，决定自 1992 年 10 月开始正式采用不确定度评定误差；1999 年 1 月发布并于 1999 年 5 月正式实施中华人民共和国计量技术规范 JJF1059—1999《测量不确定度评定与表示》。因此，采用不确定度评价实验结果已势在必行。下面将结合测量结果的评定，对不确定度的概念、分类、合成等问题进行讨论。

1. 不确定度的概念

什么是不确定度？按国家计量技术规范 JJF1059—1999《测量不确定度评定与表示》中的定义，测量不确定度（Uncertainty of a Measurement）是表征合理地赋予被测量之值的分散性与测量结果相关的参数。它是因测量误差存在而对被测量不能肯定的程度，是表达测量结果具有分散性的一个参数，因而是测量质量的表征。

对一个物理实验的具体数据来说，不确定度是指测量值（近真值）附近的一个范围，测量值与真值之差（误差）可能落于其中，不确定度小，测量结果可信赖程度高；不确定度大，测量结果可信赖程度低。在实验和测量工作中，不确定度一词近似于不确知、不明确、不可靠、有质疑，是作为估计而言的。因为误差是未知的，不可能用指出误差的方法去说明可信赖程度，而只能用误差的某种可能的数值去说明可信赖程度，所以不确定度更能表示测量结果的性质和测量的质量。用不确定度评定实验结果的误差，既包含了统计性误差，又包

含了非统计性误差,这样更准确、全面地表述了测量结果的可靠程度;而用标准偏差评定测量结果具有一定的片面性,因而有必要采用不确定度的概念。

2. 测量结果的表示和合成不确定度

在做物理实验时,要求表示出测量的最终结果。在这个结果中既要包含被测量的近似真实值 $\bar{x}$,又要包含测量结果的不确定度 σ,还要反映出物理量的单位。因此,要写成物理含义深刻的标准表达形式,即

$$x = \bar{x} \pm \sigma \quad (\text{单位}) \tag{1-5-1}$$

式中:x 为被测量;$\bar{x}$ 是测量的近真值;σ 是合成不确定度,一般保留一位有效数字。这种表达形式反映了 3 个基本要素:测量值、合成不确定度和单位。

在物理实验中,直接测量时若不需要对被测量进行系统误差的修正,则一般就取多次测量的算术平均值 $\bar{x}$ 作为近真值;若在实验中有时只需测量一次或只能测量一次,则该次测量值就为被测量的近似真实值。如果要求对被测量进行一定系统误差的修正,则通常是将一定系统误差(即绝对值和符号都确定的可估计出的误差分量)从算术平均值 $\bar{x}$ 或一次测量值中减去,从而求得被修正后的直接测量结果的近真值。

在上述标准式中,近真值、合成不确定度、单位 3 个要素缺一不可,否则就不能全面表达测量结果。同时,近真值 $\bar{x}$ 的末尾数应该与不确定度的所在位数对齐,近真值 $\bar{x}$ 与不确定度 σ 的数量级、单位要相同。在刚开始做物理实验时,测量结果的正确表示是一个难点,要培养良好的实验习惯,才能逐步克服难点,正确书写出测量结果的标准形式。

由于误差的来源很多,因此测量结果的不确定度一般包含几个分量。在修正了可定系统误差之后,余下的全部误差可归为 A、B 两类不确定度分量。

(1) A 类分量(A 类不确定度)S_A——在同一条件下,多次重复测量时,用统计分析方法评定的不确定度。

(2) B 类分量(B 类不确定度)σ_B——用其他方法(非统计分析方法)评定的不确定度。

测量结果的总不确定度由 A 类分量、B 类分量经"方和根"方法合成,即

$$\sigma = \sqrt{S_A^2 + \sigma_B^2} \tag{1-5-2}$$

3. 直接测量结果的不确定度的估算

物理实验教学中,S_A 一般用多次测量平均值的标准偏差 $\sigma_{\bar{x}}$ 与 t 因子 t_P 的乘积来估算,即

$$S_A = t_P \sigma_{\bar{x}}$$

式中:t 因子 t_P 与测量次数 n 和对应的置信概率 P 有关,当置信概率为 $P=0.95$、测量次数 $n=6$ 时,从表 1-2-1 中可以查到 $t_{0.95}/\sqrt{n} \approx 1$,则有

$$S_A = \sqrt{n}\sigma_{\bar{x}} = \sigma_x = \sqrt{\frac{\sum_{i=1}^{n}(x_i - \bar{x})^2}{n-1}}$$

即在置信概率为 0.95 的前提下,测量次数 $n=6$,可用贝塞尔公式即式(1-2-5)计算 A 类不确定度。为方便起见,本书在未加说明时取置信概率为 0.95。

对 B 类不确定度,主要讨论仪器误差,故 $\sigma_B = \Delta_{仪}$,则有

$$\sigma = \sqrt{S_A^2 + \Delta_{仪}^2} \tag{1-5-3}$$

最后将测量(包括后面介绍的间接测量)结果写成标准形式为

$$X = \overline{X} \pm \sigma \quad (单位)$$

$$E_x = \frac{\sigma}{\overline{x}} \times 100\%$$

E_x 为相对不确定度。用上式表达的测量结果置信概率大于 95%，但没有确切的置信概率(故无须注明 P 值)。上式中，$\overline{x}$ 可以是单次测量值，也可以是多次测量的算术平均值；σ 为绝对不确定度，亦即总不确定度，如果是单次测量，那么它为仪器误差 $\Delta_{仪}$，如果是多次测量，那么它是合成不确定度。

应该指出，单次测量的不确定度估算是一个近似或粗略的估算方法。这是因为测量的随机分布特征是客观存在的，不随测量次数的不同而变化，也不能由此得出"单次测量的不确定度小于多次测量的不确定度"的结论。

【例 1-5-1】 采用感量为 0.1 g 的物理天平称量某物体的质量，其读数值为 35.41 g，求物体质量的测量结果。

解 采用物理天平称物体的质量，重复测量读数值往往相同，故一般只需进行单次测量即可。单次测量的读数即为近似真实值，$m = 35.41$ g。

物理天平的"示值误差"通常取感量的一半，并且作为仪器误差，即

$$\sigma_B = \Delta_{仪} = 0.05 \text{ g}, \ E = \frac{\sigma}{m} = \frac{\Delta_{仪}}{m} = \frac{0.05}{35.41} = 0.14\%$$

故测量结果为

$$m = (35.41 \pm 0.05) \text{ g}, \ E = 0.14\%$$

【例 1-5-2】 用螺旋测微器测量小钢球的直径，8 次的测量值分别为

$$d(\text{mm}) = 2.125, \ 2.131, \ 2.121, \ 2.127, \ 2.124, \ 2.126, \ 2.123, \ 2.129$$

螺旋测微器的零点读数 d_0 为 0.008 mm，最小分度数值为 0.01 mm，试写出测量结果的标准式。

解 (1) 求直径 d 的算术平均值。

$$\overline{d}' = \frac{1}{n} \sum_{i=1}^{8} d_i = \frac{1}{8}(2.125 + 2.131 + 2.121 + 2.127 + 2.124 + 2.126 + 2.123 + 2.129)$$

$$= 2.126 \text{ mm}$$

(2) 求修正螺旋测微器的零点误差。

$$\overline{d} = \overline{d}' - d_0 = 2.126 - 0.008 = 2.118 \text{ mm}$$

(3) 计算 B 类不确定度。螺旋测微器的仪器误差为 $\Delta_{仪} = 0.005$ mm，则

$$\sigma_B = \Delta_{仪} = 0.005 \text{ mm}$$

(4) 计算 A 类不确定度。

$$S_A = \sqrt{\frac{\sum_{i=1}^{8}(d_i - \overline{d}')^2}{n-1}} = \sqrt{\frac{(2.125 - 2.126)^2 + (2.131 - 2.126)^2 + \cdots}{8-1}} = 0.003 \text{ mm}$$

(5) 合成不确定度为

$$\sigma = \sqrt{S_A^2 + \sigma_B^2} = \sqrt{0.003^2 + 0.005^2} = 0.006 \text{ mm}$$

(6) 相对不确定度为

$$E_d = \frac{\sigma}{\bar{d}} \times 100\% = \frac{0.006}{2.118} \times 100\% = 0.3\%$$

（7）测量结果为

$$d = \bar{d} \pm \sigma = (2.118 \pm 0.006) \text{ mm}, E_d = 0.3\%$$

当有些不确定度分量的数值很小时，相对而言可以将其略去不计。在计算合成不确定度中求"方和根"时，若某一平方值小于另一平方值的 1/9，则这一项就可以略去不计。这一结论叫作微小误差准则。在进行数据处理时，利用微小误差准则可减少不必要的计算。不确定度的计算结果一般应保留一位有效数字，多余的位数按有效数字的修约原则进行取舍。

评价测量结果，除了需要引入相对不确定度 E 的概念之外，有时还需要将测量结果的近似真实值 $\bar{x}$ 与公认值 $x_公$ 进行比较，得到测量结果的百分偏差 B。百分偏差的定义为

$$B = \frac{|\bar{x} - x_公|}{x_公} \times 100\%$$

百分偏差的结果一般应取 2 位有效数字。

4. 间接测量结果不确定度的估算

间接测量结果不确定度的估算详见本章第四节"函数关系以和、差(积、商)形式为主的间接测量结果表示"。这样计算间接测量的统计不确定度时，特别是对函数表达式很复杂的情况，尤其显示出它的优越性。今后在计算间接测量的不确定度时，对函数表达式仅为"和、差"形式的，可以直接利用式(1-4-2)求出间接测量的合成不确定度 σ_N；若函数表达式为积和商(或积、商、和、差混合)等较为复杂的形式，则可直接采用式(1-4-4)，先求出相对不确定度，再求出合成不确定度 σ_N。最后将测量结果写成标准形式为

$$N = \bar{N} \pm \sigma_N \quad （单位）$$

$$E_N = \frac{\sigma_N}{\bar{N}} \times 100\%$$

测量不确定度表达涉及深广的知识领域和误差理论问题，大大超出了本书的讨论范围。同时，有关它的概念、理论和应用规范还在不断地发展和完善。因此，在保证科学性的前提下，尽量把方法简化，以使初学者易于接受。如有需要，可以参考有关文献和资料进一步学习。

【例 1-5-3】 已知电阻 $R_1 = (50.2 \pm 0.5) \ \Omega$，$R_2 = (149.8 \pm 0.5) \ \Omega$，求它们串联的电阻 R 和合成不确定度 σ_R。

解　串联电阻的阻值为

$$R = R_1 + R_2 = 50.2 + 149.8 = 200.0 \ \Omega$$

合成不确定度为

$$\sigma_R = \sqrt{\left(\frac{\partial R}{\partial R_1}\sigma_1\right)^2 + \left(\frac{\partial R}{\partial R_2}\sigma_2\right)^2} = \sqrt{\sigma_1^2 + \sigma_2^2} = \sqrt{0.5^2 + 0.5^2} = 0.7 \ \Omega$$

相对不确定度为

$$E_R = \frac{\sigma_R}{R} = \frac{0.7}{200.0} \times 100\% = 0.35\%$$

测量结果为

$$R=(200.0\pm0.7)\ \Omega, E_R=0.35\%$$

间接测量的不确定度计算结果一般应保留一位有效数字，相对不确定度一般应保留 2 位有效数字。

【例 1-5-4】 测量金属环的内径 $D_1=(2.880\pm0.004)$ cm，外径 $D_2=(3.600\pm0.004)$ cm，厚度 $h=(2.575\pm0.004)$ cm，试求环的体积 V 和测量结果。

解 环的体积公式为

$$V=\frac{\pi}{4}h(D_2^2-D_1^2)$$

（1）环体积的近真值为

$$V=\frac{\pi}{4}\bar{h}(\bar{D}_2^2-\bar{D}_1^2)=\frac{3.1416}{4}\times2.575\times(3.600^2-2.880^2)=9.436\ \text{cm}^3$$

（2）首先将环的体积公式两边同时取自然对数，再求全微分，即

$$\ln V=\ln\left(\frac{\pi}{4}\right)+\ln h+\ln(D_2^2-D_1^2)$$

$$\frac{\mathrm{d}V}{V}=0+\frac{\mathrm{d}h}{h}+\frac{2D_2\mathrm{d}D_2-2D_1\mathrm{d}D_1}{D_2^2-D_1^2}$$

则相对不确定度为

$$\begin{aligned}
E_V&=\frac{\sigma_V}{V}=\sqrt{\left(\frac{\sigma_h}{h}\right)^2+\left(\frac{2D_2\sigma_{D_2}}{D_2^2-D_1^2}\right)^2+\left(\frac{-2D_1\sigma_{D_1}}{D_2^2-D_1^2}\right)^2}\\
&=\left[\left(\frac{0.004}{2.575}\right)^2+\left(\frac{2\times3.600\times0.004}{3.600^2-2.880^2}\right)^2+\left(\frac{-2\times2.880\times0.004}{3.600^2-2.880^2}\right)^2\right]^{\frac{1}{2}}\\
&=0.0081=0.81\%
\end{aligned}$$

（3）总合成不确定度为

$$\sigma_V=V\cdot E_V=9.436\times0.0081=0.08\ \text{cm}^3$$

（4）环体积的测量结果为

$$V=(9.44\pm0.08)\ \text{cm}^3, E_V=0.81\%$$

在 V 的标准式中，$V=9.436\ \text{cm}^3$ 应与不确定度的位数取齐，因此将小数点后的第三位数 6 按照数字修约原则进到百分位，故 $V=9.44\ \text{cm}^3$。

第六节 实验数据处理的几种方法

物理实验中测量得到的许多数据需要处理后才能表示测量的最终结果。对实验数据进行记录、整理、计算、分析、拟合等，从中获得实验结果和寻找物理量的变化规律或经验公式的过程就是数据处理，它是实验方法的一个重要组成部分。本节主要介绍 5 种数据处理方法：列表法、图示与图解法、逐差法、平均法和最小二乘法。

1. 列表法

列表法就是将一组实验数据和计算的中间数据，依据一定的形式和顺序列成表格的方法。列表法可以简单、明确地表示出物理量之间的对应关系，便于分析和发现数据的规律性，也有助于检查和发现实验中的问题。要想让自己所列的表格充分发挥出所有的优点，

则必须严格按以下要求精心设计。

1) 列表的要求

(1) 任何表格的各栏目(纵栏或横栏)均应标明所列各量的名称(或代号,若为自定代号,则需另加注明)及单位。各量的单位切忌在每个数据的后面都写,而应标注在本量的栏目中,若整个表中各量的单位相同,则应统一在表格的右上方注明。

(2) 多次等精度测量的数据和处理绝对误差的数据在表中不要成行排列,而要各排一列,其至每个数值的每一位数字都排列整齐,以便一眼就能比较出它们的大小,判断其是否反常。

(3) 所有直接测量的量及其平均值和绝对误差、有关仪器误差等都要列入表中,以提高数据处理和误差计算的工作效率。原始数据表格中还应注明实验日期、环境条件(如温度、湿度、气压等),多人一组的还应注明合作者姓名。

(4) 若是函数测量关系表,则应按自变量由小到大或由大到小的顺序排列。

(5) 栏目的顺序应充分注意数据间的联系和计算过程的先后顺序,力求简明、齐全,做到有条有理。

(6) 严格养成实事求是的科学作风,原始数据不允许随意改动。必要改动时应说明缘由,更不允许假造原始数据,编造假的结果。

(7) 有的数据要用数值科学表示法,则需注明在栏目中,不要写在每个数据旁边。

(8) 表中所有的数值应按有关取位原则进行正确取位。

(9) 表格要加上必要的说明。实验室所给的数据或查得的单项数据应列在表格的上部,说明写在表格的下部。

2) 列表法的常见错误

(1) 数值斜记,破坏行、列整齐原则。

(2) 同一测量列的数据横排,不便于前、后比较其大小,难于找出规律和发现问题。

(3) 没有注明栏目名称,却写了一些数据,或列出处理完毕后才得到的中间结果和公式。

(4) 单位标注的位置不当,或不标注单位,或单位标注错误。

(5) 数据及中间结果的取位错误,或应该用数值科学表示法的没有用科学表示法。

(6) 表断裂成两截,达不到一目了然的目的。

2. 图示与图解法

1) 图示法

图示法是在坐标纸上用图线表示物理量之间的关系,揭示物理量之间的联系的方法。图示法有简明、形象、直观和便于比较与研究实验结果等优点,它是一种最常用的数据处理方法。

图示法的基本规则如下:

(1) 根据函数关系选择适当的坐标纸(如直角坐标纸、单对数坐标纸、双对数坐标纸、极坐标纸等)和比例,画出坐标轴,标明物理量符号、单位和刻度值,并写明测试条件。

(2) 坐标的原点不一定是变量的零点,可根据测试范围加以选择。坐标分格最好使测量数值中最低可靠数字位的一个单位与坐标最小分度相当。纵横坐标比例要恰当,以使图线居中。

(3) 描点和连线。根据测量数据,用直尺和笔尖使其函数对应的实验点准确地落在相应的位置。在一张图纸上画上几条实验曲线时，每条图线应用不同的标记如"+""×""·""△"等符号标出，以免混淆。连线时要顾及数据点，使曲线呈光滑曲线（含直线），并使数据点均匀分布在曲线（直线）的两侧，且尽量贴近曲线（直线）。个别偏离过大的点要重新审核，属过失误差的应剔去。

（4）标明图名。作好实验图线后，应在图纸下方或空白的明显位置处写上图的名称、作者和作图日期，有时还要附上简单的说明，如实验条件等，使读者一目了然。作图时，一般将纵轴代表的物理量写在前面，横轴代表的物理量写在后面，中间用"-"连接。

（5）将图纸贴在实验报告的适当位置，便于教师批阅实验报告。

2）图解法

在物理实验中，实验图线作出以后，可以由图线求出经验公式。图解法就是根据实验数据作好的图线，用解析法找出相应的函数形式的方法。实验中经常遇到的图线是直线、抛物线、双曲线、指数曲线、对数曲线。特别是当图线是直线时，采用此方法更为方便。

（1）由实验图线建立经验公式的一般步骤如下：

① 根据解析几何知识判断图线的类型。

② 由图线的类型判断公式的可能特点。

③ 利用半对数、对数或倒数坐标纸，把原曲线改为直线。

④ 确定常数，建立起经验公式的形式，并用实验数据来检验所得公式的准确程度。

（2）用直线图解法求直线的方程。

如果作出的实验图线是一条直线，则经验公式应为直线方程

$$y = kx + b \tag{1-6-1}$$

要建立此方程，必须由实验直接求出 k 和 b。下面介绍用斜率截距法求 k 和 b。

如图 1-6-1 所示的电阻伏安特性曲线，在图线上选取两点 $A(x_1, y_1)$ 和 $B(x_2, y_2)$。选点时需注意：不得用原始数据点，而应从图线上直接读取，其坐标值最好是整数值；所取的两点在实验范围内应尽量彼此分开一些，以减小误差。由解析几何知识可知，上述直线

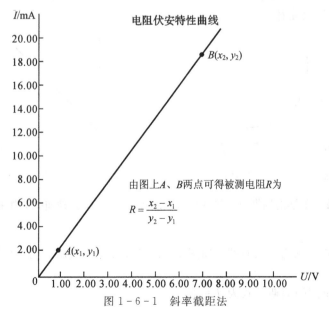

图 1-6-1　斜率截距法

方程中，k 为直线的斜率，b 为直线的截距。k 可以根据两点的坐标求出，即

$$k = \frac{y_2 - y_1}{x_2 - x_1} \qquad (1-6-2)$$

截距 b 为 $x=0$ 时的 y 值。若原实验中所绘制的图形并未给出当 $x=0$ 时 y 的值，则可将直线用虚线延长交于 y 轴，量出截距的大小。如果起点不为零，则也可以由式

$$b = \frac{x_2 y_1 - x_1 y_2}{x_2 - x_1} \qquad (1-6-3)$$

求出截距。将求出的斜率和截距数值代入方程 $y=kx+b$ 中就可以得到经验公式。

　　3) 曲线改直及曲线方程的建立

　　在许多情况下，函数关系是非线性的，但可通过适当的坐标变换化成线性关系，在作图法中用直线表示，这种方法叫作曲线改直。做这样的变换不仅是由于直线容易描绘，更重要的是直线的斜率和截距所代表的物理内涵是我们所需要的。例如：

　　(1) $y=ax^b$，式中 a、b 为常量，可变换成 $\lg y = b \lg x + \lg a$，$\lg y$ 为 $\lg x$ 的线性函数，斜率为 b，截距为 $\lg a$。

　　(2) $y=ab^x$，式中 a、b 为常量，可变换成 $\lg y = (\lg b)x + \lg a$，$\lg y$ 为 x 的线性函数，斜率为 $\lg b$，截距为 $\lg a$。

　　(3) $PV=C$，式中 C 为常量，要变换成 $P=C(1/V)$，P 是 $1/V$ 的线性函数，斜率为 C。

　　(4) $y^2=2px$，式中 p 为常量，$y=\pm\sqrt{2p}\,x^{1/2}$，y 是 $x^{1/2}$ 的线性函数，斜率为 $\pm\sqrt{2p}$。

　　(5) $y=x/(a+bx)$，式中 a、b 为常量，可变换成 $1/y=a(1/x)+b$，$1/y$ 为 $1/x$ 的线性函数，斜率为 a，截距为 b。

　　(6) $s=v_0 t + at^2/2$，式中 v_0、a 为常量，可变换成 $s/t=(a/2)t+v_0$，s/t 为 t 的线性函数，斜率为 $a/2$，截距为 v_0。

　　【例 1-6-1】　在恒定温度下，一定质量的气体的压强 P 随容积 V 而变，画出 P-V 图，它为一条曲线，如图 1-6-2 所示。

　　若用坐标轴 $1/V$ 置换坐标轴 V，则 P-$1/V$ 图为一直线，如图 1-6-3 所示。直线的斜率为 $PV=C$，即玻-马定律。

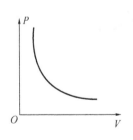
图 1-6-2　P-V 曲线

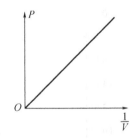
图 1-6-3　P-$1/V$ 曲线

　　【例 1-6-2】　单摆的周期 T 随摆长 L 而变，绘出 T-L 实验曲线为抛物线，如图 1-6-4 所示。

　　若作 T^2-L 图，则为一条直线，如图 1-6-5 所示，直线斜率为 $k=\dfrac{T^2}{L}=\dfrac{4\pi^2}{g}$。

　　由此可写出单摆的周期公式为 $T=2\pi\sqrt{\dfrac{L}{g}}$。

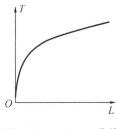

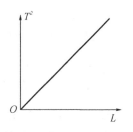

图 1-6-4　T-L 曲线　　　　　　　图 1-6-5　T^2-L 曲线

3. 逐差法

逐差法常应用于处理自变量等间距变化的数据组。逐差法把实验测量数据进行逐项相减，或者分成高、低两组并实行对应项相减。前者可以验证被测量之间的函数关系，随测随检，及时发现数据差错和数据规律；后者可以充分利用数据，具有对数据取平均和减少相对误差的效果。

例如，用受力拉伸法测定弹簧劲度系数(又称弹性系数)k，等间距地改变拉力(负荷)，将测得的一组数据列于表 1-6-1 中。

表 1-6-1　用受力拉伸法测得的数据

	i	砝码质量/g	标尺读数/mm	逐次相减 $(\delta_L = L_i - L_{i-1})$/mm	弹簧伸长量 $(\delta_{L_i} = L_i - L_0)$/mm	等间距相减 $(\delta_L = L_m - L_n)$/mm
n	0	0	$L_0 = 59.7$	$\delta_L = 0.0$		$L_5 - L_0 = 130.4 - 59.7 = 70.7$
	1	200	$L_1 = 74.0$	$L_1 - L_0 = 14.3$	$L_1 - L_0 = 14.3$	
	2	400	$L_2 = 88.3$	$L_2 - L_1 = 14.3$	$L_2 - L_0 = 28.6$	$L_6 - L_1 = 144.6 - 74.0 = 70.6$
	3	600	$L_3 = 102.4$	$L_3 - L_2 = 14.1$	$L_3 - L_0 = 42.7$	
	4	800	$L_4 = 116.4$	$L_4 - L_3 = 14.0$	$L_4 - L_0 = 56.7$	$L_7 - L_2 = 159.0 - 88.3 = 70.7$
m	5	1000	$L_5 = 130.4$	$L_5 - L_4 = 14.0$	$L_5 - L_0 = 70.7$	
	6	1200	$L_6 = 144.6$	$L_6 - L_5 = 14.2$	$L_6 - L_0 = 84.9$	$L_8 - L_3 = 173.1 - 102.4 = 70.7$
	7	1400	$L_7 = 159.0$	$L_7 - L_6 = 14.4$	$L_7 - L_0 = 99.3$	
	8	1600	$L_8 = 173.1$	$L_8 - L_7 = 14.1$	$L_8 - L_0 = 113.4$	$L_9 - L_4 = 187.3 - 116.4 = 70.9$
	9	1800	$L_9 = 187.3$	$L_9 - L_8 = 14.2$	$L_9 - L_0 = 127.6$	

从表 1-6-1 中可看出，逐次相减的结果接近相等，说明弹簧伸长与所加的砝码重量呈线性变化关系。同时，如果此列数据中有的显著偏大或显著偏小，则这很可能是因为测量此数据时有某种系统误差产生。

在利用上述实验数据求弹簧的弹性系数 k 时，可采用多项间隔逐差法，将数据分成高组 $m(L_5$、L_6、L_7、L_8、$L_9)$ 和低组 $n(L_0$、L_1、L_2、L_3、$L_4)$，然后对应项相减，这相当于重复测量了 5 项，每次负荷改变 1000 mg，则求得弹性系数 $\bar{k}$ 为

$$\bar{k} = \cfrac{F}{\cfrac{1}{5}\left[(L_9-L_4)+(L_8-L_3)+(L_7-L_2)+(L_6-L_1)+(L_5-L_0)\right]}$$

$$= \cfrac{600\times9.81\times10^{-6}}{\cfrac{1}{5}(70.9+70.7+70.7+70.6+70.7)\times10^{-3}}$$

$$= 1.387\times10^{-1}\ \text{N/m}$$

但是，利用逐次相减平均求 L'，相应负荷为 200 mg，求得的弹性系数 $\bar{k}$ 为

$$\bar{k} = \cfrac{F'}{\cfrac{1}{9}\left[(L_1-L_0)+(L_2-L_1)+\cdots+(L_9-L_8)\right]} = \cfrac{F'}{\cfrac{1}{9}(L_9-L_0)}$$

结果中间的数据都相互减去了，没有达到多次等精度测量减小随机误差的作用，所以不宜采用。故多项间隔逐差法可以充分利用测量数据，保持了多次测量的优点，减少了测量误差。

4. 平均法

平均法是处理方程组的数目多于变量个数的一种方法。它把几个数据归并，并求出其平均值，使方程的组数与变量的个数相同，然后解出代数方程组，以求得结果。平均法处理数据方法简便，特别是对一元线性问题，能得到较好的结果。

例如，伏安法测量电阻得到的一列实验数据如表 1-6-2 所示。

表 1-6-2　伏安法测电阻实验数据

U/V	I/mA
0.00	0.00
2.00	3.85
4.00	8.15
6.00	12.05
8.00	15.80
10.00	19.90

由 $R=U/I$ 可知，若令 $I=a_1U+a_0$，求出 a_1、a_0，则有 $R=1/a_1$，且 $a_0=0$。若将 I、U 数据代入 $I=a_1U+a_0$ 中，则得方程组

$$\begin{cases} 0.00=0.00a_1+a_0 \\ 3.85=2.00a_1+a_0 \\ 8.15=4.00a_1+a_0 \\ 12.05=6.00a_1+a_0 \\ 15.80=8.00a_1+a_0 \\ 19.90=10.00a_1+a_0 \end{cases}$$

依次将上面方程组的方程分成前、后两组，然后将每一大组各方程的两边相加，则有
前组相加得

$$12.00=6.00a_1+3a_0$$

后组相加得

$$47.75 = 24.00a_1 + 3a_0$$

解联立方程组得

$$\begin{cases} a_1 = \dfrac{47.75 - 12.00}{24.00 - 6.00} = 1.986 \\ a_0 = \dfrac{12.00 - 6.00 \times 1.986}{3} = 0.028\,00 \end{cases}$$

故

$$\begin{cases} R = \dfrac{1}{a} = \dfrac{1}{1.986 \times 10^{-3}} = 503.5\ \Omega \\ a_0 = 0.028\,00 \quad (\text{可视为 } a_0 = 0) \end{cases}$$

实验结果与欧姆定律一致。

5. 最小二乘法

把实验数据和结果绘成图表固然可以表现出各种物理规律，但用图表表示往往又不如用函数表示来得明确和方便。从实验的测量数据中求出被测物理量之间的经验方程，叫作方程的回归或拟合。

针对方程的回归问题，首先要确定函数的形式。而函数的形式一般是根据理论去推断或者从实验数据变化的趋势去推断。例如，当 y 与 x 呈线性关系时，函数形式为 $y = b_0 + b_1 x$；当呈指数关系时，函数形式为 $y = c_1 e^{c_2 x} + c_3$ 等；当函数关系实在不清楚时，常用多项式 $y = b_0 + b_1 x + b_2 x^2 + \cdots + b_n x^n$ 表示。（式中，b_0、b_1、b_2、$\cdots$、b_n、c_1、c_2、c_3 均为常数）所以，回归问题就是用实验数据来确定以上各方程中的待定常数问题。

1805 年，Legendre 发现了最小二乘法，而后高斯从解决一系列等精度测量的最佳值问题中建立了最小二乘法的原理。最佳值乃是能使各次测量值的误差平方和为最小的那个值，即

$$S = \sum_{i=1}^{n} (y_i - \hat{y}_i)^2 \to \min \tag{1-6-4}$$

设某一实验中，可控制的物理量取 x_1，x_2，$\cdots$，x_n 值时，通过测量得到一组相互独立的测量值 y_1，y_2，$\cdots$，y_n 值。假设物理量 x、y 呈线性关系，而在理论上或函数关系上这些 x_i 对应的值为 $\hat{y}_1$，$\hat{y}_2$，$\cdots$，$\hat{y}_i$。假设诸 y_i 值存在测量误差，而诸 x_i 值的测量是准确的，或认为 x_i 的测量误差相对于 y_i 的测量误差可忽略不计。这样，只要 $\hat{y}_1$ 和 y_i 之间的偏差平方和为最小，就表示最小二乘法所拟合的直线是最佳的。如果设法确定直线方法中的待定斜率 a 和待定截距 b，那么该直线也就确定了。所以，解决直线拟合的问题，也就成为如何由实验数据 (x_i, y_i) 来确定 a、b 的问题了。

将 $\hat{y}_i = a x_i + b$ 代入式（1-6-4）得

$$S(a, b) = \sum_{i=1}^{n} (y_i - a x_i - b)^2 \to \min \tag{1-6-5}$$

式中：y_i 和 x_i 是测量值，都是已知量；a 和 b 是待求量。因此，S 实际是 a 和 b 的函数。令 S 对 a 和 b 的一级偏导数为零，即可解出满足式（1-6-5）的 a、b 值。

$$\begin{cases} \dfrac{\partial S}{\partial a} = -2 \sum_{i=1}^{n} (y_i - a x_i - b) x_i = 0 \\ \dfrac{\partial S}{\partial b} = -2 \sum_{i=1}^{n} (y_i - a x_i - b) = 0 \end{cases} \tag{1-6-6}$$

将式(1-6-6)展开,并令

$$
\begin{cases}
\bar{x} = \dfrac{1}{n}\sum_{i=1}^{n} x_i \\[2mm]
\bar{y} = \dfrac{1}{n}\sum_{i=1}^{n} y_i \\[2mm]
\overline{x^2} = \dfrac{1}{n}\sum_{i=1}^{n} x_i^2 \\[2mm]
\overline{xy} = \dfrac{1}{n}\sum_{i=1}^{n} x_i y_i
\end{cases}
\tag{1-6-7}
$$

则

$$
\begin{cases}
\bar{x}a + b = \bar{y} \\[1mm]
\overline{x^2}a + \bar{x}b = \overline{xy}
\end{cases}
\tag{1-6-8}
$$

解式(1-6-8)得

$$
a = \frac{\overline{xy} - \bar{x}\cdot\bar{y}}{\overline{x^2} - \bar{x}^2}
\tag{1-6-9}
$$

$$
b = \bar{y} - a\bar{x}
\tag{1-6-10}
$$

由式(1-6-10)可以看出,最佳拟合直线必然也通过$(\bar{x},\bar{y})$这一点。所以,在用作图法进行直线拟合时,应将点$(\bar{x},\bar{y})$在图上标出,以此点为轴心画一直线,使实验点均匀分布在直线的两侧。

在实验中,若两个物理量x、y之间不是直线关系而是某种曲线关系,则可将曲线改直后再进行最小二乘法直线拟合。

应当指出的是,当两个变量x、y之间不存在线性关系时,同样用最小二乘法也可以拟合出一直线,但这毫无实际意义。只有当两个变量密切存在线性关系时,才应进行直线拟合。为了检查实验数据的函数关系与得到的拟合直线符合的程度,数学上引进了线性相关系数γ来进行判断。γ的定义为

$$
\gamma = \frac{\overline{xy} - \bar{x}\cdot\bar{y}}{\sqrt{(\overline{x^2} - \bar{x}^2)(\overline{y^2} - \bar{y}^2)}}
\tag{1-6-11}
$$

γ值越接近1,x和y的线性关系越好;若$\gamma=1$,则说明x和y是完全线性相关,即(x_i,y_i)全部都在拟合直线上。γ值越接近于0,x和y的线性关系越差;若$\gamma=0$,则说明x与y间不存在线性关系。在物理实验中,一般当$\gamma \geqslant 0.9$时,则认为两个物理量间存在较密切的线性关系。

用最小二乘法计算的常数值a和b是"最佳的",但并不是没有误差,它们的误差估算比较复杂。一般地说,一列测量值的δ_{y_i}大(即实验点对直线的偏离大),那么由这列数据求出的a、b值的误差也大,由此定出的经验公式可靠程度就低;如果一列测量值的δ_{y_i}小(即实验点对直线的偏离小),那么由这列数据求出的a、b值的误差就小,由此定出的经验公式可靠程度就高。

可以证明,斜率和截距的标准偏差分别为

$$
S_a = a\sqrt{\frac{\dfrac{1}{\gamma^2}-1}{n-2}}, \qquad S_b = S_a\sqrt{\overline{x^2}}
$$

6. 实验数据的计算机处理

应用 Excel、MATLAB、Origin 等数据处理软件对实验数据进行处理，请扫描以下二维码进行学习。

实验数据的计算机处理

习　　题

1. 指出以下各值分别有几位有效数字。

(1) 0.050 10 m 有 _____ 位有效数字；　(2) 0.500 00 有 _____ 位有效数字；

(3) 6.063 21 cm 有 _____ 位有效数字；　(4) 6.280×10^3 cm^3 有 _____ 位有效数字；

(5) 5.30×10^{20} 有 _____ 位有效数字；　(6) 0.0038×10^{-6} m 有 _____ 位有效数字。

2. 把下列各中间结果表示为最后结果(要求先列式求出 E 的中间结果)。

(1) $\overline{A}=4.365$ cm，$\sigma_{\overline{A}}=0.025$ cm；

(2) $\overline{B}=6.482$ cm，$\sigma_{\overline{B}}=0.024$ cm；

(3) $\overline{C}=82.35$ cm，$\sigma_{\overline{C}}=0.16$ cm。

3. 单位变换。

(1) (6.225 ± 0.004) kg = _____ t = _____ g = _____ mg；

(2) (3.29 ± 0.02) cm = _____ mm = _____ μm

$\qquad\qquad\qquad\quad$ = _____ nm = _____ m

$\qquad\qquad\qquad\quad$ = _____ km；

(3) $(2.3645+0.0004)$ s = _____ min。

4. 找出下列错误，并写出正确答案。

(1) $L=0.010\ 40$ km 的有效数字是五位；

(2) $d=12.435\pm0.02$ cm；

(3) $h=27.3\times10^4\pm2000$ km；

(4) $R=6371$ km $=6371\ 000$ m $=637\ 100\ 000$ cm。

5. 计算 $\rho=\dfrac{4m}{\pi D^2 H}$ 的结果，其中 $m=(236.124\pm0.002)$ g，$D=(2.345\pm0.005)$ cm，$H=(8.21\pm0.01)$ cm，并且分析 m、D、H 对 σ_P 的合成不确定度的影响。

6. 利用单摆测重力加速度 g，当摆角很小时有 $T=2\pi\sqrt{\dfrac{l}{g}}$ 的关系。式中，l 为摆长，T 为周期，它们的测量结果分别为 $l=(97.69\pm0.02)$ cm，$T=(1.9842\pm0.0002)$ s，求重力加速度及其不确定度。

第二章 基本物理实验

实验 2.1 拉伸法测量金属丝杨氏模量

杨氏模量是工程材料的重要参数，是描述材料刚性特征的物理量。杨氏模量越大，材料越不易发生变形。杨氏模量可以用动态法来测量，也可以用静态法来测量。静态法的关键是要准确测量出试件的微小变形量。测量长度的微小变化有许多方法，如采用光杠杆、千分表、读数显微镜，以及光的干涉法等。南华大学物理实验室利用现代容栅传感器对测微技术进行了研究，获得发明专利一项（专利号：201410656988.7）。本实验利用光杠杆放大法来测量金属丝的杨氏模量。光杠杆放大原理广泛地用于测量技术中，一些高灵敏度仪表都有光杠杆装置，如光点反射式检流计、冲激电流计等。

一、实验目的

（1）了解静力拉伸法测定金属丝杨氏模量的原理。
（2）掌握用光杠杆放大法测量微小长度的变化。
（3）学习用逐差法和作图法处理数据。
（4）培养细致认真、努力进取、协作互助的科学素养。

二、实验器材（雨母校区 ，红湘校区 ）

实验器材有杨氏模量测定仪、光杠杆、望远镜和标尺（镜尺组）、钢丝、砝码、直尺、钢卷尺、螺旋测微计等。

三、实验原理

一根均匀的长度为 L 的金属丝，设其截面积为 S，在受到沿长度方向的外力 F 的作用下伸长 ΔL。根据胡克定律可知，在材料弹性范围内，其相对伸长量 $\Delta L/L$（应变）与外力造成的单位面积上的受力 F/S（应力）成正比，两者的比值为

$$Y = \frac{F/S}{\Delta L/L} \tag{2-1-1}$$

Y 称为该金属丝的杨氏模量，它的单位为 N/m²（牛顿/米²）。实验证明，杨氏模量与外力 F、金属丝的长度 L 和截面积 S 的大小无关，只取决于被测物的材料特性，它是表征固体性质的一个物理量。设金属丝的直径为 d，则 $S = \frac{1}{4}\pi d^2$，杨氏模量可表示为

$$Y = \frac{4FL}{\pi d^2 \Delta L} \qquad\qquad (2-1-2)$$

式(2-1-2)表明，在长度 L、直径 d 和外力 F 相同的情况下，杨氏模量大的金属丝的伸长量较小，而一般金属材料的杨氏模量均达到 10^{11} N/m^2 的数量级，所以当 FL/d^2 的比值不太大时，绝对伸长量 ΔL 就很小，用通常的测量仪器(游标卡尺、螺旋测微器等)难以测量。实验中采用光学放大法将微小长度用一种专门设计的测量装置——光杠杆来进行测量。实验装置图如图 2-1-1 所示。

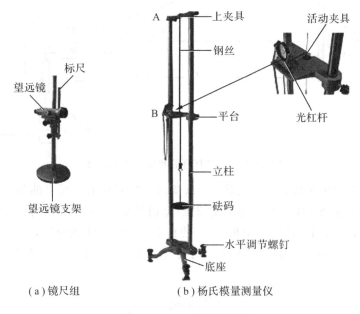

(a)镜尺组　　　　　(b)杨氏模量测量仪

图 2-1-1　实验装置图

实验装置包括以下两部分：

(1) 钢丝和支架。固定于支架中的钢丝固定夹头 A 将被测金属丝(钢丝)的上端夹紧固定，下端连接一个金属框架，由钢丝活动夹头 B 夹紧，如图 2-1-1(b)所示。框架较重，可以使钢丝维持伸直。框架下附有砝码托，可以载荷不同数值的砝码。钢丝活动夹头 B 可随钢丝的伸缩而上、下移动。支架中部有一个可以升、降的水平平台(图中未画出可调升降的装置)。

(2) 光杠杆和镜尺组。这是测量 ΔL 的主要部件，其中光杠杆的外形如图 2-1-2 所示。实验时光杠杆的后足放在钢丝活动夹头 B 上，两前足放在水平平台的横槽里，三足维持在同一水平面上。可见，当金属丝受外力伸长 ΔL 时，光杠杆后足也随之下降 ΔL。镜尺组是由一测量望远镜及其旁边的一竖放标尺组成的，如图 2-1-1(a)所示。

对微小长度 ΔL 的测量，需要光杠杆

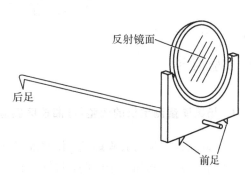

图 2-1-2　光杠杆外形图

与望远镜标尺组配合使用,如图 2-1-3 所示,从望远镜标尺发出的物光经过远处光杠杆的镜面反射后到达望远镜,被观察者在望远镜中看到。

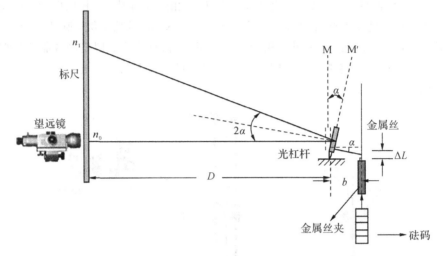

图 2-1-3　光杠杆的测量原理光路图

开始时,光杠杆的镜面处于垂直状态,从望远镜中看到的标尺上的刻度读数为 n_0。实验中如果光杠杆的前足固定,而后足的支撑点(金属丝夹)由于外力砝码作用向下改变了微小长度 ΔL,则光杠杆就会改变一个角度 α,使镜面 M 到达 M′ 的位置,而镜面上的反射光会相应地改变 2α 的角度,此时观察到标尺的刻度变化到了 n_1 的位置。根据图 2-1-3 中的几何关系可知

$$\tan\alpha = \frac{\Delta L}{b}, \quad \tan2\alpha = \frac{n_1 - n_0}{D}$$

式中,b 为光杠杆后足尖到两前足尖连线之间的距离,D 为光杠杆镜面与直尺之间的距离。由于 α 角度很小,$\tan\alpha \approx \alpha$,$\tan2\alpha \approx 2\alpha$,因此 $\alpha = \dfrac{\Delta L}{b}$,$2\alpha = \dfrac{n_1 - n_0}{D} = \dfrac{\Delta n}{D}$,消去 α 得

$$\Delta L = \frac{b}{2D}\Delta n \qquad\qquad (2-1-3)$$

将式(2-1-3)代入式(2-1-2)得

$$Y = \frac{4FL}{\pi d^2 \Delta L} = \frac{8FLD}{\pi d^2 b \Delta n} = \frac{8mgLD}{\pi d^2 b \Delta n} \qquad\qquad (2-1-4)$$

式中,m 为砝码质量。

四、实验内容

1. 杨氏模量测定仪的调整(红湘校区实验操作视频)

(1)调双柱支架的底脚螺丝,使水准仪气泡居中,此时平台已水平,支柱已铅直。

(2)在钢丝下端加 1 个砝码,将钢丝拉直。检查钢丝活动夹头 B 是否能在水平平台的方孔中上、下自由活动而不与方孔有较大的摩擦。

(3)将光杠杆放在水平平台上,其后足放在钢丝活动夹头 B 上,后足的竖槽对准钢丝,

但不要与钢丝相碰。两前足放在水平平台的横槽里(光杠杆前、后足之间的距离可以调节)，三足维持在同一水平面上，使反射镜面大致铅直。

2. 读数望远镜的调节

读数望远镜主要由物镜 O、叉丝 C 及目镜 E 三部分组成，其结构示意图如图 2-1-4 所示。望远镜的物镜 O 皆为凸透镜，用以收集远方物体发出的光线并使之汇聚成像；叉丝 C 乃是读数的标准；目镜 E 用来观察像和叉丝。

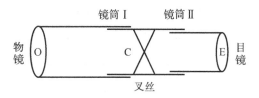

图 2-1-4　读数望远镜的结构示意图

(1) 粗调：将望远镜正对光杠杆反射镜，调节望远镜的上、下位置使其与光杠杆处于同一高度上。调节望远镜三脚支架的底脚螺丝，使望远镜大致水平，标尺大致铅直。眼睛靠近目镜，沿着望远镜外侧上方的准星方向对准光杠杆反射镜，观察反射镜中是否有标尺的像，若没有，则要移动镜尺组，直到在望远镜的上方能看到标尺的像在视场的中央为止。

(2) 细调：调节目镜，看清十字叉丝。眼睛贴近目镜，转动目镜 E(调节镜筒 II，以改变叉丝 C 到目镜 E 的距离)，直至看清望远镜中的叉丝 C 为止。此后的调节不再旋动目镜。调节物镜，看清标尺读数。眼睛贴近目镜，转动物镜 O(调节镜筒 I，以改变目镜 E 和叉丝 C 的整体到物镜 O 的距离)；若看不到标尺的像，判断后再细调一下镜尺组的位置，直到能清晰地看到镜面所反射的标尺读数与叉丝无视差为止(由于标尺成像面没有落在叉丝面上，因此当眼睛上、下移动时，标尺像与叉丝有明显的相对运动，即产生了视差)。转动望远镜，使水平叉丝与标尺的刻度平行。

3. 测量

(1) 记下望远镜中与叉丝横线重合的标尺读数 n_1。

(2) 逐次将 1 kg 的砝码加在砝码托上(砝码的开槽要交叉放置)，同时在望远镜中读取并记录对应的 n_i，共增加 7 次；然后将所加砝码逐次去掉(每次减 1 kg)，记下对应读数 n_i'。

(3) 用钢卷尺测量钢丝的原长 L 及标尺至镜面的距离 D，再用米尺测量 b。将光杠杆的三个足尖印在一张平纸上，作后足尖到两前足尖的垂线，测量其长度为 b，各测量 1 次。

(4) 用螺旋测微计测量钢丝各段不同方位上的直径，共计 8 次。测量时应十分仔细，切勿扭折钢丝。

五、注意事项

(1) 在调好实验观察系统之后，整个操作过程中都要防止实验系统产生振动，以保证读数准确。

(2) 加、减砝码时勿使砝码托摆动，且应将砝码缺口交叉放置。

(3) 加、减砝码时动作要轻慢，应在钢丝不晃动并且形变稳定之后再进行测量。

(4) 测量中应随时判断数据，以便及时发现问题，改进操作。

六、实验数据记录与处理

1. 用逐差法处理数据

将数据记录在表 2-1-1～表 2-1-3 中。

表 2-1-1　　望远镜标尺读数记录与处理(单个砝码质量 $m_0 = $ _____ kg)

次数	砝码/kg	加重时的读数 n_i/cm	减重时的读数 n_i'/cm	读数的平均值 $\overline{n_i}$/cm	(逐差法处理数据) N_i/cm	平均值 $\overline{N}$ 及误差 $\sigma_{\overline{N}}$/cm
0				$\overline{n_0} = $		
1				$\overline{n_1} = $		
2				$\overline{n_2} = $		
3				$\overline{n_3} = $		
4				$\overline{n_4} = $		
5				$\overline{n_5} = $		
6				$\overline{n_6} = $		
7				$\overline{n_7} = $		

表 2-1-2　　各单次测量数据记录与仪器误差

被 测 量	仪 器 误 差
$D = ($ 　　　　 $)$cm	
$L = ($ 　　　　 $)$cm	
$b = ($ 　　　　 $)$cm	

表 2-1-3　　钢丝直径数据记录与处理(千分尺零点读数:_____ mm)

次数	1	2	3	4	5	6	7	8	9	10
直接读数 d'/mm										

2. 用作图法处理数据

把测量公式(2-1-4)改写为

$$N = \frac{8LD}{\pi d^2 bY} \times F = K \times F$$

在既定的实验条件下,K 是一个常量。若以 $N_i = \overline{n_i} - \overline{n_0}(i = 1, 2, 3, \cdots, 8)$ 为纵坐标、F_i 为横坐标作图,应得一斜率为 K 的直线。由该图得到 K 的值后可计算出杨氏模量为

$$Y = \frac{8LD}{\pi d^2 bK}$$

七、问题讨论

(1) 用逐差法处理数据有什么好处?

(2) 在测量钢丝的伸长量时,先是逐步增重,然后又逐步减重,最后求 $\overline{n_i}$。为什么要这么做?

(3) 本实验中,哪个量的测量误差对测量结果的影响较大?

补充资料　雨母校区 YJ-YM-Ⅴ 杨氏模量综合实验仪介绍

一、实验原理

YJ-YM-Ⅴ 杨氏模量综合实验仪使用位移传感器定标。位移传感器是将霍尔元件置于磁感应强度为 B 的磁场中，在垂直于磁场的方向通以电流 I，则与这两者相垂直的方向上将产生霍尔电势差 U_H：

$$U_H = K \cdot I \cdot B \qquad (2-1-5)$$

式中，K 为元件的霍尔灵敏度。如果保持霍尔元件的电流 I 不变，而使其在一个均匀梯度的磁场中移动，则输出的霍尔电势差的变化量为

$$\Delta U_H = K \cdot I \cdot \frac{dB}{dZ} \cdot \Delta Z \qquad (2-1-6)$$

式中，ΔZ 为位移量。式(2-1-6)说明，若 $\dfrac{dB}{dZ}$ 为常数，则 ΔU_H 与 ΔZ 成正比。取比例系数为 κ，则有

$$\Delta U_H = \kappa \cdot \Delta Z \qquad (2-1-7)$$

为实现均匀梯度的磁场，可以将两块相同的磁铁（磁铁截面积及表面的磁感应强度相同）相对放置，如图 2-1-5 所示，即 N 极与 N 极相对，两磁铁之间留有一定间距的间隙，霍尔元件平行于磁铁放在该间隙的中轴上。该间隙的大小要根据测量范围和测量灵敏度的要求而定，间隙越小，磁场梯度就越大，灵敏度就越高。磁

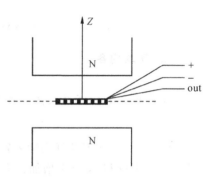

图 2-1-5　位移传感器

铁截面要远大于霍尔元件，以尽可能地减小边缘效应的影响，提高测量精确度。

若磁铁间隙内中心截面处的磁感应强度为零，则霍尔元件处于该位置时，输出的霍尔电势差应该为零。当霍尔元件偏离中心沿 Z 轴发生位移时，由于磁感应强度不再为零，因此霍尔元件也就产生相应的电势差输出，其大小可以用数字电压表测量。由此可以将霍尔电势差为零时元件所处的位置作为位移参考零点。霍尔电势差与位移量之间存在一一对应的关系，当位移量较小（小于 2 mm）时，这一对应关系具有良好的线性特征。

位移传感器的主体装置如图 2-1-6 所示。YJ-YM-Ⅴ 杨氏模量综合实验仪的主体装置如图 2-1-7 所示。

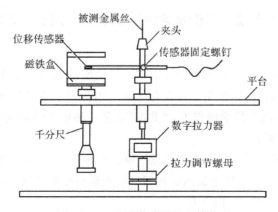

图 2-1-6　位移传感器的主体装置

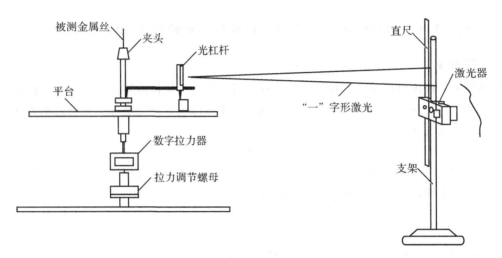

图 2-1-7　YJ-YM-Ⅴ杨氏模量综合实验仪的主体装置

二、实验内容

激光光杠杆法(雨母校区操作视频)

按图 2-1-7 安装好实验装置。用直尺测量金属丝的长度 L，用千分尺测量其直径 d。用直尺测量 D 和 b，逐渐增加拉力，并记录米尺读数于表 2-1-4 中。

表 2-1-4　拉力变化下米尺的测量数据

拉力/g	500	1000	1500	2000	2500	3000	3500	4000
米尺读数 S/mm								
伸长量 ΔL/mm								

计算公式为

$$Y = \frac{8LD}{\pi d^2 b} \cdot \frac{F}{\Delta x}$$

实验 2.2　用波尔共振仪研究受迫振动

在机械制造和建筑工程等科技领域中，受迫振动所导致的共振现象引起了工程技术人员极大的关注。它虽然有破坏作用，但也有许多实用价值，很多电声器件是运用共振原理设计制作的。此外，在微观科学研究中，"共振"也是一种重要的研究手段，如利用核磁共振和顺磁质研究物质结构等。

表征受迫共振性质的是受迫共振的振幅-频率特性和相位-频率特性(简称幅频和相频特性)。本实验采用波尔共振仪定量测定机械受迫振动的幅频特性和相频特性，并利用频闪方法来测定动态的物理量——相位差。

一、实验目的

（1）研究波尔共振仪中弹性摆轮受迫振动的幅频特性和相频特性。
（2）研究不同阻尼力矩对受迫振动的影响，观察共振现象。
（3）学习用频闪法测定运动物体的某些量（如相位差）。
（4）学习系统误差的修正。

二、实验器材

实验器材有 BG-2 型波尔共振仪等。

BG-2 型波尔共振仪由振动仪与电气控制箱两部分组成。其中振动仪部分如图 2-2-1 所示。圆形铜质摆轮 A 安装在机架上；蜗卷弹簧 B 的一端与摆轮 A 的轴相连，另一端可固定在机架支柱上。在弹簧弹性力的作用下，摆轮 A 可绕轴自由往复摆动。在摆轮的外围有一卷槽型缺口，其中一个长凹槽 C 比短凹槽 D 长出许多。在机架上对准长型缺口处有一个光电门 H，它与电气控制箱相连接，用来测量摆轮的振幅（角度值）和摆轮的振动周期。在机架下方有一对带有铁芯的阻尼线圈 K，摆轮 A 恰巧嵌在铁芯的空隙处。利用电磁感应原理，当线圈中通过直流电流后，摆轮 A 受到一个电磁阻尼力的作用。改变电流的数值即可使阻尼的大小相应变化。为使摆轮 A 做受迫振动，在电动机轴上装有偏心轮，通过连杆 E 带动摆轮 A，在电动机轴上装有带刻线的角度指针盘 F，它随电机一起转动，由它可以从角度盘 G 读出相位差 φ。调节控制箱上的电机转速调节旋钮，可以精确改变加于电机上的电压，使电机的转速在实验范围（30～45 r/min）内连续可调。由于电路中采用特殊的稳速装置，电动机采用惯性很小的带有测速发电机的特种电机，因此其转速极为稳定。电机的角度指针盘 F 上装有两个挡光片。在角度盘 G 中央上方 90°处也装有光电门 I，并与控制箱相连，以测量强迫力矩的周期。

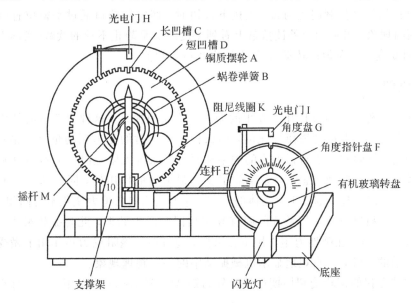

图 2-2-1　波尔共振仪的振动部分

受迫振动时摆轮与外力矩的相位差可利用小型闪光灯来测量。闪光灯受摆轮信号光电门 H 控制，每当摆轮 A 上长凹槽 C 通过平衡位置时，光电门 H 接收光，引起闪光。闪光灯放置的位置如图 2-2-1 所示。闪光灯应被搁置在底座上,切勿拿在手中直接照射刻度盘。在稳定情况时,在闪光灯照射下可以看到角度指针盘 F 好像一直"停在"某一刻度处,这一现象称为频闪现象。所以该刻度处的数值可方便地直接读出,误差不大于 2°。

摆轮振幅是利用光电门 H 测出的摆轮 A 处圈上凹形缺口的个数,并由数显装置直接显示出此值,精度为 2°。

波尔共振仪电气控制箱的前面板和后面板分别如图 2-2-2 和图 2-2-3 所示,计时精度为 10^{-3} s。利用面板上的"强迫力周期"和"周期输入"开关,可分别测量摆轮强迫力矩(即电动机)的单次和 10 次周期所需的时间。复位按钮仅在测量 10 次周期时起作用,测单次周期时会自动复位。电机转速调节旋钮为带有刻度的 10 圈电位器,调节此旋钮时可以精确改变电机转速,即改变强迫力矩的周期。刻度仅供实验时作参考,以便大致确定强迫力矩周期值在多圈电位器上的相应位置。

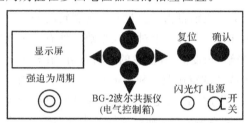

图 2-2-2   波尔共振仪电气控制箱的前面板

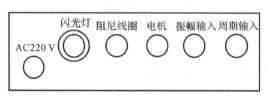

图 2-2-3   波尔共振仪电气控制箱的后面板

阻尼电流选择开关可以改变通过阻尼线圈内的直流电流的大小,以改变摆轮系统的阻尼系数。选择开关分为 4 挡,"0"处(即自由振动)阻尼电流为零,"1""3"处阻尼电流最大,阻尼电流由 15 V 稳压装置提供,实验时选用位置根据情况而定(可先选择在"2"处,若共振时振幅太小则可改用"1",切不可放在"0"处),振幅不大于 150°。

闪光灯按钮用来控制闪光与否。当按下按钮时,摆轮长缺口通过平衡位置时便产生闪光,由于频闪现象,可从相位差读数盘上看到刻度线似乎静止不动的读数(实际上角度指针盘 F 上的刻度线一直在匀速转动),从而读出相位差数值。

三、实验原理

物体在周期外力的持续作用下发生的振动称为受迫振动,这种周期性的外力称为强迫力。如果外力是按简谐振动规律变化的,那么稳定状态时的受迫振动也是简谐振动,此时振幅保持恒定,振幅的大小与强迫力的频率和原振动系统无阻尼时的固有振动频率以及阻尼系数有关。在受迫振动状态下,系统除了受到强迫力的作用外,同时还受到回复力和阻尼力的作用。所以在稳定状态时,物体的位移、速度变化与强迫力变化不是同相位的,存在一个相位差。当强迫力频率与系统的固有频率相同时产生共振,此时振幅最大,相位差为 90°。本实验根据摆轮在弹性力矩作用下自由摆,通过在电磁阻尼力矩作用下做受迫振动来研究受迫振动的特性,可直观地显示机械振动中的一些物理现象。

当波尔共振仪的摆轮受到周期性强迫外力矩 $M = M_0 \cos\omega t$ 的作用,并在有空气阻尼和电磁阻尼的介质中运动(阻尼力矩为 $-b\dfrac{\mathrm{d}\theta}{\mathrm{d}t}$)时,其运动方程为

$$J \frac{\mathrm{d}^2\theta}{\mathrm{d}t^2} = -k\theta - b\frac{\mathrm{d}\theta}{\mathrm{d}t} + M_0\cos\omega t \tag{2-2-1}$$

式中，J 为摆轮的转动惯量，$-k\theta$ 为弹性力矩，M_0 为强迫力矩的幅值，ω 为强迫力的圆频率。令 $\omega_0^2 = \dfrac{k}{J}$，$2\beta = \dfrac{b}{J}$，$M = \dfrac{M_0}{J}$，则式（2 - 2 - 1）变为

$$\frac{\mathrm{d}^2\theta}{\mathrm{d}t^2} + 2\beta\frac{\mathrm{d}\theta}{\mathrm{d}t} + \omega^2\theta = M\cos\omega t \qquad (2 - 2 - 2)$$

当 $M\cos\omega t = 0$ 时，式（2 - 2 - 2）即为阻尼振动方程。

当 $\beta = 0$ 即在无阻尼情况时，式（2 - 2 - 2）为简谐振动方程，ω_0 即为系统的固有频率。式（2 - 2 - 2）的通解为

$$\theta = \theta_1 \mathrm{e}^{-\beta t}\cos(\omega_1 t + \alpha) + \theta_2\cos(\omega t + \phi_0) \qquad (2 - 2 - 3)$$

由式（2 - 2 - 3）可见，受迫振动可分成两部分：第一部分即该式等号右边的第一项，表示阻尼振动经过一定时间后衰减消失；第二部分即该式等号右边的第二项，说明强迫力矩对摆轮作功，向振动体传送能量，最后达到一个稳定的振动状态。振幅：

$$\theta_2 = \frac{M}{\sqrt{(\omega_0^2 - \omega^2) + 4\beta^2\omega^2}} \qquad (2 - 2 - 4)$$

它与强迫力矩之间的相位差 φ 为

$$\varphi = \arctan\frac{2\beta\omega}{\omega_0^2 - \omega^2} = \arctan\frac{\beta T_0^2 T}{\pi(T^2 - T_0^2)} \qquad (2 - 2 - 5)$$

式中：T 为阻尼振动周期；T_0 为系统的固有周期。由式（2 - 2 - 4）和式（2 - 2 - 5）可以看出，振幅 θ_2 与相位差 φ 的数值取决于强迫力矩 M、频率 ω、系统的固有频率 ω_0 和阻尼系数 β 4 个因素，而与振动的起始状态无关。由 $\dfrac{\partial}{\partial\omega}\left[(\omega_0^2 - \omega^2) + 4\beta\omega^2\right] = 0$ 的极值条件可得出，当强迫力的圆频率 $\omega = \sqrt{\omega_0^2 - 2\beta^2}$ 时，系统产生共振，θ 有极大值。若共振时圆频率和振幅分别用 ω_r、θ_r 表示，则

$$\begin{cases} \omega_r = \sqrt{\omega_0^2 - 2\beta^2} \\ \theta_r = \dfrac{M}{2\beta(\omega_0^2 - 2\beta^2)} \end{cases} \qquad (2 - 2 - 6)$$

式（2 - 2 - 6）表明，阻尼系数 β 越小，共振时圆频率越接近于系统的固有频率，振幅 θ_r 也越大。图 2 - 2 - 4 和图 2 - 2 - 5 分别表示在不同 β 时受迫振动的幅频特性和相频特性曲线。

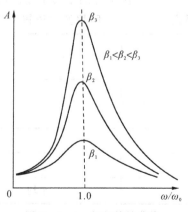

图 2 - 2 - 4 幅频特性曲线

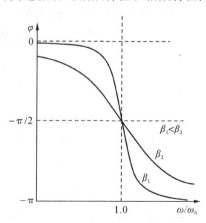

图 2 - 2 - 5 相频特性曲线

四、实验内容

(1) 观察自由振荡,测量系统的固有频率 ω_0。

按要求连接线路,调节仪器的初始状态。按电控箱上的电源开关,显示屏上显示"ZKY 世纪中科"及仪器编号。按"确认"按钮,显示屏上显示"按键说明< >→选择项目∧ ∨→ 改变工作状态确认→功能项确认"。再按"确认"按钮,显示屏上显示"自由振荡 阻尼振荡 强迫振荡"三个振荡项目,其中字、底反色的项目为要选中的项目;否则要调"<"或">"使自由振荡的字、底反色,再按"确认"按钮使屏上显示"阻尼 测量关 00"。其中"测量"二字的字、底反色表示仪器可进入测量状态,"关"表示还未开始测量。下面就可观察、测量自由振荡了。

用手扳动摆轮为160°左右后放手,摆轮开始作自由振荡,马上按"∧",即电控箱开始自动测量,显示屏上的"关"变成"开",表示已开始测量。显示屏上依次分别显示每摆动一次的周期和振幅的大小,在"开"字旁显示测量次数的序号,当振幅小于50°后,自动停止测量。

停止测量后,按">"或"<"键使"回查"二字的字、底反色,按"确认"按钮,显示屏上显示第01次测量的振幅和周期的大小;再每按一次"∨"键,显示屏依次显示下一次的测量值,读、记所有测量的数据,求出每次振动的固有频率。

(2) 观察阻尼振荡,测定阻尼系数。

按"确认"按钮,显示屏上显示回查前的状态;按">"键,显示屏上"返回"二字的字、底反色;再按"确认"按钮,显示屏上返回到"自由振荡 阻尼振荡 强迫振荡"状态;按">"键使"阻尼振荡"的字、底反色;按"确认"按钮,用手扳动摆轮后放手,马上按"∧"键,系统开始自动测量,屏上显示"阻尼1 阻尼2 阻尼3";按">"键,可改变阻尼状态,使"阻尼1"字、底反色;按"确认"按钮,屏上左下角显示"测量关"等字样,且"测量"二字的字、底反色,即可进入测量状态;用手扳动摆轮后放手,马上按"∧"键,开始测量阻尼振荡的数据,待左下角显示"测量关"后,停止测量。

按自由振荡时读、记测量数据的方法,依次读、记10组数据。利用下列公式求出 β 值:

$$\ln \frac{\theta_0 e^{-\beta t}}{\theta_0 e^{-\beta(t+nT)}} = n\beta T = \ln \frac{\theta_0}{\theta_n} \qquad (2-2-7)$$

式中, n 为阻尼振动的周期次数, θ_n 为第 n 次振动时的振幅, T 为阻尼振动周期的平均值。此值可以通过测出摆轮的10个振动周期值(计入表2-2-1中),然后取其平均值得到。

表 2 - 2 - 1　 β 值计算记录表　　　　　阻尼开关位置为"阻尼1"

θ_i		θ_{i+5}		$\ln(\theta_i/\theta_{i+5})$
θ_0		θ_5		
θ_1		θ_6		
θ_2		θ_7		
θ_3		θ_8		
θ_4		θ_9		
			平均	

进行本实验时，电机电源必须切断，F 的指针位于 0°位置，θ_0 通常选取在 130°～150°之间。

可利用式（2-2-7）对所测数据按逐差法处理，求出 β 值。由式（2-2-7）可得

$$5\beta T = \ln\left(\frac{\theta_i}{\theta_{i+5}}\right)$$

故

$$\beta = \frac{\ln\left(\frac{\theta_i}{\theta_{i+5}}\right)}{5T}$$

式中各量可代入平均值来计算。

（3）测定受迫振动的幅频特性和相频特性曲线。

保持阻尼选择开关在原位置，改变电动机的转速，即改变强迫力矩的频率。当受迫振动稳定后，读取摆轮的振幅值，并利用闪光灯测定受迫振动位移与强迫力间的相位差（$\Delta\varphi$ 控制在 10°左右）。

强迫力矩的频率可由摆轮的振动周期算出，也可以将周期选择开关选择在"10"处直接测定强迫力矩的 10 个周期后算出，在达到稳定状态时，两者数值应相同。前者为 4 位有效数字，后者为 5 位有效数字。

在共振点附近，由于曲线变化较大，因此测量数据要相对密集些，此时电机转速的极小变化就会引起 $\Delta\varphi$ 的很大改变。电机转速旋钮上的读数是一参考数值，建议在不同 ω 时都记下此值，以便实验中快速寻找，供重新测量时参考。

作幅频特性 $(\theta/\theta_r)^2-\omega$ 曲线，并由此求 β 值。在阻尼系数较小（满足 $\beta^2 \ll \omega$）和共振位置附近（$\omega = \omega_0$），由于 $\omega_0 + \omega = 2\omega_0$，因此由式（2-2-3）和式（2-2-6）可得出

$$\left(\frac{\theta}{\theta_r}\right)^2 = \frac{4\beta^2\omega_0^2}{4\omega_0^2(\omega-\omega_0)^2 + 4\beta^2\omega_0^2} = \frac{\beta^2}{(\omega-\omega_0)^2+\beta^2}$$

当 $\theta = \frac{1}{\sqrt{2}}\theta_r$，即 $\left(\frac{\theta}{\theta_r}\right)^2 = \frac{1}{2}$ 时，由上式可得 $\omega - \omega_0 = \pm\beta$。该 ω 对应于 $(\theta/\theta_r)^2 = 1/2$ 处的两个值 ω_1、ω_2。由此得出 $\beta = \frac{\omega_2-\omega_1}{2}$。

将数据记录在表 2-2-2 中，再将此法与逐差法求得的 β 值作比较并讨论。本实验的重点应放在相频特性曲线的测量上。

表 2-2-2　幅频特性和相频特性测量数据记录表　（阻尼开关位置：＿＿）

$10T/s$	T/s	$\varphi/(°)$（理论值）	$\theta/(°)$（测量值）	$\left(\frac{\theta}{\theta_r}\right)^2$	T_0/T	$\varphi = \arctan\dfrac{\beta T_0^2 T}{\pi(T^2-T_0^2)}$

因为本仪器中采用石英晶体作为计时部件，所以测量周期（圆频率）的误差可以忽略不计。误差主要来自阻尼系数 β 的测定和无阻尼振动时系统的固有振动频率 ω_0 的确定，且后者对实验结果的影响较大。

在本实验的原理部分，我们认为弹簧的弹性系数 k 为常数，它与扭转的角度无关。实际上由于制造工艺及材料性能的影响，k 值随着角度的改变而略有微小的变化（3% 左右），因而造成在不同振幅时系统的固有频率 ω_0 有变化。如果取 ω_0 的平均值，则将在共振点附

近使相位差的理论值与实验值相差很大,因此可测出振幅与固有频率 ω_0 的相应数值。在式(2-2-5)中,T_0 采用对应于某个振幅的数值,这样可使系统误差明显减小。

振幅与共振频率 ω_0 的对应值可用如下方法求出:

将电机电源切断,角度指针盘 F 置于"0"处,用手将摆轮拨动到较大处($140°\sim150°$),然后放手,此摆轮 A 作衰减振动,读出每次振幅值相应的摆动周期即可。此法重复几次即可作出 θ_N 与 T_0 的对应表。此项可在实验结束后进行,最好是两人配合,一人读数,另一人记录,且只记录数据的后两位。

也可将摆轮 A 转动到所需振幅值,然后测出它相对应的 T_0,第一次振幅对应的 T_0 应舍弃不用。在周期选择开关放在"阻尼 1"时,振幅与周期应同时显示,如振幅为 96,周期为 1.651 s,由于闪光时可能使两者不同步,因此可利用复位按钮,使两者重新恢复同步显示。若未成功,可重复进行。

五、注意事项

(1) 电气控制箱应预热 $10\sim15$ min。

(2) 实验步骤中,建议先测振幅与周期的相应关系(不必记录);然后调整强迫力周期旋钮到适当位置,此时相位差在 $80°\sim100°$ 之间,待周期显示(周期选择在"10"位置)重复 3 次尾数不超过 5,即可测量。在共振点附近每次强迫力周期旋钮指示值变化约 0.02,如 $5.62\sim5.64$,在小于 $60°$、大于 $110°$ 时变化为 $0.1\sim0.15$,先测 $90°\sim150°$,再测 $90°\sim30°$,反之亦可。完成上述内容后,即可测阻尼衰减系数 β,此时必须关掉电机,将角度指针置于 $0°$ 处,然后用手扳动摆轮使振幅为 $140°$ 左右后松手,连续记录振幅值以及对应的周期值 10 次,重复 3 次。

由于周期末位数变化 1 属于正常情况,因此在记录时偶尔会出现跳跃的情况,如 1.685、1.685、1.684、1.685,其中 1.684 可略去不计。

实验 2.3　电表的改装和校准

电学实验中经常要用电表(电压表和电流表)进行测量。直流电流表和直流电压表都有一个共同的部分,常称为表头。表头通常是一只磁电式微安表,它只允许通过微安级的电流,一般只能测量很小的电流和电压。如果要用它来测量较大的电流或电压,就必须进行改装,以扩大其量程。经过改装后的微安表具有测量较大电流、电压和电阻等多种用途。若在该表中配以整流电路,将交流变为直流,则它还可以测量交流电的有关参量。我们日常接触到的各种电表几乎都是经过改装的,因此学习改装和校准电表的知识在电学实验部分是非常重要的。南华大学电表改装实验为虚拟仿真实验,仿真操作过程见实验 6.1。

一、实验目的

(1) 了解电表表头的结构、工作原理及主要技术参数。

(2) 熟悉测量表头灵敏度及内阻的方法和原理。

(3) 学会把表头改装、扩程、校准(简称改/扩/校准)为各种量程的电流表、电压表及各种挡数的欧姆表的方法及原理。

（4）学会校准各种电表时所测数据的处理方法，即求校准误差、画校准曲线、求标称误差、确定被校电表等级的方法。

（5）学以致用，提升学习兴趣。

二、实验器材

实验器材有微安表、标准电流表、标准电压表、直流电源、滑线变阻器、电阻箱、单刀双掷开关、导线等。

三、实验原理

1. 磁电式表头的结构、工作原理、主要技术参数

1）磁电式表头的结构和工作原理

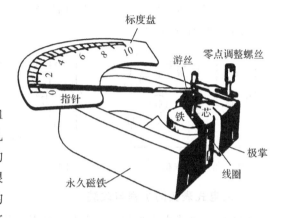

图 2-3-1 磁电式表头的结构

磁电式表头的内部结构如图 2-3-1所示，永久磁铁的两个极上连着带圆筒孔腔的极掌；极掌之间装有圆柱形铁芯，它的作用是使极掌和铁芯间的空隙中的磁场很强，并且使磁力线以圆柱的轴为中心呈均匀辐射状分布。在圆柱形铁芯和极掌间空隙处放有长方形线圈，它可以绕铁芯的轴旋转，线圈上固定一根指针，当有电流流过线圈时，线圈受电磁力矩作用而偏转，直到与游丝的反扭力矩平衡，线圈偏角的大小与所通入的电流成正比，经过标准电流计量仪器标定后，就可以直接从偏转角读出被测电流的数值。电流方向不同，偏转方向也不同。

2）磁电式表头的主要技术参数

（1）表头的内阻：表头线圈两端点的直流电阻大小，用 R_g 表示。

（2）表头的灵敏度：表头指针严格从零刻线转至满刻度线时线圈中所通过的电流大小，用 I_g 表示，也称为满度电流。

（3）表头的等级：根据表头的结构特点表明表头误差大小的量度，也叫作表头的精确度等级，常用符号 S_m 表示。

2. 电式表头灵敏度和内阻的测量方法

（1）半偏法一：其测量电路如图 2-3-2所示。

① 断开 S_2 时先尽量调 R_1 至最大，调好 G、V 两表的机械零点后，闭合 S_1，调整 C 的位置，使表头 G 严格指示为满度的同时 V 表偏转最大，这时有 $I_g = U/(R_1+R_g)$。

② 调 R_2 至较小，闭合 S_2，调整 R_2 的大小和 C 的位置，使 G 严格指示为满度之半（故叫半偏法）的同时 V 表指为前面所测的示值不改变，则有 $R_g = R_2$。

（2）全偏法：测量电路图与半偏法一相同（参见图 2-3-2）。

① 与（1）中的步骤①相同。

② 把 R_2 调至较小（但应大于零），再把 R_1 减半后闭合 S_2，同时调整 R_2 的大小和 C 的位置，再使 G 严格指示为满度（故叫全偏法）的同时 V 表的示值不变。其计算公式与半偏法的公式完全相同。

（3）半偏法二：其电路如图 2-3-3 所示。半偏法二的测量方法及原理与半偏法一的不同之处是：改控制测量电路中的总电压不变为控制总电流不变。先把 C 与 B 点调至重合，断开 S_2，闭合 S_1，再缓慢调 C 自 B 点向 A 点移动(注意电源的输出电压要较小)，使 G 表严格指示为满度为止，这时 $I_g=I_{标}$(μA 表)。再把 R_2 调至较大，C 与 B 点调至重合后，闭合 S_2，同时调节 C 的位置和 R_2 的大小，严格使 $I_{标}$ 不变的同时 G 指示为满度之半，则有 $R_g=R_2$。

（4）置换法：其测量电路如图 2-3-4 所示。先断开 S_1，把 C 与 B 点调至重合，S_2 先扳向有 G 表的导线，电源输出电压调至较小，缓慢调整 C 自 B 点向 A 点移动过程中，当 G 表严格指示为满度时，则 $I_g=I_{标}$；再调 R_2 至较大，不改变 C 的位置，只调 R_2 的大小，使 $I_{标}$ 的示值不变时有 $R_g=R_2$。

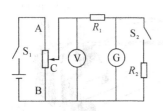

图 2-3-2　半偏法一

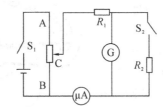

图 2-3-3　半偏法二

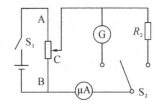

图 2-3-4　置换法测量电路

3. 磁电式表头的扩程与改装

（1）将磁电式表头扩程、改装为电流表。用于改装的微安表称为表头，使表针偏转到满刻度所需的电流 I_g 称为量程。表头的满度电流很小，只适用于测量微安级或毫安级的电流，若要测量较大的电流，就需要扩大电表的电流量程。具体方法是：在表头两端并联电阻 R_S，使超过表头能承受的那部分电流从 R_S 流过。由表头和 R_S 组成的整体就是电流表。R_S 称为分流电阻。选用不同大小的 R_S，可以得到不同量程的电流表。

如图 2-3-5 所示，当表头满度时，通过安培计的总电流为 I，通过表头的电流为 I_g，因为

$$U_g=I_g R_g$$
$$U_g=(I-I_g)R_S$$

所以得

$$R_S=\frac{I_g}{I-I_g}R_g=\frac{R_g}{n-1} \qquad (2-3-1)$$

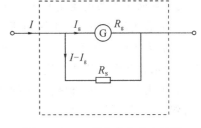

图 2-3-5　微安表改为安培计

式中：$n=I_m/I_g$，n 称为电流表扩程倍数。事先测出表头的规格 I_g、R_g，然后根据需要改装的电流表量程，由式(2-3-1)就可以算出应并联电阻的阻值。

（2）将磁电式表头改装为电压表。表头的满度电压也很小，一般为零点几伏。为了测量较大的电压，在表头上串联电阻 R_P(如图 2-3-6 所示)，使超过表头所能承受的那部分电压降落在电阻 R_P 上。表头和串联电阻 R_P 组成的整体就是伏特表；串联的电阻 R_P 称为扩程电阻。选用不同大小的 R_P，就可以得到不同量程的电压表。

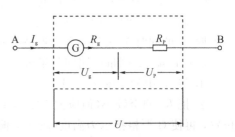

图 2-3-6　微安表改为伏特计

由

$$U_{\mathrm{P}} = I_{\mathrm{g}} R_{\mathrm{P}} = U - U_{\mathrm{g}}$$

可得

$$R_{\mathrm{P}} = \frac{U - U_{\mathrm{g}}}{I_{\mathrm{g}}} = \frac{U}{I_{\mathrm{g}}} - R_{\mathrm{g}} = (n-1)R_{\mathrm{g}} \tag{2-3-2}$$

事先测出表头的 I_{g}、R_{g}，然后根据需要改装的电压表量程，由式（2-3-2）就可以算出应串联电阻的阻值。

4. 电表的校准

电表在扩程或改装后还需要进行校准。所谓校准，是使被校电表与标准电表同时测量一定的电流（或电压），观察其指示值与相应的标准值（从标准电表读出）相符的程度。由校准结果可得到电表各个刻度的绝对误差。选取其中绝对值最大的绝对误差除以量程，即得该电表的标称误差 r_{m}，即

$$标称误差 = \frac{|最大绝对误差|}{量程} \times 100\%$$

根据标称误差的大小，将电表分为不同的等级，常记为 S_{m}。一般电表共分 7 个等级，其等级数与对应的标称误差大小的关系如表 2-3-1 所示。例如，若 $0.5\% < r_{\mathrm{m}} \leqslant 1.0\%$，则该电表的等级为 1.0 级。必须注意：一个表头并联或串联一个电阻，这样改装后的电表等级绝不会提高。

电表的校准结果除用等级表示外，还常用校准曲线表示。以扩程改装电流表为例，若被校电表的指示值 I_{Xi} 为横坐标，以校正点的绝对误差值 ΔI_i（ΔI_i 等于标准电表的指示值 I_{Si} 与被校表相应的指示值 I_{Xi} 的差值，即 $\Delta I_i = I_{Si} - I_{Xi}$）为纵坐标，两个校正点之间用直线段连接，根据校正数据作出呈折线状的校正曲线（不能画成光滑曲线），如图 2-3-7 所示。在以后使用这个电表时，根据校准曲线可以修正电表的读数。

表 2-3-1　标称误差和电表等级

S_{m}	r_{m}
0.1	$r_{\mathrm{m}} \leqslant 0.1\%$
0.2	$0.1\% < r_{\mathrm{m}} \leqslant 0.2\%$
0.5	$0.2\% < r_{\mathrm{m}} \leqslant 0.5\%$
1.0	$0.5\% < r_{\mathrm{m}} \leqslant 1.0\%$
1.5	$1.0\% < r_{\mathrm{m}} \leqslant 1.5\%$
2.5	$1.5\% < r_{\mathrm{m}} \leqslant 2.5\%$
5.0	$2.5\% < r_{\mathrm{m}} \leqslant 5.0\%$

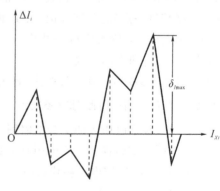

图 2-3-7　校准曲线

四、实验内容

1. 把表头（$I_{\mathrm{g}} = 100\ \mu\mathrm{A}$，$R_{\mathrm{g}} = 1200\ \Omega$，$S_{\mathrm{m}} = 0.5$ 级）改/扩/校准为量程 $I_{\mathrm{m}} = 2.5\ \mathrm{mA}$ 的电流表

（1）改/扩/校准电流表的实验电路图如图 2-3-8 所示。

(2) 计算 $R_{S理}$：

$$R_{S理} = \frac{R_g}{I_m/I_g - 1} = \frac{1200}{\frac{2.5}{0.1} - 1} = 50.00 \ \Omega$$

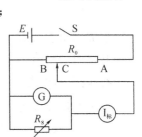

（3）选择所用实验仪器。图中 G 为表头；E 可用直流稳压电源；R_S 用 ZX92 型电阻器；$I_{标}$ 是标准电流表，其 $I_m = 2.5$ mA，$R_g = 78 \ \Omega$，$S_m = 0.5$ 级；滑线变阻器 R_0 可取 22.1 Ω，$I_{max} = 4.5$ A。

（4）按实验电路图的顺序布置仪器。在优先考虑方便读数（把要经常读数的仪器如 G 和 $I_{标}$ 放在自己的眼皮底下）、方便调节（把经常要用手调节的仪器如滑线变阻器放在当眼睛盯着两电表、用手调节 C 的位置时不挡住视线的地方）的前提下，尽量按电路图的顺序把所有仪器靠电源集中，合理布置好。

图 2-3-8 实验电路图

（5）正确预置仪器的初始位置。开关 S 断开；电源的粗调钮指向 3 V 挡，微调钮先逆旋到底；滑线变阻器 C 与 B 点重合或靠近；电阻器预置到 $R_{S理} = 50.00 \ \Omega$；调节好表头和标准电流表的机械零点。

（6）按实验电路图的顺序正确连接电路。例如，电源的正、负极不允许接在 R_0 的 C 点（即变阻器上与金属杆 C 相连的接线柱）上；凡从电源负极来的线遇到电表从负极接入、从正极接出；正极有很多接线柱，必须按所用电表量程正确连接，并反复检查，无错后再请老师检查。

（7）调节和测量。合上开关 S，先调整 C 缓慢自 B 点向 A 点移动，眼睛观看两电流表指针，如果两表都未达满刻度，可把 C 调至靠近 A 点，再调电源微调钮，使两表中有一表达满刻度时，同时调节 R_S 的大小和 C 的位置，两表同时严格指满刻度。此时表头已改装成 2.5 mA 量程的电流表，电阻箱上所显示的值叫作 R_S 的测定值，读记 $R_{S测}$。

（8）改装电流表的校准。改装完成后（即两表严格指满刻度后），保持 $R_{S测}$ 不变，读记 G、$I_{标}$ 的读数后（注意：读数时消除视差，即眼睛、指针、指针在镜中的像三点成一线时读数。下同），调节 C 的位置，依次使 G 严格指 90.0、80.0、70.0、…、10.0、0.0 小格（每改变 10 个小格校准一点）时分别读记 G、$I_{标}$ 两表的读数；再按电流由 0 至满度的方向调整 C 自 B 点向 A 点移动，依次使 G 表严格指 0.0、10.0、20.0、…、90.0、100.0 小格时，分别读记各测点 G、$I_{标}$ 两表的读数。

分析所测全部数据，确认无错后，断开 S，关电源，拆除全部线路。

2. 把表头（参数同 1）改/扩/校准为 2.5 V 量程的电压表

（1）改/扩/校准电压表的实验电路图如图 2-3-9 所示。

（2）选择所用实验仪器。E 可用直流稳压电源，G 为表头，$V_{标}$ 为标准电压表，R_P 用电阻箱代替（ZX92 型），R_0 为滑线变阻器（$R_0 = 240 \ \Omega$，$I_{max} = 1$ A）。

（3）计算 $R_{P理}$：

$$R_{P理} = R_g(n-1) = 1200 \times \left(\frac{2.5}{0.0001 \times 1200} - 1 \right) = 23 \ 800 \ \Omega$$

（4）合理布置仪器，其方法与 1 中（4）的方法一样。

（5）正确预置各仪器的初始位置。电源粗调钮指向 3 V 挡，

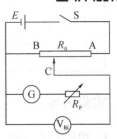

图 2-3-9 实验电路图

微调钮先逆旋到底；滑线变阻器 C 与 B 点重合；调节好 G、$V_标$ 两表的机械零点，$V_标$ 表上的插头插在"3 V"旁的孔中；电阻箱（用 ZX21 型的电阻箱）预置在 $R_{P理}$ 为 23 800.0 Ω 上。

（6）正确连接电路。接线方法与 1 中（6）的一样，按图 2-3-9 正确连接电路，注意电表量程，并自己反复检查无错后再请老师检查。

（7）调节和测量。合上开关 S，先调 C 缓慢自 B 点向 A 点移动，眼睛观看两电表的指针，如果两表都未达满刻度，可把 C 调至靠近 A 点，再顺旋电源微调钮，使两表中有一表达满刻度后，同时调节 R_P 的大小、C 的位置和电源微调钮，使两表同时严格指满刻度为止，读记此时两表的读数，这时表头 G 已改装扩程为 2.5 V 量程的电压表，读记此时的 $R_{P测}$（即两表指满刻度时的电阻箱示值）。

（8）校准。不改变 $R_{P测}$ 的大小，只改变 C 的位置使电压由大到小变化，调 C 自 A 点向 B 点移动，使 G 指针每改变 10.0 小格测量一点，即使 G 依次严格指 90.0、80.0、…、10.0、0.0 小格时，分别读记 G、$V_标$ 两表的读数。再按电压由小到大的方向变化，对以上各校准点重校一次。分析数据都正常后，断开 S，拆除全部线路。

五、实验数据记录与处理

1. 实验的原始数据

将实验原始数据记录在表 2-3-2～表 2-3-4 中。

表 2-3-2　所用主要仪器的参数记录表

仪器名称	型号（编号）	量程	等级	内阻	刻度盘最小等分格数
表头		$I_g=100\ \mu A$	0.5	1200 Ω	
标准电流表					
标准电压表					
电阻箱					
滑线变阻器					

表 2-3-3　把表头改装、扩程、校准为 2.5 mA 量程的电流表（$R_{S理}=$＿＿＿，$R_{S测}=$＿＿＿）

$I_改$	读数（　）							
$I_标$（　）	读数 ↘							
	↗							

表 2-3-4　把表头改装、扩程、校准为 2.5 V 量程的电压表（$R_{P理}=$＿＿＿，$R_{P测}=$＿＿＿）

$V_改$	读数（　）							
$V_标$（　　）	读数 ↘							
	↗							

2. 用列表法对各校准点进行数据处理

求出以上表中各校准点对应的绝对误差，并求出改装表的标称误差，从而确定改装表的等级；在直角坐标纸上作出改装表的校准曲线。

六、问题讨论

(1) 为什么校准电表时需要把电流(或电压)从小到大做一遍后又从大到小做一遍？

(2) 一量程为 $500\ \mu A$、内阻为 $1\ k\Omega$ 的微安表，它可以测量的最大电压是多少？如果将它的量程扩大为原来的 N 倍，应如何选择扩程电阻？

 补充说明　将表头改装为欧姆表并校准的相关资料

实验 2.4　模拟法测绘静电场

直接测量静电场的参数是非常困难的。因为测量空间各点的电位需要静电式仪表，而教学实验室一般都只有磁电式仪表，所以利用磁电式电压表直接测定静电场的电位是不可能的，而且任何磁电式电表都需要有电流通过才能偏转，而静电场是无电流的。任何磁电式电表的内阻都远小于空气或真空的电阻，若在静电场中引入电表，则势必使电场发生严重畸变；同时，电表或其他探测器置于电场中要引起静电感应，使原场源电荷的分布发生变化。人们在实践中发现：两个物理量之间，只要具有相同的物理模型或相同的数学表达式，就可以用一个物理量去定量或定性地模仿另一个物理量，这种测量方法称为模拟法。模拟法的应用很广，模拟考试、模拟战术、我国航空员的模拟太空舱训练、风洞模拟飞行等都是模拟法的使用案例。本实验采用模拟法测绘静电场。

一、实验目的

(1) 了解模拟法研究静电场的原理，学会用模拟法解决实际问题。

(2) 掌握用稳恒点流场模拟静电场的原理和方法。

(3) 加深对电场强度和电位概念的理解。

二、实验器材

实验器材有 TYWL‐401 数字位置直读模拟静电场描绘仪(包括主机、实验装置、电极板，如图 2‐4‐1 所示)、导线等。

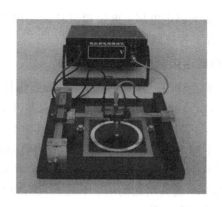

图 2-4-1　静电场描绘仪

静电场描绘仪的主要技术指标如下：

(1) 实时显示等位线电压，采用数字显示；

(2) 两极电压：0~10.00 V 连续可调，且为数字显示；

(3) 导电介质：带坐标的耐磨导电膜，可直接读出等电位的坐标值；

(4) 分立式，待测模块彼此分立，非上下层一体式，带荧光光学卡尺（0~100 mm）；

(5) 带接触探针。

三、实验原理

电场强度 E 是一个矢量，因此在电场的计算或测试中往往需要先研究电位的分布情况，而电位是标量。我们可以先测得等位面，再根据电力线与等位面处处正交的特点作出电力线，整个电场的分布就可以用几何图形清楚地表示出来了。有了电位 U 值的分布，由

$$E=-\nabla U \tag{2-4-1}$$

便可求出 E 的大小和方向，整个电场分布也就确定了。

模拟法要求两个类比的物理现象遵从的物理规律具有相同的数学表达式。从电磁学理论可知，电解质中的稳恒电流场与介质（或真空）中的静电场之间就具有这种相似性。对于导电介质中的稳恒电流场，电荷在导电介质内的分布与时间无关，其电荷守恒定律的积分形式为

$$\begin{cases} \oint_L \boldsymbol{j} \cdot \mathrm{d}L = 0 \\ \oiint_s \boldsymbol{j} \cdot \mathrm{d}s = 0 \end{cases} \quad （在电源以外区域）$$

而对于电介质内的静电场，在无源区域内，下列方程式同时成立。

$$\begin{cases} \oint_L \boldsymbol{E} \cdot \mathrm{d}L = 0 \\ \oiint_s \boldsymbol{E} \cdot \mathrm{d}s = 0 \end{cases}$$

由此可见，电解质中稳恒电流场的 $\boldsymbol{j}$ 与电介质中的静电场的 $\boldsymbol{E}$ 遵从的物理规律具有相同的数学公式。在相同的边界条件下，两者的解亦具有相同的数学形式，所以这两种场具有相似性，实验时就用稳恒电流场来模拟静电场，用稳恒电流场中的电位分布模拟静电场的电位分布。实验中，将被模拟的电极系统放入填满均匀的电导远小于电极电导的电解液

中或导电纸上，将电极系统加上稳定电压，再用检流计或高内阻电压表测出电位相等的各点，描绘出等位面，然后由若干等位面确定场的分布。

1. 无限长同轴圆柱形电缆两带电电极间的静电场

如图 2-4-2(a)所示，真空中有一个半径为 r_1 的长直圆柱导体 A 和一个内半径为 r_2 的长直圆筒导体 B，它们的中心轴重合，沿轴线每单位长度上内、外柱面各带电荷 $+\sigma$ 和 $-\sigma$。由于此电场具有对称性，因此在垂直于轴线的任一截面 S 内，电场线沿半径方向呈均匀辐射状分布，其等势面是不同半径的圆柱面。为了计算 A、B 间静电场的电势分布，沿轴线方向取一单位长度、底面半径为 r 的同轴圆柱体的表面为高斯面。在 S 面内，作高斯面，如图 2-4-2(b)的虚线图所示。此高斯面的上、下底面没有电场线穿过，设圆柱侧面上各点电场强度的大小为 E，由高斯定理得

$$2\pi r E = \frac{\sigma}{\varepsilon_0}$$

即

$$E = \frac{\sigma}{2\pi\varepsilon_0} \cdot \frac{1}{r} \qquad (2-4-2)$$

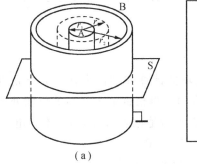
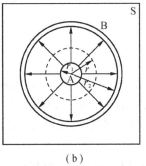

（a）   （b）

图 2-4-2   同轴圆柱形电缆

外柱面接地点为零电势点，由电场强度与电势的积分关系可得，在 A、B 两柱面之间距圆柱中心轴为 r 处的电势为

$$U_r = \int_r^{r_2} E \, dr = \frac{\sigma}{2\pi\varepsilon_0} \int_r^{r_2} \frac{dr}{r} = \frac{\sigma}{2\pi\varepsilon_0} \ln \frac{r_2}{r} \qquad (2-4-3)$$

同理可得 A 柱的电势为

$$U_1 = \int_{r_1}^{r_2} E \, dr = \frac{\sigma}{2\pi\varepsilon_0} \int_{r_1}^{r_2} \frac{dr}{r} = \frac{\sigma}{2\pi\varepsilon_0} \ln \frac{r_2}{r_1}$$

将式(2-4-3)与上式相除，可得相对电势分布为

$$\frac{U_r}{U_1} = \frac{\ln \dfrac{r_2}{r}}{\ln \dfrac{r_2}{r_1}} \qquad (2-4-4)$$

由式(2-4-4)可知，在 r_1、r_2 和 U_1 给定的条件下，相对电势 U_r/U_1 仅仅是距离 r 的函数，而且与 $\ln r$ 呈线性关系。

2. 设计模拟的电流场

为了仿造一个与静电场分布相似的模拟场，我们设计出了模拟模型。把圆环形金属电

极 A 和圆环形金属电极 B 同心地置于一层均匀的导电介质 S′ 上，如图 2-4-3(a)所示。当给两电极加上规定的电压 U_1' 后，在 A、B 电极之间的导电介质 S′ 上就会产生一个稳定的电流分布。导电介质由导电微晶制成，它的电阻率比金属电极大很多。因此，导电微晶是不良导体。设导电微晶的厚度为 t、电阻率为 ρ，电极 A 的半径为 r_1，电极 B 的半径为 r_2，则半径为 r 到 $r+dr$ 的圆周间导电微晶的电阻为

$$dR = \rho \frac{dr}{s} = \frac{\rho dr}{2\pi rt} = \frac{\rho}{2\pi t} \frac{dr}{r} \tag{2-4-5}$$

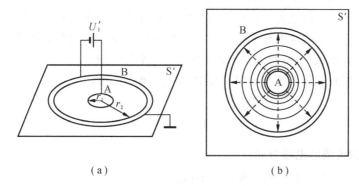

图 2-4-3　模拟的电流场

半径为 r 到半径为 r_2 的圆周之间的电阻为

$$R_r = \frac{\rho}{2\pi t} \int_r^{r_2} \frac{dr}{r} = \frac{\rho}{2\pi t} \ln \frac{r_2}{r} \tag{2-4-6}$$

同理，半径为 r_1 的 A 电极到半径为 r_2 的 B 电极之间的电阻为

$$R = \frac{\rho}{2\pi t} \ln \frac{r_2}{r_1} \tag{2-4-7}$$

于是两电极之间的总电流为

$$I = \frac{U_1'}{R} = \frac{2\pi t}{\rho \ln \frac{r_2}{r_1}} U_1' \tag{2-4-8}$$

设外环的电势为零，即 $U_2' = 0$，内环的电势为 U_1'，距环心为 $r(r_1 < r < r_2)$ 处的电势为

$$U_r' = IR_r = \frac{U_1'}{R} R_r = \frac{U_1'}{\frac{\rho}{2\pi t} \ln \frac{r_2}{r_1}} \cdot \frac{\rho}{2\pi t} \ln \frac{r_2}{r}$$

整理得相对电势分布为

$$\frac{U_r'}{U_1'} = \frac{\ln \frac{r_2}{r}}{\ln \frac{r_2}{r_1}} \tag{2-4-9}$$

式(2-4-9)说明，模拟电流场的相对电势分布式与静电场的相对电势分布式(2-4-4)相同。只要模拟模型的 r_1、r_2 和 U_1' 与长直同轴柱面的 r_1、r_2 和 U_1 相同，必然有 $U_r' = U_r$，由此有

$$E' = -\frac{dU_r'}{dr} = -\frac{dU_r}{dr} = E$$

可见，模拟场与静电场的电场强度和电势的分布是相同的，如图 2-4-3(b)所示。因此得出结论：稳恒电流场可以模拟某些带电导体的静电场。实际上，只有极简单情形下的一些静电场的电势分布函数能用解析方法求出，所以通过模拟法来测绘静电场就具有实际应用价值。

3. 模拟条件

模拟方法的使用有一定的条件和范围，不能随意推广，否则将会得到荒谬的结论。用稳恒电流场模拟静电场的条件可以归纳为以下三点：

（1）稳恒电流场中的电极形状应与被模拟的静电场中的带电体的几何形状相同。

（2）稳恒电流场中的导电介质应是不良导体且导电率分布均匀，并满足 $\sigma_{电极} \gg \sigma_{导电质}$ 才能保证电流场中的电极（良导体）的表面也近似是一个等位面。

（3）模拟所用的电极系统与被模拟静电场的边界条件相同。

四、实验内容

1. 描绘同轴电缆的电场分布

（1）按图 2-4-1 接好线路，准备好坐标纸。

（2）调节数显尺使探针置于同轴电缆的中心，使数显尺读数为零，将电源电压调至10 V，调节水平方向数显尺使探针左右移动，分别测出 8 V、6 V、4 V、2 V 的等位点位置。

（3）调节数显尺使探针置于同轴电缆的中心，使数显尺读数为零，将电源电压调至10 V，调节垂直方向数显尺使探针移动至 8 V 位置，再调节水平方向数显尺使探针左右移动，分别测出 6 V、4 V、2 V 的等位点位置。

（4）调节数显尺使探针置于同轴电缆的中心，使数显尺读数为零，将电源电压调至10 V，调节垂直方向数显尺使探针移动至 6 V 位置，再调节水平方向数显尺使探针左右移动，分别测出 4 V、2 V 的等位点位置；调节垂直方向数显尺使探针移动至 4 V 位置，再调节水平方向数显尺使探针左右移动，测出 2 V 的等位点位置。

（5）以每条等位线上各点到原点的平均距离 $\bar{r}$ 为半径分别绘出 8 V、6 V、4 V、2 V 共4 条等位线，并标出对应的电位值。

（6）根据等位线与电力线正交的关系，画出电力线，并指出电场强度的方向，完成一张完整的电场分布图，如图 2-4-4 所示。

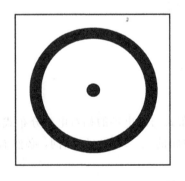 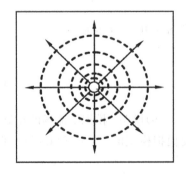

图 2-4-4　同轴电缆的模拟电极及其电场分布

2. 描绘长平行导线的电场分布(选做)

松开锁紧螺丝，更换电极板，根据"描绘同轴电缆的电场分布"的内容，自拟实验步骤，完成长平行导线的模拟电极及其电场分布，如图2-4-5所示。

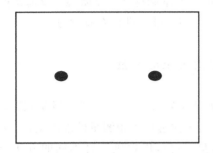 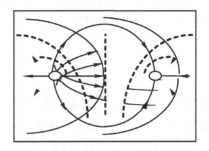

图2-4-5　长平行导线的模拟电极及其电场分布

五、实验数据记录与处理

将实验数据记录在表2-4-1中。

表2-4-1　模拟同轴电缆的电场分布实验数据

电极半径 $r_1 = 0.5$ cm, $r_2 = $ _____ cm。

$U_{实}$/V	8.00	6.00	4.00	2.00
$\bar{r}$/cm				
$\ln \dfrac{r_2}{r}$				
$r_{理}$/cm				
$\dfrac{\mid r_{理} - \bar{r} \mid}{r_{理}} \times 100\%$				

六、问题讨论

(1) 什么是模拟法，模拟法的适用条件是什么？

(2) 怎样由所测的等位线绘出电力线？电力线的方向如何确定？

(3) 如果电源电压增加一倍，等位线和电力线的形状是否变化，电场强度和电位的大小是否变化，为什么？

实验2.5　光学实验平台

光学实验平台是光学实验中的一种常用设备。平台结构的主体是一个平直的导轨，另外还有多个可以在导轨上移动的滑块支架。根据不同实验的要求，可将光源、各种光学部件装在夹具架上进行实验。在光学平台上可进行多种实验,如焦距的测定,显微镜、望远镜的组装及其放大率的测定,以及幻灯机的组装等;还可进行单缝衍射、双棱镜干涉、阿贝成像与空间滤波等实验。LYW-26 型光学平台可供普通物理实验课开设 26 项光学实验,实验涵盖了几何光学、波动光学和信息光学比较重要的基础课题。显微镜、望远镜的组装及放大率测量及 LYW-26 型光学平台附件一览表可扫二维码进行查看学习。

<h3 style="text-align:center">实验 2.5.1　薄透镜焦距的测量</h3>

　　透镜是光学仪器中最基本的元件之一。反映透镜特性的一个主要参量是焦距,它决定了透镜成像的位置和性质(大小、虚实、倒立)。对于薄透镜焦距测量的准确度,主要取决于透镜光心及焦点(像点)定位的准确度。光学实验平台可以提供几种不同的方法分别测定凸、凹薄透镜的焦距,以便了解透镜成像的规律,掌握光路调节技术,比较各种测量方法的优缺点,为今后正确使用光学仪器打下良好的基础。

　　进行各种光学实验时,首先应正确调节光路。调节光路对实验成功起着关键的作用,学会光路的调节技术是光学实验的基本要求之一。

一、实验目的

　　(1) 了解测量透镜焦距的几种方法,掌握自准法和贝塞尔物像交换法测薄透镜焦距的方法。

　　(2) 掌握简单光路的分析和光学元件等高共轴调节的方法。

　　(3) 进一步加深对透镜成像规律的认识。

二、实验器材

　　实验器材有光学实验平台、凸透镜、凹透镜、光源、物屏、白屏、平面反射镜、水平尺和滤光片等。

三、实验原理

1. 粗略估测法测定凸透镜焦距

　　粗略估测法:以太阳光或平行光管发出的平行光为光源,用凸透镜将其发出的光线聚成一光点(或像),此时 $s \to \infty$、$s' \approx f'$,即该点(或像)可认为是焦点,而光点到透镜中心(光心)的距离即为凸透镜的焦距。此法测量的误差约为 10%。由于粗略估测法误差较大,因此大都用在实验前做粗略估计,如挑选透镜等。

2. 物像公式法测定凸透镜焦距

在近轴光线的条件下,薄透镜成像的高斯公式为

$$\frac{f'}{s'} + \frac{f}{s} = 1 \qquad (2-5-1)$$

当将薄透镜置于空气中时,焦距为

$$f' = -f = \frac{s's}{s - s'} \qquad (2-5-2)$$

式中，f' 为像方焦距，f 为物方焦距，s' 为像距，s 为物距。

式(2-5-2)中的各线距均从透镜中心(光心)量起，与光线方向一致为正，反之为负，如图 2-5-1 所示。若在实验中分别测出了物距 s 和像距 s'，即可用式(2-5-2)求出该透镜的焦距 f'。注意：测得的量须添加符号，求得的量则根据所求的结果中的符号判断其物理意义。由于透镜光心位置难以准确确定，因此这种方法的误差较大。

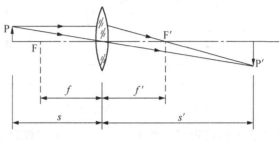

图 2-5-1　凸透镜成像

3. 自准法测定凸透镜焦距

如图 2-5-2 所示，在被测透镜 L 的一侧放置被光源照射的"↑"形物屏 AB，在另一侧放一平面反射镜 M，移动透镜(或物屏)，当物屏 AB 正好位于凸透镜之前的焦平面时，物屏 AB 上任一点发出的光线经透镜折射后将变为平行光线，然后被平面反射镜反射回来。再经透镜折射后，仍会聚在它的焦平面上，即原物屏平面上形成一个与原物大小相等、方向相反的倒立实像 A'B'。此时物屏到透镜之间的距离就是被测透镜的焦距，即

$$f = s \qquad (2-5-3)$$

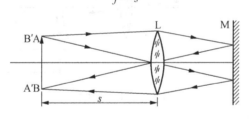

图 2-5-2　凸透镜自准法成像

由于这个方法是利用调节实验装置本身使之产生平行光以达到聚焦的目的，因此称之为自准法，该法测量误差为 1%～5%。

4. 贝塞尔物像交换法(又称为位移法、共轭法或二次成像法)测定凸透镜焦距

粗略估测法、物像公式法、自准法都因透镜的中心位置不易确定而在测量中引进误差。为避免这一缺点，可取物屏和像屏之间的距离 D 大于 4 倍焦距($4f$)，且保持不变，然后沿光轴方向移动透镜，则必能在像屏上观察到二次成像。如图 2-5-3 所示，设物距为 s_1 时得到放大的倒立实像，物距为 s_2 时得到缩小的倒立实像，透镜两次成像之间的位移为 d。

根据透镜成像原理，将

$$s_1 = -s_2' = -\frac{D-d}{2}$$

$$s_1' = -s_2 = \frac{D+d}{2}$$

代入式(2-5-2)即得

$$f' = \frac{D^2 - d^2}{4D} \tag{2-5-4}$$

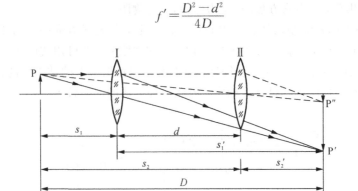

图 2-5-3 二次成像示意图

可见，只要在光学平台上确定物屏、像屏以及透镜二次成像时其滑座边缘所在位置，就可较准确地求出焦距 f'。这种方法无须考虑透镜本身的厚度，测量误差可达到 1%。

5. 成像法(又称为辅助透镜法)测定凸透镜焦距

如图 2-5-4 所示，先使物 AB 发出的光线经凸透镜 L_1 后形成一大小适中的实像 $A'B'$；然后在 L_1 和 $A'B'$ 之间放入被测凹透镜 L_2，就能使虚物 $A'B'$ 产生一实像 $A''B''$。分别测量出 L_2 到 $A'B'$ 和 $A''B''$ 之间距离 s_2、s_2'，根据式(2-5-2)即可求出 L_2 的像方焦距 f_2'。

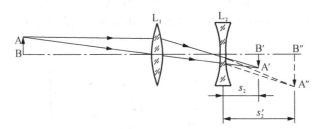

图 2-5-4 成像法

6. 凹透镜自准法测定凸透镜焦距

如图 2-5-5 所示，在光路共轴的条件下，凹透镜 L_2 在适当位置不动，移动凸透镜 L_1，使物屏上物 AB 发出的光经凸透镜 L_1 成缩小的实像 $A'B'$；然后放置并移动凹透镜 L_2，在物屏上得到一个与物大小相等的倒立实像。由光的可逆性原理可知，由 L_2 射向平面镜 M 的光线是平行光线，点 B' 是凹透镜 L_2 的焦点。记录凹透镜 L_2 和实像 $A'B'$ 的位置可直接测量出 f_2'。

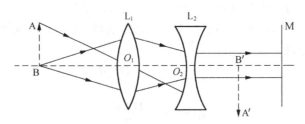

图 2-5-5 凹透镜自准法

四、实验内容

1. 光学元件同轴等高的调节

由于应用薄透镜成像公式必须满足近轴光线条件，因此应使各光学元件的主光轴重合，而且应使该光轴与光具座的导轨平行。这一调节称为"同轴等高"调节，调节方法如下：

（1）粗调。将透镜、物屏、像屏等安置在平台轨道上并将它们靠拢，调节其高、低、左、右位置，使光源、物屏、像屏与透镜的中心大致在一条和导轨平行的直线上，并使各元件的平面互相平行且垂直于导轨。

（2）细调。细调主要依靠成像规律进行调节，本实验利用透镜成像的共轭原理进行调节。如图 2-5-3 所示，当 $D > 4f$ 时，移动透镜，在像屏上分别获得放大和缩小的像。调节的一般方法是：当成小像时，调节光屏位置，使 P' 与屏中心重合；当成大像时，则调节透镜的高、低或左、右位置，使 P'' 位于光屏中心位置，使经过透镜后两次成像时像的中心重合，依次反复调节，系统即达到同轴等高。

2. 凸透镜焦距的测定

1）自准法

将照明灯 S、带箭头的物屏 P、凸透镜 L、平面镜 M 参照图 2-5-2 依次安置在平台上，按粗调的方法将各元件基本调整为同轴等高。改变凸透

镜至物屏的距离，直至物屏上箭矢附近出现一个清晰的倒置像为止。调节凸透镜的高、低、左、右位置，观察像位置的变化，若倒像与物（箭矢）大小相等，完全重合且图像清晰，则表明透镜中心与物中心已处于同轴等高的位置。记下屏与透镜的所在位置，其间距即为凸透镜 L 的焦距。重复测量 6 次，求出平均值 f 及其误差，正确表示测量结果。

在实际测量时，对成像清晰程度的判断不准确会导致测量值产生一定的误差。为了减小误差，常采用左右逼近法读数，即先使透镜由左向右移动，当像刚清晰时停止，记下透镜位置的读数；再使透镜自右向左移动，在像清晰时又得一读数，取这两次读数的平均值作为成像清晰时凸透镜的位置。

实验装置如图 2-5-6 所示。

实验步骤：

（1）参照图 2-5-6，沿米尺装妥各器件并调至共轴。调共轴的方法（粗调）：先将透镜等光学器件向光源靠拢，调节其高、低位置，凭目视使光源、物屏中心、透镜光心、像屏的中央大致在一条与平台平行的直线上。

（2）开启光源，照射物屏，移动 L 和 M，直至在物屏上获得镂空图案的倒立实像为止（白光源自身携带毛玻璃，使用毛玻璃可使图案更加均匀、明显）。

（3）调节平面镜 M 和凸透镜 L 的俯、仰和左、右，并前、后微动 L，使在物屏上看到最清晰且与物屏图案大小相等、倒立的实像（充满同一圆面积）。

（4）分别记下 P 和 L 的位置 a_1、a_2。

（5）将 P 和 L 都旋转 180°之后（不动底座）重复（1）～（4）步骤。

（6）记下 P 和 L 的新位置 b_1、b_2。

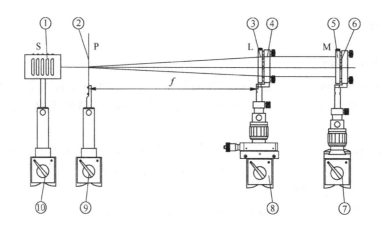

①—白光源 S(LTG-5)；②—物屏 P(LTZ-33)；③—凸透镜 L(f'=225 mm)；
④—二维架(LTZ-07)；⑤—平面镜 M；⑥—二维架(LTZ-07)；⑦—二维平移底座(LTZ-03)；
⑧—三维平移底座(LTZ-04)；⑨、⑩—通用底座(LTZ-01)

图 2-5-6　自准法仪器摆放图

(7) 计算：

$$f'_a = a_2 - a_1, \quad f'_b = b_2 - b_1$$

$$f' = \frac{f'_a + f'_b}{2}$$

2) 贝塞尔物像交换法

按图 2-5-3 将被光源照明的物屏、透镜、像屏放置在光具座上，调成同轴等高。取物屏与像屏之间的距离 $D > 4f$；移动透镜，当像屏上分别出现清晰的放大像和缩小像时，也用左右逼近法记录透镜位置 Ⅰ、Ⅱ 的左、右读数值，测量出 Ⅰ、Ⅱ 的距离 d。根据式(2-5-4)分别计算出对应于每一组 D、d 值的焦距 f，然后求出焦距的平均值和误差，正确表示测量结果。

实验装置如图 2-5-7 所示。

实验步骤：

(1) 按图 2-5-7 沿米尺布置各器件并调至共轴，再使物屏与白屏的距离 $l > 4f'$。

(2) 开启光源，将透镜 L 紧靠物屏 P，慢慢地向白屏 H 移动，使被照亮的物屏图案在白屏上成一清晰的放大像，记下 L 的位置 a_1、物屏 P 和白屏 H 间的距离 l。(白光源自身携带毛玻璃，使用毛玻璃可使图案更加均匀、明显)。

(3) 再移动 L，直至在像屏上成一清晰的缩小像，记下 L 的位置 a_2。

(4) 将 P、L、H 旋转 180°(不动底座)，重复(1)～(3)步骤，又得到 L 的两个位置 b_1、b_2。

(5) 计算：

$$d_a = a_2 - a_1, \quad d_b = b_2 - b_1$$

$$f'_a = \frac{(l^2 - d_a^2)}{4l}, \quad f'_b = \frac{(l^2 - d_b^2)}{4l}$$

被测透镜焦距 $f' = \dfrac{f'_a + f'_b}{2}$。

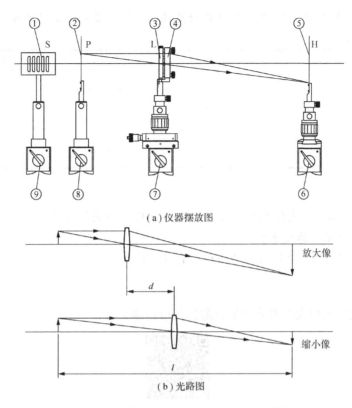

（a）仪器摆放图

（b）光路图

①—白光源 S(LTG-5)；②—物屏 P(LTZ-33)；③—凸透镜 L($f'=190$ mm)；
④—透镜架(LTZ-08)；⑤—白屏 H(LTZ-32)；⑥—二维平移底座(LTZ-03)；
⑦—三维平移底座(LTZ-04)；⑧、⑨—通用底座(LTZ-01)

图 2-5-7　贝塞尔物像交换法

3. 凹透镜焦距的测定

参阅"凹透镜焦距的测量原理"，自己拟定具体步骤和数据表格。

（1）成像距法（选做内容）。

（2）自准法（选做内容）。

五、实验数据记录与处理

请将实验数据记录在表 2-5-1 和表 2-5-2 中。

表 2-5-1　自准法测凸透镜焦距的原始数据记录表

光源位置读数：_____cm　　　　　　　　　　　　　　　　　cm

测量次序	a_1	a_2	b_1	b_2	f
1					
2					
3					
4					
5					
平均值/cm	—	—	—	—	$\bar{f}$

表 2-5-2　贝塞尔物像交换法测焦距的原始数据记录表

光源位置读数：_____ cm　　　　　　　　　　　　　　　　　　　　　cm

测量次序	a_1	a_2	b_1	b_2	P	H	f
1							
2							
3							
4							
5							

六、问题讨论

(1) 在光学实验中，为什么要对光学系统各部件进行同轴等高调节？如何判断光学系统各部件已满足同轴等高要求？

(2) 用贝塞尔物像交换法测凸透镜焦距有什么优点？

七、补充资料

测自组望远镜的放大率及光学平台附件等请扫描学习。

实验 2.6　数字示波器的使用

　　示波器是一种用途广泛的电子测量仪器，用它能直接观察电信号的波形，也能测定电压信号的幅度、周期和频率等参数。用双踪示波器还可以测量两个信号之间的时间差和相位差。凡是能转化为电压信号的电学量和非电学量都可以用示波器来观测。示波器分为模拟示波器和数字示波器。模拟示波器的优点在于它具有极高的分辨率和很高的扫描速率，屏幕显示可以有亮度地变化，可实时显示可信赖的波形。但模拟示波器很难处理低频信号、非重复信号和瞬间信号。

　　数字示波器又称为数字存储示波器(Digital Storage Oscilloscopes，DSO)，采用微处理器作控制和数据处理，使数字示波器具有超前触发、组合触发、毛刺捕捉、波形处理、硬拷贝输出、软盘记录、长时间波形存储等模拟示波器所不具备的功能。数字示波器需要具有与带宽相适应的高速 A/D 转换器，显示器可用 LCD 平面阵列和彩色屏幕。目前的数字示波器带宽超过了 1 GHz，在许多方面其性能都超过了模拟示波器。数字示波器因具有波形触发、存储、显示、测量、波形数据分析处理等独特优点，其使用日益普及。但数字示波器仍具有显示分辨率低、扫描速率有限、没有亮度调制、观察不到三维图形、面板旋钮多、菜单复杂等缺点。

　　本实验主要介绍数字示波器的使用，可以根据实际应用选择合适的示波器。

一、实验目的

(1) 了解数字示波器的工作原理及使用方法。

（2）学会用数字示波器测量交流电压信号的周期、频率和电压峰-峰值。

（3）学会用数字示波器观察李萨如(Lissajous)图形，校准低频信号发生器。

二、实验器材

实验器材有数字示波器、信号发生器等。

1. DS1074Z 数字示波器(RIGOL)

DS1074Z 数字示波器是一款基于 UltraVision 技术的高性能数字示波器，具有极高的存储深度、超宽的动态范围、良好的显示效果、优异的波形捕获率和全面的触发功能，是通信、航天、国防、嵌入式系统、计算机、研究和教育等众多领域的调试仪器。

DS1074Z 数字示波器实物如图 2-6-1 所示，前面板总览如图 2-6-2 所示，后面板总览如图 2-6-3 所示。

图 2-6-1 DS1074Z 数字示波器

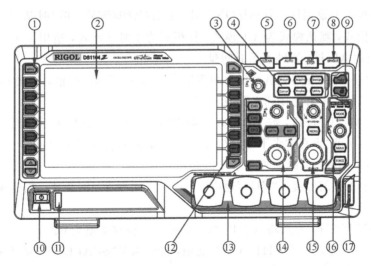

①—菜单控制键；②—LCD；③—多功能旋钮；④—功能菜单键；⑤—全部清除键；

⑥—波形自动显示；⑦—运行/停止控制键；⑧—单次触发控制键；⑨—内置帮助/打印键；

⑩—电源键；⑪—USB HOST 接口；⑫—功能菜单设置软键；⑬—模拟通道输入区；

⑭—垂直控制区；⑮—水平控制区；⑯—触发控制区；⑰—探头补偿器输出端/接地端

图 2-6-2 DS1074Z 数字示波器前面板总览

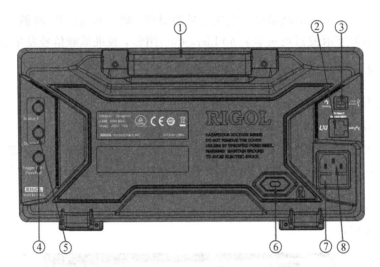

①—手柄；②—LAN；③—USB DEVICE；④—触发输出/通过失败；

⑤—信号输出；⑥—锁孔；⑦—保险丝；⑧—AC 电源插孔

图 2 - 6 - 3　DS1074Z 数字示波器后面板总览

DS1074Z 数字示波器的具体介绍请参考仪器使用手册，这里只介绍两个要求掌握的应用示例。

1）测量简单信号

DS1074Z 数字示波器提供 12 种水平（HORIZONTAL）和 12 种垂直（VERTICAL）测量参数。按下屏幕左侧的软键即可打开相应的测量项，连续按下 **MENU** 键，可切换水平和垂直测量参数。

按下前面板水平控制区（HORIZONTAL）中的 **MENU** 键后，按"时基"软键，可以选择示波器的时基模式，默认模式为 YT 模式。该模式为主时基模式，适用于两个输入通道。该模式下 Y 轴表示电压量，X 轴表示时间量。

观测电路中一未知信号，迅速显示和测量信号的频率和峰-峰值，请按如下步骤操作：

（1）将"CH1"的探头连接到电路被测点。

（2）按下"AUTO"按钮，数字存储示波器将自动设置，使波形显示达到最佳。在此基础上，可以进一步调节"垂直""水平"挡位，直至波形的显示符合要求为止。

2）观察李萨如图形，测量两信号的相位差

（1）将一个正弦信号接入"CH1"通道，再将一个同频率、同幅值、相位相差 90°的正弦信号接入"CH2"。

（2）按"AUTO"键，然后将"CH1""CH2"的垂直位移调整为 0。

（3）按"X - Y"键，选择"CH1 - CH2"选项，旋转水平"SCALE"键，适当地调节采样率，可以得到良好的李萨如图形，便于更好地观察与测量。

（4）调节"CH1"和"CH2"的垂直"SCALE"键，使信号易于观察，此时可以得到图 2 - 6 - 4 所示的图形。

（5）由图 2 - 6 - 4 可知，圆形与"X"轴和"Y"轴的交点到坐标原点的距离近似相等，由此可得相差角 $\theta = \pm \arcsin 1 = \pm 90°$。

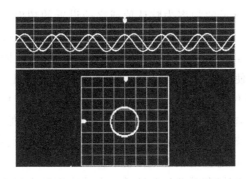

图 2-6-4　李萨如图形的观察和相位差的测量

2. DG4062 函数/任意波形发生器

DG4062 函数/任意波形发生器前面板如图 2-6-5 所示，该仪器可以从单通道或者同时从双通道输出基本波形，包括正弦波、方波、锯齿波、脉冲和噪声。开机时，仪器默认输出一个频率为 1 kHz、幅度为 $5U_{PP}$ 的正弦波。

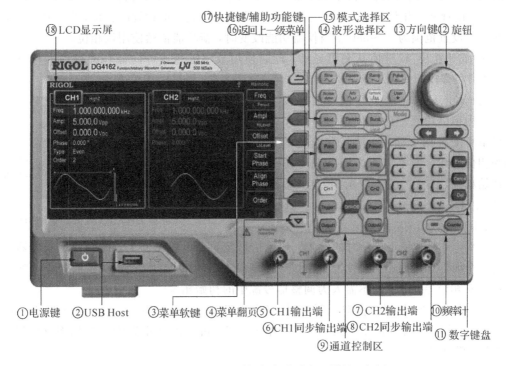

图 2-6-5　DG4062 函数/任意波形发生器前面板图

用户可以配置单通道输出或双通道输出，按下前面板的"CH1"，用户界面对应的通道区域变亮，然后设置所需波形和参数。如需同时输出信号，再按下"CH2"，设置所需波形和参数。注意："CH1""CH2"不能同时被选中。开机时，仪器默认输出通道为"CH1"。

设置输出信号的步骤如下：

（1）选择基本波形：前面板 **Sine** 按键表示正弦波，**Square** 按键表示方波，**Ramp** 按键表示锯齿波，**Pulse** 按键表示脉冲，**Noise** 按键表示噪声。

（2）设置频率：屏幕显示的频率为默认值或之前设置的频率，默认值为 1 kHz。当仪器功能改变时，若该频率在新功能下有效，则仪器依然使用该频率；若该频率在新功能下无效，则仪器弹出提示消息，并自动将频率设置为新功能的频率上限值。

按"频率/周期"软键使"频率"突出显示，此时使用数字键盘或方向键和旋钮输入频率的数值，然后在弹出的单位菜单中选择所需的单位。再按该软键可以设置周期单位。

（3）设置幅度：屏幕显示的幅度为默认值或之前设置的幅度，默认值为 $5U_{PP}$。当仪器配置改变时，若该幅度有效，则仪器依然使用该幅度；若该幅度无效，则仪器弹出提示消息，并自动将幅度设置为新配置的幅度上限值。

按"幅度/高电平"软键使"幅度"突出显示，此时使用数字键盘或方向键和旋钮输入幅度的数值，然后在弹出的单位菜单中选择所需的单位。再按该软键将切换至高电平设置。

（4）设置 DC 偏移电压：屏幕显示的 DC 偏移电压为默认值或之前设置的偏移电压，默认值为 $0U_{DC}$。当仪器配置改变时，若该偏移有效，则仪器依然使用该偏移；若该偏移无效，则仪器弹出提示消息，并自动将偏移设置为新配置的偏移上限值。

按"偏移/低电平"软键使"偏移"突出显示，此时使用数字键盘或方向键和旋钮输入偏移的数值，然后在弹出的单位菜单中选择所需的单位。再按该软键将切换至低电平设置。

（5）设置起始相位：屏幕显示的起始相位为默认值或之前设置的相位，默认值为 0°，起始相位可设置范围为 0°～360°。当仪器功能改变时，新功能依然使用该相位。

按"起始相位"软键使其突出显示，此时使用数字键盘或方向键和旋钮输入相位的数值，然后在弹出的单位菜单中选择单位"°"。

同相位：DG4062 函数/任意波形发生器提供同相位功能，按下"同相位"软键，仪器将重新配置两个通道，使其按设定的频率和相位输出，而不需人为调整信号源中的初始相位，图 2-6-6 所示为 CH1 输出 1 kHz、$5U_{PP}$、0°正弦波，CH2 输出 1 kHz、$5U_{PP}$、180°正弦波时，用示波器采样两个通

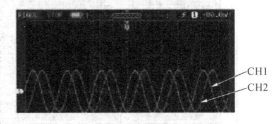

图 2-6-6　示波器采样 CH1、CH2 通道的波形

道的波形，并使其稳定显示时的波形。切换信号发生器的输出开关，可以发现示波器上显示的两个波形相位差不再是 180°。但按下信号发生器的"同相位"软键，示波器中的波形将呈现 180°相位差显示，而不需人为调整信号源中的初始相位。

（6）设置占空比：按"占空比"软键使其突出显示，此时使用数字键盘或方向键和旋钮输入数值，然后在弹出的单位菜单中选择单位"%"。占空比的可设范围受"频率/周期"设置的限制，默认值为 50%。

（7）设置对称性：按"对称性"软键使其突出显示，此时使用数字键盘或方向键和旋钮输入数值，然后在弹出的单位菜单中选择单位" %"。对称性的可设置范围为 0%～100%，默认值为 50%。该参数仅在选中锯齿波时有效。

（8）启用通道输出：完成波形参数设置后，需要开启通道以输出波形。在开启通道前，可以使用 **Utility** 功能键下的通道设置菜单（**CH1 设置**或**CH2 设置**）设置与该通道输出相关的参数，如阻抗、极性等。按下前面板的 **Output1** 按键或/和 **Output2** 按键，按键背灯变亮，仪器从前面板 **Output1** 或/和 **Output2** 连接器输出已配置的波形。

三、实验原理

1. 数字存储示波器原理

随着数字信号技术和微处理器技术的发展,数字存储示波器(DSO)出现了。所谓数字存储,就是在示波器中以数字编码的形式来存储信号。信号进入数字存储示波器后,示波器将按一定的时间间隔对信号电压进行采样,然后用一个模/数转换器(ADC)对这些瞬间值或采样值进行变换,从而生成代表每个采样电压的二进制数值,这个过程叫数字化。获得的二进制数值存储在存储器中,存储器中存储的数据用来在示波器的屏幕上重建信号波形。对输入信号进行采样的速率称为采样速率,采样速率由采样时钟控制。数字存储示波器的基本框图如图2-6-7所示。

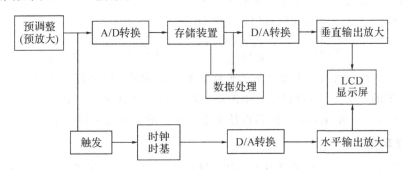

图2-6-7 数字存储示波器基本框图

2. 采样数字化

获取输入电压的采样值是通过采样及保持电路(参见图2-6-8)来完成的。当开关S闭合时,输入放大器A_1通过开关S对保持电容进行充/放电;而当开关S断开时,保持电容上的电压就不再变化。缓冲放大器A_2将此采样电压值送往ADC,ADC则测量此采样电压值,并用数字的形式表示出来。ADC是由一组比较器组成的(参见图2-6-9),每个比较器都检查采样电压是否高于其参考电压。若高于参考电压,则该比较器的输出为有效;若低于参考电压,则该比较器的输出为无效。ADC通过把采样电压和许多参考电压进行比较,来确定采样电压的幅值。

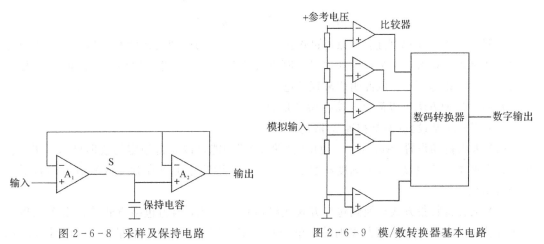

图2-6-8 采样及保持电路　　　　图2-6-9 模/数转换器基本电路

3. 模/数转换器和垂直分辨率

构成 ADC 所用的比较器越多, ADC 可以识别的电压层次越多, 这个特性被称为垂直分辨率。显然, 垂直分辨率越高, 显示器上重建的波形越逼真。

4. 时基和水平分辨率

在数字示波器中, 水平系统的作用是确保对输入信号采集足够数量的采样值, 并且确保每个采样值都取自正确的时刻。构成一个波形的全部采样叫作一个记录。用一个记录可以在显示器上重建一个或多个波形。一个示波器可以存储的采样点数称为记录长度或采样长度。记录长度用字节或千字节来表示, 1 千字节(1 KB)等于 1024 个采样点。

通常, 示波器沿水平轴显示 512 个采样点。为了方便, 这些采样点以每格 50 个采样点的水平分辨率来进行显示, 即水平轴的长度为 512/50=10.24 格。

两个采样点之间的时间间隔可以按下式计算:

$$采样间隔=\frac{时基设置(秒/格)}{采样点数}, \quad 采样速率=\frac{1}{采样间隔}$$

通常, 示波器可以沿水平轴显示的采样点数是固定的, 时基设置的改变是通过改变采样速率来实现的。因此, 一台特定的示波器所给出的采样速率只有在某一特定的时基设置之下才是有效的。一般来讲, 示波器在技术指标中标的是最大采样速率。

5. 假波现象

如果示波器对信号进行采样时不够快, 进而无法建立精确的波形记录, 就会出现假波现象(参见图 2-6-10)。假波现象发生时, 示波器将以低于实际输入波形的频率显示波形, 或者触发并显示不稳定的波形。示波器精确表示信号的能力受探头带宽、示波器带宽和采样速率的限制。要避免假波现象, 示波器必须以至少比信号中最高频分量快两倍的频率对信号进行采样。

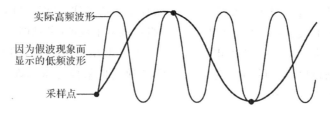

图 2-6-10　假波现象示意图

对假波现象的简单判断: 可以通过慢慢改变扫速 1/DIV 到较快的时基挡, 观察波形的频率参数是否急剧改变来判断。如果是, 说明假波现象已经发生; 如果晃动的波形在某个较快的时基挡稳定下来, 也说明假波现象已经发生。

有如下几种方法可以简单地防止假波现象发生:

(1) 调整时基设置(调整扫速 s/格)。

(2) 采用自动设置(Autoset)。使用"自动设置"功能可以获得稳定的波形显示效果。它可以自动调整垂直刻度、水平刻度和触发设置。自动设置也可以在刻度区域显示出若干自动测量结果。

(3) 试着将收集方式切换到包络方式或峰值检测方式, 因为包络方式是在多个收集记录中寻找极值, 而峰值检测方式则是在单个收集记录中寻找最大、最早值, 这两种方法都能检测到较快的信号变化。

（4）如果示波器有 InstaVu 采集方式，就可以选用该方式，因为这种方式采样波形速度快。用这种方法显示的波形类似于用模拟示波器显示的波形。

6. 显示

数字存储示波器的显示与模拟示波器有着本质的不同。数字存储示波器的显示屏幕可以是 CRT、LCD 或者 LED，我们在屏幕上看到的并不是输入信号本身的波形，而是使用早些时刻采样的表示输入信号的数据在屏幕上重建的波形。而模拟示波器屏幕上显示的波形就是被测系统中实际发生的情况。因此，模拟示波器常常被认为是最值得信赖的信号测量仪器。

7. 自动测量

当使用数字存储示波器时，只要示波器已经采样了信号波形，就获得了所有波形的信息数据。根据这些数据就能自动计算出要测量的参数，快速得到准确、可靠的结果。当然，数字存储示波器的设置情况对参数测量和结果会有影响。对于模拟示波器，我们只能进行手动测量，对于复杂的波形，我们几乎不能进行精确测量。

8. 模拟带宽和数字实时带宽

带宽是示波器最重要的指标之一。模拟示波器的带宽是一个固定的值，而数字示波器有模拟带宽和数字实时带宽两种。数字示波器对重复信号采用顺序采样或随机采样技术，所能达到的最高带宽为示波器的数字实时带宽。数字实时带宽与最高数字化频率和波形重建技术因子 K 相关（数字实时带宽＝最高数字化频率/K），K 一般并不作为一项指标直接给出。从以上两种带宽的定义可以看出，模拟带宽只适合重复周期信号的测量，而数字实时带宽则同时适合重复信号和单次信号的测量。厂家声称示波器的带宽能达到多少兆，实际上指的是模拟带宽，数字实时带宽要低于这个值。因此，在测量单次信号时，一定要参考数字示波器的实时带宽，否则会给测量带来意想不到的后果。

四、实验内容

1. 观察并记录波形

调节低频信号发生器，输出频率为几十赫兹、几百赫兹、几千赫兹和几十万赫兹的正弦电压信号，经 CH1（通道 1）输入数字示波器，观察并记录其波形。

2. 测量任意的正弦波电压

（1）测量上述低频信号发生器产生的正弦波形的电压峰-峰值 U_{PP}。

在示波器上调节出大小适中、稳定的正弦波形，选择其中一个完整的波形，读出正弦波电压峰-峰值 U_{PP} 的垂直距离，用下式计算得

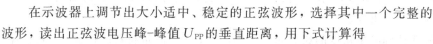
$$U_{PP}＝垂直距离(\text{div})×挡位(\text{V/div})$$

（2）测量上述低频信号发生器产生的正弦波形的周期和频率。

在示波器上调节出大小适中、稳定的正弦波形，选择其中一个完整的波形，先测出正弦波的周期 T，即

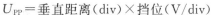
$$T＝水平距离(\text{div})×挡位(\text{s/div})$$

然后求出正弦波的频率 $f＝1/T$。

(3) 观测李萨如图形并校准低频信号发生器。

观测李萨如图形时，调节数字示波器"扫描速率(s/div)"至"X-Y"方式。调节信号发生器 CH1(通道 1)，输出 50 Hz 的正弦电压信号。然后调节信号发生器 CH2(通道 2)的频率，当两通道的频率成简单整数比时，荧光屏上出现各种不同形状的稳定的李萨如图形(参见表 2-6-1)，记下其形状；利用 $f_x : f_y = N_y : N_x$ 计算被测信号的频率，并与信号发生器显示的频率进行比较，校准低频信号发生器的频率。

表 2-6-1　几种频率整数比的李萨如图形

$f_y : f_x$	1:1	1:2	1:3	2:3	3:2	3:4	2:1
李萨如图形	◯	⟨	⟨⟨	✕	◇	✕✕	∧∧
N_x	1	1	1	2	3	3	2
N_y	1	2	3	3	2	4	1
f_y/Hz	100	100	100	100	100	100	100
f_z/Hz	100	200	300	150	$66\frac{2}{3}$	$133\frac{1}{3}$	50

五、问题讨论

(1) 简述数字示波器显示输入信号波形的方法。

(2) 如何使用数字示波器测量交流信号电压的有效值？

(3) 波形稳定的条件是什么？如何调节使波形稳定？

(4) 怎样利用李萨如图形测量正弦信号的频率？

实验 2.7　分光计的调节及三棱镜折射率的测定

光线在传播过程中遇到不同介质的分界面时，会发生反射和折射，然后光线将改变传播的方向，结果在入射光与反射光或折射光之间就存在一定的夹角。通过对某些角度的测量，可以测定折射率、光栅常数、光波波长、色散率等许多物理量。因此，精确测量这些角度在光学实验中显得十分重要。

分光计是一种能精确测量角度的典型光学仪器，经常用来测量材料的折射率、色散率、光波波长和进行光谱观测等。由于该装置比较精密，控制部件较多而且操作复杂，因此使用时必须严格按照一定的规则和程序进行调整，方能获得较高精度的测量结果。分光计的调整思想、方法与技巧，在光学仪器中有一定的代表性。学会分光计的调节和使用方法，有助于操作更为复杂的光学仪器。对于初次使用者来说，往往会遇到一些困难，但只要在实验调整中清楚调整要求，注意观察出现的现象，并努力运用已有的理论知识去分析、指导操作，再反复练习，一般都能掌握分光计的使用方法，并顺利地完成实验任务。

一、实验目的

（1）了解分光计的结构，掌握调节和使用分光计的方法。

（2）掌握测定棱镜顶角的方法。

（3）用最小偏向角法测定棱镜玻璃的折射率。

二、实验器材

实验器材有分光计、双面镜、钠灯、三棱镜等。分光计如图 2-7-1 所示。

图 2-7-1　分光计

1. 分光计的结构

分光计是一种精确测定不同方向光线之间角度的专用仪器。它由 5 个部件组成：底座、平行光管、载物台、望远镜和读数刻度盘（简称读数盘）。其外形如图 2-7-2 所示。

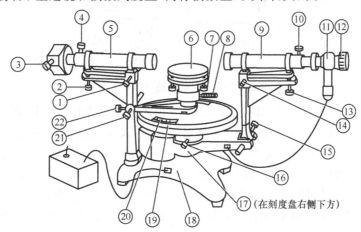

①—平行光管左右调节螺钉；②—平行光管俯仰调节螺钉；③—狭缝宽度调节手轮；

④—狭缝装置锁紧螺钉；⑤—平行光管；⑥—载物台；⑦—载物台面调节螺钉（3 只）；

⑧—载物台与游标盘锁紧螺钉；⑨—望远镜；⑩—目镜锁紧螺钉；⑪—阿贝目镜；

⑫—目镜调焦手轮；⑬—望远镜俯仰调节螺钉；⑭—望远镜左右调节螺钉；

⑮—望远镜微调螺钉；⑯—刻度盘与望远镜锁紧螺钉；⑰—望远镜止动螺钉（在刻度盘右侧下方）；

⑱—分光计底座；⑲—刻度盘；⑳—游标盘；㉑—游标盘微调螺钉；㉒—游标盘止动螺钉

图 2-7-2　分光计结构示意图

（1）底座——用来连接平行光管、望远镜、载物台和读数盘，其中心有一竖轴，称为分光计的主轴；望远镜、读数盘、载物台等可绕该轴转动。

（2）平行光管——产生平行光束。平行光管⑤的一端装有会聚透镜，另一端装有狭缝的圆筒，旋松螺钉④，狭缝圆筒可沿轴向前、后移动和绕自身轴转动。平行光管的左、右移动由螺钉①调节，平行光管的俯、仰由螺钉②调节，狭缝宽度由手轮③调节。为避免狭缝损坏，只有在望远镜中看到狭缝的情况下才能调节手轮③。当狭缝的位置正好处在会聚透镜的焦平面上时，凡是射进狭缝的光线经平行光管后都出射平行光。

（3）载物台——为放置光学元件而设置的平台。台面下的 3 个螺钉可调节台面与分光计的主轴垂直，下方还有一个锁紧螺钉⑧，借此可以调节载物台的上、下高度，旋紧该螺钉，载物台便可与游标盘一起转动。

（4）望远镜——观测装置。它是一种带有阿贝目镜(参见图 2-7-2)的望远镜，由目镜、分划板和物镜 3 部分组成。分划板下方紧贴一块 45°全反射阿贝棱镜，其表面涂有不透明薄膜，薄膜上刻有一个透光的空心十字窗口，小电珠光从管侧射入棱镜，光线经棱镜全反射后照亮透光空心十字窗口，调节目镜调焦手轮⑫，可在望远镜目镜视场中看到清晰的准线像(参见图 2-7-3 上方)。

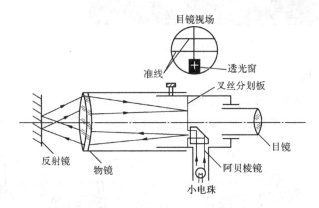

图 2-7-3 阿贝目镜结构示意图

（5）读数盘——测量角度用的读数装置。它由各自绕分光计主轴转动的刻度盘和游标盘组成。刻度盘上刻有 720 等分刻线，每格对应 0.5°(30′)。在游标盘对径方向设有两个角游标，把刻度盘上 29 格细分成 30 等分，故分光计的最小分度值为 1′。固定刻度盘或游标盘中的一个，转动另一个，便可测出转过的角度。为消除因机械加工和装配时刻度盘与游标盘两者转轴不重合所带来的读数偏心差，测量角度时应同时读出两个游标值，分别算出两游标各自转过的角度，然后取其平均值。读数盘的读数方法与游标卡尺相似。读数时，以角游标零线为准读出刻度盘上的度数，再找游标上与刻度盘上重合的刻线即为所读分值。如果游标零线落在半刻度线之外，则游标上的读数还应加上 30′。读数举例如图 2-7-4 所示，此时读数为 119°45′。

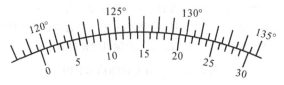

图 2-7-4 读数举例

2. 分光计的调整

分光计调节到可用状态应满足如下几点：

（1）望远镜聚焦于无穷远处。

（2）望远镜轴线与分光计主轴垂直。

（3）载物台台面与分光计主轴垂直。

（4）平行光管出射平行光并垂直于分光计主轴。

分光计的具体调节步骤如下：

（1）目测粗调水平。

阅读分光计结构介绍时，应熟悉各螺钉的位置及作用。调节平行光管、载物台、望远镜各自的左、右微调螺钉（①、⑭、⑮、㉑），使其处于左右自如的中间状态；然后根据眼睛的粗略估计，分别调节平行光管和望远镜的俯仰调节螺钉②和⑬，使其轴线水平；再调节载物台面下的 3 个螺钉，使台面水平（粗调是细调成功的前提，同学们应认真对待，尽量调准确）。经目测粗调，平行光管、望远镜、载物台台面大致水平，故与分光计主轴大致垂直。

（2）调整望远镜，使其聚焦于无穷远。

① 调节目镜调焦手轮，直到能够清楚地看到分划板"准线"为止。

② 接上照明小灯电源，闭合开关，可在目镜视场中看到图 2-7-5 所示的"准线"和带有绿色小十字的窗口。

③ 将平面镜按图 2-7-6 所示方位放置在载物台上。这样放置的目的：若要调节平面镜的俯、仰，只需要调节载物台下的螺钉 a_2 或 a_3 即可，而螺钉 a_1 的调节与平面镜的俯、仰无关。

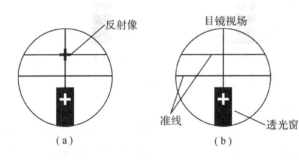

图 2-7-5　目镜视场

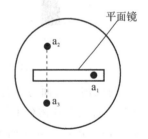

图 2-7-6　平面镜的放置

④ 沿望远镜外侧观察可看到平面镜内有一亮十字，轻缓地转动载物台，亮十字也随之转动。但若用望远镜对着平面镜看，往往看不到此亮十字，这说明从望远镜射出的光没有被平面镜反射到望远镜中。

仍将望远镜对准载物台上的平面镜，调节镜面的俯、仰，并转动载物台让反射光返回望远镜中，使由透明十字发出的光经过物镜后（此时从物镜出来的光还不一定是平行光）再经平面镜反射，由物镜再次聚焦，于是在分划板上形成模糊的像斑。（注意：调节是否顺利，以上步骤是关键）然后先调物镜与分划板间的距离，再调分划板与目镜的距离使从目镜中既能看清准线，又能看清亮十字的反射像。注意：使准线与亮十字的反射像之间无视差，若有视差，则须反复调节，予以消除；如果没有视差，说明望远镜已聚焦于无穷远处。

（3）调整望远镜光轴，使其与分光计的中心轴垂直。

平面镜按图 2-7-6 所示置于载物台上，转动载物台使望远镜分别对准平面镜前、后两镜面，可以分别观察到两个镜面反射的亮十字像。如果望远镜的光轴与分光计的中心轴相垂直，而且平面镜反射面又与中心轴平行，则转动载物台时，从望远镜中可以两次观察到由平面镜前、后两个面反射回来的亮十字像与分划板准线的上部十字线完全重合，如图 2-7-7(c)所示。若望远镜光轴与分光计中心轴不垂直，平面镜反射面也不与中心轴相平行，则转动载物台时，从望远镜中观察到的两个亮十字反射像，必然不会同时与分划板准线的上部十字线重合，而是一个偏低，另一个偏高，甚至只能看到一个。这时需要认真分析，确定调节措施，切不可盲目乱调。重要的是必须先粗调，即先从望远镜外面目测，调节到从望远镜外侧能观察到两个亮十字像；然后再细调，从望远镜视场中观察，当无论以平面镜的哪一个反射面对准望远镜均能观察到亮十字时，若从望远镜中看到准线与亮十字像不重合，则它们的交点在高低方面相差一段距离，如图 2-7-7(a)所示。此时调整望远镜高低倾斜螺钉⑬使差距减小为 $h/2$，如图 2-7-7(b)所示；再调节载物台下的水平调节螺钉，消除另一半距离，使准线的上部十字线与亮十字线重合，如图 2-7-7(c)所示。之后，再将载物台旋转 180°，使望远镜对着平面镜的另一面，然后采用同样的方法调节。如此反复调整，直至转动载物台时，从平面镜前、后两表面反射回来的亮十字像都能与分划板准线的上部十字线重合为止。这时望远镜光轴和分光计的中心轴垂直，常称这种方法为逐次逼近对半调整法。

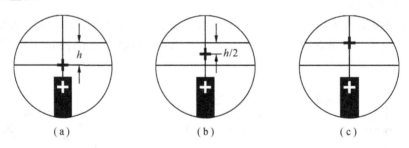

(a)　　　　　　　　　　(b)　　　　　　　　　　(c)

图 2-7-7　亮十字像与分划板准线的位置关系

(4) 调载物台台面与分光计主轴垂直。

将双平面镜在载物台上转动 90°，使其一平面正对 a_1（参考图 2-7-6），移动望远镜（或游标盘），使望远镜正对平面镜，只调节 a_1（不再调 a_2、a_3），使平面镜反射的亮十字和分划板的上部十字线重合，这时载物台台面与分光计主轴垂直了。

(5) 调整平行光管。

用前面已经调整好的望远镜调节平行光管。若平行光管射出平行光，则狭缝成像于望远镜物镜的焦平面上，在望远镜中就能清楚地看到狭缝像，并与准线无视差。

① 调整平行光管产生平行光。取下载物台上的平面镜，关掉望远镜中的照明小灯，用钠灯照亮狭缝，从望远镜中观察来自平行光管的狭缝像，同时调节平行光管狭缝与透镜间的距离，直至能在望远镜中看到清晰的狭缝像为止；然后调节缝宽使望远镜视场中的缝宽约为 1 mm。

② 调节平行光管的光轴与分光计中心轴相垂直。从望远镜中看到清晰的狭缝像后，转动狭缝（但不能前、后移动）至水平状态，调节平行光管倾斜螺钉，使狭缝水平像被分划板的中央十字线上、下平分，如图 2-7-8(a)所示。这时平行光管的光轴已与分光计中心轴相垂直。再

把狭缝转至铅直位置，并保持狭缝像最清晰且无视差，其位置如图 2-7-8(b)所示。

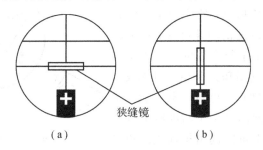

（a）　　　　　　　　　　（b）

图 2-7-8　调节平行光管

至此分光计已全部调整好，使用时必须注意分光计上除刻度圆盘制动螺钉及其微调螺钉外，其他螺钉不能任意转动，否则将破坏分光计的工作条件，需要重新调节。

三、实验原理

如图 2-7-9 所示，当单色平行光以 i_1 入射角入射到三棱镜的光学表面 AB 上时，经两次连续折射后，以 i_4 角从光学表面 AC 出射，则出射光方向 EP 与入射光方向 PD 之间的夹角叫偏向角。再转动游标盘，改变入射光 PD 在 AB 面上的入射角的大小，出射光线 EP 的方向随之改变，即偏向角的大小发生变化。继续顺转或逆转游标盘，

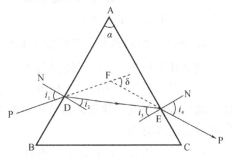

图 2-7-9　光经三棱镜的折射

使偏向角减小到某一极限位置时，不管是顺转还是逆转游标盘，偏向角都是增大的，此时出射光线的极限位置与入射光方向位置间的夹角叫作最小偏向角，用符号 $\delta_{\min}$ 表示。用微分法或实验法可证明，在出射光线和入射光线处于光路对称的情况下，即 $i_1 = i_4$、$i_2 = i_3$ 时，其偏向角最小。这时 $i_2 = \alpha/2$，$\delta_{\min} = 2i_1 - 2i_2 = 2i_1 - \alpha$，即 $i_1 = (\alpha + \delta_{\min})/2$，根据几何光学原理，材料的折射率为

$$n = \frac{\sin \dfrac{\alpha + \delta_{\min}}{2}}{\sin \dfrac{\alpha}{2}} \qquad (2-7-1)$$

实验中，利用分光计测出三棱镜的顶角 α 及最小偏向角 $\delta_{\min}$，即可由式（2-7-1）计算出三棱镜材料的折射率。

四、实验内容

1. 用分光计测三棱镜顶角

调整好分光计后取下平面镜，把三棱镜按图 2-7-10 所示位置放在载物台上，转动游标盘带动载物台使棱镜的两个折射面对准望远镜时均能看到亮十字。将棱镜的某个折射面对准望远镜，只调节载物台下方靠前面的螺钉，使亮十字与准线的上方水平线重合（不能调节望远镜的俯、仰）；再转动载物台，从望远镜中又看到棱镜另一折射面对准望远镜时的亮十字像，同样只准调节载物台下方靠前面的螺钉，使亮十字与水平上方的准线重合。如此

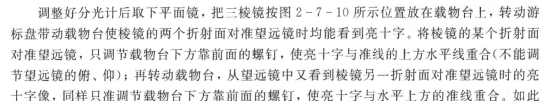

反复几次，使两个面反射的亮十字均与水平上方的准线重合。缓缓转动载物台，使亮十字与竖直准线大致重合，旋紧游标盘止动螺钉㉒，调节游标盘微调螺钉㉑，使亮十字与准线的上方十字线完全重合，由两个游标读出望远镜的角坐标 φ_1、φ_2。拧松游标盘的止动螺钉，再转动载物台，仿照上面的操作，使另一面的亮十字与准线上方十字线完全重合，从游标上再次读出望远镜的角坐标 φ_1'、φ_2'，则三棱镜顶角 α 为

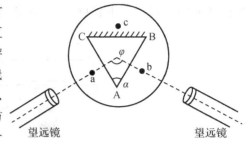

图 2-7-10　三棱镜位置

$$\alpha = 180° - \frac{1}{2}(|\varphi_1' - \varphi_1| + |\varphi_2' - \varphi_2|) \qquad (2-7-2)$$

值得注意的是，在转动望远镜过程中，若有一个游标越过 $360°$，则计算时 φ 角坐标应加上 $360°$。重复测量 6 次。

2. 测最小偏向角并求三棱镜的折射率

调整好平行光管，将三棱镜与平行光管相对位置放好，平行光以入射角 i 进入三棱镜，经二次折射后射出三棱镜，拧松刻度盘右下方的螺钉，转动望远镜，可从望远镜中看到汞灯光源经棱镜色散后的彩色谱线；对准黄光，再次调节狭缝宽度，使黄光恰能分为两条紧邻的黄色谱线时为止。

认定某一谱线(如绿光)，顺时针方向转动载物台使入射角减小，谱线向入射光方向靠拢，偏向角减小，并转动望远镜跟踪该谱线，直至棱镜继续沿着同方向转动到某个位置时谱线不再移动为止；棱镜继续沿原方向转动，谱线反而向相反方向移动，此转折点即为该谱线的最小偏向角的位置(反之亦然)。拧紧游标盘的止动螺钉㉒，固定此入射角，转动望远镜使其分划板竖直准线与该谱线重合(或左、右大致平分)，再次固定刻度盘右下方的螺钉，微调望远镜的微调螺钉⑮，使竖直准线与谱线精密重合(或左、右平分)，记下两个游标的读数 θ_1 和 θ_2。移去三棱镜，转动望远镜对准平行光管，同样使望远镜的竖直准线平分狭缝，记下两个游标的读数 θ_1' 和 θ_2'，则最小偏向角 δ_{min} 为

$$\delta_{min} = \frac{1}{2}(|\theta' - \theta_1| + |\theta_2' - \theta_2|) \qquad (2-7-3)$$

将 α 和 δ_{min} 代入式(2-7-1)，即可求得三棱镜对该单色光的折射率。

五、注意事项

(1) 望远镜、平行光管上的镜头、三棱镜、平面镜的镜面不能用手摸、揩。当发现其上有尘埃时，应该用镜头纸轻轻揩擦。不准磕碰或跌落三棱镜、平面镜，以免损坏。

(2) 分光计是较精密的光学仪器，要加倍爱护，不应在制动螺钉锁紧时强行转动望远镜，也不要随意拧动狭缝。

(3) 在测量数据前务必检查分光计的几个制动螺钉是否锁紧，若未锁紧，则取得的数据会不可靠。

(4) 测量中应正确使用望远镜转动的微调螺钉，以便提高工作效率和测量准确度。

(5) 在游标读数过程中，由于望远镜可能位于任何方位，因此应注意望远镜转动过程

中是否过了刻度的零点。

六、问题讨论

调节分光计时若找不到平面镜反射的亮十字像怎么办？

实验2.8 光的干涉现象的观测

研究光的干涉现象有助于加深对光波动性的认识，也有助于进一步学习近代光学实验技术，如长度的精密测量、光弹性研究、全息照相技术等。本实验将通过牛顿环和劈尖干涉实验研究光的干涉现象。

一、实验目的

（1）通过对牛顿环、劈尖干涉图像的观察和测量，加深对光波动性的认识。

（2）学习用牛顿环法测量平凸透镜的曲率半径和用劈尖干涉法测量玻璃丝微小直径的实验方法。

（3）培养实事求是、细致认真的科学素养。

二、实验器材

1. GDG-1光电等厚干涉实验仪介绍（雨母校区）

本仪器由南华大学物理实验室自制，整套仪器包含单色光源钠光灯（$\lambda = 589.3$ nm）、牛顿环装置（包括平凸透镜和平板玻璃）、劈尖装置、光刻标尺等，如图2-8-1所示。

GDG-1光电等厚干涉实验仪主体由显微镜、监视器、CCD、测量电路等组成。显微镜通常起放大作用，在该系统中主要用于对干涉条纹进行成像、放大。它的主要部件如图2-8-2所示。调节调焦旋钮可对干涉条纹进行聚焦，使屏幕上的图像清晰。"X""Y"调节旋钮可分别在"X""Y"方向移动牛顿环装置。显微镜通过光学接头与CCD相接。

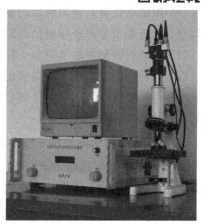

图2-8-1 GDG-1光电等厚干涉实验仪

测量电路、监视器、CCD构成电测量系统。其中CCD将显微镜采样到的干涉条纹图像的光信号转换为电信号，并送往监视器显示。测量电路则在监视器屏幕上产生两条测量线，仪器面板上的两个"测量"旋钮用于移动测量线在监视器屏幕上的位置，面板上的数码显示器根据两测量线的相对位置显示计数结果。

标尺用于测量时定标，分度值为0.1 mm。定标的方法是将标尺置于显微镜平台上，调节调焦旋钮，使标尺刻线在监视器屏幕上清晰显示。调节两"测量"旋钮，移动两测量线分别与选定长度两端的刻线对齐。选定的长度为$L_{标}$，此时数码显示器显示的计数为$N_{标}$，记下该读数，完成定标。测量牛顿环时，调整两测量线分别与同一级环的两侧相切。此时，数

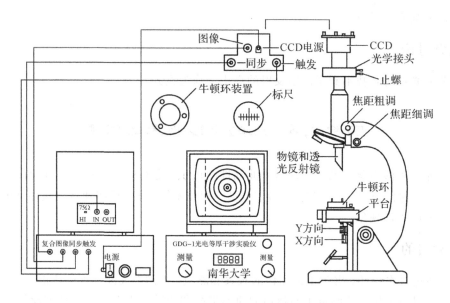

图 2-8-2　光电等厚干涉实验仪主要部件

码显示器显示的计数为 $N_测$，则环的直径为

$$D = \frac{N_测}{N_标} \times L_标 \qquad (2-8-1)$$

使用 GDG-1 光电等厚干涉实验仪的注意事项如下：

（1）用调焦旋钮对被测物进行聚焦前，应该先使物镜接近被测物，然后使镜筒慢慢向上移动，这就避免了两者相碰的危险。

（2）测量时两测量线不得左、右交换，否则计数反向。

（3）牛顿环装置应放在显微镜的物镜和透光反射镜正下方，否则较难找到干涉条纹。

（4）调整牛顿环装置的三个螺钉时不可使两块玻璃压得太紧，否则会导致牛顿环中心的暗斑太大而无法测至 20 级。

2. WNR-2 型光电等厚干涉实验仪介绍（红湘校区）

WNR-2 型光电等厚干涉实验仪如图 2-8-3 所示，整套装置主要由钠灯、位移台、半透半反镜、调焦旋钮、CCD 摄像机、牛顿环、目镜、底座、钠灯电源和显示器组成。

1）读数显微镜

读数显微镜是用来测量微小长度的仪器，显微镜通常起放大物体的作用，而读数显微镜除放大（但放大倍数略小）物体外，还能测量物体的大小。它主要是用来精确测量那些微小的或不能用夹持仪器（游标尺、螺旋测微计等）测量的物体的大小。

转动位移台测微鼓轮，被测物体可在水平方向左右移动，移动的位置在标尺上读出，目镜中装有一个十字叉丝，作为读数时对准待测物体的标线。测量前先调节目镜，使十字叉丝清晰，再调节调焦手轮对被测物体进行聚焦。

位移台与显微镜底座固定，旋转读数鼓轮，即转动测微丝杆，带动被测物体左右移动。移动的距离可以从主尺（读毫米位）和读数鼓轮上读出，平移台丝杆的螺距为 1 mm。读数鼓轮周界上刻有 100 个分格，分度值为 0.01 mm。

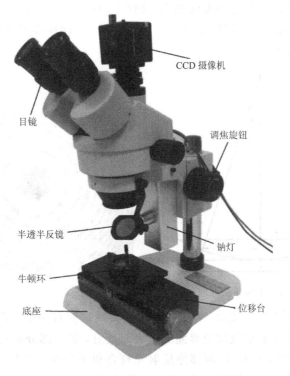

图 2-8-3 WNR-2 型光电等厚干涉实验仪

2）使用方法

（1）将 CCD 摄像机安装到显微镜上与显示器连接好，并打开电源；

（2）将钠灯与钠灯电源连接并打开电源开关；

（3）待钠灯充分点亮，将被测物体放到位移台上，调节半透半反镜使光斑充满显示屏；

（4）调节调焦旋钮使被测物体在显示器上显示清晰的像；

（5）转动读数鼓轮，使叉丝分别与待测物体的两个位置相切，记下两次读数值 x_1、x_2，其差值的绝对值即为待测物长度 L，表示为 $L=|x_2-x_1|$。为提高测量精度，可采用多次测量，取其平均值。也可通过目镜对被测物体进行测量：按显微镜说明书调节目镜，使目镜内分划平面上的十字叉丝清晰，转动目镜使十字叉丝中的一条线与刻度尺垂直，然后按步骤（5）进行测量。

3）使用读数显微镜的注意事项

（1）调节显微镜的焦距时，应使显微镜筒从待测物体移开，自下而上地调节。严禁在将镜筒下移过程中碰伤和损坏物镜和待测物。

（2）在整个测量过程中，十字叉丝中的一条必须与主尺平行，十字叉丝的走向应与待测物的两个位置的连线平行；同时不要将待测物移动。

（3）测量中的读数鼓轮只能向一个方向转动，以防止因螺纹中的空程引起误差。

三、实验原理

1. 牛顿环法测定透镜的曲率半径 R

将一个平凸透镜放在平板玻璃上，凸面和平板玻璃相接触，如图 2-8-4 所示。用单色光垂直照射透镜，若从反射光的方向观察，则可以看到透镜与平板玻璃接触处有一暗点，周围环绕着一簇同心的明、暗相间的圆环。离中心越远，圆环排列越密，这些圆环叫作牛顿环，如图 2-8-5 所示。

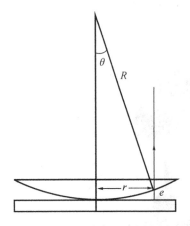

图 2-8-4　牛顿环法原理图

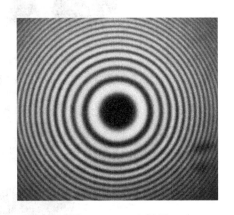

图 2-8-5　牛顿环

牛顿环是由光的干涉形成的。在透镜和平板玻璃之间有一层很薄的空气层，通过透镜的单色光一部分在透镜和空气层交界面的上表面反射，另一部分通过空气层在平板玻璃上表面和空气层下表面的反射，这两部分反射光符合相干条件，产生干涉现象。空气层下表面的反射光线在反射前、后都要经过空气层。设 e 是空气层的厚度，因光线是垂直入射的，且透镜的曲率半径 R 很大，所以它在空气层中的光程为 $2e$。此外，由于光从光疏介质到光密介质的交界面上反射时发生半波损失，因此上述两部分反射光的光程差为

$$\delta = 2e + \frac{\lambda}{2}$$

根据光的干涉理论，形成暗条纹的条件为

$$2e + \frac{\lambda}{2} = (2K+1)\frac{\lambda}{2}, \quad K = 0, 1, 2, \cdots \tag{2-8-2}$$

形成明条纹的条件为

$$2e + \frac{\lambda}{2} = 2K\frac{\lambda}{2}, \quad K = 0, 1, 2, \cdots \tag{2-8-3}$$

因从透镜中心向外空气层的厚度 e 逐渐增加，这样就交替地满足明条纹和暗条纹的条件。凡厚度相同处的各点都处在同一个同心环上，故可看到一簇明、暗相间的圆环。如图 2-8-4 所示，根据几何关系可得

$$e = \frac{r^2}{2R} \quad \text{或} \quad e_K = \frac{r_K^2}{2R} \tag{2-8-4}$$

式中，e_K 和 r_K 是第 K 个暗环处空气层的厚度和暗环的半径。

从式(2-8-2)和式(2-8-4)得第 K 个暗环的半径为(常用暗环实验)

$$r_K = \sqrt{KR\lambda} \tag{2-8-5}$$

若已知单色光的波长为 λ，则测定出第 K 个暗环半径 r_K 后，从式(2-8-5)就可以计算出透镜的曲率半径 R。但由于玻璃的弹性形变，平凸透镜和平板玻璃不可能很理想地只以一点接触，所以用测得的两个暗环半径 r_m 和 r_n 的差计算 R 所得结果比较准确，因此由

式(2-8-5)得

$$R = \frac{r_m^2 - r_n^2}{(m-n)\lambda}$$

又因环心的位置不易确定,故可用暗环的直径 D 替换,得

$$R = \frac{D_m^2 - D_n^2}{4(m-n)\lambda} \qquad (2-8-6)$$

式(2-8-6)就是用牛顿环法测定透镜的曲率半径 R 的计算公式。

2. 劈尖干涉法测量玻璃丝的微小直径 d

将被测玻璃丝放在两块平板玻璃之间的一端,由此形成劈尖形空气隙,如图2-8-6所示。若以波长为 λ 的单色光垂直照射在玻璃板上,则在空气隙的上表面形成干涉条纹,该条纹是平行于劈棱的一组等距离直线,且相邻两条纹所对应的空气隙厚度之差 Δi 为半个波长。

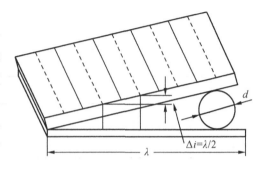

图2-8-6 劈尖干涉

若距劈棱 l 处劈尖的厚度为 d(即玻璃丝的直径),单位长度中含的条纹数为 n,则

$$d = nl\frac{\lambda}{2} \qquad (2-8-7)$$

若 λ 已知,在测量出 n、l 等值后,则玻璃丝的直径 d 即可求得。

四、实验内容

1. GDG-1 光电等厚干涉仪的实验内容

1) 用牛顿环法测定透镜的曲率半径 R

牛顿环装置和透光反射镜的安放如图2-8-2所示。单色光源放在反射镜前方和反射镜等高。移动显微镜,使透光反射镜正对光源,显微镜视场达到最亮。调节调焦旋钮对牛顿环聚焦,使环纹清晰,并适当移动牛顿环装置,使牛顿环圆心处在视场正中央。根据式(2-8-6)可得

$$R = \frac{D_m^2 - D_n^2}{4(m-n)\lambda}$$

测定了第 m 环和第 n 环牛顿环的直径后,即可求出透镜的曲率半径 R。但为了提高测量结果的准确性,本实验采用逐差法处理数据,这样就要依次测出第6级到第15级各环的直径。

根据逐差法,把10个数据分成两组,第6级到第10级为一组,第11级到第15级为一组(依次类推)。求出两组对应项的 $D_m^2 - D_n^2$ 的平均值。根据式(2-8-6)计算出透镜的曲率半径 R。

2) 用劈尖干涉法测量玻璃丝的微小直径 d

将牛顿环装置换成劈尖装置,这部分实验同样用逐差法处理数据,具体方案由学生自拟。当测出玻璃丝距劈棱的距离 l 和单位长度的条纹数 n 后,根据式(2-8-7)即可求出玻

璃丝的直径 d。

3）原始数据记录与处理

将数据记录在表 2-8-1 中。

表 2-8-1　牛顿环法测定透镜的曲率半径记录表

$\lambda = 589.3$ nm　　　　$L_{标} = \underline{\hspace{2cm}}$　　　$N_{标} = \underline{\hspace{2cm}}$

级数	$N_{测}$	直径 D	D^2	$D_m^2 - D_n^2$	$\Delta(D_m^2 - D_n^2)$	$(\Delta(D_m^2 - D_n^2))^2$
6						
7						
8						
9						
10						
11						
12						
13						
14						
15						
				$\overline{D_m^2 - D_n^2} =$		$\Sigma =$

（1）计算透镜的曲率半径 R 和测量误差。

（2）用劈尖干涉法测量玻璃丝的微小直径 d，数据表格由学生自拟。计算玻璃丝的直径 d 和测量误差。

2. WNR-2 光电等厚干涉实验仪的实验内容

1）实验装置的调整

（1）粗调。将牛顿环装置放在读数显微镜的工作台上，用眼睛沿镜筒方向观察牛顿环装置，移动牛顿环装置，使牛顿环在显微镜筒的正下方。

（2）从显微镜观察并进行细调。

① 调节目镜，使看到的分划板上的十字叉丝清晰；

② 转动 45°半透半反镜，使半透半反镜正对光源，显微镜视场达到最亮；

③ 旋转调焦手轮，使镜筒由最低位置缓缓上升(注意不要碰到牛顿环装置)，边升边观察，直至目镜中看到聚焦清晰的牛顿环。适当移动牛顿环装置，使牛顿环圆心处在视场正中央，并使显示器上显示清晰的牛顿环图形。

注意：读数显微镜在调节时应使镜筒由最低位置缓慢上升，以避免 45°半透半反镜与牛顿环相碰。

2）牛顿环直径的测量

转动读数显微镜上位移台读数鼓轮，使显微镜自环心向一个方向移动，为了避免螺丝空转引起的误差，应使镜中叉丝先超过第 30 个暗环(中央暗环不算)，即从牛顿环第一条暗环开始数到第 35 个暗环，然后再缓缓退回到第 30 个暗环中央(因环纹有一定宽度)，记下显微镜读数即该暗环标度 X_{30}，再缓慢转动读数显微镜读数鼓轮，使叉丝交点依次对准第 25、20、15、10 和 5 个暗环的中央，记下每次的读数 X_{25}、X_{20}、X_{15}、X_{10}、X_{5}。继续缓慢转动读数鼓轮，使目镜镜筒叉丝的交点经过牛顿环中心向另一方向，记下第 5、10、15、20、25、30 暗环的读数 X_{5}、X_{10}、X_{15}、X_{20}、X_{25} 和 X_{30}。

注意：为了避免测微鼓轮"空转"而引起的测量误差，在每次测量中，测微鼓轮只能向一个方向转动，中途不可倒转。

3) 用逐差法处理数据，计算出透镜的曲率半径 R

根据逐差法处理数据的方法，把 6 个暗环直径数据分成两大组，把第 30 条和第 15 条相组合，第 25 条和第 10 条相组合，第 20 条和第 5 条相组合，求出三组 $D_m^2 - D_n^2$ 的平均值，根据式(2-8-6)计算出透镜的曲率半径 R，将原始数据记入表 2-8-2 中。

表 2-8-2　原始数据记录表

右侧各环位置读数	X_5	X_6	X_7	X_8	X_9	X_{10}	X_{11}	X_{12}	X_{13}	X_{14}
左侧各环位置读数	X_5	X_6	X_7	X_8	X_9	X_{10}	X_{11}	X_{12}	X_{13}	X_{14}
直径 D_i										

注意：牛顿环金属圆框上的 3 个螺丝不可用力锁紧，以免平凸透镜破裂或严重变形，影响测量的准确度。恰到好处的调节是让面积最小的环心稳定在镜框中央。

五、问题讨论

(1) 如果牛顿环中心不是一个暗点而是一个亮点(亮斑)，这是什么原因引起的？对测量有影响吗？试证明。

(2) 在牛顿环实验中，如果平板玻璃上有微小的凸起，那么将导致牛顿环条纹发生畸变。试问该处的牛顿环将局部内凹还是局部外凸？为什么？

实验 2.9　光　栅　衍　射

光的衍射现象是光的波动性的一种表征。研究光的衍射不仅能加深对光的波动特性的理解，而且对现代光学实验技术的学习也大有帮助。如光谱分析、晶体分析、光信息处理等领域，光的衍射已成为一种重要的研究手段和方法。本实验研究光栅衍射现象及其规律。

一、实验目的

(1) 了解光栅的主要特征，掌握光栅衍射的规律。

（2）观察光栅衍射光谱。

（3）用光栅衍射原理测定光栅常数。

（4）用光栅测定汞原子光谱部分谱线的波长。

（5）培养透过物理现象抓住物理本质的科学素养。

二、实验器材

实验器材有分光计、低压汞灯、复制光栅等。

三、实验原理

1. 全息光栅

衍射光栅是根据多缝衍射的原理制成的一种光学元件。它实际上是由一组相互平行、等宽、等间距的狭缝（或刻痕）构成的，是单缝的组合体，如图 2-9-1 所示。衍射光栅通常分为透射光栅和平面反射光栅。透射光栅是用金刚石刻刀在平面玻璃上刻许多平行线制成的，被刻画的线是光栅中不透光的间隙；而平面反射光栅则是在磨光的硬质合金上刻许多平行线。目前使用的光栅主要通过以下方法获得：

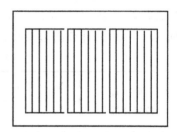

图 2-9-1　衍射光栅

（1）用精密的刻线机在玻璃或镀在玻璃上的铝膜上直接刻画得到。

（2）用树脂在优质母光栅上复制。

（3）采用全息照相的方法制作全息光栅。

实验室中通常使用的光栅是由上述原刻光栅复制而成的，一般每毫米约 $250\sim600$ 条线。本实验室使用的是透射式全息光栅。因为光栅衍射条纹狭窄、细锐，分辨本领比棱镜高，所以常用光栅作为摄谱仪、单色仪等光学仪器的分光元件，用来测定谱线波长、研究光谱的结构和强度等。另外，光栅还应用于光学计量、光通信及信息处理等。

光栅有一个重要参数即光栅常数，光栅上的刻痕起着不透光的作用，两刻痕之间相当于透光狭缝。若 a 为刻痕的宽度，b 为狭缝间宽度，$d=a+b$ 则为相邻两狭缝上相应两点之间的距离，称为光栅常数。它是光栅的基本常数之一。光栅常数 d 的倒数 $1/d$ 称为光栅密度，即光栅单位长度上的条纹数。如某光栅密度为 1000 条/毫米，即每毫米上刻有 1000 条刻痕。

2. 光栅衍射

光栅上的刻痕起着不透光的作用，当一束平行光照射在光栅上时，各狭缝的光线因衍射而向各方向传播，经过透镜汇聚相互产生干涉，并在透镜的焦平面上形成一系列被相当宽的暗区隔开的间距不同的明、暗条纹，这些条纹就叫作光栅衍射后的光谱线。

如图 2-9-2 所示，设光栅常数 $d=AB$ 的光栅 G，有一束平行光以与光栅的法线成 i 角的方向入射到光栅上，产生衍射。从 B 点作 BC 垂直于入射光 CA，再作 BD 垂直于衍射光 AD，AD 与光栅法线所成的夹角为 φ。如果在此方向上由于光振动的加强而在 F 处产生了一个明条纹，其光程差 $CA+AD$ 必等于波长的整数倍，即

$$d(\sin\varphi \pm \sin i) = k\lambda \qquad\qquad (2-9-1)$$

式中，λ 为入射光的波长。当入射光和衍射光都在光栅法线同侧时，式(2-9-1)括号内取正号；当在光栅法线两侧时，式(2-9-1)括号内取负号。

如果入射光垂直入射到光栅上，即 $i=0$，则式(2-9-1)变成

$$d\sin\varphi_k = k\lambda \qquad\qquad (2-9-2)$$

式中：$k=0, \pm 1, \pm 2, \pm 3, \cdots$，$k$ 为衍射级数；φ_k 为第 k 级谱线的衍射角。

如果入射光为一束复色光垂直入射，经光栅后在 $k=0$ 处，$\varphi_k=0$，各色光叠加在一起呈原色，称为中央明条纹。在中央明条纹的两侧，同一级数的光按波长由短向长散开而形成彩色谱线，即为该入射光光栅衍射谱线。

本实验室提供的光源为低压汞灯，它的每级有 4 条特征谱线：紫色 4358 Å、绿色 5461 Å、黄色 5770 Å 和 5791 Å。如图 2-9-3 所示，$k=0$ 为中央明条纹，$k=\pm 1$ 在中央明纹两侧各有 4 条谱线。如果光栅的分辨率足够好的话，可以观察到 $k=\pm 2, \pm 3$ 的各组谱线。

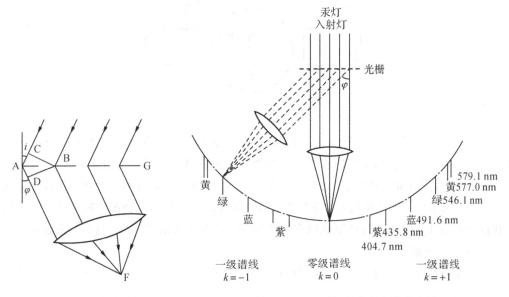

图 2-9-2　光栅衍射　　　　　　　图 2-9-3　汞灯的光栅光谱示意图

如果已知入射光的波长，用分光计测出衍射角 φ_k，则可根据式(2-9-2)的光栅方程求出光栅常数 d；反之，如果已知光栅常数 d，用分光计测出第 k 级谱线中某一明条纹的衍射角 φ_k，则同样可用式(2-9-2)计算出该明条纹所对应的单色光的波长。

本实验已知绿光波长 $\lambda=5461$ Å，测出相应的衍射角即可计算出光栅常数；再根据得到的光栅常数，通过实验中测出的另外一条紫光和两条黄光的衍射角，即可求出紫光和两条黄光的波长。

四、实验内容

1. 调整分光计

为了满足平行光入射的条件及能够测准谱线的衍射角，分光计应处在待测状态。也就是说，分光计的调整应使望远镜能接收平行光，平行光管能发射平行光，并使二者的主光

轴同轴等高垂直于分光计的主轴,载物台平面与仪器主轴垂直。详细调整步骤参阅实验2.7的相关内容。

2. 调节光栅

将光栅平面与平行光管的光轴垂直。将光栅按图2-9-4所示放置在载物台上,光栅平面垂直于a、b连线,移动望远镜使之与平行光管共轴,光栅光谱的中央明条纹与叉丝竖线重合。以光栅平面作为反射面,仅调节载物台水平调节螺丝a或b(注意:望远镜、平行光管的倾斜度调节螺钉已调好,不能再变动),使从光栅平面反射回来的绿色十字像与分划板上方叉丝重合。此时,叉丝竖线、狭缝像、亮十字像竖线三者在铅垂方向重合,说明光栅入射光的入射角为0°。然后旋紧游标制动螺丝,锁定游标盘。

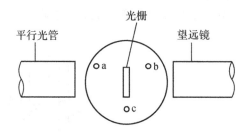

图2-9-4　光栅G在小平台上的位置

光栅刻线与分光计主轴平行。因为经过光栅衍射的光谱线都处于与光栅刻痕方向相垂直的平面内,所以要使衍射角所在平面与刻度盘平面相平行,就必须使光栅平面与刻度盘的转轴(分光计的主轴)相平行,这时衍射角φ_k才与度盘读数φ_k'相等;否则,会造成测角读数的误差。调节时,转动望远镜,观察左、右两侧各级谱线的分布情况。若发现两侧光谱线不在同一高度上,则可通过调节载物台调平螺丝c使各级光谱线等高。这时,光栅刻痕即平行于仪器中心转轴。

调节平行光管狭缝宽度,以能够分辨出两条紧靠的黄色谱线为准。若背影光太强,则要设法挡去。

3. 测定汞灯第一级($k=1$)各谱线衍射角 φ_k

入射光垂直于光栅的平面时,对于同一波长的光,对应于同一k级左、右两侧的衍射角是相等的。为了提高精度,一般是测量零级中央条纹的左、右各对应级次的衍射夹角$2\varphi_k$,然后算出φ_k。为测量方便,一般从-1级的黄光开始向$+1$级方向转动望远镜,逐条谱线依次测出其所在的角位置,直到测完$+1$级的两条黄光位置为止;进行第二次测量时,转动刻度盘120°左右,再从-1级的黄光开始向$+1$级方向测出各谱线所在的角位置;然后进行第三次测量。

4. 求光栅常数和光谱波长

(1)以汞灯绿色光谱线的波长$\lambda=5461$ Å 作为理论真值,由测得的衍射角求出光栅常数d。

(2)用已求出的d值,分别测定汞灯的两条黄线和一条紫线的波长。

五、实验数据记录与处理

1. 原始数据记录

将原始数据填入表 2-9-1 中。

表 2-9-1　原始数据记录表

分光计型号：_____　仪器编号：_____　分度值：_____

测量次数 i			1		2		3	
光源	级数	颜色	θ	θ'	θ	θ'	θ	θ'
汞灯	−1	黄Ⅱ						
		黄Ⅰ						
		绿光						
		紫蓝						
	0	复色						
	+1	紫蓝						
		绿光						
		黄Ⅰ						
		黄Ⅱ						

2. 数据处理

(1) 根据绿光的波长计算出光栅常数及标准偏差(不确定度)。

(2) 计算紫光、黄Ⅰ和黄Ⅱ光各谱线的波长和标准偏差(不确定度)。先根据表2-9-1中测得的紫、黄Ⅰ和黄Ⅱ各谱线的原始数据，分别求出它们的衍射角。再根据上面求出的光栅常数 d，利用光栅方程，计算出紫、黄Ⅰ和黄Ⅱ各谱线的波长 λ 及标准偏差(不确定度)。

六、问题讨论

(1) 光栅光谱与棱镜光谱有哪些不同？

(2) 在光栅衍射实验中垂直入射的光是复合光，不同波长的光为什么能分开？中央透射光是什么光？

第三章　综合性物理实验

实验 3.1　热电转换技术的观测

　　热电转换技术是非电量电测技术中应用范围十分广泛的一种，它是把热学量（主要是温度等）通过传感器转换为电学量（电能）来进行测量的技术，是用传感元件的电磁参数随温度的变化而变化的特性来实现测量目的的。

　　典型的热电式传感器有热电偶、热电阻和热敏电阻等。热敏电阻是其阻值对温度变化非常敏感的一种半导体元件，具有体积小、灵敏度高、使用方便等特点。半导体热敏电阻在自动控制、自动检测及现代电子产品中被广泛用于温控，遥控，测点温、表面温度和温差等。本实验用惠斯通电桥测量在不同温度下热敏电阻的阻值，并运用曲线改直的作图方法求热敏电阻的温度系数。

一、实验目的

　　(1) 了解单臂电桥测电阻的原理，初步掌握惠斯通电桥的使用方法。

　　(2) 了解热敏电阻的温度特性和测温时的实验条件，测定热敏电阻材料常数及温度系数。

　　(3) 学会单对数坐标纸的使用及通过采用曲线改直图解法处理数据求得经验公式的方法。

二、实验器材

　　实验器材有加热器、惠斯通单臂箱式电桥、被测热敏电阻、水银温度计、量热器（装冰水混合物）、导线和 YJ - WC - Ⅰ 温度传感器特性测定仪（如图 3 - 1 - 1 所示）等。

图 3 - 1 - 1　YJ - WC - Ⅰ 温度传感器特性测定仪

1．QJ24a 型箱式电桥的调节与使用方法

QJ24a 型箱式电桥的面板结构如图 3-1-2 所示。QJ24a 型箱式电桥的调节与使用方法如下所述。

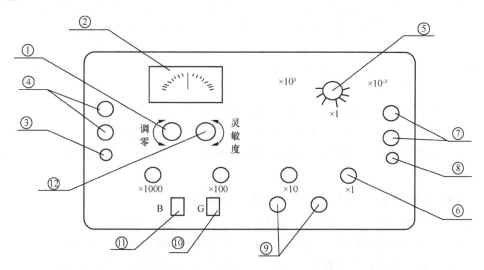

①—指零仪零位调整器；②—指零仪；③—内、外接指零仪转换开关；④—外接指零仪接线端钮；
⑤—量程倍率变换器；⑥—测量盘；⑦—外接电源接线端钮；⑧—内、外接电源转换开关；
⑨—测量电阻器接线端钮；⑩—指零仪开关；⑪—电源开关；⑫—指零仪灵敏度调节旋钮

图 3-1-2　GJ24a 型箱式电桥的板面结构

（1）打开该仪器底部的电池盒盖，按极性装两节 1 号电池及一节 9V6F22 叠成电池（老师已做好）。将仪器水平放置，打开仪器盖。若内、外接指零仪转换开关③扳向"外接"，则内附指零仪断路，电桥由外接指零仪接线端钮④接入外接指零仪；若内、外接指零仪转换开关③扳向"内接"，则内附指零仪接入电桥线路，再调整指零仪零位调整器①使指零仪指零位。

（2）若内、外接电源转换开关⑧扳向"外接"，则由外接电源接线端钮⑦接入外接电源；若内、外接电源转换开关⑧扳向"内接"，则电桥内附电源接入电桥线路。在外接电源时，若采用提高电源电压的方法增加电桥线路的灵敏度，则外接电源的电压值不能超过表 3-1-1 所示的规定。

表 3-1-1　GJ24a 型箱式电桥参数

量程倍率	×0.001	×0.01	×0.1	×1	×10	×100	×1000
有效量程/Ω	1～11.11	10～111.1	100～1111	1～11.11 k	10～111.1 k	100～1111 k	1～11.11 M
精度等级	0.5	0.2	0.1	0.1	0.1	0.2	1
电源电压/V	4.5				6		15

（3）被测电阻接到测量电阻器接线端钮⑨，若被测电阻小于 10 kΩ，则一般可使用内附指零仪、电源进行测量。开始测量时，可逆时针方向旋动指零仪灵敏度调节旋钮⑫，以减小指零仪灵敏度。当大致测定到电阻值后再增大灵敏度。测量时，若转动测量盘难以分辨指

零仪读数,则需外接高灵敏度的指零仪。

(4) 调节量程倍率变换器⑤,根据表 3－1－1 及测试电阻器估算值选择适当的量程倍率,按下指零仪开关按钮⑩,随后接通电源开关按钮⑪,看指零仪的偏转方向,如果指针向"＋"方向偏转,则表示测试电阻大于估算值,应增加测量盘示值,使指零仪趋向于零位。如果指零仪仍偏向于"＋"边,则可增加量程倍率,再调节测量盘使指零仪趋向于零位。若指针向"－"方向偏转,则表示测试电阻小于估算值,应减小测量盘示值使指零仪趋向于零位。当测量盘示值减少到 1000 Ω 时,指零仪仍然偏向"－"边,则可减少量程倍率,再调节测量盘使指零仪趋向于零位。

当指零仪指零位时,电桥平衡,测试电阻值可由下式求得:

$$测试电阻值＝量程倍率×测量盘示值之和$$

(5) 仪器使用完毕后,将内、外接指零仪转换开关③和内、外接电源转换开关⑧扳向"外接"。

2. QJ23a 型(市电式)直流单臂电桥的调节与使用方法

QJ23a 型(市电式)直流单臂电桥面板如图 3－1－3 所示,使用方法如下:

(1) 指零仪转换开关拨向"内接",按下"G"按钮,将指零仪指针调至零位。

(2) 估计被测电阻值并根据表 3－1－2 将量程倍率变换器转动到适当数值。

(3) 按下"B"按钮并调节测量盘旋钮,使指零仪指针重新回到零位。被测电阻 R_X 为

$$R_X＝量程倍率读数×测量盘读数$$

(4) 在测量 10 kΩ 以上的电阻时,可外接高灵敏度指零仪,电源电压可以相应提高,但不得超过表 3－1－2 所示的数值。

(5) 测量电感电路的电阻(如电机、变压器)时,应先按"B"按钮,再按"G"按钮,断开时先放"G"按钮,再放"B"按钮。

(6) 外接电源时,电源转换开关拨向"外接",电源按极性接在"B"的接线柱上。

(7) 电桥不使用时,应放开"B"按钮和"G"按钮,指零仪和电源转换开关拨向"外接"。

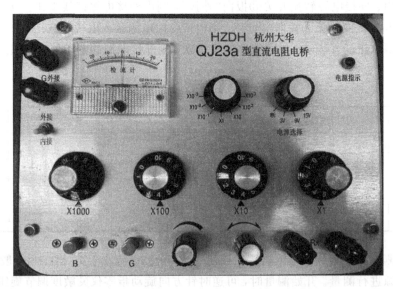

图 3－1－3　QJ23a 型(市电式)直流单臂电桥面板

表 3 - 1 - 2　QJ23a 型(市电式)直流单臂电桥参数

量程倍率	×0.001	×0.01	×0.1	×1	×10	×100	×1000
有效量程/Ω	1~11.11	10~111.1	100~1111	1~11.11 k	10~111.1 k	100~1111 k	1~11.11 M
精度等级	0.5	0.2	0.1	0.1	0.1	0.2	0.5
电源电压/V	4.5				9		15

3. YJ - WC - I 温度传感器特性测定仪

YJ - WC - I 温度传感器特性测定仪的加热装置和面板图分别如图 3 - 1 - 4 及图 3 - 1 - 5 所示。

图 3 - 1 - 4　加热装置

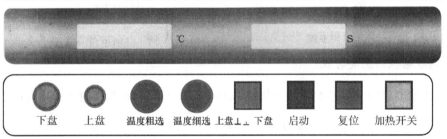

图 3 - 1 - 5　YJ - WC - I 温度传感器特性测定仪面板图

三、实验原理

1. 半导体热敏电阻

半导体热敏电阻(简称热敏电阻)是利用半导体材料的电阻随温度的变化而变化的性质制成的,它的电阻温度系数为负,且电阻随温度的变化范围较大。所以半导体热敏电阻具有电阻温度系数大、体积小、重量轻、热惯性小、结构简单等优点,可接较长引线,无须补偿,且价格便宜。

半导体热敏电阻的电阻值与温度的关系呈曲线状,如图 3 - 1 - 6 所示,其关系式为

$$R_T = R_0 e^{B(1/T - 1/T_0)}$$

式中，R_T 为该热敏电阻在热力学温度 T 时的电阻值，R_0 为热敏电阻处于热力学温度 T_0 时的阻值，常数 B 由材料和制造工艺决定。对上式两边取自然对数可得

$$\ln R_T = \ln R_0 + B\left(\frac{1}{T} - \frac{1}{T_0}\right)$$

即 $\ln R_T$ 和 $1/T$ 的关系曲线是一条直线，如图 3-1-7 所示。该直线的斜率 $k = B$，截距 $b = \ln R_0 - \dfrac{B}{T_0}$。

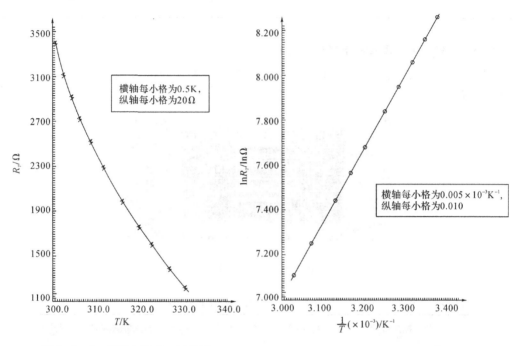

图 3-1-6　热敏电阻 $R_T - T$ 关系

图 3-1-7　热敏电阻 $\ln R_T - \dfrac{1}{T}$ 关系

1) 热敏电阻的主要特性

(1) 热敏电阻的电阻温度系数为负值，$\alpha = -\dfrac{B}{T^2}$，且只有在低温时才有较高的数值。

(2) 当小电流(0~10 mA)流过热敏电阻时，其伏安特性遵循欧姆定律；但当流过的电流大于 10 mA 时，半导体材料的电流自热效应将严重地影响测量电阻的精度。

(3) 热敏电阻的测温范围一般较小，通常只有 -100~300℃。但目前已有 $ZrO_2 + Y_2O_3$ 系列的珠状热敏电阻能承受 650~2200℃ 的高温。

2) 热敏电阻的应用

热敏电阻常被用于测量温度。热敏电阻温度计具有测量准确度高、测量范围宽、能远距离测量等优点。其原理是基于金属或半导体材料的电阻值随温度变化而变化，利用辅助电路及仪器测量出热电阻的阻值，从而得到与电阻值相应的温度值。早期的热敏温度计是指针式的，近期发展为数字式的，其测量温度的范围也进一步扩大。一般常用的金属电阻温度计是用铜、铂制成的，铜热电阻温度计的测量范围为 -50~150℃，铂热电阻温度计的测量范围为 -200~850℃，精度都为 0.4℃。

热敏技术在其他行业也有很好的应用。例如，1995 年后，热敏打印机逐步成为收款机配件中的新宠，其打印原理是通过发热体直接使热敏纸变色来产生印迹。它具有结构简单，体积小巧，重量轻，功耗低，打印速度快（15 行/秒），字体美观、清晰（16×16 或 24×24 点阵），无噪声，使用寿命超长等特点，其使用寿命是针式打印机的 4～5 倍；它还具有免维护，无须更换色带或墨粉，字体颜色深浅可调节等优点。

2. 半导体的电阻及其与温度关系的理论解释

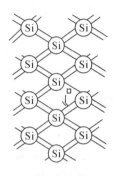

图 3 - 1 - 8　硅的共价键结构示意图

下面以硅为例简单地介绍半导体的导电机制。硅是 4 价元素，硅原子的最外层有 4 个价电子。在构成晶体时，每个硅原子的 4 个价电子和相邻原子的价电子组成共价键。图 3 - 1 - 8 给出了这种结构的二维模型，图中的圆圈表示晶格上的原子，斜线代表共价键（价电子）。这是一种比较稳定的结构，在没有外来扰动的情况下，这里是不存在导电的载流子的。但是实际上的晶体是没有如此完善的，除了必定会含有极少量的杂质和缺陷外，还会有各种不同的原因导致晶格的完整性被破坏，致使有的电子脱离共价键，有可能在晶体中自由运动。与此同时，在缺电子的共价键上出现了空着的位置（叫作空穴）。这种空的共价键有可能从邻近的键上获得一个电子，从而形成另一个空着的键（这就是空穴的移动），于是空着的键也可以自由移动，并且相当于一个带正电的电荷的移动，我们称之为空穴。

当有外电场作用时，离开共价键的电子向与电场相反的方向漂移，形成了电子电流；空穴则向着与电场相同的方向漂移，形成了空穴电流。这两个电流的总和就是半导体导电的电流。

然而和金属具有一定的电阻一样，在半导体中传导的电流就更不是"畅通无阻"的了。其根本原因在于电子要离开共价键而产生可自由运动的"电子-空穴对"是有条件的，没有足够的能量电子就摆脱不了共价键的束缚，因而在半导体中只存在有限数量的载流子。这就是形成半导体电阻的主要因素。

热振动可以使某些电子摆脱共价键的束缚，破坏共价键，形成电子-空穴对。提高半导体的温度，使热振动激烈起来，可以急剧地增加载流子的数目，从而使其电阻明显下降。理论推导证明，半导体的电导率与温度的关系大致可以写成如下关系式：

$$\sigma = A e^{-\frac{E_g}{2KT}}$$

式中：E_g 是使电子摆脱共价键束缚所需的能量，称为禁带宽度；K 为玻尔兹曼常数；T 为绝对温度；A 为系数。虽然系数 A 与温度 T 也有关，但其变化远不如指数部分那么快，故在温度变化范围不大时可近似为常数。

对上式取倒数，就可得到半导体电阻率与温度的关系为

$$\rho = B e^{\frac{E_g}{2KT}}$$

对于一定的半导体电阻元件来说，存在如下关系：

$$R_T = C e^{\frac{E_g}{2KT}}$$

式中：R_T 为半导体电阻在温度 T 时的电阻值。以上两式中的 B 和 C 都是与 A 相似的常数

系数。对上式的两边取自然对数可得

$$\ln R_T = \ln C + \frac{E_g}{2KT}$$

由此可见,半导体电阻的电阻值与绝对温度的倒数呈指数关系,但其电阻的对数与绝对温度的倒数呈线性关系。

温度越低,半导体材料中的载流子(电子-空穴对)的数量越少,故其电阻越大;随着半导体材料温度的升高,半导体材料中的电子和离子的热运动加剧,受热激化,使参与导电的载流子数目增加,故导电性能随之变好,而使其电阻变小,即半导体材料的温度越高,其电阻值越小。

四、实验内容

使用 YJ-WC-Ⅰ温度传感器特性测定仪完成如下内容:

(1) 安装好实验装置,连接好电缆线,打开电源开关。

(2) 将"测量选择"开关按到"上盘"挡,顺时针调节"温度粗选"和"温度细选"旋钮到底,打开加热开关,加热指示灯变亮(加热状态),同时观察恒温加热盘的温度变化。当恒温加热盘温度即将达到所需温度(如50.0℃)时,逆时针调节"温度粗选"和"温度细选"旋钮,使指示灯闪烁(恒温状态),仔细调节"温度细选",使恒温加热器的温度恒定在所需的温度(如50.0℃)。待温度稳定在所需温度(如50.0℃)时,将热敏电阻插入恒温腔中,引线接入直流电桥,测出此温度时热敏电阻的电阻值。

(3) 重复以上步骤,分别设定温度为50.0℃、60.0℃、70.0℃、80.0℃、90.0℃、100.0℃,测出热敏电阻在上述温度点时的电阻值,将原始数据进行记录。

五、注意事项

(1) 供电电源插座必须良好接地。

(2) 在整个电路连接好之后才能打开电源开关。

(3) 严禁带电插拔电缆插头。

(4) 注意仪器的成套性,即加热盘、下盘传感器与温度传感器特性测定仪主机必须成套使用。

六、实验数据记录与处理

1. 实验的原始数据

(1) 仪器参数记录表如表3-1-3所示。

表3-1-3　仪器参数记录表

仪器名称	规格型号	仪器编号	量程	精度等级	分度值	仪器误差
箱式电桥						
实验仪						

（2）实验测量数据记录表如表 3-1-4 所示。

表 3-1-4 实验测量数据记录表

显示温度 $T/℃$	箱式电桥	
	C	R_N/Ω

2. 热敏电阻温度特性曲线测量的数据处理

（1）按表 3-1-5 所示条目进行数据处理。

表 3-1-5 实验数据处理表

加热器达恒温时的温度数			R_t 或 R_T/Ω	$\ln R_T$
$t/℃$	T/K	$1/T$		

（2）作出 R_t（或 R_T）-t（或 T）曲线。在毫米方格坐标纸上以温度 t（或 T）为横轴、R_t（或 R_T）为纵轴，以对应的(t, R_t) 或(T, R_T)为坐标，按照作图规则和要求画出曲线。

（3）作出 $\ln R_T$-$1/T$ 直线图。由图形求出直线的斜率 $k(k=B)$、直线的截距 $b(b=\ln R_0)$，从而确定被测热敏电阻的阻值和温度的关系。

七、问题讨论

（1）本实验的测量误差来自哪些方面？为了减少或消除这些误差，在实验中采取了哪些对应的措施?

(2) 半导体和金属的电阻率与温度的关系有何异同?

 补充知识　其他热电式传感器介绍

实验 3.2　迈克尔逊干涉仪的调节与使用

迈克尔逊干涉仪是迈克尔逊为了验证是否存在"以太"而专门设计、制造的精密仪器。1883 年在此仪器上完成了著名的迈克尔逊-莫雷实验,结果证明了光传播速度的不变性,从而否定了"以太"的存在,为近代物理学,特别是爱因斯坦提出的相对论的诞生和兴起开辟了道路,也奠定了实验基础。

迈克尔逊干涉仪在现代计量技术中有着广泛的应用。例如,它可用来测量光波的波长、微小长度及长度的微小改变量、折射率等,还可用来研究温度、压力对光传播的影响,检查光学元件表面的质量。现在科学家还试图用它来探测引力波。

迈克尔逊由于研制了这种精密光学仪器——迈克尔逊干涉仪,用此仪器进行了光谱度量学的研究,并精确测出了光速而荣获 1907 年度的诺贝尔物理学奖。

一、实验目的

(1) 了解迈克尔逊干涉仪的主要结构及工作原理,并学会调节和使用方法。

(2) 调节并观察等倾及等厚干涉条纹,测量氦氖激光的波长。

(3) 学习用逐差法处理实验数据。

二、实验器材

实验器材有迈克尔逊干涉仪、氦氖激光器(包括氦氖激光电源和氦氖激光管)、毛玻璃等,如图 3-2-1 所示。

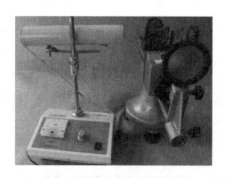

图 3-2-1　实验器材

三、实验原理

1. 迈克尔逊干涉仪的主要结构

迈克尔逊干涉仪的主要结构如图3－2－2所示。图中，①为底座②下的3个调节螺钉，调节它可改变台面的倾斜程度。台面上装有螺距严格为1 mm的精密丝杆③，丝杆的一端与精密齿轮连接。转动粗调手轮⑬和微调手轮⑮都可使丝杆转动，从而使丝杆上的全反射镜$M_1$⑥沿导轨前、后移动。M_1在导轨上的位置数及移动的距离均可从台面左侧的毫米刻度尺、粗调手轮⑬旁窗口⑪中的刻度圆盘、微调手轮⑮的读数鼓轮上读出。全反射镜$M_2$⑧固定在台面右侧，M_1和M_2的背面都有3个调节螺钉⑦，调节它们可分别改变M_1和M_2镜面的倾斜度。M_2的左边有水平拉簧螺钉⑭，它能轻

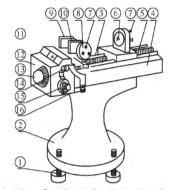

①、⑦—螺钉；②—底座；③—精密丝杆；④—导轨；
⑤—丝杆；⑥、⑧—全反射镜；⑨—半反射镜；
⑩—补偿板；⑪、⑫—窗口；⑬—粗调手轮；
⑭—水平拉簧螺钉；⑮—微调手轮；⑯—垂直拉簧螺钉

图3－2－2 迈克尔逊干涉仪结构图

微改变M_2的倾斜度，使干涉条纹的中心左、右移动；M_2的下边有垂直拉簧螺钉⑯，它能使干涉条纹的中心上、下移动。

2. 迈克尔逊干涉仪的基本光路及干涉的基本原理

迈克尔逊干涉仪的基本光路如图3－2－3所示。从光源S发出的光经扩束镜将光线扩束成一个比较理想的发散光束，射至与此光束成45°倾斜的半反射玻璃板G_1，折射到半反射膜（如图3－2－3中的粗线所示）时，将光线分成两束光：第一束光（图3－2－3中用①表示）经半反射膜反射后从G_1中射出，再垂直地入射到全反射镜M_1上，又经M_1沿原路回到G_1的半反射膜上，然后出射至观察屏；第二束光是射至半反射膜上的光，出射后经补偿板再垂直地入射到全反射镜M_2上（参见图3－2－3中的②），再沿原路反射至半反射膜，并与第一束光相遇后反射至观察屏。

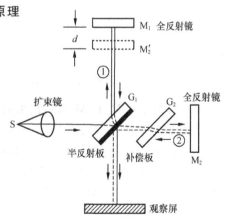

图3－2－3 迈克尔逊干涉仪光路图

补偿板在光路中的作用：因为分光后第一束光在G_1中走了一个来回后到达观察屏，而第二束光没有，所以必须在第二束光的光路中加设一个补偿板，使第二束光来回在补偿板G_2中走过的光程完全等于第一束光在G_1中来回走过的光程。这就要求G_1和G_2的材质和厚薄、形状都严格相同，且两者严格平行地安置在光路中。

3. 仪器的读数原理

M_1安置在仪器的导轨上，调节粗调手轮，它每转一圈M_1就在导轨上前后移动1 mm，粗轮上的刻度圆盘等分为100个等分格，故粗轮每旋转1小格，M_1就在导轨上前后移动

0.01 mm；调节微调手轮旋转一圈，带动粗调手轮旋转一小格，微轮上的刻度圆盘等分为 100 个等分格，所以微调手轮每旋转一小格，M_1 就在导轨上前后移动 0.0001 mm。最后再估读一位。故读记 M_1 在导轨上的位置时，应读记到毫米的小数点后第 5 位数。这就是迈克尔逊干涉仪的读数原理。

4. 等倾干涉

在导轨方向有一个与 M_2 等光程的 M_2'，我们称 M_2' 为 M_2 在导轨上的虚像，如图 3-2-3 所示。所以光束自 M_1 和 M_2 的反射相当于自 M_1 和 M_2' 的反射。由此可见，在迈克尔逊干涉仪中产生的干涉与厚度为 d 的空气薄膜所产生的干涉是等效的。

所以，当 M_1 平行于 M_2' 即 M_1 垂直于 M_2（通过调节 M_1 和 M_2 背面的螺钉可达目的）时，在观察屏上可看到明、暗相间的圆形条纹，即等倾干涉条纹。

5. 利用等倾干涉条纹的变化测量光波的波长 λ

调节 M_1 平行于 M_2'（如图 3-2-4 所示），即 M_1 垂直于 M_2 就得到等倾干涉条纹。若光源 S 的光束以入射角 θ 射向 M_1 和 M_2'，则反射后形成两束平行光，它们的光程差 $\delta=(AC+BC)-AD$。

可以证明，$AC=BC$，$AE=BE$，$CE=d$，所以 $AC=d/\cos\theta$，$AE=AC\sin\theta$。

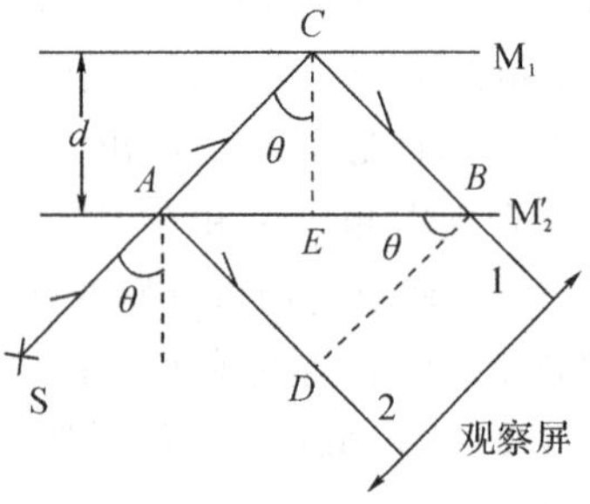

因为

图 3-2-4　空气薄膜的干涉

$$AD=AB\sin\theta=2AE\sin\theta=\frac{2d\sin^2\theta}{\cos\theta}$$

所以

$$\delta=(AC+BC)-AD=2d\left(\frac{1}{\cos\theta}-\frac{\sin^2\theta}{\cos\theta}\right)=2d\cos\theta \qquad (3-2-1)$$

用透镜会聚从 M_1 和 M_2' 反射出来的 1、2 两光束，将在焦平面上产生干涉（即干涉定域于焦平面上）。若用扩展光源，则具有相同入射角 θ 的那些光线形成一圆锥面，产生圆形干涉条纹，这种干涉叫作等倾干涉，即倾角相等的光线经 M_1 和 M_2' 反射后相干构成同一级条纹。如果不用透镜聚焦，则在无穷远处形成等倾干涉条纹（即干涉定域于无穷远），这时眼睛对无穷远调焦就看到一系列同心圆条纹。第 k 级明条纹形成的条件是：光程差等于入射光波长的整数倍，即 $\delta=2d\cos\theta=k\lambda$。当 d 一定时，θ 越小，则干涉条纹的直径越小，干涉条纹的级次越高。在环心处，$\theta=0°$，则干涉级次最高，这时 $\delta=2d\cos0°=k\lambda$，因此有 $\delta=2d=k\lambda$。

当改变 M_1 在导轨上的位置时，即改变了 d 的大小。对某一级条纹 k，$2d\cos\theta=k\lambda$，k 为定值。当 d 增大时，$\cos\theta$ 必减小，θ 必增大，该圆条纹向外扩大，干涉条纹中心有圆环"冒出"；继续移动 M_1 即 d 连续增大时，在观察屏上环心处不断"冒出"新的条纹，并向外扩散。反之，当 d 减小时，各圆环都依次由外向中心"收缩"成一点后消失。当 d 每变化 $\lambda/2$ 时，光程差 δ 变化一个波长 λ，在环心处就有一个圆条纹产生或消失。当 M_1 在导轨上移动的距离为 D 时，光程差的变化为 $\Delta\delta=2D=N\lambda$，所以 $D=N\lambda/2$。此时就有 N 个圆环从环心产生或消失。所以只要读出 M_1 在导轨上移动的距离 D，并计算出对应产生或消失的条纹数 N，就可求入射光波长 λ，即

$$\lambda = \frac{2D}{N} \tag{3-2-2}$$

这就是用迈克尔逊干涉仪测量波长的原理。

6. 观察等厚干涉条纹

当 M_1 和 M_2 偏离垂直，即 M_1 和 M_2' 偏离平行，有一小的夹角 α 时，M_1 和 M_2' 之间形成一楔形空气薄层。由于 α 很小，因此用平行光照射时将产生等厚干涉条纹，如图 3-2-5 所示。凡空气层厚度相同的点的光程差相同，并构成同一级干涉条纹。这些条纹是一系列等间距的平行直条纹（详见实验 2.8 的相关内容）。

因为 α 很小，所以由式（3-2-1）得光程差：

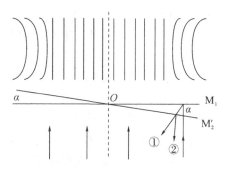

图 3-2-5 等厚干涉条纹

$$\delta = 2d\cos\theta = 2d\left(1 - 2\sin^2\frac{\theta}{2}\right)$$

则

$$\delta \approx 2d\left(1 - \frac{\theta^2}{2}\right) = 2d - d\theta^2 \tag{3-2-3}$$

在 M_1 和 M_2' 的交线上，$d=0$，即 $\delta=0$，因此在交线处产生一直条纹，叫作中央条纹。在中央条纹的左、右两旁靠近交线附近，由于 δ 和 d 都很小，因此式（3-2-3）中的 $d\theta^2$ 可忽略不计，则

$$\delta = 2d \tag{3-2-4}$$

在交线附近光束的入射角 θ 很小，可近似认为是平行光垂直入射，得到的是近似直条纹；在离交线较远处，$d\theta^2$ 项不能忽略，其影响较大，条纹发生显著弯曲，且离交线越远，弯曲程度越明显。如图 3-2-5 所示，这种等厚干涉条纹定域在 M_1 和 M_2' 镜面附近。把眼睛聚焦到镜面附近，即可看到干涉条纹。

若用白光作为光源，一般不出现干涉条纹。因为白光是复色光，不是单色光，其相干长度很小，且白光的彩色干涉条纹只能在光程差很小（即 $d \approx 0$ 附近）的小范围内才能看到。

7. 非定域干涉

当用激光作为光源时，由于激光的平行性好，单色性好，因此激光通过短焦距透镜 L（扩束镜）后，会聚成一个强度很高的点光源 S，则 S 发出的球面发散光波照射在分光板 G_1 上。如图 3-2-6 所示，点光源 S 经 G_1 的半反射面成为虚像 S'，S' 经 M_1、M_2' 分别成为虚像 S_1'、S_2'。S_1'、S_2' 是一对相干点光源，只要观察屏放在 S_1'、S_2' 发出的光波重叠区域内，就能看到干涉条纹。

（1）当 M_1 与 M_2' 平行时，观察屏垂直于 S_1'、S_2' 的连线，对应的干涉条纹是一组同心圆环，其环心在观察屏

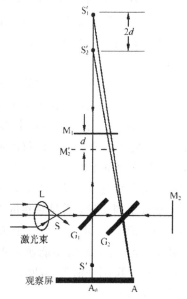

图 3-2-6 点光源 S 的成像

与 S_1'、S_2' 连线的垂足上(即图 3-2-6 中的 A_0 点)。可以证明,由 S_1'、S_2' 到观察屏上任一点 A 的两光束的光程差为

$$\delta = \overline{S_1'A} - \overline{S_2'A} \approx 2d\cos\theta$$

式中,θ 为 S_2' 射到 A 点的光线与 M_1 法线之间的夹角,d 为 M_1、M_2 间的距离。上式与定域情况的式(3-2-1)相同。当 d 不变时,若 θ 相同,则射到屏上的点的轨迹为圆,故干涉条纹是以 A_0 为中心的一组同心圆环,在圆环中心处 $\theta=0°$,$\delta=2d$,干涉级次最高。采用与定域情况同样的分析,眼睛锁定某一级条纹,当 d 增大时,$\cos\theta$ 变小,θ 变大,该圆条纹扩大,此时有干涉圆环从中心"产生";反之,当 d 减小时,有干涉圆条纹向中心"消失"。M_1 移动距离为 D,则有 N 个条纹从中心产生或消失。所以只要测出 M_1 在导轨上移动的距离 D,同时读出产生或消失的条纹数 N,就可由 $\lambda = 2D/N$ 求得波长 λ。

(2)M_1 与 M_2' 相交,观察屏平行于 S_1' 与 S_2' 的连线,则在屏上将看到一组明、暗相间的直条纹。

(3)M_1 与 M_2' 既不平行也不相交,$\overline{S_1'S_2'}$ 既不平行也不垂直于观察屏,当 M_1、M_2' 距离较近时,在屏上看到一组弧形条纹;当 M_1、M_2' 距离较远时,在屏上看到一组近似同心圆条纹。

总之,干涉条纹是定域还是非定域的,取决于光源的大小。如果是点光源,则条纹是非定域的;如果是扩展光源,则条纹是定域的。

四、实验内容

首先对照图 3-2-2 熟悉迈克尔逊干涉仪的结构,然后方可动手操作。

(1)开启激光光源,使其以大约 45° 照射在分光板 G_1 的中央,并大致与固定反射镜 M_2 垂直,此时从屏上可看到从 M_1、M_2 反射回来的两排分立的光斑。

(2)调节粗调手轮(顺旋时 M_1 朝远离 G_1 的方向移动,逆旋时 M_1 向 G_1 的方向移动),使 M_1 的位置在导轨的 31 mm 左右。

(3)调节 M_1 垂直于 M_2。调节 M_1 和 M_2 背后的调节螺钉,使两排亮点中最亮的点严格重合,这时在观察屏上似乎可见到有条纹在晃动;在光源和 G_1 之间放进毛玻璃,即可在观察屏上看到明、暗相间的等倾干涉圆环。否则要重新调节 M_1 和 M_2 背后的调节螺钉,直至见到圆环为止。

(4)观察等倾干涉条纹的变化情况并解释变化的原因,观察迈克尔逊干涉仪的回程差。

顺旋微调手轮,应在屏上看到一个一个干涉圆环向环心依次收缩成一个黑斑后消失(或相反,从环心依次产生一个黑斑后扩散成圆环,并依次继续向外扩散)。然后逆旋微调手轮,这时因迈克尔逊干涉仪的回程差,屏上的干涉圆环并不改变,所以要先逆旋粗调手轮,看见观察屏上的干涉圆环开始变化后,再逆旋微调手轮,这时观察屏上的干涉圆环向相反的情况变化。记录以上的调节情况和条纹变化情况,并做出解释。

顺旋粗调手轮,看见观察屏上的条纹变化后,顺旋微调手轮,当圆环刚好收缩成一个黑斑而未消失(或刚好产生一个黑斑而未扩散)时,读记 M_1 在导轨上的位置数 $L_顺$;然后逆旋微调手轮(注意此时不能逆旋粗调手轮),当条纹不变化时,继续逆旋微调手轮,直到观察屏上的黑斑刚好消失(或刚好扩散)时,再读记 M_1 在导轨上的位置数 $L_逆$。此干涉仪的回程差等于 $|L_顺 - L_逆|$。

（5）测量氦氖激光的波长 λ。顺旋粗调手轮约几周后，再顺旋微调手轮。当某个圆环刚好收缩成一个黑斑而未消失（或刚好产生一个黑斑而未扩散）时，读记 M_1 在导轨上的位置数 L_0；继续顺旋微调手轮，当改变一个圆环时停旋稍许，心中记一个数。依次读记每改变 50 个条纹时 M_1 在导轨上的位置数 L_{50}、L_{100}、L_{150}、L_{200}、L_{250}、L_{300}、L_{350}、L_{400}、L_{450}。

（6）观察等厚干涉条纹的变化情况并解释变化的原因。向干涉圆环消失的方向先旋粗调手轮，当观察屏上的条纹变得很粗且只有两个左右的条纹时，说明 M_1 与 M_2' 已接近重合（完全重合的判断应是调到最后一个条纹消失后，再调时会新产生第一个条纹），这时稍调 M_2 旁边的微调螺钉，使 M_1 与 M_2' 有一个很小的夹角，在屏上可看到等间距的平行直条纹，这就是等厚干涉条纹。继续调节微调螺钉使该夹角稍增大和稍减小时，观察并记录条纹的变化情况；再调节微调手轮，使 M_1 在导轨上移动，观察并记录条纹的变化情况。

五、实验数据记录与处理

要求测多组数据，并用逐差法处理测量数据，求出 $\bar{\lambda}$、$\sigma_{\bar{\lambda}}$、E，并表示测量结果。

（1）迈克尔逊干涉仪回程差测量的原始数据记录。

$L_{顺} = $ ＿＿＿＿＿＿；$L_{反} = $ ＿＿＿＿＿＿。

（2）测量氦氖激光波长 λ 的原始数据表参见表 3-2-1。

表 3-2-1　测量氦氖激光波长的原始数据表

条纹改变数 N	M_1 位置数 L_i/mm	条纹改变数 N	M_1 位置数 L_i/mm
0		500	
50		550	
100		600	
150		650	
200		700	
250		750	
300		800	
350		850	
400		900	
450		950	

六、问题讨论

（1）按顺旋微调手轮和粗调手轮调好的机械零点，逆旋微调手轮能否测量？为什么？能否在逆旋微调手轮和粗调手轮的情况下调节迈克尔逊干涉仪的机械零点？若能调节，怎样测量？调节迈克尔逊干涉仪的机械零点时，能否先调整标尺，再调整粗调手轮，最后调整微调手轮？为什么？

（2）简述等倾干涉条纹的变化规律，并作出解释。

① 简述顺旋微调手轮时干涉条纹的变化规律，并作出解释。

② 简述逆旋微调手轮时干涉条纹的变化规律，并作出解释。

实验 3.3　　金属线膨胀系数的测定

在工程结构设计及材料加工、仪表制造过程中，都必须考虑物体的"热胀冷缩"现象，因为这些因素直接影响到结构的稳定性和仪表的精度。

金属的线膨胀是金属材料受热时在一维方向上伸长的现象。线膨胀系数是选材的重要指标，特别是新材料的研制，都必须对材料的线膨胀系数作测定。

一、实验目的

(1) 掌握一种测定线膨胀系数的方法和原理。

(2) 了解迈克尔逊干涉仪测量长度的微小改变量的原理和方法。

二、实验器材

实验器材有 SGR-1 型热膨胀实验仪、游标卡尺、金属试件等。

SGR-1 型热膨胀实验仪的主要技术指标如下：

He-Ne 激光器：功率约为 1 mW，波长为 632.8 nm。

数字测温最小分度：0.1℃。

试件尺寸：$l=150$ mm，$\phi=18$ mm。

适宜升温范围：室温至 60℃。

温控仪工作环境：温度为 0~50℃，湿度为 85% 以下，无腐蚀性气体。

SGR-1 型热膨胀实验仪装置如图 3-3-1 所示。它主要由 He-Ne 激光电源(简称激光电源)、He-Ne 激光管(简称激光管)、扩束器、分光板、固定镜、转向镜、移动镜、试样、加热电炉、测温传感器、数显温控仪等部分组成。

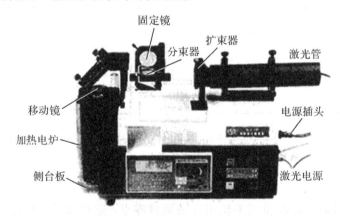

图 3-3-1　热膨胀实验仪

SGR-1 型热膨胀实验仪采用迈克尔逊干涉仪法测量微小长度的变化，其光路图如图 3-3-2 所示。从 He-Ne 激光器出射的激光束经过分束器(半反镜)后分成两束，分别由两个发射镜即定镜和动镜反射回来，分束器的作用使两束反射光在观察屏上相遇并形成明、暗相间的同心圆环状干涉条纹。

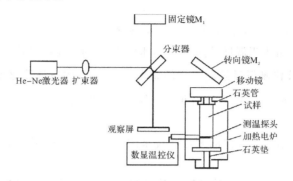

图 3-3-2　热膨胀实验仪光路图

数显温控仪的测温探头是通过热电传感器铂热电阻取得代表温度信号的电阻值，经电桥放大器和非线性补偿器转换成与被测温度成正比的信号；而温度设定值使用"设定旋钮"调节，两个信号经选择开关和 A/D 转换器可在数码管上分别显示测量温度和设定温度。仪器加热接近设定温度时，通过继电器自动断开加热电路；在测量状态时，显示当前探测到的温度。按下"暂停"按钮可手动停止加热，按下"加热"按钮可重新开始加热。不使用温度自动控制时，可将设定温度调节至 60℃ 以上。

试件品种有如下几种：

硬铝：$\alpha = 24.5 \sim 26.3 \times 10^{-6}$/℃（20～100℃）；

黄铜：$\alpha = 20.6 \times 10^{-6}$/℃（标准值）（25～300℃）；

钢：$\alpha = 12.7 \times 10^{-6}$/℃（标准值）（20～100℃）。

试件尺寸为 $L = 150$ mm，$\varphi = 18$ mm；适宜升温范围为室温至 60℃。

三、实验原理

1. 线膨胀系数的测量原理

当固体温度升高时，分子间的平均距离增大，其长度增加，这种现象称为线膨胀。长度的变化大小取决于温度的改变大小、材料的种类和材料原来的长度。实验表明，在一定的温度范围内，原长为 L 的物体受热后其伸长量 δ_L 与其温度的增加量 δ_t 近似成正比，与原长 L 亦成正比，即

$$\delta_L = \alpha L \delta_t \qquad\qquad (3-3-1)$$

式中，α 是固体的线膨胀系数。不同的材料，其线膨胀系数不同。对同一材料，α 本身因温度范围的不同而稍有差别。但从实用的观点来说，对于绝大多数的固体，在不太大的温度变化范围内可以将线膨胀系数看做常数。表 3-3-1 是几种常见材料的线膨胀系数。

表 3-3-1　几种常见材料线膨胀系数

材　料	铜、铁、铝	普通玻璃、陶瓷	锻钢	熔凝石英	蜡
α 数量级/(℃)$^{-1}$	$\times 10^{-5}$	$\times 10^{-6}$	$\times 10^{-6}$	$\times 10^{-7}$	$\times 10^{-6}$

假设温度为 t_1 时杆长为 L，受热后温度达到 t_2 时杆伸长量为 δ_L，则该材料在温度 $t_1 \sim t_2$ 间的线膨胀系数为

$$\alpha = \frac{\delta_L}{L(t_2 - t_1)} \qquad (3-3-2)$$

式中：δ_L 为杆的微小伸长量，也是本实验主要测量的量。

式(3-3-2)可理解为当温度升高1℃时，固体增加的长度和原长度的比，单位为(℃)$^{-1}$。

2. 迈克尔逊干涉仪测量系统测量杆的微小伸长量 δ_L 的方法及原理

测量杆的微小伸长量 δ_L 的方法有很多，如已介绍的实验2.1中的光杠杆放大法和实验3.2中的方法等。

下面介绍用迈克尔逊干涉仪的测量系统来测量 δ_L 的方法，其测量原理请参阅实验3.2中相关内容的介绍。

在迈克尔逊干涉仪实验中，移动镜在移动过程中干涉条纹数在改变，所以只要测量出当移动镜移动 δ_L 的距离时干涉条纹的改变数 δ_N，就能测量出光源的波长 λ，它们之间的关系式为

$$\delta_L = \frac{\delta_N \lambda}{2} \qquad (3-3-3)$$

如图3-3-1所示，现已知He-Ne激光器的波长 $\lambda = 632.8$ nm。试样从温度 t_1 升高到 t_2 的过程中，试样伸长而推动移动镜向上缓慢地移动，故使干涉条纹数不断地改变。若干涉条纹数改变了 δ_N，则把式(3-3-3)代入式(3-3-2)即可求出线胀系数 α：

$$\alpha = \frac{\delta_L}{L(t_2 - t_1)} = \frac{\delta_N \lambda}{2L(t_2 - t_1)} \qquad (3-3-4)$$

四、实验内容

1. 安放试件

先用 M_4 长螺钉旋入试件一端的螺纹孔内，从试件架上提拉出来，横放在实验台上，再用卡尺测量并记录试件长度 L，将加热电炉从仪器侧面的台板上平移取下，手提 M_4 螺钉把试件送进加热电炉(注意：试件的测温孔与加热电炉侧面的圆孔一定要对准)。然后卸下螺丝，用平面镜背面石英管一端的螺纹件将平面镜与试件连接起来，在加热电炉体复位(从台板开口向里推到头)后，务必将测温探头穿过炉壁插入试件下半截的测温孔内，测温器手柄应紧靠加热电炉的外壳。从加热电炉内电阻丝引出的电缆插头应插入炉旁的插座上(参见图3-3-3)。炉体下部与侧台板之间用两个手钮锁紧。

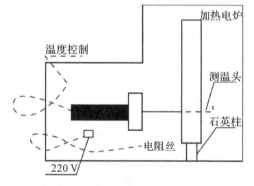

图3-3-3　试件安放图

2. 调节迈克尔逊干涉仪的光路

接好 He-Ne 激光器的线路(正、负极不可颠倒)，再接通仪器的总电源，按"激光"开关，拨开扩束器之后，调节 M_1 和 M_2 两个平面镜背后的螺丝，使观察屏上的两组光点中的两个最强的点重合，然后把扩束器转到光路中，观察屏上即出现干涉条纹，这时微调平面镜的方位，可将椭圆干涉环的环心调到视场的适中位置。对扩束器作二维调节，可纠正观

察屏上光照不均匀的情况。

3. 测量方法

测量时可采用升高一定的温度(如 10℃)测量试件伸长量的方法，也可以采用试件保持一定的伸长量(如由 50 或 100 个干涉环改变数算出的光程差)，测出所需升高温度的方法。测量前，先将温控仪选择开关置于"设定"，转动"设定"旋钮，直到显示出预定温度值。就 α 有参考值或标准值的试件而言，如果用后一种方法，须根据式(3-3-2)和式(3-3-3)求出每计数 δ_N(如 100 或 50)个干涉环变化所对应的温升 $t_2 - t_1$。此外，在准备自动控制加热温度时，还应考虑到在测量范围内通常要比设定温度约低 2.8℃时，加热电路被切断，所以可做如下估算：设定温度＝基础温度＋温升＋2.8℃。

设定温度后，将选择开关置于"测量"，记录试件初始温度 t_1，认准干涉图样中心的形态，按"加热"键，同时仔细默数干涉环的变化量；待达到预定数(如 50 环或 100 环)时，记录温度显示值 t。当接近和达到设定温度时，红灯亮(绿灯闪灭)，加热电路自动切断。

一种样品测试完毕后，直接按"暂停"键，手控停止加热过程最便捷。当室温低于试件的线性变化温度范围时，可加热至所需温度再开始实验测量。不用自动控制时，请将设定温度定在 60℃以上。

迈克尔逊干涉仪还能测绘线膨胀系数与温度变化的关系曲线，如在横轴标出 25～30℃ 的温度变化(精确到 0.1℃)，在纵轴标出线膨胀系数 δ_L(可按每 10 个干涉环变化计算长度，以 μm 为单位)，描点作图。

4. 更换试件

松开加热电炉下部的手钮，使炉体平移，离开侧台板。旋下移动镜，拔下测温头，再换上螺丝提手从炉内取出试件。用风冷法或其他方法使加热电炉内温度降到最接近室温的稳定值，确认后再安放被测试件，安放妥后通常需要重新调节光路。无论以前是自动还是手控切断加热电路，只要按一次"加热"键，即可开始新一轮的加热过程。实验完毕，切断加热电炉的电源。

5. 实验室环境

本仪器宜在低照度实验室使用，室内应避免强烈的空气流动。地面和台面不可有较强的震动，实验室应保持安静。

五、注意事项

(1) He-Ne 激光束直射眼睛时可灼伤眼球，但它通过光学元件后射出的激光对人体无损害。He-Ne 激光管工作电压在千伏以上，启动电压更高，要注意用电安全。

(2) 非必须时，实验前不要按"加热"开关，以免为恢复加热前温度而延误实验时间，或因短时间内温度忽升忽降而影响实验测量的准确度。实验中，每次加热前都需要静置一段时间观察温度显示，耐心等待试件进入加热电炉后的热平衡状态。

(3) 为了避免体温传热对加热电炉内、外热平衡扰动的影响，不要用手抓握被测试件。

(4) 在平面镜与铜螺丝之间黏结的石英细管质脆易损，不能承受较大的扭力和拉力；加热电炉底上的石英垫不能承受试件落体的冲击；试样入炉与出炉必须用 M_4 长螺钉做辅助工具。

（5）在一般情况下，仪器分束器、扩束器和平面镜无须特殊照料，但在湿热季节或海滨地区则应注意保养，须及时用脱脂棉浸乙醇乙醚混合液清除各种污染。若长时间不用，可卸下来放进干燥器内保存。

六、实验数据记录与处理

（1）自拟表格记录所测数据。

（2）利用逐差法或最小二乘法处理数据，计算出被测金属杆的线膨胀系数 α。

（3）计算线膨胀系数 α 的不确定度并写出结果表达式。

七、问题讨论

（1）实验中的误差来源主要有哪些？

（2）试分析两根材料相同，粗细、长度不同的金属棒，在同样的温度变化范围内，它们的线膨胀系数是否相同？膨胀量是否相同？为什么？

（3）试分析哪一个量是影响实验结果的主要因素？在操作时应注意什么？

实验 3.4　莫尔效应及光栅传感实验

几百年前，法国人莫尔发现了一种现象：当两层被称作莫尔丝绸的绸子叠在一起时将产生复杂的水波状的图案，如薄绸间相对挪动，图案也随之晃动，这种图案当时被称为莫尔或莫尔条纹。一般说，任何具有一定排列规律的几何图案的重合，均能形成按新规律分布的莫尔条纹图案。

1874 年，瑞利首次将莫尔图案作为一种计测手段，即根据条纹的结构形状来评价光栅尺各线纹间的间隔均匀性，从而开拓了莫尔计量学。随着时间的推移，莫尔条纹测量技术已经广泛应用于多种计量和测控中，在位移测量、数字控制、伺服跟踪、运动比较、应变分析、振动测量，以及诸如特形零件、生物体形貌、服装及艺术造型等方面的三维计测中展示了广阔的前景。例如，广泛使用于精密程控设备中的光栅传感器，可实现优于 1 μm 的线位移和优于 $1''$（1/3600 度）的角位移的测量和控制。

一、实验目的

（1）理解莫尔效应的产生机制。

（2）了解光栅传感器的结构。

（3）观察直线光栅、径向圆光栅、切向圆光栅的莫尔条纹并验证其特性。

（4）用直线光栅测量线位移。

（5）用圆光栅测量角位移。

二、实验器材

实验器材有主光栅基座、副光栅滑座、摄像头及监视器等，如图 3 - 4 - 1 所示。

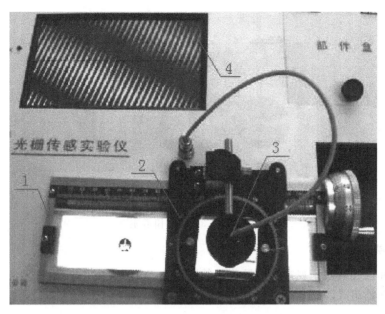

1—主光栅基座；　2—副光栅滑座；3—摄像头；4—监视器

图 3-4-1　实验装置结构图

1. 主光栅基座

　　主光栅基座由主光栅板和位移装置组成，如图 3-4-2 所示，主光栅板上印有直线光栅、径向圆光栅、切向圆光栅三种光栅。转动百分手轮，滑块会带动副光栅滑座上的副光栅与主光栅产生相应位移。在实际的光栅传感器应用系统中，由莫尔条纹的移动量即可测量出位移量。在教学系统中，可由读数装置读取副光栅的移动距离，以便与由莫尔条纹测量出的位移量进行比较。读数装置由直尺和百分手轮组成。主光栅和副光栅为可组装的开放式结构，可以使学生直观地了解光栅位移传感器的结构，通过摄像头从监视器上观察和测量条纹的相关特性。

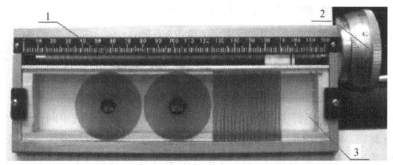

1—直尺；2—百分手轮；3—主光栅板

图 3-4-2　主光栅基座

2. 副光栅滑座

　　副光栅滑座由副光栅、可转动副光栅座和角度读数盘组成，如图 3-4-3 所示。副光栅安装于副光栅座，转动副光栅座可改变主副光栅之间的交角，其角度由角度读数盘读出。

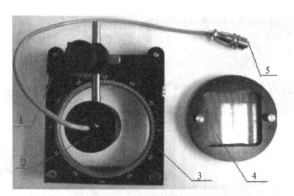

1—读数位置；2—摄像头；3—角度读数盘；4—副光栅；5—视频接头

图 3-4-3   副光栅滑座

3．摄像头和监视器

摄像头和监视器用于观察和测量莫尔条纹特性，由摄像头升降台(如图 3-4-4 所示)、摄像头和监视器组成。

1、4—旋钮；2、3—螺钉

图 3-4-4   摄像头升降台

摄像头升降台位于副光栅滑座上，用于调整摄像头的位置，以便在监视器中观察到清晰的条纹。

摄像头升降台的调节方法如下：

(1) 旋松调节图中的螺钉 2，前后移动摄像头使其对准副光栅的中间位置，紧固螺钉 2。

(2) 调节旋钮 3 使摄像头上下移动，直至在监视器中观察到清晰的莫尔条纹。

(3) 旋松旋钮 1 后转动旋钮 4 可以调节莫尔条纹在监视器上的倾斜角度，以便定标和测量，调整好角度后紧固旋钮 1。

三、实验原理

1．莫尔条纹现象

当两只光栅以很小的交角相向叠合时，在相干或非相干光的照明下，在叠合面上会出现明、暗相间的条纹，称为莫尔条纹。莫尔条纹现象是光栅传感器的理论基础，它可以由粗光栅或细光栅形成。栅距远大于波长的光栅叫粗光栅，栅距接近波长的光栅叫细光栅。按刻线的特点，光栅分为直线光栅、径向圆光栅、切向圆光栅等。下面分析不同刻线光栅的莫尔效应。

1）直线光栅的莫尔效应

两只光栅常数相同的光栅，若其刻画面相向叠合并且两者栅线有很小的交角 θ，则由于挡光效应（光栅常数 $d > 20~\mu m$）或光的衍射作用（光栅常数 $d < 10~\mu m$），在与光栅刻线大致垂直的方向上将形成明暗相间的条纹，如图 3-4-5 所示。

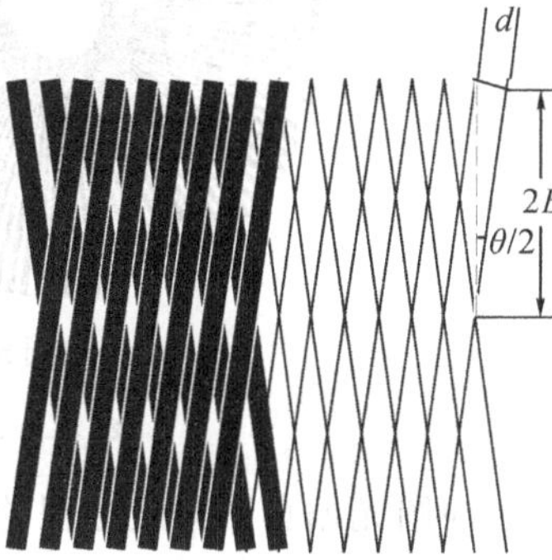

若主光栅与副光栅之间的夹角为 θ，光栅常数为 d，则由图 3-4-5 的几何关系可得出莫尔条纹间隔（相邻莫尔条纹之间的距离）B 为

$$B = \frac{d}{2\sin\dfrac{\theta}{2}} \approx \frac{d}{\theta} \qquad (3-4-1)$$

图 3-4-5　直线光栅莫尔条纹

式中，θ 的单位为弧度。由式（3-4-1）可知，当改变光栅夹角 θ 时，莫尔条纹间隔 B 也将随之改变。

当两光栅的光栅常数不相等时，莫尔条纹方程及莫尔条纹间隔的表达式推导见本实验末的补充知识。

直线光栅的莫尔条纹的主要特性如下：

（1）同步性。在保持两光栅交角一定的情况下，固定一个光栅，将另一个光栅沿栅线的垂直方向运动，每移动一个栅距 d，莫尔条纹移动一个条纹间隔 B；若光栅反向运动，则莫尔条纹的移动方向也相反。

（2）位移放大作用。当两光栅交角 θ 很小时，相当于把栅距 d 放大了 $1/\theta$ 倍，莫尔条纹可以将很小的光栅位移同步放大为莫尔条纹的位移。例如，当 $\theta=0.06$ 度 $=\pi/3000$ 弧度时，莫尔条纹宽度比光栅栅距大近千倍。当光栅移动微米量级时，莫尔条纹移动毫米量级。这样就将不便于检测的微小位移转换成用光电器件易于测量的莫尔条纹移动，测得莫尔条纹移动的个数 k 就可以得到光栅的位移 ΔL，即 $\Delta L=kd$。

（3）误差减小作用。光电器件获取的莫尔条纹是两光栅重合区域所有光栅线综合作用的结果。尽管光栅在刻画过程中有误差，但莫尔条纹对刻画误差有平均作用，从而在很大程度上消除了栅距局部误差的影响，这是光栅传感器精度高的重要原因。

2）径向圆光栅的莫尔效应

径向圆光栅是指大量在空间均匀分布且指向圆心的刻线形成的光栅，相邻刻线之间的夹角 α 称为栅距角。图 3-4-6(a) 是径向圆光栅，图 3-4-6(b) 是两只栅距角相同（即 $\alpha_1 = \alpha_2 = \alpha$）、圆心相距 $2S$ 的径向圆光栅相向叠合产生的莫尔条纹。

若两光栅的刻画中心相距为 $2S$，则在以两光栅中心连线为 x 轴，两光栅中心连线的中点为原点的直角坐标系中，莫尔条纹满足如下方程：

$$x^2 + \left(y - \frac{S}{\tan k\alpha}\right)^2 = \left(\frac{S\sqrt{\tan^2 k\alpha + 1}}{\tan k\alpha}\right)^2 \qquad (3-4-2)$$

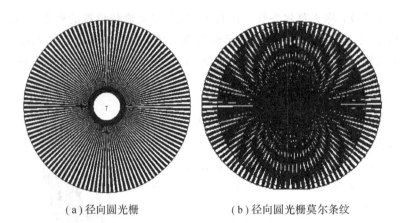

（a）径向圆光栅　　　　　　（b）径向圆光栅莫尔条纹

图 3-4-6　径向圆光栅及径向圆光栅莫尔条纹

径向圆光栅莫尔条纹方程的推导见本实验末的补充知识。

径向圆光栅的莫尔条纹有如下特点：

(1) 当其中一只光栅转动时，圆族将向外扩张或向内收缩。每转动 1 个栅距角，莫尔条纹移动一个条纹宽度。用光电器件测得莫尔条纹移动的个数 k 就可以得到光栅的角位移（$\Delta\theta = k\alpha$）。用径向圆光栅测量角位移具有减小误差的作用。

(2) 莫尔条纹是由上下 2 组不同半径、不同圆心的圆族组成的。上半圆族的圆心坐标为 $\left(0, \dfrac{S}{\tan k\alpha}\right)$，下半圆族的圆心坐标为 $\left(0, -\dfrac{S}{\tan k\alpha}\right)$。条纹的曲率半径为 $\dfrac{S\sqrt{\tan^2 k\alpha + 1}}{\tan k\alpha}$。

(3) k 越大，莫尔条纹半径越小，条纹间距也越小，所以靠近传感器中心的莫尔条纹不易分辨，半径最小值为 S。

(4) 两光栅的中心坐标 $(S, 0)$ 和 $(-S, 0)$ 恒满足圆方程，所有的圆均通过两光栅的中心。

3）切向圆光栅的莫尔效应

切向圆光栅是由空间分布均匀且都与一个半径很小的圆相切的众多刻线构成的。当如图 3-4-7(a) 的两只切向圆光栅相向叠合时，两只光栅的切线方向相反。图 3-4-7(b) 是小圆半径相同、栅距角相同的两族切向圆光栅相向叠合产生的莫尔条纹。

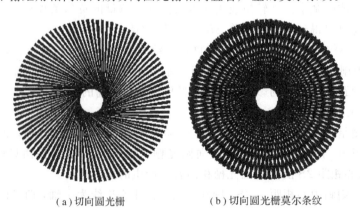

（a）切向圆光栅　　　　　　（b）切向圆光栅莫尔条纹

图 3-4-7　切向圆光栅与切向圆光栅莫尔条纹

小圆半径均为 r、栅距角均为 α 的两族切向光栅相向同心叠合，其莫尔条纹满足的方程为

$$x^2 + y^2 = \left(\frac{2r}{k\alpha}\right)^2 \qquad (3-4-3)$$

切向圆光栅莫尔条纹方程的推导见本实验末的补充知识。

切向圆光栅的莫尔条纹有如下特点：

（1）当其中一只光栅转动时，圆族将向外扩张或向内收缩。每转动 1 个栅距角，莫尔条纹移动一个条纹宽度。用光电器件测得莫尔条纹移动的个数 k 就可以得到光栅的角位移 $\Delta\theta$（$\Delta\theta = k\alpha$），用切向圆光栅测量角位移具有减小误差的作用。

（2）莫尔条纹是一组同心圆环、圆环半径为 $R = 2r/k\alpha$，相邻圆环的间隔为 $\Delta R = 2r/k^2\alpha$。

（3）k 越大，莫尔条纹半径越小，条纹间距也越小，所以靠近传感器中心的莫尔条纹不易分辨。

2. 光栅传感器

光栅传感器由光源系统、光栅系统、光电转换和处理系统组成，如图 3-4-8 所示。

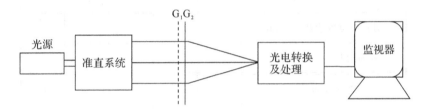

图 3-4-8 光栅传感器系统组成示意图

光源系统给光栅系统提供照明。

光栅系统主要用于产生各种类型的莫尔条纹。在实际应用的光栅传感器中，为了达到高测量精度，直线光栅的光栅常数和圆光栅的栅距角都选取得很小。学生实验系统重在说明原理，为使视觉效果更直观，光栅常数和栅距角都选取得比较大。

光电转换及处理系统用于检测莫尔条纹的变化，以及经适当处理后转换为位移或角度的变换。在实用的光栅传感器中，光电器件检测到的莫尔条纹的强度变化经细分电路处理，能分辨出若干分之一的条纹移动，经数字化后直接显示为位移值或将位移量反馈到控制系统。学生实验系统重在说明原理，为使视觉效果更直观，我们用监视器将莫尔条纹放大后显示。

四、实验内容

1. 实验前的准备工作

打开仪器后面的电源开关，点亮主光栅板的背光灯。

安装副光栅滑座，将副光栅滑座上的卡片插入读数装置滑块上的卡槽中。

2. 观察直线光栅的莫尔条纹特性

安装好直线副光栅，使其零刻度线与角度读数盘零刻度大致对齐，摇动手轮，使直线主副光栅位置对齐。

转动副光栅座，改变主副光栅之间的夹角 θ，观察莫尔条纹宽度的变化。

转动手轮移动副光栅，观察莫尔条纹的移动方向。反向移动副光栅，观察莫尔条纹移动方向的变化，验证莫尔条纹的同步性及位移放大作用。

3. 利用直线光栅测量线位移

安装摄像头，连接好视频接头。此时，若监视器关闭，则需按一下监视器旁边的监视器开关按钮；若一切正常，则监视器上将显示主光栅的放大图像。按仪器介绍中的方法调整好摄像头。

调节主光栅和副光栅成一定夹角 θ，使监视器上出现约 3 条莫尔条纹图案。

转动手轮，使副光栅滑座移动到主光栅基座最右端，然后反向转动手轮使副光栅沿轨道运动，莫尔条纹随之移动。每移动 5 个莫尔条纹，记录副光栅的位置于表 3-4-1 中。

注意： 为防止回程差对实验的影响，记录副光栅位置时，必须朝同一方向旋转百分手轮。

表 3-4-1　用直线光栅测量线位移

条纹移动数 k	0	5	10	15	20
副光栅位置读数 L_k/mm					
位移 $\Delta L_k = \lvert L_k - L_0 \rvert$					
条纹移动数 k	25	30	35	40	45
副光栅位置读数 L_k/mm					
位移 $\Delta L_k = \lvert L_k - L_0 \rvert$					

计算 k 为 5、10、15、…时对应的位移 ΔL_k，填入表 3-4-1 中。

以 k 为横坐标，位移 ΔL_k 为纵坐标作图。若为线性关系，且直线斜率为 d，则验证了关系式 $\Delta L_k = kd$，说明了可以由条纹移动数测量线位移。

已知光栅常数值为 $d = 0.500\ \text{mm}$，将由直线斜率求出的光栅常数 d 与之比较，求相对误差。

4. 观察径向圆光栅的莫尔条纹特性

监视器显示的是莫尔条纹局部放大图，为便于观察莫尔条纹全貌，先取下摄像头。

安装好径向副光栅，调节两光栅中心距，直到出现莫尔条纹，观察莫尔条纹图案的对称性。摇动手轮改变两光栅中心距，观察圆半径的变化。

转动副光栅，观察莫尔条纹的移动方向。反向转动副光栅，观察莫尔条纹移动方向的变化。

将看到的莫尔条纹特性与实验原理中阐述的特性比较，加深理解。

5. 利用径向圆光栅莫尔条纹测量角位移

安装摄像头，调节摄像头的位置，让摄像头监视主副光栅接近边缘的地方，直到监视器上出现清晰的莫尔条纹。

沿同一方向转动副光栅，每移动 5 个莫尔条纹，记录副光栅的角位置于表 3-4-2 中。

计算 k 为 5，10，15，…时对应的角位移 $\Delta\theta_k$，填入表 3-4-2 中。

表 3-4-2　用径向圆光栅测量角位移

条纹移动数 k	0	5	10	15	20
副光栅角位置读数 $\theta_k/(°)$					
角位移 $\Delta\theta_k=\theta_k-\theta_0$					
条纹移动数 k	25	30	35	40	45
副光栅角位置读数 $\theta_k/(°)$					
角位移 $\Delta\theta_k=\theta_k-\theta_0$					

以 k 为横坐标，角位移 $\Delta\theta_k$ 为纵坐标作图。若为线性关系，且直线斜率为 α，则验证了关系式 $\Delta\theta_k=k\alpha$，说明可以由条纹移动数测量角位移。

已知栅距角的准确值为 $\alpha=1.0°$，将由直线斜率求出的栅距角值 α 与之比较，求相对误差。

6. 观察切向圆光栅的莫尔条纹特性

观察主、副光栅的切向是否相反。

监视器显示的是莫尔条纹局部放大图，为便于观察莫尔条纹全貌，先取下摄像头。

安装好切向副光栅，转动手轮使主副切向光栅基本同心，观察莫尔条纹图案的特性。

转动副光栅，观察莫尔条纹的移动方向。反向转动副光栅，观察莫尔条纹移动方向的变化。

将看到的莫尔条纹特性与实验原理中阐述的特性比较，加深理解。

7. 利用切向圆光栅莫尔条纹测量角位移

安装摄像头，调节摄像头的位置，让摄像头监视主副光栅接近边缘的地方，直到监视器上出现清晰的莫尔条纹。

沿同一方向转动副光栅，每移动 5 个莫尔条纹，记录副光栅的角位置于表 3-4-3 中。

计算 k 为 5、10、15、…时对应的角位移 $\Delta\theta_k$，填入表 3-4-3 中。

以 k 为横坐标，角位移 $\Delta\theta_k$ 为纵坐标作图。若为线性关系，且直线斜率为 α，则验证了关系式 $\Delta\theta=k\alpha$，说明可以由条纹移动数测量角位移。

已知栅距角的准确值为 $\alpha=1.0°$，则由直线斜率求出的栅距角值 α 与之比较，求相对误差。

表 3-4-3　用切向圆光栅测量角位移

条纹移动数 k	0	5	10	15	20
副光栅角位置读数 $\theta_k/(°)$					
角位移 $\Delta\theta_k=\theta_k-\theta_0$					
条纹移动数 k	25	30	35	40	45
副光栅角位置读数 $\theta_k/(°)$					
角位移 $\Delta\theta_k=\theta_k-\theta_0$					

五、注意事项

(1) 使用前应详细阅读说明书。

(2) 为保证使用安全,三芯电源线须可靠接地。

(3) 仪器应在清洁干净的场所使用,避免阳光直接暴晒和剧烈颠震。

(4) 切勿用手触摸光栅表面。若光栅被弄脏,则建议用清水加少量的洗洁精清洗然后晾干。

(5) 测量时应注意回程差。

(6) 测量时应尽量避免光栅的垂直上方有其他直射光源。

(7) 光栅片是玻璃材质,易碎,勿以硬物击之,同时应避免摔碎。

 补充知识　直线光栅莫尔条纹方程的推导

实验 3.5　光速测量

从 16 世纪伽利略第一次尝试测量光速以来,各个时期的人们都采用最先进的技术来测量光速。现在,光在一定时间内走过的距离已经成为一切长度测量的单位标准,即"米的长度等于真空中光在 1/299 792 458 s 的时间间隔中所传播的距离",光速也已直接用于距离的测量。光速还是物理学中一个重要的基本常数,许多其他常数都与它相关。例如,光谱学中的里德堡常数,电子学中真空磁导率与真空电导率之间的关系,普朗克黑体辐射公式中的第一辐射常数、第二辐射常数,质子、中子、电子、μ 子等基本粒子的质量等常数都与光速 c 相关。正因为如此,巨大的魅力把科学工作者牢牢地吸引到这个课题上来,几十年如一日,兢兢业业地埋头于提高光速测量精度的事业中。

一、实验目的

(1) 掌握一种新颖的光速测量方法。

(2) 了解和掌握光调制的一般性原理和基本技术。

二、实验器材

实验器材有光速测量仪、示波器等。

光速测量仪如图 3-5-1 所示,其主要技术指标为:全长为 0.8 m;可变光程为 0～1 m,移动尺最小读数为 0.1 mm;调制频率为 100 MHz,测量精度小于等于 1%(数字示波器测相)/测量精度小于等于 2%(通用示波器测相)。该光速测量仪主要由电器盒、收/发透镜组、棱镜小车、带标尺导轨等组成。电器盒采用稳定、可靠的整体结构,端面安装有收/发透镜组，内置收/发电子线路板。其侧面有两排 Q9 插座，如图 3-5-2 所示，Q9 插座输出的是将收/发正弦波信号经整形后的方波信号，目的是便于用示波器来测量相位差。

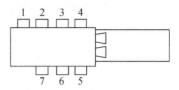

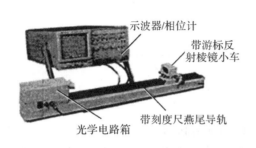

1：发送正弦基准信号
2：发送方的基准信号(5 V)
3：调制信号输入(模拟通信用)
4：测频
5：接收测相方波信号(5 V)
6：接收测相正弦信号
7：接收信号电平(0.4～0.6 V)

图 3-5-1　光速测量仪　　　　图 3-5-2　Q9 座接线图

棱镜小车上有供调节棱镜左右转动和俯仰的两只调节把手。由直角棱镜的入射光与出射光的相互关系可知，左右调节时对光线的出射方向所起作用较小，在仪器上加此左右调节装置只是为了加深对直角棱镜转向特性的理解。

在棱镜小车上有一只游标，使用方法与游标卡尺相同，通过游标可以读至 0.1 mm，可进一步熟悉游标卡尺的使用。

光源和光学发射系统采用 GaAs 发光二极管作为光源。这是一种半导体光源，当发光二极管上注入一定的电流时，在 PN 结两侧的 P 区和 N 区分别有电子和空穴的注入，这些非平衡载流子在复合过程中将发射波长为 0.65 μm 的光，此即为载波，用机内主控振荡器产生的 100 MHz 正弦振荡电压信号控制加在发光二极管上的注入电流。当信号电压升高时，注入电流增大，电子和空穴复合的机会增加而发出较强的光；当信号电压下降时，注入电流减小，复合过程减弱，所发出的光强度也相应减弱。用这种方法实现对光强的直接调制。图 3-5-3 是发射与接收光学系统的原理图，发光管的发光点 S 位于物镜 L_1 的焦点上。

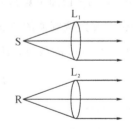

光学接收系统中用硅光电二极管作为光/电转换元件，该光电二极管的光敏面位于接收物镜 L_2 的焦点 R 上，如图 3-5-3 所示。光电二极管产生的光电流大小随载波强度的变化而变化，因

图 3-5-3　发射与接收光学系统原理图

此在负载上可得到与调制波频率相同的电压信号，即被测信号。被测信号的相位相对于基准信号落后了 $\phi = \omega t$，t 为往返一个测程所用的时间。

三、实验原理

1. 利用波长和频率测速度

任何波的波长都是一个周期内波传播的距离。波的频率是 1 s 内发生了周期振动的次数；用波长乘以频率得 1 s 内波传播的距离即波速

$$c = \lambda f \qquad\qquad\qquad (3-5-1)$$

在图 3-5-4 中，第 1 列波(波 1)在 1 s 内经历 3 个周期，第 2 列波(波 2)在 1 s 内经历 1 个周期，在 1 s 内两列波传播相同的距离，所以波速相同，但波 2 的波长是波 1 的 3 倍。

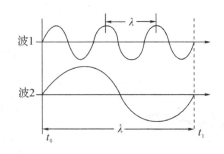

图 3-5-4　两列不同的波

利用这种方法很容易测得声波的传播速度，但直接用来测量光波的传播速度还存在很多技术上的困难，主要是光的频率高达 10^{14} Hz，目前的光电接收器中无法响应频率如此高的光强变化，迄今仅能响应频率在 10^8 Hz 左右的光强变化并产生相应的光电流。

2. 利用调制波波长和频率测量速度

如果直接测量河中水流的速度有困难，那么可以采用一种方法，即周期性地向河中投放小木块(频率为 f)，再设法测量出相邻两小木块间的距离(λ)，然后依据式(3-5-1)可算出水流的速度。

周期性地向河中投放小木块，为的是在水流上做一特殊标记。同样，也可以在光波上做一些特殊标记，称为调制。调制波的频率可以比光波的频率低很多，可以用常规器件来接收。与木块的移动速度就是水流流动的速度一样，调制波的传播速度就是光波传播的速度。调制波的频率可以用频率计精确测定，所以测量光速就转化为测量调制波的波长，然后利用公式(3-5-1)即可算得光传播的速度。

3. 相位法测定调制波的波长

波长为 0.65 μm 的载波，其强度受频率为 f 的正弦型调制波的调制，表达式为

$$I = I_0 \left[1 + m\cos 2\pi f\left(t - \frac{x}{c}\right) \right]$$

式中：m 为调制度；$\cos 2\pi f(t - x/c)$ 表示光在测线上传播的过程中，其强度的变化犹如一个频率为 f 的正弦波以光速 c 沿 x 方向传播。这个波为调制波，调制波在传播过程中其相位是以 2π 为周期变化的。设测线上两点 A 和 B 的位置坐标分别为 x_1 和 x_2，当这两点之间的距离为调制波波长 λ 的整数倍时，该两点间的相位差为

$$\phi_1 - \phi_2 = \frac{2\pi}{\lambda}(x_2 - x_1) = 2n\pi$$

式中，n 为整数。反过来，如果能在光的传播路径中找到调制波的等相位点，并准确测量它们之间的距离，那么该距离一定是波长的整数倍。

如图 3-5-5(a)所示，设调制波由 A 点出发，经时间 t 后传播到 A' 点，A 与 A' 之间的距离为 $2D$，则 A' 点相对于 A 点的相移为 $\phi = \omega t = 2\pi f t$。然而，用一个测相系统对 A 与 A' 间的这个相移量进行直接测量是不可能的。为了解决这个问题，较方便的办法是在 A 与 A'

的中点 B 设置一个反射器，由 A 点发出的调制波经反射器反射后返回 A 点，如图 3-5-5(b)所示。由图可知，光线由 A→B→A 所走过的光程亦为 2D，而且在 A 点反射波的相位落后 $\phi=\omega t$。如果以发射波作为参考信号（以下称之为基准信号），将它与反射波（以下称之为被测信号）分别输入到相位计的两个输入端，则由相位计可以直接读出基准信号和被测信号之间的相位差。当反射镜相对于 B 点的位置前、后移动半个波长时，这个相位差的数值改变 2π。因此，只要前、后移动反射镜，相继找到在相位计中读数相同的两点，那么该两点之间的距离即为半个波长。调制波的频率可由数字式频率计精确测定，由公式 $C=\lambda f$ 可以获得光速值。

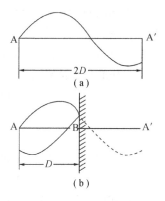

图 3-5-5 相位法测波长原理图

4. 差频法测量相位

在实际测相过程中，当信号频率很高时，测相系统的稳定性、工作速度及电路分布参量造成的附加相移等因素都会直接影响测相的精度，对电路的制造工艺要求也较苛刻，因此在高频下测相困难较大。例如，BX21 型数字式相位计中检相双稳电路的开关时间是 40 ns 左右，如果所输入的被测信号频率为 100 MHz，则信号周期 $T=1/f=10$ ns，比电路的开关时间要短，可以想象，此时电路根本来不及动作。为使电路正常工作，就必须大大提高其工作速度。为了克服高频下测相遇到的困难，人们通常采用差频的办法，把被测高频信号转化为中、低频信号处理。这样做的好处是易于理解，因为两信号之间相位差的测量实际上被转化为两信号过零的时间差的测量，而降低信号频率 f 则意味着拉长与被测相位差 ϕ 相对应的时间差。

下面证明差频前、后两信号之间的相位差保持不变。

当两频率不同的正弦波同时作用于一个非线性元件（如二极管、三极管）时，其输出端包含有两个信号的差频成分。非线性元件对输入信号 x 的响应可以表示为

$$y(x)=A_0+A_1x+A_2x^2+\cdots \tag{3-5-2}$$

忽略式(3-5-2)中的高次项，我们将看到二次项产生混频效应。

设基准高频信号为

$$u_1=U_{10}\cos(\omega t+\phi_0) \tag{3-5-3}$$

被测高频信号为

$$u_2=U_{20}\cos(\omega t+\phi_0+\phi) \tag{3-5-4}$$

现在引入一个本振高频信号

$$u'=U_0'\cos(\omega' t+\phi_0') \tag{3-5-5}$$

在式(3-5-3)~式(3-5-5)中，ϕ_0 为基准高频信号的初位相，ϕ_0' 为本振高频信号的初位相，ϕ 为调制波在测线上往返一次产生的相移量。将式(3-5-4)和式(3-5-5)代入式(3-5-2)（略去高次项）有

$$y(u_2+u')\approx A_0+A_1u_2+A_1u'+A_2u_2^2+A_2u'^2+2A_2u_2u'$$

展开交叉项得

$$2A_2u_2u'\approx 2A_2U_{20}U_0'\cos(\omega t+\phi_0+\phi)\cos(u't+\phi_0')$$

$$=A_2U_{20}U_0'(\cos((\omega+\omega')t+(\phi_0+\phi_0')+\phi))+\cos((\omega-\omega')t+(\phi_0-\phi_0')+\phi))$$

由上面的推导可以看出，当两个不同频率的正弦信号同时作用于一个非线性元件时，在其输出端除了可以得到原来两种频率的基波信号及它们的二次和高次谐波之外，还可以得到差频及合频信号，其中差频信号很容易和其他的高频成分或直流成分分开。同样的推导，基准高频信号 u_1 与本振高频信号 u' 混频，其差频项为 $A_2 U_{10} U'_0 \cos[(\omega-\omega')t + (\phi_0-\phi'_0)]$，为了便于比较，可以把这两个差频项写在一起，基准信号与本振信号混频后所得差频信号为

$$A_2 U_{10} U'_0 \cos[(\omega-\omega')t + (\phi_0-\phi'_0)] \tag{3-5-6}$$

被测信号与本振信号混频后所得差频信号为

$$A_2 U_{20} U'_0 \cos[(\omega-\omega_0)t + (\phi_0-\phi'_0)+\phi] \tag{3-5-7}$$

比较式(3-5-6)和式(3-5-7)可知，当基准信号、被测信号分别与本振信号混频后，所得到的两个差频信号之间的相位差仍保持为 ϕ。

本实验就是利用差频检相的方法，将 $f=100\ \text{MHz}$ 的高频基准信号和高频被测信号分别与本机振荡器产生的高频振荡信号混频，得到两个频率为 455 kHz、相位差依然为 ϕ 的低频信号，然后送到相位计中去比相。相位法测光速装置方框图如图 3-5-6 所示，图中的混频 1 用以获得低频基准信号，混频 2 用以获得低频被测信号。低频被测信号的幅值由示波器或电压表指示。

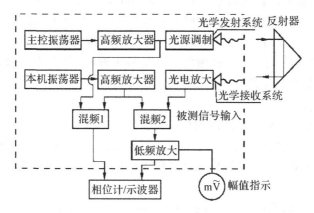

图 3-5-6　相位法测光速装置方框图

5. 数字测相

可以用数字测相的方法来检测基准和被测这两路同频正弦信号之间的相位差 ϕ。如图 3-5-7 所示，我们用 $u_1=U_{10}\cos\omega_L t$ 和 $u_2=U_{20}\cos(\omega_L t+\phi)$ 分别代表差频后的低频基准信号和低频被测信号。将 u_1 和 u_2 分别送入通道 1 和通道 2 进行限幅放大，整形成为方波 u'_1 和 u'_2；然后令这两路方波信号去启/闭检相双稳，使检相双稳输出一列频率与两被测信号相同、宽度等于两信号过零的时间差(因而也正比于两信号之间的相位差 ϕ)的矩形脉冲 u_0，将此矩形脉冲积分(在电路上即是令其通过一个平滑滤波器)得

$$\bar{u}=\frac{1}{T}\int_0^T u\,dt = \frac{1}{2\pi}\int u\,d(\omega_L t) = \frac{1}{2\pi}\int_0^\phi u\,d(\omega_L t) = \frac{u}{2\pi}\phi \tag{3-5-8}$$

式中：u 为矩形脉冲的幅值，其值为一常数。由式(3-5-8)可见，u'_1 检相双稳输出的矩形脉冲的直流分量(我们称之为模拟直流电压)与被测的相位差 ϕ 有一一对应的关系。BX21 型数字式相位计将这个模拟直流电压通过一个模数转换系统换算成相应的相位值，以角度数值用数

码管显示出来。因此，我们可以由相位计读数直接得到两个信号之间的相位差的读数。

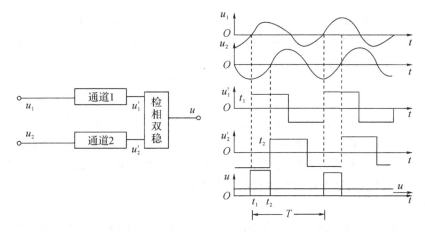

图 3-5-7　数字测相电路方框图及各点波形

6. 示波器测相

1）单踪示波器法

将示波器的扫描同步方式选择在外触发同步，极性为"＋"或"－"，"参考"相位信号接至外触发同步输入端，"信号"相位信号接至 Y 轴的输入端，调节"触发"电平，使波形稳定；

调节 Y 轴增益，使其有一个合适的波幅；调节"时基"，使其在屏上只显示一个完整的波形，并尽可能地展开，如一个波形在 X 方向展开为 10 大格，即 10 大格代表为 $360°$，每 1 大格为 $36°$，可以估读至 0.1 大格，即 $3.6°$。

开始测量时，记住波形某特征点的起始位置，移动棱镜小车，波形移动，而移动 1 大格即表示参考相位与信号相位之间的相位差变化了 $36°$。

有些示波器无法将一个完整的波形正好调至 10 大格，此时可以按下式求得参考相位与信号相位的变化量（如图 3-5-8 所示）：

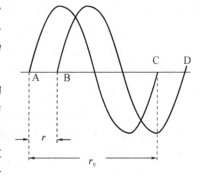

图 3-5-8　示波器测量相位

$$\Delta\phi = \frac{r}{r_0} \cdot 360°$$

2）双踪示波器法

将"参考"相位信号接至 Y_1 通道输入端，"信号"相位信号接至 Y_2 通道，并用 Y_1 通道触发扫描，显示方式为"断续"（如采用"交替"方式，会有附加相移）。

与单踪示波器法的操作一样，调节 Y 轴输入"增益"挡，调节"时基"挡，使在屏幕上显示一个完整的大小合适的波形。

3）数字示波器法

数字示波器具有光标卡尺测量功能，移动光标能很容易地进行 T 和 ΔT 的测量，然后按 $\Delta\phi = (\Delta T/T) \cdot 360°$ 求得相位变化量，比数屏幕上格子的精度要高得多。信号线连接等操作同上。

7. 影响测量准确度和精度的几个问题

用相位法测量光速的原理很简单，但是为了充分发挥仪器的性能，提高测量的准确度和精度，必须对各种可能的误差来源做到心中有数。下面就这个问题作一些讨论。

由式(3-5-1)可知

$$\frac{\Delta c}{c}=\sqrt{\left(\frac{\Delta\lambda}{\lambda}\right)^2+\left(\frac{\Delta f}{f}\right)^2}$$

式中，$\Delta f/f$ 为频率的测量误差。由于电路中采用了石英晶体振荡器，其频率稳定度为 $10^{-6}\sim10^{-7}$，故本实验中光速测量的误差主要来源于波长测量的误差。下面我们将看到，仪器中所选用的光源相位一致性的好坏、仪器电路部分的稳定性、信号强度的大小及米尺准确度、噪声等诸因素都直接影响波长测量的准确度和精度。

1) 电路稳定性

我们以主控振荡器的输出端作为相位参考原点来说明电路稳定性对波长测量的影响。如图 3-5-9 所示，ϕ_1、ϕ_2 分别表示发射系统和接收系统产生的相移，ϕ_3、ϕ_4 分别表示混频电路 Ⅱ 和 Ⅰ 产生的相移，ϕ 为光在测线上往返传输产生的相移。由图 3-5-9 可以看出，基准信号 u_1 到达测相系统之前相位移动了 ϕ_4，而被测信号 u_2 在到达测相系统之前的相移为 $\phi_1+\phi_2+\phi_3+\phi$，这样和 u_1 之间的相位差为 $\phi_1+\phi_2+\phi_3-\phi_4+\phi=\phi'+\phi$。其中，$\phi'$ 与电路的稳定性及信号的强度有关。如果在测量过程中 ϕ' 的变化很小以致可以忽略，则反射镜在相距为半波长的两点间移动时，ϕ' 对波长测量的影响可以被抵消掉；但如果 ϕ' 的变化不可忽略，显然会给波长的测量带来误差。设反射镜处于位置 B_1 时，u_1 和 u_2 之间的相位差为 $\Delta\phi_{B1}=\phi'_{B1}+\phi$；反射镜处于位置 B_2 时，u_2 与 u_1 之间的相位差为 $\Delta\phi_{B1}=\phi'_{B2}+\phi+2\pi$。那么，由于 $\phi'_{B1}\neq\phi'_{B2}$，因而给波长带来的测量误差为 $(\phi'_{B1}-\phi'_{B2})/(2\pi)$。若在测量过程中被测信号强度始终保持不变，则其变化主要来自电路的不稳定因素。

电路不稳定造成的 ϕ' 变化是较缓慢的。在这种情况下，只要测量所用的时间足够短，就可以把 ϕ' 的缓慢变化作线性近似，按照图 3-5-10 中 $B_1-B_2-B_1$ 的顺序读取相位值，以两次 B_1 点位置的平均值作为起点测量波长。用这种方法可以减小由于电路不稳定给波长测量带来的误差。

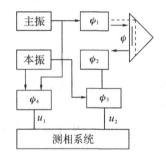

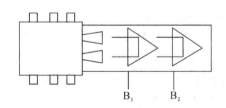

图 3-5-9　电路系统的附加相移　　　　图 3-5-10　消除随时间作线性变化的系统误差

2) 幅相误差

上文所述的 ϕ' 与信号强度有关，这是因为被测信号强度不同时，图 3-5-9 所示的电路系统产生的相移量 ϕ_1、ϕ_2、ϕ_3 可能不同，因而 ϕ' 发生变化。通常把被测信号强度不同给相位测量带来的误差称为幅相误差。

3）照准误差

本仪器采用的 GaAs 发光二极管并非点光源，而是成像在物镜焦面上的一个面光源。由于光源有一定的线度，因此发光面上各点通过物镜而发出的平行光有一定的发散角 θ。图 3-5-11 示意地画出了光源有一定线度时的情形。图中，d 为面光源的直径，L 为物镜的直径，f 为物镜的焦距。由图 3-5-11 可以看

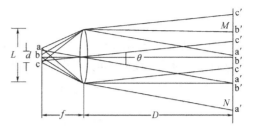

图 3-5-11　不正确照准引起的测相误差

出，$\theta = d/f$。经过距离 D 后，发射光斑的直径 $MN = L + \theta D$。比如，设反射器处于图 3-5-10 中位置 B_1 时所截获的光束是由发光面上 a 点发出来的光，反射器处于位置 B_2 时所截获的光束是由 b 点发出的光。又设发光管上各点的相位不相同，在接通调制电流后，只要 b 点的发光时间相对于 a 点的发光时间有 67 ps 的延迟，就会给波长的测量带来接近 2 cm 的误差（$c \cdot t = 3 \times 10^{10} \times 67 \times 10^{-12} \approx 2.0$）。我们通常在发射光束中不同的位置测量波长，将测量波长的误差称为照准误差。为提高测量的准确度，应该在测量过程中进行细心的照准，也就是说尽可能截取同一光束进行测量，从而把照准误差限制到最低程度。

4）米尺的准确度和读数误差

本实验装置中所用钢尺的准确度为 0.01%。

5）噪声

我们知道噪声是无规则的，因而它的影响是随机的。信噪比的随机变化会给相位测量带来偶然误差，提高信噪比及进行多次测量可以减小噪声的影响，从而提高测量精度。

四、实验内容

（1）预热。光速仪和频率计须预热半小时再进行测量。

（2）光路调整。先把棱镜小车移近收/发透镜处，用一小纸片挡在接收物镜管前，观察光斑位置是否居中。然后调节棱镜小车上的把手，使光斑尽可能居中，将小车移至最远端，观察光斑位置有无变化，并作相应调整，达到小车前、后移动时光斑位置变化最小。

（3）示波器定标。按前述的示波器测相法将示波器调至有一合适的测相波形。

（4）测量光速。由频率、波长乘积来测定光速的原理和方法前面已经作了说明。在实际测量时主要任务是测得调制波的波长，其测量精度决定了光速值的测量精度。一般可采用等距测量法和等相位测量法来测量调制波的波长。在测量时要注意两点：一是实验值要取多次多点测量的平均值；二是我们所测得的是光在大气中的传播速度，为了得到光在真空中的传播速度，要精密地测定空气折射率后作相应修正。

① 测调制频率。为了匹配好，应尽量用频率计附带的高频电缆线。调制波是用温补晶体振荡器产生的，频率稳定度很易达到 10^{-6}，所以在预热后正式测量前测一次就可以了。

② 等距测入法。在导轨上任取若干个等间隔点（参见图 3-5-12），其坐标分别为 X_0，X_1，X_2，X_3，$\cdots$，X_i；$X_1 - X_0 = D_1$，$X_2 - X_0 = D_2$，$\cdots$，$X_i - X_0 = D_i$。移动棱镜小车，由示波器或相位计依次读取与距离 D_i 相对应的相移量 ϕ_i。D_i 与 ϕ_i 间的关系为

$$\frac{\phi_i}{2\pi} = \frac{2D_i}{\lambda}$$

$$\lambda = \frac{2\pi}{\phi_i} \cdot 2D_i$$

求得 λ 后,可利用 $\lambda \cdot f$ 得到光速 c;也可用作图法,以 ϕ 为横坐标、D 为纵坐标,作 $D - \phi$ 直线,则该直线斜率的 $4\pi f$ 倍即为光速 c。

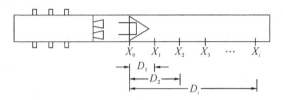

图 3 - 5 - 12 等距测入法

为减小因电路系统附加相移量的变化给相位测量带来的误差,同样应采取 $X_0 - X_1 - X_0$ 及 $X_0 - X_2 - X_0$ 等顺序进行测量。操作时移动棱镜小车要快、准,若 X_0 位置的两次读数值相差 0.1 度以上,则须重测。

③ 等相位测 λ。在示波器或相位计上取若干个整度数的相位点,如 36°、72°、108°等,在导轨上任取一点为 X_0,并在示波器上找出信号相位波形上一特征点作为相位差 0°位,拉动棱镜至某个整相位数时停,迅速读取此时的距离值作为 X_1,并尽快将棱镜返回至 0°处再读取一次 X_0,并要求 0°时的两次距离读数误差不要超过 1 mm,否则须重测。依次读取相移量 ϕ_i 对应的 D_i 值,由

$$\lambda = \frac{2\pi}{\phi_i} \cdot 2D_i$$

计算出光速 c。等相位法比等距离法有较高的测量精度。

五、问题讨论

(1) 通过实验观察,你认为波长测量的主要误差来源是什么?

(2) 本实验测定的是 100 MHz 调制波的波长和频率,能否把实验装置改成直接发射频率为 100 MHz 的无线电波并对它的波长和频率进行绝对测量,为什么?

(3) 如何将光速仪改成测距仪?

实验 3.6　密立根油滴实验

著名的美国物理学家密立根(Robert A. Millikan)在 1909 年到 1917 年期间做的测量微小油滴上所带电荷的工作即油滴实验,是物理学发展史上具有重要意义的实验。这一实验的设计思想简明、巧妙,方法简单,但结论却具有不容置疑的说服力,因此该实验堪称物理实验的精华和典范。密立根在油滴实验工作上花费了近 10 年的心血,从而取得了具有重大意义的结果:① 证明了电荷的不连续性;② 测量并得到了元电荷即电子电荷,其值为 1.60×10^{-19} C。现在公认 e 是元电荷,对其值的测量精度在不断提高,目前给出的最好结果为

$$e = (1.602\ 177\ 33 \pm 0.000\ 000\ 49) \times 10^{-19}\ \text{C}$$

正是油滴实验的巨大成就使密立根荣获了 1923 年的诺贝尔物理学奖。

多年来，物理学发生了根本的变化，而密立根油滴实验又重新站到实验物理的前列，近年来根据该实验的设计思想改进的用磁漂浮的方法测量分数电荷的实验，使古老的实验又焕发了青春，也就更说明密立根油滴实验是富有巨大生命力的实验。

一、实验目的

（1）测量基本电荷的电量，验证电荷的不连续性。

（2）了解 CCD 传感器、光学系统成像原理及视频信号处理技术的工程应用。

（3）训练学生在物理实验中的严谨态度和坚韧不拔的科学精神。

二、实验器材

实验器材有 CCD 显微密立根油滴仪等。CCD 显微密立根油滴仪如图 3-6-1 所示。

CCD 显微密立根油滴仪由主机、CCD 成像系统、油滴盒、监视器等部件组成。其中，主机包括可控高压电源、计时装置、A/D 采样、视频处理等单元模块。CCD 成像系统包括 CCD 传感器、光学成像部件等。油滴盒包括高压电极、照明装置、防风罩等部件。监视器是视频信号输出设备。CCD 显微密立根油滴仪结构示意图如图 3-6-2 所示。

图 3-6-1　CCD 显微密立根油滴仪

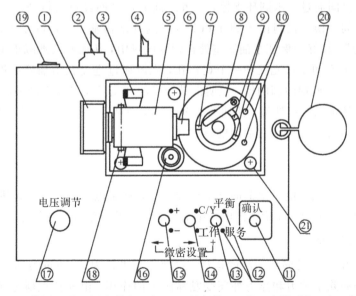

①—CCD 盒；②—电源插座；③—调焦旋钮；④—Q9 视频接口；⑤—光学系统；⑥—镜头；⑦—观察孔；
⑧—上极板压簧；⑨—进光孔；⑩—光源；⑪—确认键；⑫—状态指示灯；⑬—平衡/提升键；
⑭—0V/工作键；⑮—定时开始/结束键；⑯—水准泡；⑰—电压调节旋钮；
⑱—紧定螺钉；⑲—电源开关；⑳—油滴管收纳盒安放环；㉑—调平螺钉（3 颗）

图 3-6-2　CCD 显微密立根油滴仪结构示意图

CCD模块及光学成像系统用来捕捉暗室中油滴的像,同时将图像信息传给主机的视频处理模块。实验过程中可以通过调焦旋钮来改变物距,使油滴的像清晰地呈现在CCD传感器的窗口内。

电压调节旋钮可以调整极板之间的电压,用来控制油滴的平衡、下落及提升。

定时开始/结束键用来计时;0 V/工作键用来切换仪器的工作状态;平衡/提升键可以切换油滴平衡或提升状态;确认键可以将测量数据显示在屏幕上,从而省去了每次测量完成后手工记录数据的过程,使操作者把更多的注意力集中到实验本质上来。

油滴盒是一个关键部件,具体构成如图3-6-3所示。

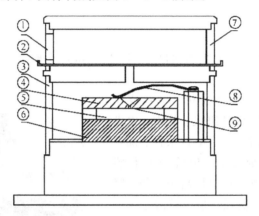

①—喷雾口;②—进油量开关;③—防风罩;④—上极板;⑤—油滴室;
⑥—下极板;⑦—油雾杯;⑧—上极板压簧;⑨—落油孔
图3-6-3　油滴盒装置示意图

上、下极板之间通过胶木圆环支撑,三者之间的接触面经过机械精加工后可以将极板间的不平行度、间距误差控制在0.01 mm以下。这种结构基本上消除了极板间的"势垒效应"及"边缘效应",较好地保证了油滴室处在匀强电场中,从而有效地减小了实验误差。

胶木圆环上开有两个进光孔和一个观察孔,光源通过进光孔给油滴室提供照明,而成像系统则通过观察孔捕捉油滴的像。照明由带聚光的高亮发光二极管提供,其使用寿命长、不易损坏;油雾杯可以暂存油雾,使油雾不至于过早地散逸;进油量开关可以控制落油量;防风罩可以避免外界空气流动对油滴的影响。

三、实验原理

密立根油滴实验测定电子电荷的基本设计思想是使带电油滴在测量范围内处于受力平衡状态。按运动方式分类,油滴法测电子电荷分为动态测量法和平衡测量法。

1. 动态测量法(选做)

考虑重力场中一个足够小油滴的运动,设此油滴半径为r、质量为m_1,空气是黏滞流体,故此运动油滴除受重力和浮力外还受黏滞阻力的作用。由斯托克斯定律可知,黏滞阻力与物体运动速度成正比。设该油滴以速度v_f匀速下落,则有

$$m_1 g - m_2 g = K v_f \qquad (3-6-1)$$

式中,m_2为与油滴同体积的空气质量,K为比例系数,g为重力加速度。油滴在空气及重力场中的受力情况如图3-6-4所示。

若此油滴带电荷为 q，并处在场强为 E 的均匀电场中，设电场力 qE 方向与重力方向相反，如图 $3-6-5$ 所示。如果油滴以速度 v_r 匀速上升，则有

$$qE=(m_1-m_2)g+Kv_r \qquad (3-6-2)$$

将式 $(3-6-1)$ 和式 $(3-6-2)$ 中消去 K，可解出 q 为

$$q=\frac{(m_1-m_2)g}{Ev_f}(v_f+v_r) \qquad (3-6-3)$$

由式 $(3-6-3)$ 可以看出，要测量油滴上携带的电荷 q，需要分别测量出 m_1、m_2、E、v_f、v_r 等物理量。

图 $3-6-4$　重力场中的油滴受力示意图　　　图 $3-6-5$　电场中的油滴受力示意图

由喷雾器喷出的小油滴的半径 r 是微米数量级，直接测量其质量 m_1 也是困难的，为此应尽量消去 m_1，而代之以容易测量的量。设油与空气的密度分别为 ρ_1、ρ_2，于是半径为 r 的油滴的视重为

$$m_1g-m_2g=\frac{4}{3}\pi r^3(\rho_1-\rho_2)g \qquad (3-6-4)$$

由斯托克斯定律可知，黏滞流体对球形运动物体的阻力与物体速度成正比，其比例系数 K 为 $6\pi\eta r$，此处 η 为黏度，r 为物体半径，于是可将式 $(3-6-4)$ 代入式 $(3-6-1)$ 得

$$v_f=\frac{2gr^2}{9\eta}(\rho_1-\rho_2) \qquad (3-6-5)$$

因此

$$r=\left(\frac{9\eta v_f}{2g(\rho_1-\rho_2)}\right)^{\frac{1}{2}} \qquad (3-6-6)$$

将式 $(3-6-6)$ 代入式 $(3-6-3)$ 并整理得

$$q=9\sqrt{2}\pi\left(\frac{\eta^3}{(\rho_1-\rho_2)g}\right)^{\frac{1}{2}}\frac{1}{E}\left(1+\frac{v_r}{v_f}\right)v_f^{\frac{3}{2}} \qquad (3-6-7)$$

因此，如果测量出 v_r、v_f 和 η、ρ_1、ρ_2、E 等宏观量即可得到 q 值。

考虑到油滴的直径与空气分子的间隙相当，空气已不能看作连续介质，因此其黏度 η 需作如下修正：

$$\eta'=\frac{\eta}{1+\dfrac{b}{pr}}$$

式中：p 为空气压强；b 为修正常数，$b=0.00823$ N/m(6.17×10^{-6} m·cmHg)。修正后

$$v_f = \frac{2gr^2}{9\eta}(\rho_1 - \rho_2)\left(1 + \frac{b}{pr}\right) \tag{3-6-8}$$

当精度要求不是太高时，常采用近似计算的方法先将 v_f 的值代入式(3-6-6)，计算得

$$r_0 = \left(\frac{9\eta v_f}{2g(\rho_1 - \rho_2)}\right)^{\frac{1}{2}} \tag{3-6-9}$$

再将 r_0 的值代入 η' 中，并将 η' 代入式(3-6-7)得

$$q = 9\sqrt{2}\pi\left(\frac{\eta^3}{(\rho_1-\rho_2)g}\right)^{\frac{1}{2}}\frac{1}{E}\left(1+\frac{v_r}{v_f}\right)v_f^{\frac{3}{2}}\left(\frac{1}{1+b/(pr_0)}\right)^{\frac{3}{2}} \tag{3-6-10}$$

实验中常常固定油滴运动的距离，通过测量油滴在距离 s 内所需要的运动时间来求得其运动的速度，且电场强度 $E = \dfrac{U}{d}$，d 为平行板间的距离，U 为所加的电压。因此，式(3-6-10)可写成

$$q = 9\sqrt{2}\pi d\left(\frac{(\eta s)^3}{(\rho_1-\rho_2)g}\right)^{\frac{1}{2}}\frac{1}{U}\left(\frac{1}{t_f}+\frac{1}{t_r}\right)\left(\frac{1}{t_f}\right)^{\frac{1}{2}}\left(\frac{1}{1+b/(pr_0)}\right)^{\frac{3}{2}} \tag{3-6-11}$$

式(3-6-11)中有些量和实验仪器及条件有关，选定之后在实验过程中保持不变，如 d、s、$(\rho_1-\rho_2)$ 及 η 等，将这些量与常数一起用 C 表示，可称为仪器常数。式(3-6-11)可简化成

$$q = C\frac{1}{U}\left(\frac{1}{t_f}+\frac{1}{t_r}\right)\left(\frac{1}{t_f}\right)^{\frac{1}{2}}\left(\frac{1}{1+b/(pr_0)}\right)^{\frac{3}{2}} \tag{3-6-12}$$

由此可知，测量油滴上的电荷只体现在 U、t_f、t_r 的不同。对同一油滴，t_f 相同，U 与 t_r 的不同标志着电荷的不同。

2. 平衡测量法

平衡测量法的出发点是使油滴在均匀电场中静止在某一位置，或在重力场中做匀速运动。当油滴在电场中平衡时，油滴在两极板间受到的电场力 qE、重力 m_1g 和浮力 m_2g 达到平衡，从而静止在某一位置，即

$$qE = (m_1 - m_2)g$$

油滴在重力场中做匀速运动时，情形同动态测量法，将式(3-6-4)、式(3-6-9)和 $\eta' = \dfrac{\eta}{1+\dfrac{b}{pr}}$ 代入式(3-6-11)，并注意到 $\dfrac{1}{t_r} = 0$，则有

$$q = 9\sqrt{2}\pi d\left(\frac{(\eta s)^3}{(\rho_1-\rho_2)g}\right)^{\frac{1}{2}}\frac{1}{U}\left(\frac{1}{t_f}\right)^{\frac{3}{2}}\left(\frac{1}{1+b/(pr_0)}\right)^{\frac{3}{2}} \tag{3-6-13}$$

3. 元电荷的测量方法

测量油滴上所带电荷的目的是找出电荷的最小单位 e，为此可以对不同的油滴分别测出其所带的电荷值 q_i，它们应近似为某一最小单位的整数倍，即油滴电荷量的最大公约数，或油滴带电量之差的最大公约数，即为元电荷。

实验中常采用紫外线、X 射线或放射源等改变同一油滴所带的电荷，测量油滴上所带电荷的改变值 Δq_i，而 Δq_i 值应是元电荷的整数倍，即

$$\Delta q_i = n_i e \tag{3-6-14}$$

式中，n_i 为一整数。也可用作图法求 e 值，由式(3-6-14)可知，e 为直线方程的斜率，通过拟合直线即可求得 e 值。

四、实验内容

学习控制油滴在视场中的运动，并选择合适的油滴测量元电荷。要求至少测量 5 个不同的油滴，对每个油滴的测量次数应在 3 次以上。

1. 调整实验仪

(1) 水平调整。调整实验仪底部的旋钮(顺时针旋转仪器升高，逆时针旋转仪器下降)，通过水准仪将实验平台调平，使平衡电场方向与重力方向平行以免引起实验误差。极板平面是否水平决定了油滴在下落或提升过程中是否发生前、后、左、右的漂移。

(2) 喷雾器调整。将少量钟表油缓慢地倒入喷雾器的储油腔内，使钟表油淹没提油管下方，油不要太多，以免实验过程中不慎将油倾倒至油滴盒内堵塞落油孔。将喷雾器竖起，用手挤压气囊，使得提油管内充满钟表油。

(3) 仪器硬件接口连接。

① 主机接线：电源线接交流 220 V/50 Hz，Q9 视频输出接监视器视频输入(IN)。

② 监视器：输入阻抗开关拨至 75 Ω，Q9 视频线缆接 IN 输入插座。电源线接 220 V/50 Hz 交流电压。前面板调整旋钮自左至右依次为左/右调整、上/下调整、亮度调整、对比度调整。

(4) 实验仪联机使用。

① 打开实验仪电源及监视器电源，监视器出现欢迎界面。

② 按任意键，监视器出现参数设置界面。首先设置实验方法，然后根据该地的环境适当设置重力加速度、油密度、大气压强、油滴下落距离。"←"表示左移键，"→"表示为右移键，"＋"表示数据设置键。

③ 按"确认"键出现实验界面，将工作状态切换至"工作"，红色指示灯亮，将"平衡/提升切换"键设置为"平衡"。

(5) CCD 成像系统调整。从喷雾口喷入油雾，此时监视器上应该出现大量运动油滴的像。若没有看到油滴的像，则需调整调焦旋钮或检查喷雾器是否有油雾喷出，直至得到清晰的油滴图像。

2. 熟悉实验界面

在完成参数设置后，按"确认"键，监视器显示实验界面，如图 3-6-6 所示。不同的实验方法，实验界面是有一定差异的。

		(极板电压)(经历时间)
0		(电压保存提示栏)
		(保存结果显示区) (共5格)
		(下落距离设置栏)
(距离标志)		(实验方法栏)
		(仪器生产厂家)

图 3-6-6　实验界面示意图

(1) 极板电压：实际加到极板的电压，显示范围为 0～9999 V。

(2) 经历时间：定时开始到定时结束所经历的时间，显示范围为 0～99.99 s。

(3) 电压保存提示栏：将要作为结果保存的电压完整地在实验后显示。当保存实验结果后(即按下确认键)自动清零。显示范围同极板电压。

(4) 保存结果显示区：显示每次保存的实验结果，共计 5 次，显示格式与实验方法有关，如图 3-6-7 所示。

平衡法：

| (平衡电压) |
| (下落时间) |

动态法：

| (提升电压)(平衡电压) |
| (上升时间)(下落时间) |

图 3-6-7　保存结果显示

当需要删除当前保存的实验结果时，按下"确认"键 2 s 以上，当前结果被清除(不能连续删)。

(5) 下落距离设置栏：显示当前设置的油滴下落距离。当需要更改下落距离的时候，按住"平衡/提升切换"键 2 s 以上，此时距离设置栏被激活(动态法步骤 1 和步骤 2 之间不能更改)，通过"＋"键(即平衡、提升键)修改油滴下落距离，然后按"确认"键确认修改。距离标志做相应变化。

(6) 距离标志：显示当前设置的油滴下落距离，在相应的格线上做数字标记，显示范围为 0.2～1.8 mm。

(7) 实验方法栏：显示当前的实验方法(平衡法或动态法)，在参数设置画面一次设定。预改变实验方法，只有重新启动仪器(关、开仪器电源)。对于平衡法，实验方法栏仅显示"平衡法"字样；对于动态法，实验方法栏除了显示"动态法"以外还显示即将开始的动态法步骤。如将要开始动态法第一步(油滴下落)，实验方法栏显示"1 动态法"。同样，当做完动态法第一步骤，即将开始做第二步骤时，实验方法栏显示"2 动态法"。

(8) 仪器生产厂家：显示生产厂家。

3. 选择适当的油滴并练习控制油滴

1) 平衡电压的确认

仔细调整"平衡电压"旋钮使油滴平衡在某一格线上，等待一段时间，观察油滴是否飘离格线，若其向同一方向飘动，则需重新调整；若其基本稳定在格线或只在格线上下作轻微的布朗运动，则可以认为其基本达到了力学平衡。由于油滴在实验过程中处于挥发状态，因此在对同一油滴进行多次测量时，每次测量前都需要重新调整平衡电压，以免引起较大的实验误差。事实证明，同一油滴的平衡电压将随着时间的推移有规律地递减，且其对实验误差的贡献很大。

2) 控制油滴的运动

选择适当的油滴，调整平衡电压，使油滴平衡在某一格线上，将"0 V/工作切换"键切换至"0 V"，绿色指示灯点亮，此时上、下极板同时接地，电场力为零，油滴将在重力、浮力及空气阻力的作用下作下落运动。当油滴下落到有 0 标记的刻度线时，立刻按下"定时开始"键，同时计时器开始记录油滴下落的时间；待油滴下落至有距离标志(例如 1.6)的格线时，立即按下"定时结束"键，同时计时器停止计时。经历一小段时间后，"0 V/工作切换"键自动切换至"工作"（"平衡/提升切换"键处于"平衡"），此时油滴停止下落，可以通过"确认"键将此次测量数据记录到屏幕上。

将"0 V/工作切换"键切换至"工作"，红色指示灯点亮，此时仪器根据平衡或提升状态分两种情形：若置于"平衡"，则可以通过平衡"电压调节"旋钮调整平衡电压；若置于"提升"，则极板电压将在原平衡电压的基础上再增加 200 V 的电压，用来向上提升油滴。

3）选择适当的油滴

要做好油滴实验，所选的油滴体积要适中，大的油滴虽然明亮，但一般带的电荷多，其下降或提升太快，不容易测量准确；太小则受布朗运动的影响明显，测量时涨落较大，也不容易测量准确。因此，应该选择质量适中而带电不多的油滴。建议选择平衡电压在 150～400 V 之间、下落时间在 20 s（当下落距离为 2 mm 时）左右的油滴进行测量。

具体操作：将定时器置为"结束"，工作状态置为"工作"，平衡/提升键置为"平衡"，通过调节电压平衡旋钮将电压调至 400 V 以上，喷入油雾，此时监视器出现大量运动的油滴，观察上升较慢且明亮的油滴，然后降低电压，使之达到平衡状态。随后将"0 V/工作切换"键置为"0 V"，油滴下落，在监视器上选择下落一格的时间 2 s 左右的油滴进行测量。"确认"键用来实时记录屏幕上的电压值及计时值。当记录 5 组后，按下"确认"键，在界面的左面将出现 $\bar{V}$（表示 5 组电压的平均值）、$\bar{t}$（表示 5 组下落时间的平均值）、$\bar{Q}$（表示该油滴的 5 次测量的平均电荷量）的数值。若需继续实验，则按"确认"键。

4. 正式测量

实验可选用平衡测量法（推荐）、动态测量法及改变电荷法（第三种方法所用射线源用户自备）。实验前仪器必须进行水平调整。

1）平衡测量法

（1）开启电源进入实验界面，将"0 V/工作切换"键切换至"工作"，红色指示灯点亮，将"平衡/提升切换"键置于"平衡"。

（2）通过喷雾口向油滴盒内喷入油雾，此时监视器上将出现大量运动的油滴。选取适当的油滴，仔细调整平衡电压，使其平衡在某一起始格线上（参见图 3-6-8）。

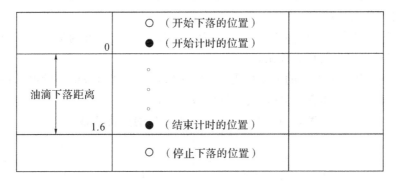

图 3-6-8　平衡测量法示意图

（3）将"0 V/工作切换"键切换至"0 V"，此时油滴开始下落，当油滴下落到有"0"标记的格线时，立即按下"定时开始"键，同时计时器启动，开始记录油滴的下落时间。

（4）当油滴下落至有距离标记的格线时（如 1.6），立即按下"定时结束"键，同时计时器停止计时（如无人为干预，经过一小段时间后，"0 V/工作切换"键自动切换至"工作"，油滴将停止移动),此时可以通过"确认"键将测量结果记录在屏幕上。

(5) 将"平衡/提升切换"键置于"提升",油滴将被向上提升,当回到高于"0"标记格线时,将"平衡/提升切换"键置回平衡状态,使其静止。

(6) 重新调整平衡电压,重复(3)~(5)步骤,并将数据记录到屏幕上(平衡电压 U 及下落时间 t)。当达到 5 次记录后,按"确认"键,界面的左面出现实验结果。

(7) 重复(2)~(6)步骤,测出油滴的平均电荷量。

至少测 5 个油滴,并根据所测得的平均电荷量 $\bar{Q}$ 求出它们的最大公约数,即为基本电荷 e 值(需要足够的数据统计量)。根据 e 的理论值计算出 e 的相对误差。

平衡法依据的公式为

$$q = 9\sqrt{2}\,\pi d \left(\frac{(\eta s)^3}{(\rho_1 - \rho_2)g}\right)^{\frac{1}{2}} \frac{1}{U}\left(\frac{1}{t_f}\right)^{\frac{3}{2}} \left[\frac{1}{1+\dfrac{b}{pr_0}}\right]^{\frac{3}{2}}$$

其中:

$$r_0 = \left(\frac{9\eta s}{2g(\rho_1-\rho_2)t_f}\right)^{\frac{1}{2}}$$

① d 为极板间距, $d = 5.00 \times 10^{-3}\,\text{m}$;

② η 为空气黏滞系数, $\eta = 1.83 \times 10^{-5}\,\text{kg} \cdot \text{m}^{-1} \cdot \text{s}^{-1}$;

③ s 为下落距离,依设置默认 1.6 mm(默认 2.00 mm);

④ ρ_1 为油的密度, $\rho_1 = 981\,\text{kg} \cdot \text{m}^{-3}$(20℃);

⑤ ρ_2 为空气密度, $\rho_2 = 1.2928\,\text{kg} \cdot \text{m}^{-3}$(标准状况下);

⑥ g 为重力加速度, $g = 9.794\,\text{m} \cdot \text{s}^{-2}$(成都);

⑦ b 为修正常数, $b = 0.008\ 23\,\text{N/m}(6.17 \times 10^{-6}\,\text{m} \cdot \text{cmHg})$;

⑧ p 为标准大气压强, $p = 101\ 325\,\text{Pa}(76.0\,\text{cmHg})$;

⑨ U 为平衡电压;

⑩ t_f 为油滴的下落时间。

注意:① 由于油的密度远远大于空气的密度,即 $\rho_1 \gg \rho_2$,因此 ρ_2 相对于 ρ_1 来讲可忽略不计(当然也可代入计算)。

② 标准状况是指大气压强 $P = 101\ 325\,\text{Pa}$、温度 $t = 20℃$、相对湿度 $\phi = 50\%$ 的空气状态。实际大气压强可由气压表读出。

③ 油的密度随温度变化的关系如表 3-6-1 所示。计算出各油滴的电荷后,求它们的最大公约数,即为基本电荷 e 值(需要足够的数据统计量)。

表 3-6-1　油的密度随温度的变化关系

$T/℃$	0	10	20	30	40
$\rho/(\text{kg} \cdot \text{m}^{-3})$	991	986	981	976	971

2) 动态法(选做)

(1) 动态法分两步完成,第一步是油滴下落过程,其操作同平衡法(参看平衡法相关内容)。完成第一步后,如果对本次测量结果满意,则可以按下"确认"键保存这个步骤的测量结果;如果不满意,则可以删除(删除方法如前面所述)。

（2）第一步完成后，油滴处于距离标志格线以下。通过"0 V/工作切换"键、"平衡/提升切换"键配合使油滴下偏距离标志格线一定距离，如图 3 - 6 - 9 所示。然后调节电压调节旋钮加大电压，使油滴上升。当油滴到达距离标志格线时，立即按下"定时开始"键，此时计时器开始计时。当油滴上升到"0"标记格线时，立即按下"定时结束"键，此时计时器停止计时，但油滴继续上移。然后调节电压调节旋钮再次使油滴平衡于"0"格线以上。如果对本次实验结果满意，则按下"确认"键保存本次实验结果。

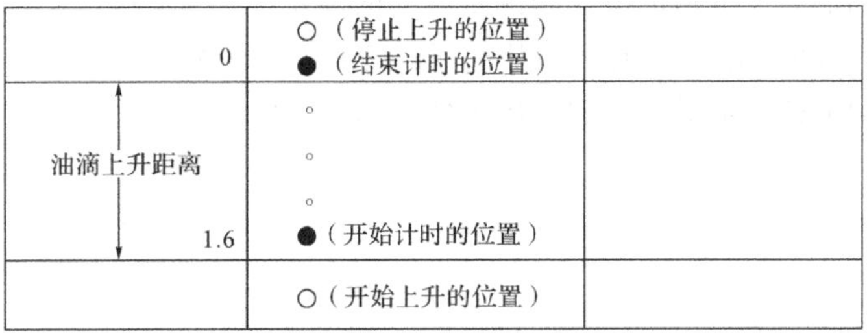

0	○（停止上升的位置） ●（结束计时的位置）	
油滴上升距离	○ ○ ○ ●（开始计时的位置）	
1.6		
	○（开始上升的位置）	

图 3 - 6 - 9　动态法示意图

（3）重复以上步骤完成 5 次完整的实验，然后按下"确认"键，出现实验结果画面。动态测量法是分别测量出下落时间 t_f、提升时间 t_r 及提升电压 U，并代入式（3 - 6 - 11）即可求得油滴带电量 q。

平衡法和动态法的实验结果格式如图 3 - 6 - 10 所示。

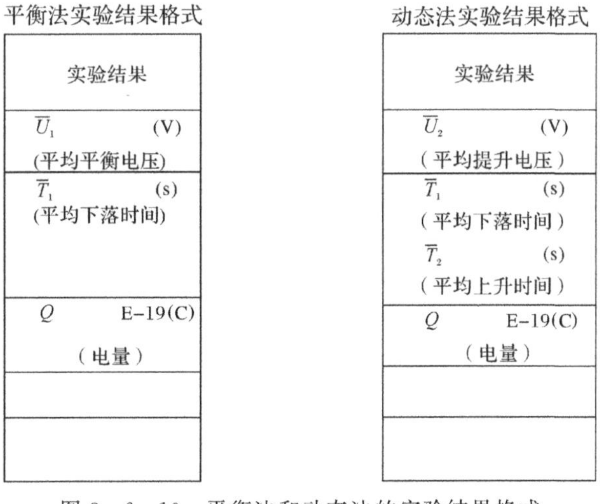

平衡法实验结果格式

实验结果
$\overline{U}_1$　　　　（V） （平均平衡电压）
$\overline{T}_1$　　　　（s） （平均下落时间）
Q　　E-19(C) （电量）

动态法实验结果格式

实验结果
$\overline{U}_2$　　　　（V） （平均提升电压）
$\overline{T}_1$　　　　（s） （平均下落时间）
$\overline{T}_2$　　　　（s） （平均上升时间）
Q　　E-19(C) （电量）

图 3 - 6 - 10　平衡法和动态法的实验结果格式

五、注意事项

（1）CCD 盒、紧定螺钉、摄像镜头的机械位置不能变更，否则会对像距及成像角度造成影响（参见图 3 - 6 - 2）。

（2）仪器使用环境为温度为 0～40℃的静态空气。

（3）注意调整进油量开关（参见图 3 - 6 - 3），应避免外界空气流动对油滴测量造成影响。

（4）仪器内有高压，实验人员避免用手接触电极。

（5）实验前应对仪器油滴盒内部进行清洁，防止异物堵塞落油孔。

（6）注意仪器的防尘保护。

六、问题讨论

（1）为什么必须使油滴做匀速运动或静止？实验中如何保证油滴在测量范围内做匀速运动？

（2）怎样区别油滴上电荷的改变和测量时间的误差？

（3）实验中，油滴在水平方向运动基本消失的原因是什么？

（4）对各油滴电荷 q 求最大公约数用了什么简化方法？

第四章 设计性物理实验

一、开设设计性物理实验的教学目的

为了进一步培养学生分析问题、研究问题和解决实际问题的能力，本书设置了部分设计性物理实验。设计性物理实验可使学生在具有一定的基础实验知识、实验技能及数据处理能力的基础上把学到的物理知识、电子技术及微机应用知识和技能运用到解决问题或实际测量中，通过独立分析问题、解决问题，把知识转化为能力，为今后的毕业设计，写科研成果报告、学术论文，以及开展科学实验研究打下基础。设计性物理实验是衡量和考查学生掌握物理实验基本功的有效手段，也是培养和提高学生发现问题、解决问题能力的重要途径。学生在设计及实施实验的过程中，要查阅大量的有关资料，比较若干个不同的方案，自己动脑设计出符合实验逻辑和物理原理的操作步骤等，在这个过程中学生将真正体会到学以致用的乐趣。

本章安排了"设计伏安法测电阻"等 6 个设计性物理实验题目，全部属于基础物理实验内容。

进行设计性物理实验时，首先要做好三点预备工作：实验方案的选择、实验仪器的选择和配套及实验条件的选取。

二、设计性物理实验方案的选择

实验方案的选择包括实验原理和方法的选择。实验原理是实验的理论依据，实验原理和实验方法是紧密联系在一起的，选用不同的实验原理就有不同的实验方法，同一实验原理也可能有不同的实验方法。例如，重力加速度的测量原理就有单摆原理和自由落体原理；转动惯量的测定既可以用刚体转动定律，也可以用三线摆原理；而电阻的测量，根据欧姆定律和基尔霍夫定律有伏安法和比较法(电桥法和电位差计法)等。

学生应根据自己的选题查阅有关文献和资料，收集各种实验原理和实验方法(即根据被测量和可测量之间的关系，找出各种可能使用的实验方法)，然后比较各种实验方法的优劣性(如实验精确度、使用条件，以及在学校实验室所能提供的仪器条件下的可行性等)，最后确定一种具体的实施方案。例如，"测定金属杨氏模量，要求相对误差 $E \leqslant 5\%$"，通过查阅资料发现可采用的方法很多，如拉伸法、梁弯曲法、共振法等，每种方案都是针对不同的研究对象得出的，有其适用条件和特点。因此，需要根据研究对象和实验精度要求，考虑现有的仪器设备、实验环境条件等进行综合分析，从而确定具体的实施方案。如果研究对象是金属丝，则可采用拉伸法；若研究对象是金属棒或金属型材料，可考虑选用梁弯曲法或共振法。

三、设计性物理实验的一般程序

设计性物理实验的一般程序如图 4-0-1 所示。

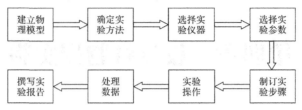

图 4-0-1　设计性物理实验的一般程序

1. 建立物理模型

根据实验对象的物理性质，研究与实验对象相关的物理过程原理及过程中各物理量之间的关系，推导数学公式。

例如，测量兰州地区的重力加速度 g，测量精度要求为 $E_g = \dfrac{\sigma_g}{g} \leqslant 0.5\%$。

物理模型建立过程如下：

首先考虑什么物理现象或物理过程与 g 有关。我们学习过自由落体运动、物体在斜面上的滑动、抛体运动、单摆……

考虑自由落体运动和单摆两个物理过程，建立一个自由落体运动的物理模型，根据自由落体的运动规律，物体以 v_0 的初速度沿铅垂方向下降 h 高度，所用时间为 t，则 $g = 2\dfrac{h - v_0 t}{t^2}$。或者建立一个单摆的物理模型，根据单摆的运动规律可知，若单摆摆长为 L，振动周期为 T，则 $T = 2\pi\sqrt{\dfrac{L}{g}}$。该公式的适用条件如下：

（1）系小球的细线质量比小球质量小很多。

（2）小球的直径比细线的长度小很多。

（3）小球在重力作用下做小角度摆动等。

考虑到单摆模型可测 n 个周期的累积摆动时间，对于摆长 $L=1\,\mathrm{m}$ 的单摆，振动周期 T 约为 $2\,\mathrm{s}$，若累计测 50 个周期，则时间间隔达 $100\,\mathrm{s}$。而自由落体模型只能测一个单程的时间与位移，当下落行程 h 为 $2\,\mathrm{m}$ 时，所需时间 t 只有 $0.6\,\mathrm{s}$ 左右，这就对计时仪器的精度提出了很高的要求。

显然，采用单摆模型方案既简单又准确。

2. 确定实验方法

一个实验中可能要测量多个物理量，而每个物理量又可能有多种测量方法。例如，在测量温度时，可以使用水银温度计、热电偶、热敏电阻等多种器具；测量电压时，可以用万用表、数字电压表、电位差计、示波器等。

必须根据被测对象的性质和特点，罗列各种可能的实验方法，分析各种方法的适用条件，比较各种方法的局限性及可能达到的实验精度等因素，并考虑各种方法实施的可能性、优缺点，综合后做出选择。一般情况下，为减小误差，应尽可能采取等精度的多次测量；对于等间隔、线性变化的实验数据的处理，可采用逐差法、最小二乘法等。

3. 选择实验仪器

1）误差的等量分配原则（不确定度均分原理）与误差的不等量分配原则

设计性物理实验一般都对实验结果有设计要求，即实验的精度或者误差要达到设计要求的范围；而实验结果又往往是由一些物理量间接测量的。在间接测量中，每个独立测量量的误差都会对最终结果的误差产生影响。如果说实验设计要求的误差是总误差，独立测量量的误差是分误差，那么总误差是由分误差传递而来的。常用的分配总误差的方法有如下两种：

（1）误差的等量分配原则（不确定度均分）：按等量分配的办法把总误差平均地分配到每一项分误差上。若测量结果的合成不确定度为 σ_N，则 σ_N 中的每一项分误差都要大致相等。

（2）误差的不等量分配原则（差额平均法）：把差额按分误差的个数平均地加到各分误差的平方上后再开平方求得各分误差所分配的误差大小。注：差额是指设计要求的总误差的平方减去按最佳方案所需要的各项分误差的最小值的平方的和之差。

差额平均法分配误差的知识可参阅实验 4.3 中设计题 2。一般推荐使用误差的等量分配原则。

2）选择测量仪器

通过被测的间接测量量与各直接测量量的函数关系导出不确定度传递公式，并按照误差的等量分配原则（不确定度均分）原理，将对间接测量量的不确定度要求分配给各直接测量量，由此选择精度和量程适合的仪器。

注意："不确定度均分"只是一个原则上的分配方法，对于具体情况应具体处理。

比如，由于条件限制，某一物理量测量的不确定度稍大，继续降低不确定度又比较困难，这时可以允许该量的不确定度大一些，而将其他物理量的测量不确定度降得更低，以保证合成不确定度达到设计要求。另外，由有效数字运算法则可知，所选测量仪器的测量精度（有效数字位数）应大致相同。为了合理使用仪器，达到相应的测量精度，在选择仪器时应根据实际情况，兼顾仪器的等级和量程，使仪器的量程略大于测量值即可。

4. 选择实验参数

在实验方法及仪器选定的情况下，选择有利的测量条件可最大限度地减小系统误差。例如，用单摆测重力加速度时，选用的实验装置必须满足：球要小，可看成质点；线要轻，可忽略摆线质量；摆角要小于 5°，以满足公式 $T=2\pi\sqrt{L/g}$ 的要求。又如，一般电表读数的最有利条件是选取电表刻度盘的 2/3 附近的区域。另外，环境条件如温度、湿度、气压、射线、电磁场、振动等，对仪器的正常工作都会有一定的影响，也会引起系统误差，所以选定合适的测量环境与实验参数也是不可忽视的。

四、设计性物理实验的要求

首先，为了保证设计性物理实验的顺利进行，要求学生在进入实验室前认真准备，查阅文献和资料，要按实验设计要求写好"实验方案"。实验方案的主要内容如下：

（1）确定实验项目或题目（项目内容不宜过大、过多，应确保在实验时间段内能够完成），拟出具体实验方法，阐述实验原理，画出必要的原理图，推证有关理论公式，估算出相关参数。

(2) 本方案所用实验仪器(不应超出"可供选择实验仪器"的范围)。

(3) 设计出合适的测量方案,并拟出初步实验步骤(尽可能详细)。

(4) 总结实验注意事项。

(5) 列出数据记录表格。

(6) 提出数据处理方法。

然后,在进入实验室开始实验之前,必须按照实验室要求的时间提前将设计方案提交到指导教师处进行审核,并与指导教师讨论,经同意后自行完成实验,并在实验中检验和完善自己的设计。

最后,写出完整的设计性物理实验报告。报告格式仍与前面的一致,其内容如下:

(1) 实验题目。

(2) 实验目的。

(3) 实验原理(含原理图和理论公式)。

(4) 实验仪器。

(5) 实验内容与步骤。

(6) 实验数据记录及处理。

(7) 分析与讨论。对实验结果进行分析、评估,并总结进行简单设计性物理实验的体会。

(8) 列出设计实验方案时所参考的所有资料。设计性物理实验报告的重点应放在实验原理及方法的叙述、实验仪器的选择及对最后结果的分析与讨论上。

五、科学实验设计应遵循的原则

(1) 实验方案的选择:最优化原则。

(2) 测量方法的选择:误差最小原则和最小代价率原则。

(3) 测量仪器的选择:误差均分原则。

(4) 测量条件的选择:最有利原则。

六、科学实验的基本程序

(1) 选择科研课题。每年国家各部门、各省市都会下达各种科研课题供大家选择。这些课题包括本单位的生产、工作、工程、技术上的各种难题,或是对原有生产流程、生产工艺的改革和创新,或是设计新产品、研究新技术等均有大量的课题内容供选择。应从众多课题中选取能够独自完成的课题,或是参加到科研课题组中。

(2) 制订设计要求。这里所讲的制订设计要求是对自己拟定的课题而言的。一般课题的设计要求越高,完成后的成果越大,但并非要求越高越好。课题的要求越高,完成的难度越大,所需的课题经费也越多,这样有可能使课题很难起步,或起步后极难完成,影响了产出成果的速度。生产或工作中,只要能解决实际问题,应尽量把设计要求定至最低。若完成后,自己认为还有能力提高一步,达到国内先进水平,可再拟题。当领导和同事看到你已取得的成绩时,若能再提高一步,是求之不得的事,一定会从各方面大力支持。若还有能力达到世界先进水平,就再拟题研究,达到多出成果、快出成果的目的。所以,分三步走比一步登天要好得多。

（3）广泛查找资料。要完成一个科研课题，单靠自己已经掌握的知识还不够，必须借鉴他人的经验或教训，为自己的课题服务。所以凡是与完成该课题有关的国内、外所有资料，不管其是否有用，都应全部收集。再对全部资料认真翻阅、筛选，整理出有用的资料以供参考，并把所有资料按实验方法的不同分门别类，按达到的精度水平不同归档。

（4）选择实验方法。完成课题可能有很多方法，应分别对各种方法进行认真、仔细的分析和研究，以及深入细致的论证，找出既能完成此课题的设计要求，又尽量最简单、最经济的方法。

（5）写出实验原理。把所选定的实验方法的原理用精辟、简练的语言写清楚，并推导出有关的计算公式。

（6）选择实验仪器。按照所选择的实验方法和原理，及所要达到的设计要求，恰当地选择实验仪器，其选择原则与选择实验方法相类似，即既能达到实验要求，又尽量选用最简单、最经济的仪器，降低课题的费用。并非所有实验仪器的精度越高越好，只要能保证测量精度即可。尽量采用本单位现有的仪器和能借用的仪器来降低课题费用。对必须采购的仪器，先在充分调研的基础上提出采购计划，并写清仪器设备名称、规格、型号、精度、量程、生产厂家、单价、台（套）数、金额、到货日期。到货后，及时验收、安装、调试。

（7）确定实验内容，拟订测量条件、实验步骤及注意事项。为了顺利地进行实验，在实验前必须安排好所有实验内容，设计好每个内容的实验步骤，每一步都要写清楚注意事项，使实验能井然有序地进行。特别是各种测量方法、各种测量仪器都有它的测量条件和要求，都要一一列出，在实验中都要满足这些条件，达到这些要求。

（8）精心实验，严格操作，仔细、认真测量，如实记录实验数据。以误差分析的思想指导实验，并贯穿于实验的始终。"边调节观察，边测量分析，边处理数据求结果"，随时找出设计中的问题，充分完善设计内容。不断修改设计报告，使自己的设计达到最佳状态。

（9）写出科研论文或科研报告。

（10）组织专家鉴定会，写出鉴定书申报专利。若研制的是新产品或新技术，应根据产品或技术所达到的水平高度聘请相应的知名专家召开鉴定会，写出鉴定书，并及时申报专利。对新产品，还应写出设备、产品的使用说明书，内容主要包括设备的主要结构、工作原理、主要技术条件、主要技术参数、使用方法及注意事项、维护保养方法等。凡属机密的内容及参数，还要注意保密。

（11）投产试销或技术转让。

七、我国大科学实验项目举例

1. 可控核聚变——人造太阳

可控核聚变俗称"人造太阳"，可为人类提供清洁、安全而且原料取之不尽的能源，是人类最终解决能源问题的希望。核裂变能具有高效、低碳排放等优点，三代核电技术已逐渐成为新建机组主流技术，四代核电技术、小型模块式反应堆、先进核燃料及循环技术的研发不断取得突破。为验证和平利用核聚变的科学和技术可行性，欧盟各国、美国、中国、日本、韩国、俄罗斯和印度正在联合建设国际热核聚变实验堆。

托卡马克（见图4-0-2）是苏联科学家于20世纪60年代发明的一种环形磁约束装置。美、日和欧洲各国的大型常规托卡马克在短脉冲（数秒量级）运行条件下做出了许多重要成果。等离子体温度已达 $4.4 \times 10^8 ℃$，脉冲聚变输出功率超过 $16\ MW$，Q 值(表示输出功率与输入功率之比)已超过 1.25。所有这些成就都表明在托卡马克上产生聚变能的科学可行性已被证实。受控热核聚变能研究的一次重大突破，就是将超导技术成功地应用于产生托卡马克强磁场的线圈上，建成了超导托卡马克。超导托卡马克是公认的探索、解决未来具有超导堆芯的聚变反应堆工程及物理问题的最有效的途径。目前，全世界仅有俄、日、法、中四国拥有超导托卡马克。

图 4 - 0 - 2　托卡马克装置

2. 深海探测

"蛟龙"号载人深潜器(见图 4 - 0 - 3)是我国首台自主设计、自主集成研制的作业型深海载人潜水器，设计最大下潜深度为 7000 m 级，也是目前世界上下潜能力最强的作业型载人潜水器。"蛟龙"号可在占世界海洋面积 99.8% 的广阔海域中使用，对于我国开发利用深海的资源有着重要的意义。

图 4 - 0 - 3　"蛟龙"号载人深潜器

中国是继美、法、俄、日之后世界上第五个掌握大深度载人深潜技术的国家。在全球载人潜水器中，"蛟龙"号属于第一梯队。目前全世界投入使用的各类载人潜水器约 90 艘，其中下潜深度超过 1000 m 的仅有 12 艘，更深的潜水器数量更少，目前拥有 6000 m 以上深度载人潜水器的国家包括中国、美国、日本、法国和俄罗斯。除中国外，其他 4 国的作业型载人潜水器的最大工作深度为日本深潜器的 6527 m。"蛟龙"号载人潜水器在西太平洋的马里亚纳海沟海试成功到达 7020 m，创造了作业类载人潜水器新的世界纪录，标志着我国深海潜水器成为海洋科学考察的前沿与制高点之一。值得骄傲的是，"蛟龙"号副总设计师胡震毕业于南华大学计算机科学与技术专业，曾在南华大学物理实验室学习。

3. 北斗卫星导航系统

北斗卫星导航系统（以下简称北斗系统）是中国着眼于国家安全和经济社会发展需要，自主建设、独立运行的卫星导航系统，是为全球用户提供全天候、全天时、高精度的定位、导航和授时服务的国家重要空间基础设施。图4-0-4所示为北斗卫星系统工作原理图。

北斗系统已在交通运输、农林渔业、水文监测、气象测报、通信授时、电力调度、救灾减灾、公共安全等领域得到了广泛应用，服务于国家重要基础设施，产生了显著的经济效益和社会效益。基于北斗系统的导航服务已被电子商务、移动智能终端制造、位置服务等厂商采用，广泛进入中国大众消费、共享经济和民生领域，其应用的新模式、新业态、新经济不断涌现，深刻改变着人们的生产生活方式。2020年，我国建成北斗三号系统，向全球提供服务，现有在轨卫星55颗，已组网成功。

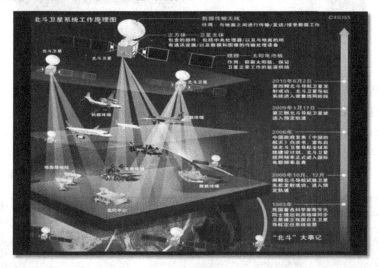

图4-0-4 北斗卫星导航系统

4. 中国探月工程

中国探月工程经过10年的酝酿，最终确定此工程分为"绕""落""回"3个阶段。

第一阶段为"绕"，即发射我国第一颗月球探测卫星"嫦娥一号"，实现月球探测卫星绕月飞行，对月球表面的环境、地貌、地形、地质构造与物理场进行探测。

第二阶段为"落"，目标是研制和发射航天器，以软着陆的方式降落在月球上进行探测。具体方案是用安全降落在月面上的巡视车、自动机器人探测着陆区岩石与矿物成分，测定着陆点的热流和周围环境，进行高分辨率摄影和月岩的现场探测或采样分析，为以后月球基地的选址提供月面的化学与物理参数。

第三阶段为"回"，示意图见图4-0-5，目标是月面巡视勘察与采样返回。其中前期主要是研制和发射新型软着陆月球巡视车，对着陆区进行巡视勘察，突破自地外天体返回地球的技术，进行月球样品自动取样并返回地球。后期即2015年以后，主要任务是研制和发射小型采样返回舱、月表钻岩机、月表采样器、机器人操作臂等，采集关键性样品返回地球，对着陆区进行考察，为下一步载人登月探测、建立月球前哨站之前的选址提供数据资料，深化对地月系统的起源和演化的认识。2020年12月17日，"嫦娥五号"在预定区域成功着陆，标志着我国首次地外天体采样返回任务圆满完成，此段工程的结束将使我国航天技术迈上一个新的台阶。

图 4-0-5　探月工程第三阶段"回"

5. 散裂中子源

中子作为研究物质微观结构的一个理想探针,在基础研究领域发挥着重要的作用。散裂中子源技术与高通量研究性反应堆将是 21 世纪最有生命力、最活跃的学科,在材料科学、生命科学和一些工程技术应用领域继续发挥它的重要作用。中国散裂中子源(见图 4-0-6)是一个由成百上千台高精尖设备构成的复杂整体,是探索物质结构的"超级显微镜"。

图 4-0-6　中国散裂中子源装置

6. 神光二号

"神光二号"(见图 4-0-7)是我国 2002 年成功研制的大型激光装置,目前建在中科院上海光机所,由成百台光学设备集成在一个足球场大小的空间内,在十亿分之一秒的超短瞬间内可发射出相当于全球电网电力总和数倍的强大功率,从而释放出极端压力和高温。

估计到 21 世纪中叶,科学家可利用激光聚变技术把海水中丰富的同位素氘、氚转化为巨大的、取之不尽的清洁能源。"神光二号"的建成标志着我国高功率激光科研和激光核聚变研究已进入世界先进行列。目前,如此精密的巨型激光器除中国外只有美国、日本等少数国家能建造。"神光二号"的总体技术性能已进入世界前 5 位。

图 4-0-7　神光二号

八、设计性物理实验举例

设计题 1　在用测长法测量长方体体积时，若长方体的长 $A \approx 50$ cm、宽 $B \approx 4$ cm、高 $C \approx 8$ mm，要求所测体积 V 的最后结果有四位有效数字，选择分别测量长、宽、高的仪器。

设计方案：

（1）选择仪器。

要求所测体积 V 的最后结果有四位有效数字，按照实验数据处理取位原则，因 A、B、C 直接测量值与最后结果体积 V 的关系式是乘/除法形式，所以各直接测量值都要有四位且只要有四位有效数字即可，故先粗选测量 A、B、C 的仪器如下：

对于 A：$A \approx 50$ cm $= 500.0$ mm，其中最后一位是可疑数，故用米尺单次测量即可。

对于 B：$B \approx 4$ cm $= 40.00$ mm，其中最后一位是可疑数，故用 10 分游标卡尺单次测量即可，没有必要用千分尺测量。但米尺的测量精度不够。

对于 C：$C \approx 8$ mm $= 8.000$ mm，其中最后一位是可疑数，故只能用千分尺单次测量。用米尺和游标卡尺都达不到实验要求。

（2）验证所选实验仪器是否达到设计要求。

$V = ABC \approx 500.0 \times 40.00 \times 8.000 = 160.00 \times 10^3$ mm³，此体积值是中间结果，取两位可疑数，即比最后结果的四位有效数字多取一位，取五位有效数字。

若用米尺单次测量 A，则

$$\sigma_A = \frac{0.5\delta_A}{\sqrt{3}} = 0.5 \times \frac{1}{\sqrt{3}} = 0.29 \text{ mm}$$

若用 10 分游标卡尺单次测量 B，则

$$\sigma_B = \frac{0.5\delta_B}{\sqrt{3}} = 0.5 \times \frac{0.1}{\sqrt{3}} = 0.029 \text{ mm}$$

若用千分尺单次测量 C，则

$$\sigma_C = \frac{0.5\delta_C}{\sqrt{3}} = 0.5 \times \frac{0.01}{\sqrt{3}} = 0.0029 \text{ mm}$$

因此

$$E = \left[\left(\frac{\sigma_A}{A}\right)^2 + \left(\frac{\sigma_B}{B}\right)^2 + \left(\frac{\sigma_C}{C}\right)^2\right]^{\frac{1}{2}} = \left[\left(\frac{0.29}{500}\right)^2 + \left(\frac{0.029}{40}\right)^2 + \left(\frac{0.0029}{8.0}\right)^2\right]^{\frac{1}{2}} = 0.10\%$$

$$\sigma_V = VE = 160 \times 0.10\% = 0.16 \text{ cm}^3$$

测量结果为 $V = (160.0 \pm 0.2) \text{cm}^3$，$E = 0.10\%$。体积最后结果的末位数与 σ_V 的首位数对齐，即近似为 160.0 cm^3，只有四位有效数字，符合设计要求。

设计题 2 已知长圆柱的长 $L \approx 30 \text{ cm}$、外径 $D \approx 6 \text{ mm}$，要求测量它的体积，且使所测结果的相对误差 $E \leqslant 0.5\%$。请选择实验方法，写出实验内容、步骤及注意事项。

设计方案：

(1) 实验方法的选择。

测量固体体积的方法共有 4 种：量筒法、质量密度法、流体静力称衡法、测长法。下面对每种方法进行论证，选择其中既能达到设计要求，又最简单、最经济的方法。

① 量筒法。

量筒法原理简单，即选一适量且不浸润到被测固体中的液体放入量筒中，读记此时液体的容积 V_1，再把被测固体放入量筒中，要求被测固体不露出液面，读记此时的容积数 V_2，则被测固体的体积 $V = V_2 - V_1$。

测量误差估算：

$$V = \frac{\pi L D^2}{4} \approx 3.14159 \times 30 \times \frac{0.36}{4} = 8.482 \text{ cm}^3$$

因为要求 $E \leqslant 0.5\%$，所以

$$\sigma_V \leqslant VE \approx 8.482 \times 0.5\% = 0.042 \text{ cm}^3$$

即要求所测体积结果的绝对误差应小于或等于 0.042 cm^3。

但一般通用量筒中分度值最小的为 1 cm^3，若取

$$\sigma_{仪} = \frac{0.5\delta_V}{\sqrt{3}} = \frac{0.5 \times 1}{\sqrt{3}} = 0.29 \text{ cm}^3 \gg \sigma_V$$

故通用仪器达不到设计要求。

若为此实验专门设计一个专用量筒，则取一内径为 8 mm 的直量筒，这时容积为每 1 cm^3 的直量筒高度 h 为

$$h = \frac{1 \times 4}{\pi D^2} = \frac{4}{3.14159 \times 0.64} = 1.99 \text{ cm}$$

若该量筒上以米尺原则来刻度，则量筒的分度值：

$$\delta_V = \frac{1}{19.9} = 0.050 \text{ cm}^3$$

则

$$\sigma_{仪} = \frac{0.5\delta_V}{\sqrt{3}} = \frac{0.5 \times 0.05}{\sqrt{3}} = \frac{0.5 \times 0.050}{\sqrt{3}} = 0.014 \text{ cm}^3 < 0.042 \text{ cm}^3$$

故所设计的量筒能达设计要求。

但为了一个这样小的实验去专门设计和制造一个专用量筒，从经济上来讲很不合算。故通过以上论证，可先把量筒法排除，看是否有其他简单的方法可选。

② 质量密度法。

质量密度法的实验原理是：若被测物体的密度处处均匀且已知，假设为 ρ，则只要用物理天平测量出其质量 m，因为 $\rho = m/V$，所以 $V = m/\rho$ 可求。

实验条件：被测体的材料要纯净，因为密度严格为已知值的物质均是严格纯净的物质，或某一定组分比例的合金。而一般的被测体由于加工的原因，都或多或少会含有一定的杂质，因此其密度与标准值有差异，但到底相差多少，虽可用化学分析的方法求得，但这又把问题复杂化了。特别是加工中被测体内部有沙眼或气孔，虽然也可用无损探伤（如磁力探伤仪、X 射线探伤仪、超声波探伤仪等仪器）检测，但只能检测出缺陷的部位及大致长度，而无法测定出气孔的体积。这都会给测量结果带来较大的误差，而误差的大小又无法估算，故该方法只能被排除。

③ 流体静力称衡法。

流体静力称衡法的测量误差用物理天平就能保证达到要求，但是在实验中却很麻烦。例如，被测体的长度约 30 cm，因装液体的烧杯高度有限，测量时若被测体不能弯折则难以测量；若其能弯折，从理论上讲其体积不会改变，但弯折后使被测体变形，也很难恢复到原状。故这种方法也只能被排除。

④ 测长法。

若被测物体为规则几何体（测量条件），则只要用测长工具分别测出与被测体的体积有关的尺寸，如长圆柱体的长度和外径，再由 $V = \pi L D^2/4$ 求出其体积。

由 $V = \pi L D^2/4$ 和 $E \leqslant 0.5\%$ 可得

$$E = \left[\left(\frac{\sigma_L}{L} \right)^2 + \left(\frac{2\sigma_D}{D} \right)^2 \right]^{\frac{1}{2}} \leqslant 0.5\%$$

所以

$$\left[\left(\frac{\sigma_L}{L} \right)^2 + \left(\frac{2\sigma_D}{D} \right)^2 \right] \leqslant 0.005^2 = 2.5 \times 10^{-5}$$

若按等量分配的办法把总误差平均地分配到每一项（共两项）分误差上，得

$$\frac{\sigma_L}{L} = \frac{2\sigma_D}{D} \leqslant \sqrt{\frac{25 \times 10^{-6}}{2}} = 0.0035 \qquad (4-0-1)$$

由式 (4-0-1) 可得所测长度的绝对误差为

$$\sigma_L \leqslant 0.0035 L \approx 0.0035 \times 300 = 1.1 \text{ mm}$$

由式 (4-0-1) 还可得所测外径的绝对误差为

$$\sigma_D \leqslant \frac{0.0035 D}{2} \approx 0.0035 \times \frac{6}{2} = 0.011 \text{ mm}$$

米尺的仪器误差为

$$\sigma_仪 = \frac{0.5 \delta_L}{\sqrt{3}} = \frac{0.5 \times 1}{\sqrt{3}} = 0.29 \text{ mm} < 1.1 \text{ mm}$$

故选用米尺单次测量长圆柱体的长 L 即可达到设计要求，而没有必要选用卡尺或千分尺去测量。

千分尺的仪器误差为

$$\sigma_仪 = \frac{0.5 \delta_D}{\sqrt{3}} = \frac{0.5 \times 0.01}{\sqrt{3}} = 0.0029 \text{ mm} < 0.011 \text{ mm}$$

故要选用千分尺测量长圆柱体的外径 D 才可达到设计要求，测量单次即可。

（2）实验内容、步骤及注意事项。

用米尺测量长圆柱体的长 L，按前面计算，采用单次测量就可达设计要求，但由于长圆柱体在加工中，它的两个端面不可能严格平行，即其各处的长度不可能严格相等，因此，为了减少各处的长度不严格相等所带来的测量误差，不能采用单次测量，而要进行多次测量，即把一圆周内约等分为 6 处，每处用米尺各测一长度。测量时还要保证长圆柱体的轴线平行于米尺的刻度准线。

若米尺的某端线即为米尺的零线，则由于米尺端线在长期使用中可能受到磨损会带来零点误差，因此测量时不能以此端线作为测量起点。又因为米尺刻度不可能严格均匀，所以为了减少米尺刻度不均匀性所带来的仪器误差，用米尺多次测量同一被测量时不要只以同一刻度线作为测量起点，而要以不同的刻度线作为测量起点，且所有测量起点要比较均匀地分布在整个米尺上。这样可减少或消除米尺刻度的不均匀性所带来的仪器误差。另外还要注意估读一位数和消除视差。

按上述设计，用千分尺测量长圆柱体的外径 D，测量一次即可达到设计要求。但由于长圆柱体在加工中其外径不可能处处相等，因此要把长圆柱体的整个长度范围等分为 5 处，每处各测量一次；同样由于加工的原因，长圆柱体各处的横截面不可能是一个标准圆，即可能是椭圆，因此又要在每一处的相互垂直的两个方向上各测量一次，即共测量 10 次外径 D，以消除或减少因长圆柱体各处的外径不相等和各处的横截面可能是椭圆所带来的测量误差。

使用千分尺测量时应注意读记其零点示值，消除零点误差。同时每次测量都要保证有一定大小的测量力，且每次测量力的大小相同。测量时千分尺要卡在外径的位置，而不是弦的位置。读数时要消除视差，且要估读。测量完毕时，在测砧和测微螺杆间要留有一定的间距。

设计题 3　用单摆法测量重力加速度 g。已知单摆的摆长 $L \approx 1$ m，振动周期 $T \approx 2$ s，要求所测结果的相对误差 $E \leqslant 0.06\%$，请选择测量 L、T 的仪器。

设计方案：

可供选择的测量仪器有机械秒表（分度值为 $\delta_t = 0.1$ s，$\sigma_{仪} = 0.5\delta_t/\sqrt{3}$）、数字毫秒计（分度值为 $\delta_t = 0.1$ ms，$\Delta_{仪} = \delta_t$）。

由 $g = 4\pi^2 L/T^2$ 和 $E \leqslant 0.06\%$ 可得所测 g 的相对误差的计算公式为

$$E = \left[\left(\frac{\sigma_L}{L} \right)^2 + \left(\frac{2\sigma_T}{T} \right)^2 \right]^{\frac{1}{2}} \leqslant 0.06\%$$

若按等量分配原则取

$$\frac{\sigma_L}{L} = \frac{2\sigma_T}{T} \leqslant \sqrt{\frac{0.0006^2}{2}} = 0.000\,42 \tag{4-0-2}$$

由式（4-0-2）可得

$$\sigma_L \leqslant L \times 0.000\,42 = 1000 \times 0.000\,42 = 0.42 \text{ mm}$$

则米尺的仪器误差为

$$\sigma_{仪} = \frac{0.5\delta_L}{\sqrt{3}} = \frac{0.5 \times 1}{\sqrt{3}} = 0.29 \text{ mm} < 0.42 \text{ mm}$$

故用米尺单次测量单摆摆长可达到设计要求，没有必要用精度更高的仪器测量。

由式(4-0-2)还可得

$$\sigma_T \leqslant \frac{T \times 0.000\ 42}{2} = \frac{2 \times 0.000\ 42}{2} = 0.000\ 42\ \text{s}$$

机械秒表的仪器误差为

$$\sigma_{仪} = \frac{0.5\delta_t}{\sqrt{3}} = \frac{0.5 \times 0.1}{\sqrt{3}} = 0.029\ \text{s} \gg 0.000\ 42\ \text{s}$$

所以不能选择机械秒表测量周期 T。

数字毫秒计的仪器误差为

$$\sigma_{仪} = \frac{\delta_t}{\sqrt{3}} = \frac{0.0001}{\sqrt{3}} = 0.000\ 058\ \text{s} \ll 0.000\ 42\ \text{s}$$

故要用数字毫秒计单次测量周期可达到设计要求。

但机械秒表真的不能测量周期吗？或者说，用机械秒表测量周期不能达到所规定的设计要求吗？单摆是一个很古老的实验器材，而数字毫秒计只是近几十年的新产品，以前肯定是用机械秒表测量周期 T 的，问题的关键是怎样去测量。若用秒表测量一次时间只包含一个周期，则肯定达不到设计要求，那么用秒表测量一次时间 t 内包含 n 个周期能否达设计要求呢？回答是肯定的，现在证明如下：

因为 $t = nT$，所以 $\sigma_t = n\sigma_T$，即 $\sigma_T = \sigma_t/n$。现要求 $\sigma_T \leqslant 0.000\ 42\ \text{s}$，而 $\sigma_t = 0.029\ \text{s}$，所以只要 $\sigma_T = \sigma_t/n \leqslant 0.000\ 42$，即

$$n \geqslant \frac{\sigma_t}{0.000\ 42} = \frac{0.029}{0.000\ 42} = 69.05$$

这就是说，只要用机械秒表测量一次时间内包含 70 个或 70 个以上周期就可以达到设计要求。同时还说明，若用机械秒表测量一次时间，使包含的周期数更多，则可达更高的要求。这充分说明使用精度较低的仪器，同时采用科学的测量方法，有可能测量出精度很高的测量结果。

实验 4.1　设计采用伏安法测量电阻

一、实验目的

(1) 了解进行科学实验的基本程序，掌握设计性物理实验的过程。

(2) 学会根据设计要求和所能提供的实验条件，合理选择实验方法、实验仪器、实验条件和仪器测量条件，写出相应的实验原理和主要仪器设备的工作原理，正确拟订实验步骤及注意事项。

(3) 掌握采用伏安法测量电阻的方法及原理，了解其理论方法误差的来源并能对其修正；学会电阻伏安特性曲线的测量方法和作图方法。

(4) 能按照自己的设计完成实验，并善于在实验中发现和更正自己在设计中存在的问题，随时完善设计内容。

二、实验原理

(1) 伏安法测量电阻的原理。

（2）伏安法测量电阻的典型电路图。

（3）伏安法测量电阻的系统误差修正。

① 电流表内接法及内接法系统误差修正公式的推导。

② 电流表外接法及外接法系统误差修正公式的推导。

（4）电阻的伏安特性曲线。

① 测量电阻的伏安特性曲线的方法。

② 电阻伏安特性曲线的作图方法。

实验原理部分内容参阅实验 2.3 相关内容。

三、实验内容

1. 设计采用伏安法测量电阻

可供选择的仪器如下：

（1）电源：直流稳压电源(0～30 V)，粗调钮每隔 3 V 一挡；干电池，每节为 1.5 V。

（2）电压表：量程 U_m 为 0～2.5 V、0～5 V、0～15 V、0～30 V 等；各量程都只有 0.5 级；内阻 R_{Ug} 为每 1 V 量程 200 Ω。

（3）电流表：各量程电流表的等级都只有 0.5 级，其量程数及对应的内阻数如表 4－1－1 所示。

表 4－1－1　电流表量程及其内阻

量程 I_m	100 μA	500 μA	1000 μA	2.5 mA	5 mA	15 mA	150 mA
内阻 R_{Ig}/Ω	1200	560	300	78	58	2.4	0.3

（4）滑线变阻器：可供选择的滑线变阻器的主要技术参数如表 4－1－2 所示。

表 4－1－2　滑线变阻器参数

全电阻大小 R_0	10.7 Ω	22.1 Ω	105 Ω	240 Ω	1 kΩ	14.68 kΩ
额定电流 I_{max}/A	4.5	4.5	2	1	0.5	0.1

设计题 1　设计采用伏安法测量电阻，要求用 0～13 V 的电压测量标称值为 95 Ω 的线性电阻的伏安特性曲线和电阻值，且使所测结果的相对误差 $E \leqslant 0.8\%$，请选择测量仪器和测量条件。

设计方案：

（1）电源的选择。

选择原则是电源的输出电压 $E \geqslant U_{测max}$，且又尽量接近 $U_{测max}=13$ V。由可供选择的电源可知，电源选择直流稳压电源 0～30 V，粗调钮指向 15 V 挡。

（2）所测电压、电流相对误差大小的分配。

先不考虑系统误差的修正公式，而直接由 $R=U/I$、$E \leqslant 0.8\%$ 可推导出所测电阻的相对误差的计算公式为

$$E=\left[\left(\frac{\sigma_U}{U}\right)^2+\left(\frac{\sigma_I}{I}\right)^2\right]^{\frac{1}{2}} \leqslant 0.8\%$$

若按等量分配法把总误差平均地分配到每一个分误差上，则得

$$\frac{\sigma_U}{U}=\frac{\sigma_I}{I}=\sqrt{\frac{(0.8\%)^2}{2}}=0.0057 \tag{4-1-1}$$

（3）电压表的选择。

① 量程的选择原则：$U_m \geqslant U_{测max}$，且又尽量接近于 $U_{测max}$，由可供选择的电压表量程可知，选择 $U_m=15$ V 为最好。此时电压表内阻为

$$R_{Ug}=200\times15=3000 \ \Omega$$

② 等级的选择：由式（4-1-1）可知所测 U 的标准偏差为

$$\sigma_U \leqslant U_{测max}\times0.0057=13\times0.0057=0.074 \ \text{V}$$

用 σ_U 代替 $\sigma_{测}$，则所选电压表仪器的算术偏差为

$$\Delta_{仪}=\sqrt{3}\sigma_{测}=\sqrt{3}\sigma_U \leqslant 0.074\times\sqrt{3}=0.13 \ \text{V}$$

用所选仪器的算术偏差代替仪器校准误差取绝对值后的最大值，得到所选电压表仪器的标称误差为

$$r_m=\frac{|\delta_U|_{max}}{U_m}=\frac{\Delta_{仪}}{U_m} \leqslant \frac{0.13}{15}=0.87\%$$

由电压表的标称误差与等级的关系表可知，$r_m \leqslant 0.87\%$ 属于 1.0 级电压表，但 $0.88\% \leqslant r_m \leqslant 1.0\%$ 也属于 1.0 级电压表，不符合要求，且电压表表盘上只标等级数，其标称误差数并未给出，故电压表不能选择 1.0 级，只能选择 0.5 级。

（4）电流表的选择。

① 先估算所测电流的近似值，即 $I_{测max} \approx U_{测max}/R_X=13/95=0.1368$ A。

② 电流表量程的选择：$I_m \geqslant I_{测max}$，又尽量接近于 $I_{测max}=136.8$ mA，由可供选择的电流表量程可知，电流表量程 I_m 选择 150 mA 为最好。

③ 由表 4-1-1 可查得该电流表的内阻 $R_{Ig}=0.3$ Ω。

④ 电流表等级的选择：由式（4-1-1）可知，所测电流 I 的标准偏差为

$$\sigma_I \leqslant I_{测max}\times0.0057=136.8\times0.0057=0.78 \ \text{mA}$$

用 σ_I 代替 $\sigma_{测}$，则所选电流表仪器的算术偏差为

$$\Delta_{仪}=\sqrt{3}\sigma_{测}=\sqrt{3}\sigma_I \leqslant 0.78\times\sqrt{3}=1.4 \ \text{mA}$$

用所选仪器的算术偏差代替仪器校准误差取绝对值后的最大值，得所选电流表仪器的标称误差为

$$r_m=\frac{|\delta_I|_{max}}{I_m}=\frac{\Delta_{仪}}{I_m} \leqslant \frac{1.4}{150}=0.93\%$$

由电流表的标称误差与等级的关系表可知，$r_m \leqslant 0.93\%$ 属于 1.0 级电流表，但 $0.94\% \leqslant r_m \leqslant 1.0\%$ 也属于 1.0 级电流表，不符合要求，且电流表表盘上只标等级数，其标称误差数并未给出，故电流表只能选择 $S_m=0.5$ 级。

（5）电路中电流表连接方法的选择。

伏安法测量电阻中，当 $R_{Ig} \leqslant R_X$ 时，电流表内接较好；当 $R_{Ug} \geqslant R_X$ 时，电流表外接较好。但当 R_{Ig}、R_{Ug} 与 R_X 相当时怎么连接呢？可由总的判断方法确定，即 $\sqrt{R_{Ig}R_{Ug}}<R_X$ 时，电流表内接较好，当 $\sqrt{R_{Ig}R_{Ug}}>R_X$ 时，电流表外接较好。现 $\sqrt{R_{Ig}R_{Ug}}=\sqrt{3000\times0.3}=30$ Ω$<R_X=95$ Ω，故选择用电流表内接法。

(6) 滑线变阻器调控电路的选择。

原则上首先保证能够测量，再考虑节省电能。因为要测伏安特性曲线，一般要从 $0 \sim U_{测max}$ 测量多组数据，而限流电路无法使负载上的电压调到零，所以不能选择限流电路，只能选择分压电路。

(7) 实验电路的设计。

如图 4-1-1 所示，S_2 闭合则滑线变阻器采用分压电路，S_3 扳向 1 点即为电流表内接法。

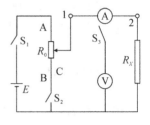

图 4-1-1　实验电路图

(8) 负载电阻 R_L 的计算。

负载电阻 R_L 是指实验电路中的测量指示部分和被测研究对象两部分的总电阻。这里就是被测电阻 R_X 与电流表内阻 R_{I_g} 串联后，再与电压表内阻 R_{U_g} 并联以后的总电阻，故

$$R_L = \frac{1}{1/(R_{I_g}+R_X)+1/R_{U_g}} = \frac{1}{1/(0.3+95)+1/3000} = 92.4 \ \Omega$$

(9) 滑线变阻器全电阻 R_0 的选择。

选择 R_0 时，应遵循：

① 考虑电路的调节范围，要使负载上的电压能调节到电压测量值中的最小值。

② 考虑调控电路的细调程度和线性调节的程度，要求实验电路的特征参数 $K \geqslant 2$。这里选择的是分压调控电路，不管滑线变阻器全电阻 R_0 的大小为多少，只要当滑线变阻器的滑动点 C 与 B 点重合时，负载上的电压和电流都能调到零即可，故此条可不考虑。而只需考虑分压电路的细调程度和线性调节的程度，要求实验电路的特征参数 $K = R_L/R_0 \geqslant 2$ 即可。

因此

$$R_0 \leqslant \frac{R_L}{2} = \frac{92.4}{2} = 46.2 \ \Omega$$

由表 4-1-2 可知，有 22.1 Ω 和 10.7 Ω 供选用，这时应选择符合要求中的最大者较省电，故 R_0 取 22.1 Ω，$I_{max} = 4.5$ A。

(10) $I_{总max}$ 的估算。

如图 4-1-1 所示，当滑线变阻器的 C 点与 A 点重合时，总电路的总电流有最大值，故

$$I_{总max} = \frac{E}{\dfrac{1}{1/R_0+1/R_L}} = E\left(\frac{1}{R_0}+\frac{1}{R_L}\right) = 15 \times \left(\frac{1}{22.1}+\frac{1}{92.4}\right) = 0.841 \ \text{A} \ll I_{max} = 4.5 \ \text{A}$$

所以，实验中不会烧坏滑线变阻器。

(11) 电压表与电流表测量条件的选择。

因设计时选择电流表内接法，故由电流表内接法的系统误差修正公式有 $R_X = (U-IR_{I_g})/I$，又设计要求 $E \leqslant 0.8\%$，所以

$$E = \frac{[(I\sigma_U)^2 + (U\sigma_I)^2]^{\frac{1}{2}}}{I(U-IR_{I_g})} \leqslant 0.8\%$$

按等量分配原则取

$$\frac{I\sigma_U}{I(U-IR_{I_g})} = \frac{U\sigma_I}{I(U-IR_{I_g})} \leqslant \sqrt{\frac{(0.8\%)^2}{2}} = 0.0057$$

由上式中的等号可得

$$I\sigma_U = U\sigma_I \tag{4-1-2}$$

由所选电压表的 $U_m = 15$ V、$S_m = 0.5$ 级得

$$\sigma_U = \sigma_仪 = \frac{U_m S_m \%}{\sqrt{3}} = \frac{15 \times 0.5\%}{\sqrt{3}} = 0.043 \text{ V} \tag{4-1-3}$$

由所选电流表的 $I_m = 150$ mA、$S_m = 0.5$ 级得

$$\sigma_I = \sigma_仪 = \frac{I_m S_m \%}{\sqrt{3}} = \frac{150 \times 0.5\%}{\sqrt{3}} = 0.43 \text{ mA} \tag{4-1-4}$$

把式(4-1-3)和式(4-1-4)代入式(4-1-2)得

$$U = \frac{I\sigma_U}{\sigma_I} = \frac{I \times 0.043}{0.000\,43} = 100I \tag{4-1-5}$$

由式(4-1-2)还可得

$$\frac{\sigma_U}{U - IR_{Ig}} \leqslant 0.0057 \tag{4-1-6}$$

$$R_{Ig} = 0.3 \ \Omega \tag{4-1-7}$$

把式(4-1-3)、式(4-1-5)、式(4-1-7)代入式(4-1-6)得

$$I \geqslant \frac{0.043}{0.0057 \times (100 - 0.3)} = 0.075\,67 \text{ A} \tag{4-1-8}$$

所以

$$U = 100I \geqslant 100 \times 0.075\,67 = 7.567 \text{ V}$$

由此得到电压表和电流表的测量条件为

$$U \geqslant 7.567 \text{ V}$$

$$I \geqslant 0.075\,67 \text{ A} = 75.67 \text{ mA}$$

(12) 由所选仪器和测量条件，对测量结果相对误差进行估算。

由电流表内接法有

$$I_测 = \frac{U}{R_X + R_{Ig}} = \frac{13}{95 + 0.3} = 0.1364 \text{ A}$$

$$E = \frac{[(I\sigma_U)^2 + (U\sigma_I)^2]^{\frac{1}{2}}}{I(U - IR_{Ig})} = \frac{[(136.4 \times 0.043)^2 + (13 \times 0.43)^2]^{\frac{1}{2}}}{136.4 \times (13 - 0.1364 \times 0.3)} = 0.46\% < 0.8\%$$

故已达到设计要求。

设计题 2　设计伏安法测电阻中，要求用 4.5 V 的电压测标称值为 1500 Ω 的线性电阻的阻值，且使所测结果的相对误差 $E \leqslant 0.6\%$，请选择测量仪器和测量条件。假如电压表内阻为每 1 V 量程 10 000 Ω，则其余可供选择的仪器与设计题 1 相同。

设计方案：

(1) 电源的选择。

电源的输出电压 $E \geqslant U_测$，且又尽量接近于 $U_测 = 4.5$ V，所以电源选择直流稳压电源粗调钮旋指向 6 V 挡。

(2) 所测电压、电流相对误差大小的分配。

先不考虑系统误差的修正公式，而直接由 $R = U/I$、$E \leqslant 0.6\%$ 得

$$E=\left[\left(\frac{\sigma_U}{U}\right)^2+\left(\frac{\sigma_I}{I}\right)^2\right]^{\frac{1}{2}}\leqslant0.6\%$$

若按等量分配法把总误差平均地分配到各个误差上，则

$$\frac{\sigma_U}{U}=\frac{\sigma_I}{I}=\sqrt{\frac{(0.6\%)^2}{2}}=0.0042 \tag{4-1-9}$$

（3）电压表的选择。

① 电压表量程的选择原则：$U_m\geqslant U_{测max}$，且又尽量接近于 $U_测=4.5$ V，由可供选择的电压表量程可知，选择 $U_m=5$ V 为最好。

② 电压表等级的选择：由式（4-1-9）可知，所测 U 的标准偏差为

$$\sigma_U\leqslant U_测\times0.0042=4.5\times0.0042=0.019 \text{ V}$$

用 σ_U 代替 $\sigma_测$，则所选电压表仪器的算术偏差为

$$\Delta_仪=\sqrt{3}\sigma_测=\sqrt{3}\sigma_U\leqslant0.019\times\sqrt{3}=0.033 \text{ V}$$

用所选电压表仪器的算术偏差代替仪器校准误差取绝对值后的最大值，得所选电压表仪器的标称误差为

$$r_m=\frac{|\delta_U|_{max}}{U_m}=\frac{\Delta_仪}{U_m}\leqslant\frac{0.033}{5}=0.66\%$$

由电压表的标称误差与等级的关系表可知，$r_m\leqslant0.66\%$ 属于 1.0 级电压表，但 $0.67\%\leqslant r_m\leqslant1.0\%$ 也属于 1.0 级电压表，不符合要求，且电压表表盘上只标等级数，其标称误差数并未给出，故电压表不能选择 1.0 级，只能选择 0.5 级。

电压表内阻为 $R_{Ug}=10\ 000\times5=50\ 000\ \Omega$。

（4）电流表的选择。

① 先估算所测电流的近似值，即

$$I_{测max}\approx\frac{U_{测max}}{R_X}=\frac{4.5}{1500}=0.003\ 00 \text{ A}=3 \text{ mA}$$

② 电流表量程的选择：$I_m\geqslant I_{测max}$，且又尽量接近于 $I_{测max}=0.003\ 00$ A=3.00 mA，再由可供选择的电流表量程中可知，电流表量程 I_m 选择 5 mA 为最好。

③ 由表 4-1-1 可查得该电流表的内阻 $R_{Ig}=58\ \Omega$。

④ 电流表等级的选择：由式（4-1-9）可知，所测电流 I 的标准偏差为

$$\sigma_I\leqslant I_{测max}\times0.0042=13.00\times0.0042=0.013 \text{ mA}$$

用 σ_I 代替 $\sigma_测$，则所选电流表仪器的算术偏差为

$$\Delta_仪=\sqrt{3}\sigma_测=\sqrt{3}\sigma_I\leqslant0.013\times\sqrt{3}=0.023 \text{ mA}$$

用所选电流表仪器的算术偏差代替仪器校准误差取绝对值后的最大值，得所选电流表仪器的标称误差为

$$r_m=\frac{|\delta_I|_{max}}{I_m}=\frac{\Delta_仪}{I_m}\leqslant\frac{0.023}{5}=0.46\%$$

由电流表的标称误差与等级的关系表可知，$r_m\leqslant0.46\%$ 属于 0.5 级电流表，但 $0.47\%\leqslant r_m\leqslant0.5\%$ 也属于 0.5 级电流表，不符合要求，且电流表表盘上只标等级数，其标称误差数并未给出，故电流表只能选择 $S_m=0.2$ 级。但现在只有 0.5 级的电流表，有必要买一个价格很贵（等级提高一个级别，价格会加倍）的电流表吗？下面用不等量分配法来重

新选择电表的等级 S_m。

（5）不等量分配法（即差额平均法）选择电表的等级。

假如所选电压表的量程 $U_m = 5$ V，精确度等级为 $S_m = 0.5$ 级，电压的测量值为 $U_测 = 4.5$ V，则所测电压 $U_测$ 的相对误差为

$$E_U = \frac{\sigma_仪}{U_测} = \frac{U_m S_m \%}{\sqrt{3} U_测} = \frac{5 \times 0.5\%}{\sqrt{3} \times 4.5} = 0.0032 \qquad (4-1-10)$$

假如所选电流表的量程 $I_m = 5$ mA，精确度等级为 $S_m = 0.5$ 级，电流的测量值为 $I_测 = 3.00$ mA，则所测电流 $I_测$ 的相对误差为

$$E_I = \frac{\sigma_仪}{I_测} = \frac{I_m S_m \%}{\sqrt{3} I_测} = \frac{5 \times 0.5\%}{\sqrt{3} \times 3.0} = 0.0048 \qquad (4-1-11)$$

差额是指设计要求的总误差的平方减去按最佳方案所需要的各项分误差的最小值的平方的和，即

$$差额 = E^2 - (E_U^2 + E_I^2) = 0.006^2 - 0.0032^2 - 0.0048^2 = 2.7 \times 10^{-6} \qquad (4-1-12)$$

差额平均法是指把差额按分误差个数平均地加到各分误差平方上后再开平方求得各分误差所分配的大小，即取

$$E_U = \frac{\sigma_U}{U_测} \leqslant \left[\frac{2.7 \times 10^{-6}}{2} + 0.003\,22 \right] = 0.0034 \qquad (4-1-13)$$

$$E_I = \frac{\sigma_I}{I_测} \leqslant \left[\frac{2.7 \times 10^{-6}}{2} + 0.004\,82 \right] = 0.0049 \qquad (4-1-14)$$

重新选择电压表等级：由式（4-1-13）可得

$$\sigma_U = U_{测max} \times 0.0034 = 4.5 \times 0.0034 = 0.015 \text{ V}$$

$$\Delta_仪 = \sqrt{3} \sigma_U \leqslant 0.015 \times \sqrt{3} = 0.026 \text{ V}$$

$$r_m \leqslant \frac{\Delta_仪}{U_m} = \frac{0.026}{5} = 0.52\%$$

故电压表选择 0.5 级。

重新选择电流表等级：由式（4-1-14）可得

$$\sigma_I = I_{测max} \times 0.0049 = 3 \times 0.0049 = 0.015 \text{ mA}$$

$$\Delta_仪 = \sqrt{3} \sigma_I \leqslant 0.015 \times \sqrt{3} = 0.026 \text{ mA}$$

$$r_m \leqslant \frac{\Delta_仪}{I_m} = \frac{0.026}{5} = 0.52\%$$

故电流表选择 0.5 级。

（6）电路中电流表连接方法的选择。

伏安法测量电阻中，当 $\sqrt{R_{Ig} R_{Ug}} < R_X$ 时，用电流表内接较好；当 $\sqrt{R_{Ig} R_{Ug}} > R_X$ 时，用电流表外接较好。现 $\sqrt{R_{Ig} R_{Ug}} = \sqrt{500\,00 \times 58} = 1703\ \Omega > R_X = 1500\ \Omega$，所以采用电流表外接法。

（7）滑线变阻器调控电路的选择。

① 考虑电路的调节范围，要使负载上的电压能调节到电压测量值中的最小值。

② 综合考虑调控电路的细调程度和线性调节的程度，要求实验电路的特征参数 $K \geqslant 2$。这里只测量一组 U、I 值，滑线变阻器用限流或分压电路均可测量，但分压电路比限流电路多接了一条分路，在同样的测量条件下，会多浪费一些电能，故按节省电能的原则，应选择

限流电路为最好。

（8）实验电路的设计。

实验电路如图 4-1-1 所示，S_2 断开即为限流电路，S_3 扳向 2 点即为电流表外接法。

（9）负载电阻 R_L 的计算。

负载电阻 R_L 是指实验电路中的测量指示部分和被测研究对象两部分的总电阻。这里因为选择电流表外接法，所以负载电阻 R_L 就是被测电阻 R_X 与电压表内阻 R_{U_g} 并联后，再与电流表内阻 R_{I_g} 串联以后的总电阻，故

$$R_L = \frac{1}{\dfrac{1}{R_X} + \dfrac{1}{R_{U_g}}} + R_{I_g} = \frac{1}{\dfrac{1}{1500} + \dfrac{1}{50\,000}} + 58 = 1514\ \Omega$$

（10）滑线变阻器的选择。

① 考虑电路的调节范围，要使负载上的电压能调节到电压测量值中的最小值。

② 综合考虑调控电路的细调程度和线性调节的程度，要求实验电路的特征参数 $K \geqslant 2$。这里选择的是限流调控电路。由限流电路的调节范围可知，当图 4-1-1 中滑线变阻器的 C 点与 B 点重合时，负载 R_L 上的电压有最小值 U_{Lmin}，且 $U_{Lmin} \leqslant U_{测\,min} = 4.5\ \text{V}$，所以

$$U_{Lmin} = \frac{ER_L}{R_L + R_0} \leqslant U_{测\,max} = 4.5\ \text{V}$$

故

$$R_0 \geqslant E \cdot \frac{R_L}{U_{测}} - R_L = 6 \times \frac{1514}{4.5} - 1514 = 505\ \Omega$$

由限流电路的细调程度和线性调节的程度要求可知：

$$R_0 \leqslant \frac{R_L}{2} = \frac{1514}{2} = 757\ \Omega$$

但在 $505\ \Omega \leqslant R_0 \leqslant 757\ \Omega$ 的区间内没有可供选择的 R_0 值，这时要优先考虑第一个条件 $R_0 \geqslant 505\ \Omega$，故选择 $R_0 = 1000\ \Omega$，$I_{max} = 0.5\ \text{A}$。

（11）总电路总电流最大值 $I_{总\,max}$ 的估算。

限流电路中，当滑动点 C 与 A 点重合时，总电路中的总电流有最大值 $I_{总\,max}$，且 $I_{总\,max} = \dfrac{E}{R_L} = \dfrac{6}{1514} = 0.00396\ \text{A} \ll I_{max} = 0.5\ \text{A}$，所以滑线变阻器在使用中不会被烧坏。

（12）电流表与电压表测量条件的选择。

由电流表外接有 $R_X = \dfrac{U}{I - U/R_{U_g}}$，$E \leqslant 0.6\%$，可得

$$E = R_{U_g} \frac{\left[(I\sigma_U)^2 + (U\sigma_I)^2\right]^{\frac{1}{2}}}{U(IR_{I_g} - U)} \leqslant 0.6\%$$

按已介绍不等量分配的比例，则由式（4-1-13）、式（4-1-14）取

$$E_U = \frac{R_{U_g} I\sigma_U}{U(IR_{I_g} - U)} \leqslant 0.0034 \qquad (4-1-15)$$

$$E_I = \frac{R_{U_g} U\sigma_I}{U(IR_{I_g} - U)} \leqslant 0.0049 \qquad (4-1-16)$$

由式（4-1-15）、式（4-1-16）中的等号可得

$$\frac{I\sigma_U}{0.0034} = \frac{U\sigma_I}{0.0049} \tag{4-1-17}$$

由电压表量程选择为 $U_m = 5$ V，电压表精确度等级 $S_m = 0.5$ 级，可得

$$\sigma_U = \frac{U_m S_m \%}{\sqrt{3}} = \frac{5 \times 0.5\%}{\sqrt{3}} = 0.014 \text{ V} \tag{4-1-18}$$

由电流表量程选择为 $I_m = 5$ mA，电流表精确度等级 $S_m = 0.5$ 级，可得

$$\sigma_I = \frac{I_m S_m \%}{\sqrt{3}} = \frac{5 \times 0.5\%}{\sqrt{3}} = 0.014 \text{ mA} \tag{4-1-19}$$

把式(4-1-18)、式(4-1-19)代入式(4-1-17)得

$$U = \frac{0.0049 \times 0.014 I}{0.0034 \times 0.000\,014} = 1441.2 I \tag{4-1-20}$$

由式(4-1-16)还可得

$$\frac{R_{U_g}\sigma_I}{IR_{I_g} - U} \leqslant 0.0049 \tag{4-1-21}$$

$$R_{U_g} = 50\,000 \ \Omega \tag{4-1-22}$$

把式(4-1-19)、式(4-1-20)、式(4-1-22)代入式(4-1-21)得

$$I \geqslant \frac{50\,000 \times 0.000\,014}{(50\,000 - 1441.2) \times 0.0049} = 0.002\,942 \text{ A} = 2.942 \text{ mA}$$

$$I < I_{测} = 3 \text{ mA}$$

所以

$$U = 1441.2 I \geqslant 1441.2 \times 0.002\,942 = 4.240 \text{ V}$$

$$U < U_{测} = 4.5 \text{ V}$$

电流表与电压表的测量条件为 $I \geqslant 2.942$ mA，$U \geqslant 4.240$ V。

(13) 由所选仪器和测量条件对所测结果相对误差大小的估算。

由电流表外接有

$$I_{测} = \frac{U}{R_X} + \frac{U}{R_{U_g}} = \frac{4.5}{1500} + \frac{4.5}{50\,000} = 0.003\,09 \text{ A}$$

$$E = \frac{R_{U_g}\left[(I\sigma_U)^2 + (U\sigma_I)^2\right]^{\frac{1}{2}}}{U(IR_{I_g} - U)}$$

$$= \frac{50\,000 \times \left[(0.003\,09 \times 0.014)^2 + (4.5 \times 0.000\,014)^2\right]^{\frac{1}{2}}}{4.5 \times (0.003\,09 \times 50\,000 - 4.5)}$$

$$= 0.57\% < 0.6\%$$

故已达到设计要求。

2. 设计性物理实验作业

学习了伏安法测电阻的设计方法后，完成下列设计项目，在做伏安法测量电阻实验时必须带详细的设计过程，没有设计方案的，原则上不能按时做伏安法测量电阻实验。

1) 设计实验项目

在下面可供选择的仪器范围内，根据题目要求设计用伏安法测量下列各电阻。

(1) 设计用 2 V 的电压测量标称值为 850 Ω 的线性电阻的阻值，要求所测电阻结果的相对误差 $E_R \leqslant 0.8\%$。

(2) 设计用 $0\sim2.5$ V 的电压测量标称值为 2600 Ω 的线性电阻的伏安特性曲线，要求所测电阻结果的相对误差 $E_R\leqslant0.8\%$。

2) 可供选择的器材

(1) 电源：晶体管直流稳压电源，其输出电压的规格为 $0\sim30$ V 连续、可调，粗调钮每隔 3 V 一挡。

(2) 电压表。

① 量程 U_m：分别有 $0\sim2.5$ V、$0\sim3$ V、$0\sim5$ V、$0\sim10$ V、$0\sim15$ V 可供选择。

② 等级 S_m：各量程的电压表都只有 0.5 级可供选择。

③ 内阻 R_{Ug}：各量程电压表内阻都等于各自量程数乘 200 Ω，即

$$R_{Ug}=200\times U_m \quad (\Omega)$$

（3）电流表。

① 量程 I_m 及等级 S_m。本书在电表改装实验中介绍了用标准表校准电表，本实验将介绍如何设计电位差计来校准电表。

② 内阻 R_{Ig} 如表 $4-1-3$ 所示（各量程的电流表都只有 0.5 级可供选择）。

表 4-1-3 可供选择的电流表量程及其内阻

量程 I_m	100 μA	200 μA	500 μA	1000 μA	2.5 mA	5 mA	15 mA	30 mA	75 mA	150 mA
内阻 R_{Ig}/Ω	1200	1100	560	300	78	58	2.4	1.2	0.6	0.3

（4）滑线变阻器：可供选择的主要技术参数如表 $4-1-4$ 所示。

表 4-1-4 可供选择的滑线变阻器主要技术参数表

全电阻大小 R_0	14.58 kΩ	1 kΩ	240 Ω	105 Ω	22.1 Ω	10.7 Ω
额定电流 I_{max}/A	0.1	0.5	1	2	4.5	4.5

实验 4.2 伏安法测电阻设计结果的实验室验证

电阻是电学中常用的物理量，利用欧姆定律测导体电阻的方法称为"伏安法"。为了研究材料的导电性，通常作出其伏安特性曲线，了解它的电压和电阻的关系。伏安特性曲线是直线的元件称为"线性元件"，伏安特性曲线不是直线的元件称为"非线性元件"。这两种元件的电阻都可以用伏安法测量。但是，由于测量时电表被引入测量电路，电表内阻必然会影响测量结果，因而应考虑对测量结果进行必要的修正，以减小系统误差。

一、实验目的

(1) 按照自己的设计结果完成实验内容，并在实验中随时发现设计中存在的问题，完善设计内容。

(2) 学会用电流表内接法或外接法测量电阻、测绘电阻的伏安特性曲线，并能对测量结果进行系统误差的修正。

（3）学会用列表法、作图法处理实验数据。

二、实验器材

（1）电源：直流稳压电源（0～30 V），粗调钮每隔 3 V 一挡。

（2）电压表：量程 U_m 为 0～2.5 V、0～3 V、0～5 V、0～15 V、0～30 V 等；各量程都只有 0.5 级；内阻 R_{U_g} 为每 1 V 量程 200 Ω。

（3）电流表：各量程电流表的等级都只有 0.5 级，其量程数及对应的内阻数如表 4-2-1 所示。

表 4-2-1　电流表量程及其内阻

量程 I_m	100 μA	500 μA	1000 μA	2.5 mA	5 mA	15 mA	150 mA
内阻 R_{I_g}/Ω	1200	560	300	78	58	2.4	0.3

（4）滑线变阻器：可供选择的滑线变阻器的主要技术参数如表 4-2-2 所示。

表 4-2-2　划线变阻器参数

全电阻大小 R_0	10.7 Ω	22.1 Ω	105 Ω	240 Ω	1 kΩ	14.68 kΩ
额定电流 I_{max}/A	4.5	4.5	2	1	0.5	0.1

（5）待测电阻（电阻箱代替）、导线若干根。

三、实验原理

1．线性电阻伏安特性曲线

实验中常用的线绕电阻、碳膜电阻和金属膜电阻等，它们都具有以下共同特性，即加在该电阻上的电压与通过其上的电流总是成正比例的变化（忽略电流热效应对阻值的影响）。若以纵坐标表示电流，横坐标表示电压，电流与电压的关系就表示为一条直线，如图 4-2-1 所示。具有这种特性的电阻元件称为"线性电阻元件"。

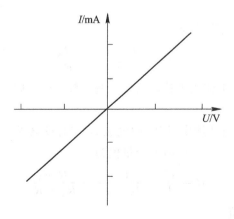

图 4-2-1　线性电阻的伏安特性曲线

2. 伏安法测电阻

用电压表测得电阻 R 两端的电压 U，用电流表测出通过电阻的电流 I，利用欧姆定律则有

$$R = \frac{U}{I} \qquad (4-2-1)$$

可求出电阻 R。这种用电表直接测出电压和电流值，由欧姆定律求电阻的方法称为伏安法。伏安法的优点是原理简单、测量方便，其缺点是准确度低，且有方法误差。

用伏安法测电阻有电流表内接和电流表外接两种线路，分别如图 $4-2-2$(a)和图 $4-2-2$(b)所示。

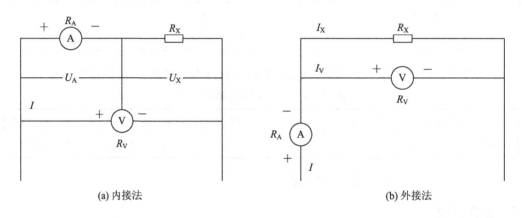

(a) 内接法　　　　　　　　　　　(b) 外接法

图 $4-2-2$　伏安法测电阻原理图

(1) 电流表内接电路。

电流表的示值 I 是通过待测电阻 R_x 的电流 I_x；电压表的示值 U 是电阻 R_x 上的电压 U_x 与电流表上的电压 U_A 之和，电阻的测量值为

$$R = \frac{U}{I} = \frac{U_x + U_A}{I} = R_x + R_A \qquad (4-2-2)$$

式中 R_A 为电流表内阻值。

电流表内阻引入的方法误差为

$$E_{内} = \frac{R - R_x}{R_x} = \frac{R_A}{R_x} \qquad (4-2-3)$$

由式($4-2-3$)看出，电流表内接电路适于测量较大的电阻。

(2) 电流表外接电路。

电流表的示值 I 是通过待测电阻 R_x 的电流 I_x 和通过电压表的电流 I_V 之和；电压表的示值 U 为电阻 R_x 两端电压 U_x，电阻的测量值为

$$R = \frac{U}{I} = \frac{U_x}{I_x + I_V} = \frac{R_x R_V}{R_x + R_V} \qquad (4-2-4)$$

式中 R_V 为电压表的内阻值。

电表内阻引入的方法误差为

$$E_{外} = \frac{R - R_x}{R_x} = \frac{R_x}{R_x + R_V} \qquad (4-2-5)$$

由式(4-2-5)看出,电流表外接电路适于测小电阻。

(3)若两连接方法引入的方法误差相等,则

$$\frac{R_A}{R_X} = \frac{R_X}{R_X + R_V} \tag{4-2-6}$$

当 $R_A \ll R_V$,$R_X \ll R_V$ 时,由式(4-2-6)可得

$$R_X = \sqrt{R_A R_V} \tag{4-2-7}$$

就是说,当 $R_X = \sqrt{R_A R_V}$ 时,两种电路的方法误差相等;当 $R_X > \sqrt{R_A R_V}$ 时,采用电流表内接电路方法误差小;当 $R_X < \sqrt{R_A R_V}$ 时,采用电流表外接电路方法误差小。

3. 测量电阻元件特性应注意的问题

(1)伏安法测电阻。

测量时加在被测电阻两端的电压不得超过该电阻的最大电压值。若被测电阻的阻值为 R,额定功率为 P,则其最大允许电压为

$$U_{max} = \sqrt{PR}$$

最大允许电流为

$$I_{max} = \frac{P}{U_{max}}$$

实验时电源电压值的确定及电流表、电压表的量程的选择,可由以上两式计算得出的 U_{max} 和 I_{max} 值来决定。

(2)安排测量电路时,变阻器电路的选择应考虑到调节方便,能满足测量范围的要求,而且细调程度要好。一般变阻器的阻值应小于负载电阻。

(3)使用指针式电表选取电表量程时,既要注意测量值不得超出量程以保证仪表安全,又要使读数尽可能大以减小读数的相对误差。测量前应注意观察记录电表的机械零点。根据测量电阻值大小选择内接法或外接法,并进行系统误差的修正。

四、实验内容

1. 设计用 2 V 的电压测量标称值为 850 Ω 线性电阻的阻值,要求所测电阻结果的相对误差 $E_R \leqslant 0.8\%$

设计结果如下:

(1)电源的选择:直流稳压电源(0~30 V),粗调钮每隔 3 V 一挡。

(2)电压表的选择:量程 2.5 V,等级 0.5 级。

(3)电流表的选择:量程 2.5 mA,等级 0.5 级,电流表内接。

(4)滑线变阻器的选择:全电阻 R_0 为 240 Ω,$I_{max} = 1$ A,调控电路选限流电路。

(5)实验电路的设计:实验电路如图 4-2-3 所示,S_2 断开,S_3 倒向 1。

同学们对照设计结果,检查自己的设计是否正确,如果有出入,请自行改正。

按以上设计挑选仪器,合理布置,检查仪器机械零点调节;按电路图正确接线,将 V 表指向 80.0 格,记录毫安表的指示值。

2. 设计用 0~2.5 V 的电压测量标称值为 2600 Ω 线性电阻的伏安特性曲线,要求所测电阻结果的相对误差 $E_R \leqslant 0.8\%$

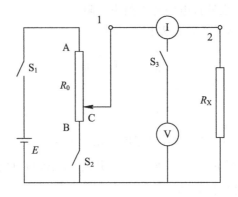

图 4-2-3　实验电路图

设计结果如下：

(1) 电源的选择：直流稳压电源(0～30 V)，粗调钮每隔 3 V 一挡。

(2) 电压表的选择：量程 2.5 V，等级选 0.5 级。

(3) 电流表的选择：量程 1000 μA，等级选 0.5 级，电流表内接。

(4) 滑线变阻器 R_0 的选择：105 Ω 滑线变阻器，$I_{max}=2$ A，调控电路选分压电路。

(5) 实验电路的设计：实验电路如图 4-2-4 所示，S_1 倒向 a。

同学们对照设计结果，检查自己的设计是否正确，如果有出入，请自行改正。

按以上设计挑选仪器，合理布置，检查仪器机械零点调节；按电路图正确接线，将 V 表指向 0.0～100.0 格，每隔 10.0 记录毫安表的指示值，来回各做一次。

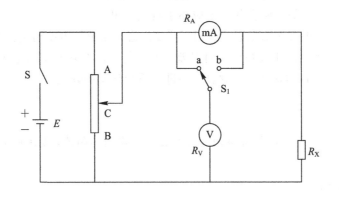

图 4-2-4　伏安法测电阻线路连接图

五、实验步骤

1. 设计用 2 V 的电压测量标称值为 850 Ω 线性电阻的阻值，要求所测电阻结果的相对误差 $E_R \leqslant 0.8\%$

(1) 按自己的设计挑选仪器，合理布置，检查仪器机械零点调节；记下电流表、电压表的量程、内阻和准确度等级。

(2) 按图 4-2-3 所示将仪器和待测电阻接好，将滑线变阻器的滑动触头 C 放在电路中电流最小位置 B 处。经教师检查线路后，接通电源。

(3) 把开关 S_3 倒向 1，改变滑线变阻器的滑动头位置，使电压表 V 指向 80.0 格，记录毫安表的指示值，只做一次。

(4) 关闭电源，整理仪器。

2. 设计用 0～2.5 V 的电压测量标称值为 2600 Ω 线性电阻的伏安特性曲线，要求所测电阻结果的相对误差 $E_R \leqslant 0.8\%$

(1) 按自己的设计挑选仪器，合理布置，检查仪器机械零点调节；记下电流表、电压表的量程、内阻和准确度等级。

(2) 按图 4-2-4 所示将仪器和待测电阻接好，将滑线变阻器的滑动触头 C 放在电路中分压为 0 的位置 B 处。经教师检查线路后，接通电源。

(3) 把开关 S_1 倒向 a，移动滑线变阻器的滑动头，从零开始记录电压表从 0.0～100.0 格，每隔 10.0 记录毫安表的指示值，来回各做一次。

(4) 关闭电源，整理仪器，打扫卫生。

六、数据记录与处理

1. 实验的原始数据记录

表 4-2-3　测标称值为 850 Ω 电阻的原始数据记录表

电表名称	量程 X_m	等级 S_m	内阻 R_g/Ω	度盘小格数	分度值	仪器型号	仪器编号	测量读数（格）
电压表								
电流表								

表 4-2-4　测标称值为 2600 Ω 电阻伏安特性曲线所用电表参数的原始数据记录表

电表名称	量程	等级	内阻/Ω	度盘小格数	分度值	仪器型号	仪器编号
电压表							
电流表							

表 4-2-5　测标称值为 2600 Ω 电阻伏安特性曲线的原始数据记录表

V 表读数（格）										
I 表读数（格）										

2. 数据处理要求

(1) 标称值为 850 Ω 电阻是单次直接测量，用单次直接测量误差来表示测量结果。

(2) 2600 Ω 电阻伏安特性曲线进行了多点测量，推荐用列表法和作图法进行数据处理。

七、问题与讨论

(1) 用作图法求电阻有什么优点？

(2) 通过自己的设计并亲自按设计做完此实验,有何收获、心得和体会?

实验 4.3　设计用电位差计校准电表

一、实验目的

(1) 设计用电位差计校准量程 $U_m = 3$ V、等级 $S_m = 0.5$ 级、刻度盘有 150 个最小等分格的电压表。

(2) 设计用电位差计校准量程 $I_m = 2.5$ mA、等级 $S_m = 0.5$ 级、内阻 $R_{Ig} = 78$ Ω、刻度盘有 100 个最小等分格的电流表。

二、实验器材

实验器材有 UJ24 型电位差计(简称电位差计),直流稳压电源为 0~30 V,粗调钮每相隔 3 V 有一挡;分压器,假如分压器的输出端钮分别有 ×2、×5、×10、×20、×50 等挡;标准电阻,其标称值分别有 1、10、100、1000、10 000 等;开关、导线若干,可供选择的滑线变阻器的规格如表 4 - 3 - 1 所示。

表 4 - 3 - 1　滑线变阻器参数

R_0/Ω	10.7	22.1	105	240	1 k	14.68 k
I_{max}/A	4.5	4.5	2	1	0.5	0.1

已知:UJ24 型电位差计的分度值 $\delta_U = 0.000\ 01$ V、等级 $S_m = 0.02$ 级,电位差计仪器的标准偏差计算公式为 $\sigma_U = \sigma_仪 = \dfrac{U_示\ S_m\% + 0.5\Delta_U}{\sqrt{3}}$,电压表与电流表仪器标准偏差计算公式为 $\sigma_X = \dfrac{X_m S_m\%}{\sqrt{3}}$。

三、实验内容

设计题 1　设计用 UJ24 型电位差计校准量程 $U_m = 3$ V、等级 $S_m = 0.5$ 级、刻度盘有 150 个最小等分格的电压表。

设计思路:首先要证明 UJ24 型电位差计能校准给定的电压表与电流表,然后设计校准电路图,并正确选择有关仪器参数,拟定校准步骤。

设计方案:

(1) 证明 UJ24 型电位差计能校准量程 $U_m = 3$ V、等级 $S_m = 0.5$、刻度盘有 150 个最小等分格的电压表。

电压表的仪器误差 $\sigma_仪 = \dfrac{U_m S_m\%}{\sqrt{3}} = \dfrac{3 \times 0.5\%}{\sqrt{3}} = 0.0087$ V,即该表不管所测电压的大小如何,其每个测量值的测量误差 $\sigma_U = \sigma_仪 = 0.0087$ V。而电位差计所测电压的测量误差 $\sigma_测$ 与 $U_测$ 本身的大小有关,$U_测$ 越大,$\sigma_测$ 越大,反之越小。当校准表满刻度点时,$U_测 \approx 3.000\ 00$ V,故

$$\sigma_{测} = \frac{3.0 \times 0.02\% + 0.5 \times 0.000\,01}{\sqrt{3}} = 0.00035 \text{ V} \ll \sigma_{仪} = 0.0087 \text{ V}$$

由此不难得出其他各测点用电位差计测量的误差只可能小于满刻度点的测量误差，所以电位差计完全可校准该电压表。

（2）实验电路如图 4-3-1 所示，把 D、F 点分别接电位差计即可。

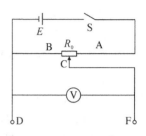

图 4-3-1 实验电路

（3）仪器选择如下：

① 电源选择直流稳压电源 0～30 V 的粗调 3 V 挡。

② 滑线变阻器调控电路的选择。因为要从电压表零点开始测起，所以只能选择分压电路，限流电路无法使负载上的电压调至零，故不采用。

③ 滑线变阻器全电阻大小 R_0 的选择。由分压电路的细调程度和线性调节的程度要求实验电路的特征参数 $K = R_L/R_0 \geqslant 2$，电压表的内阻为每 1 V 量程 200 Ω，故电路的负载电阻为 $R_L = 200 \times 3 = 600$ Ω，所以滑线变阻器全电阻大小 $R_0 \leqslant R_L/2 = 600/2 = 300$ Ω。由可供选择滑线变阻器的 R_0 可知，符合条件的有 240 Ω、105 Ω、22.1 Ω、10.7 Ω 四种，因在实验条件相同的情况下，电阻越大越省电，故应选用 R_0 为 240 Ω 的滑线变阻器，其额定电流 $I_{\max} = 1$ A。

④ 使用中当滑线变阻器的滑动点 C 与 A 重合时，总电路中的总电流有最大值，且

$$I_{总\max} = \frac{E}{\dfrac{1}{1/R_0 + 1/R_L}} = E\left(\frac{1}{R_0} + \frac{1}{R_L}\right) = 3 \times \left(\frac{1}{240} + \frac{1}{600}\right) = 0.0175 \text{ A} \ll I_{总\max} = 1 \text{ A}$$

所以滑线变阻器不会被烧坏。

⑤ 分压器的选择。因被校电压表的量程为 $U_m = 3$ V，而电位差计的量程只有 1.611 10 V，所以电位差计只能校准电压表的 0～80.5 格，即 0～(3/150)×80.5 = 1.61 V 之内的点。而从 80.5～150.0 格的所有的点要借助分压器分压之后才能校准，这时应把电路中的 D、F 两点接分压器的两输入端钮，选择分压器输出端钮挡数的方法是被测点的电压值除以挡数应小于或等于电位差计的量程，且又尽量接近其量程即可。因为电压表量程为 $U_m = 3$ V，所以由 3/挡数≤1.611 10 V 得挡数≥3/1.611 10＝1.86，分压器可供选择的挡数中，应选择符合条件的最小挡，即选择×2 挡为最好。

四、实验步骤与注意事项

电位差计与检流计、标准电池、工作电源的连接电路，检流计的调零及使用方法，标准电池的标准电动势修正方法，电位差计本身的校准与测量方法请自行查阅相关资料，这里不再详述。下面给出设计题 1 的实验步骤与注意事项。

（1）按有关要求预置好各仪器中各开关、各旋钮的初始位置，合理布置有关仪器，正确连接电路，调节好检流计的机械零点。

（2）读记标准电池中温度计的温度 t，查出标准电池在此温度 t 下的标准电动势的修正值 $\Delta\varepsilon_t$，求出此时的标准电动势 ε_t，科学地调节标准电动势补偿电阻 R_N 来校准电位差计，使工作回路中的工作电流严格等于 0.0001 A。

（3）调节辅助电路中滑线变阻器的滑动点 C，使电压表严格指满度 150.0 小格时，把电

路中的 D、F 两点分别接至分压器的两输入端钮,其输出端钮(其中一钮选×2 挡)接电位差计的未知 1 或 2,把电位差计的测量盘预置到 3/2＝1.5 V;再按照电位差计的初测方法测量此时电压表的校正值,读记此时的 $U_测$。注意:读记 $U_测$ 的同时,必须观察电压表的指针是否还严格指满 150.0 小格,如未指满需重新测量。

(4) 调节滑动点 C 使电压表依次严格指 140.0、130.0、120.0、110.0、100.0、90.0 小格时,都重新校正电位差计后,按电压表校正点电压的理论值除以 2 得到的电压值预置在电位差计的测量盘上,再按电位差计首次测量的方法测量,并分别读记各被校点的校正值。

(5) 撤出分压器,把辅助电路图的 D、F 两点直接连接电位差计的未知 1 或 2,依次调节滑线变阻器的滑动点 C,使电压表依次分别严格指 80.0、70.0、60.0、50.0、40.0、30.0、20.0、10.0、0.0 小格时,按各校正点的电压理论值依次预置在电位差计的测量盘上,再分别按重校、初测的方法测量和读记各校准点电压的校正值。

(6) 按电压由小到大的方向和以上介绍的校准、测量的方法,依次把以上各校准点从电压表的零点再校准到满度点。

(7) 全部数据测量完毕后,检查、验算所有数据是否有反常的地方,若有,则应对其重测,直到所有数据都正常后为止。然后关电源,拆除线路,整理仪器。

五、实验数据记录与处理

数据处理可参阅实验 2.3 介绍的处理方法及原则,求出各校准点电压的校正值、校正值的平均值以及各点的校准误差,画出校准曲线;求出被校电压表的标称误差,确定被校电压表经校准后的精确度等级。

设计题 2　设计用 UJ24 型电位差计校准量程 $I_m＝$
2.5 mA、等级 $S_m＝0.5$ 级、内阻 $R_{Ig}＝78$ Ω、刻度盘有 100
个最小等分格的电流表。

设计方案:

(1) 用电位差计校准电流表的辅助电路图如图 4-3-2
所示。

(2) 仪器选择:

① 选择电源。因为电位差计测量电压的上限值为

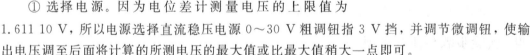
图 4-3-2　辅助电路图

1.611 10 V,所以电源选择直流稳压电源 0～30 V 粗调钮指 3 V 挡,并调节微调钮,使输出电压调至后面将计算的所测电压的最大值或比最大值稍大一点即可。

② 标准电阻标称值的选择。校准电流表的最大电流值即满刻度值等于其量程数,校准时,标准电阻中流过的电流与电流表中的电流完全相同,这是因为它与电位差计相连的两线中在测量调整后无分电流。所以流过标准电阻中电流的最大值 $I_{标max}＝I_m$,要求标准电阻两端电压的最大值要小于或等于电位差计的上限值,且尽量接近其上限值,即

$$U_{标max}＝I_{标max}×R_标≤1.611\ 10\ \text{V}$$

$$I_{标max}＝0.0025\ \text{A}$$

所以

$$R_标＝\frac{U_{标max}}{I_{标max}}≤\frac{1.611\ 10}{0.0025}＝644.44\ \text{Ω}$$

由于标准电阻的标称值只有 $1 \times 10 N (\Omega)$（N 为 $-4 \sim 4$ 之间的整数且包括 0），应选择符合条件的最大值，因此 $R_标$ 要选择 100 Ω，则

$$U_{标 \max} = I_{标 \max} \times R_标 = 0.0025 \times 100 = 0.25 \text{ V}$$

③ 滑线变阻器的调控电路和全电阻 R_0 大小的选择。

由于校准电流表必从零点至满刻度间每相隔 10 个小格校准一点，而限流电路不可能使负载上的电流调至零，因此无法采用，只能选择分压电路。

选择滑线变阻器 R_0 的大小要先求负载电阻 R_L，由图 4-3-2 所示辅助电路的负载电阻 $R_L = R_标 + R_{Ig} = 100 + 78 = 178$ Ω，分压电路选择 R_0 时只需考虑其细调程度和线性调节的程度，要求电路的特征参数 K 为

$$K = \frac{R_L}{R_0} = \frac{178}{R_0} \geqslant 2$$

所以

$$R_0 \leqslant \frac{R_L}{2} = \frac{178}{2} = 89 \text{ Ω}$$

在可供选择的滑线变阻器参数表 4-3-1 中，应选择符合此条件中的最大者，即 R_0 选用 22.1 Ω，其额定电流为 $I_{\max} = 4.5$ A。

要证明所选滑线变阻器在给定条件的任何情况下使用都不会烧坏，只要证明所选滑线变阻器在给定条件的任何情况下流过滑线变阻器的总电流的最大值 $I_{总 \max} \leqslant$ 所选滑线变阻器的额定电流 $I_{\max}$ 即可。在使用中，当滑线变阻器的滑动点 C 与 A 重合时，总电路中的总电流有最大值，且

$$I_{总 \max} = \frac{E}{\dfrac{1}{1/R_0 + 1/R_L}} = E \left(\frac{1}{R_0} + \frac{1}{R_L} \right) = 3 \times \left(\frac{1}{22.1} + \frac{1}{178} \right) = 0.1189 \text{ A} \ll I_{\max} = 4.5 \text{ A}$$

所以滑线变阻器不会被烧坏。

（3）证明电位差计能校准给定的电流表。

电流表各测点的测量误差，不管其测量值的大小如何，都等于电流表的仪器误差，即

$$\sigma_I = \sigma_仪 = \frac{I_m \times S_m \%}{\sqrt{3}} = \frac{2.5 \times 0.5 \%}{\sqrt{3}} = 0.0072 \text{ mA} = 7.2 \ \mu\text{A}$$

前面已求出电位差计校准所给电流表满刻度时所测电压的最大值为

$$U_{标 \max} = I_{标 \max} \times R_标 = 0.0025 \times 100 = 0.25 \text{ V}$$

其测量误差为

$$\sigma_测 = \frac{U_{标 \max} \times S_m \% + 0.5 \times \delta_U}{\sqrt{3}} = \frac{0.25 \times 0.02 \% + 0.5 \times 0.000 \ 01}{\sqrt{3}} = 0.000 \ 032 \text{ V}$$

由 $I_{标 \max} = U_{标 \max}/R_标$ 可推导出测量电流的最大误差计算公式为

$$\sigma_{I标 \max} = \frac{\sigma_{U标 \max}}{R_标} = \frac{\sigma_测}{R_标} = \frac{0.000 \ 032}{100} = 0.000 \ 000 \ 32 \text{ A} = 0.32 \ \mu\text{A} \ll \sigma_I = 7.2 \ \mu\text{A}$$

可以证明，校准所有其他各点的测量误差都小于校准满刻度点的测量误差，电位差计能校准给定的电流表。

校准电流表的步骤、注意事项可参照设计题 1 的有关内容自己拟定，这里不再重复。校准后的数据处理要求与实验 2.3 中校准电压表的要求相同，不再重述。

实验 4.4   设计利用单摆测量重力加速度

一、实验目的

利用单摆测量重力加速度 g，要求测量相对误差(相对不确定度)小于 1.0%，并分析摆角、空气阻力、细绳质量、周期计时方法对测重力加速度的影响。

二、实验器材

实验器材有单摆(长度可调)、米尺、秒表(0.01 s)、游标卡尺等。

三、实验原理

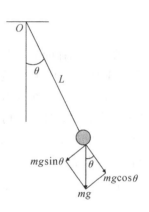

一根不可伸长的细线，上端悬挂一个小球。当细线质量比小球的质量小很多，而且小球的直径又比细线的长度小很多时，此种装置称为单摆，如图 4-4-1 所示。如果把小球稍微拉开一定的距离，那么小球在重力作用下可在垂直平面内做往复运动。一个完整的往复运动所用的时间称为一个周期。当摆动的角度小于 5° 时，设小球的质量为 m，其质心到摆的支点 O 的距离为 L(摆长)，作用在小球上的切向力的大小为 $mg\sin\theta$，它总指向平衡点 O'。若 θ 角很小，则 $\sin\theta \approx \theta$，切向力的大小为 $mg\theta$，按牛顿第二定律，质点的运动方程为

图 4-4-1   单摆

$$ma_{切} = -mg\theta, \qquad mL\frac{\mathrm{d}^2\theta}{\mathrm{d}t^2} = -mg\theta$$

$$\frac{\mathrm{d}^2\theta}{\mathrm{d}t^2} = -\frac{g}{L}\theta \tag{4-4-1}$$

式(4-4-1)是一简谐运动方程(参阅普通物理学中的简谐振动)，该简谐振动角频率 ω 的平方等于 g/L，由此得出 $\omega = 2\pi/T = \sqrt{g/L}$。可以证明单摆的周期 T 满足如下公式：

$$T = 2\pi\sqrt{\frac{L}{g}} \tag{4-4-2}$$

$$g = 4\pi^2\frac{L}{T^2} \tag{4-4-3}$$

式中：L 为单摆长度，单摆长度是指上端悬挂点到球心之间的距离；g 为重力加速度。如果测量得出周期 T、单摆长度 L，利用式(4-4-3)可计算出当地的重力加速度 g。

式(4-4-3)的不确定度传递公式为

$$\frac{u(g)}{g} = \sqrt{\left[\frac{u(L)}{L}\right]^2 + \left[2\,\frac{u(t)}{t}\right]^2} \tag{4-4-4}$$

从式(4-4-4)中可以看出，在 $u(L)$、$u(t)$ 大体一定的情况下，增大 L 和 t 对测量 g 有利。

当摆动角度 θ 较大($\theta > 5°$)时，单摆的振动周期 T 和摆动的角度 θ 之间存在下列关系：

$$T = 2\pi \sqrt{\frac{L}{g}} \left[1 + \left(\frac{1}{2}\right)^2 \sin^2 \frac{\theta}{2} + \left(\frac{1}{2}\right)^2 \left(\frac{3}{4}\right)^2 \sin^4 \frac{\theta}{2} + L \right]$$

一般在实验上确定单摆做简谐振动的最大摆角的方法是微小偏差准则,即系统误差小于实际测量一个周期所产生系统误差的 1/3。如果实验中测量周期的秒表仪器的误差为 0.01 s,那么最小可分辨时间为

$$|\Delta T| = |T_0 - T| = 2\pi \sqrt{\frac{L}{g}} \left(\frac{1}{4} \sin^2 \frac{\theta_0}{2} \right) < \frac{1}{3} \times 0.01$$

如果取 $g = 9.8 \ \text{m/s}^2$,$L = 65.0 \ \text{cm}$,代入上式解得 $\theta_0 < 10.72°$,即单摆的最大摆角小于 $10.72°$。在实验精度内,单摆的实际振动才可视为简谐振动,而且摆长不同,单摆做简谐振动的最大摆角也不同。

研究在不同摆长、不同摆角、不同振动次数计时所测量的重力加速度。在要求的相对误差(相对不确定度)小于 1.0% 的前提下,确定测量条件。

四、实验内容

(1) 研究单摆振动周期与单摆长度的关系,并测定 g 值。

(2) 对同一单摆长度 L,测出小球摆动不同个周期所用的时间。

(3) 研究摆动角度 θ 和振动周期 T 之间的关系。

实验 4.5 设计万用表

一、实验目的

把已知表头($I_g = 100 \ \mu\text{A}$、$R_g = 1200 \ \Omega$、$S_m = 0.5$ 级)改装,设计为一简单万用表。其中测直流电流的量程分别为 500 μA、1000 μA、2.5 mA、5 mA、10 mA、15 mA、30 mA、50 mA、100 mA、150 mA、500 mA;测直流电压的量程分别为 2.5 V、3 V、5 V、10 V、15 V、30 V、50 V、75 V、100 V、300 V、600 V;测直流电阻的欧姆表挡数分别为 ×1、×10、×100、×1 k、10 k。

二、实验器材

实验器材有微安表、标准电流表、标准电压表、直流电源、滑线变阻器、电阻(多个)、电阻箱、单刀双掷开关、导线等。

三、实验原理

在实验 2.3 中,我们已经进行了单量程的电流表、电压表、欧姆表的改装与校准,以此为基础列式计算各量程、各挡数所要串联或并联电阻的理论值,并设计一个最简单的电路原理总图。

1. 求改/扩各量程电流表时并联电阻的理论值

(1) $R_1 = R_{S1理} = \dfrac{R_g}{(I_m/I_g) - 1} = \dfrac{1200}{(500/100) - 1} = 300.00 \ \Omega$。

(2) $R_2 = R_{S2理} = \dfrac{R_g}{(I_m/I_g)-1} = \dfrac{1200}{(1000/100)-1} = 133.33 \ \Omega$。

(3) $R_3 = R_{S3理} = \dfrac{R_g}{(I_m/I_g)-1} = \dfrac{1200}{(2.5/0.1)-1} = 50.00 \ \Omega$。

(4) $R_4 = R_{S4理} = \dfrac{R_g}{(I_m/I_g)-1} = \dfrac{1200}{(5/0.1)-1} = 24.49 \ \Omega$。

(5) $R_5 = R_{S5理} = \dfrac{R_g}{(I_m/I_g)-1} = \dfrac{1200}{(10/0.1)-1} = 12.12 \ \Omega$。

(6) $R_6 = R_{S6理} = \dfrac{R_g}{(I_m/I_g)-1} = \dfrac{1200}{(15/0.1)-1} = 8.05 \ \Omega$。

(7) $R_7 = R_{S7理} = \dfrac{R_g}{(I_m/I_g)-1} = \dfrac{1200}{(30/0.1)-1} = 4.01 \ \Omega$。

(8) $R_8 = R_{S8理} = \dfrac{R_g}{(I_m/I_g)-1} = \dfrac{1200}{(50/0.1)-1} = 2.40 \ \Omega$。

(9) $R_9 = R_{S9理} = \dfrac{R_g}{(I_m/I_g)-1} = \dfrac{1200}{(100/0.1)-1} = 1.20 \ \Omega$。

(10) $R_{10} = R_{S10理} = \dfrac{R_g}{(I_m/I_g)-1} = \dfrac{1200}{(150/0.1)-1} = 0.80 \ \Omega$。

(11) $R_{11} = R_{S11理} = \dfrac{R_g}{(I_m/I_g)-1} = \dfrac{1200}{(500/0.1)-1} = 0.24 \ \Omega$。

2. 求改/扩各量程电压表时串联电阻的大小

(1) $R_{12} = R_{P1理} = R_g\left(\dfrac{U_m}{I_g R_g}-1\right) = 1200\left(\dfrac{2.5}{0.0001 \times 1200}-1\right) = 23\ 800.0 \ \Omega$。

(2) $R_{13} = R_{P2理} = R_g\left(\dfrac{U_m}{I_g R_g}-1\right) = 1200\left(\dfrac{3}{0.0001 \times 1200}-1\right) = 28\ 800.0 \ \Omega$。

(3) $R_{14} = R_{P3理} = R_g\left(\dfrac{U_m}{I_g R_g}-1\right) = 1200\left(\dfrac{5}{0.0001 \times 1200}-1\right) = 48\ 800.0 \ \Omega$。

(4) $R_{15} = R_{P4理} = R_g\left(\dfrac{U_m}{I_g R_g}-1\right) = 1200\left(\dfrac{10}{0.0001 \times 1200}-1\right) = 98\ 800.0 \ \Omega$。

(5) $R_{16} = R_{P5理} = R_g\left(\dfrac{U_m}{I_g R_g}-1\right) = 1200\left(\dfrac{15}{0.0001 \times 1200}-1\right) = 148\ 800.0 \ \Omega$。

(6) $R_{17} = R_{P6理} = R_g\left(\dfrac{U_m}{I_g R_g}-1\right) = 1200\left(\dfrac{30}{0.0001 \times 1200}-1\right) = 298\ 800.0 \ \Omega$。

(7) $R_{18} = R_{P7理} = R_g\left(\dfrac{U_m}{I_g R_g}-1\right) = 1200\left(\dfrac{50}{0.0001 \times 1200}-1\right) = 498\ 800.0 \ \Omega$。

(8) $R_{19} = R_{P8理} = R_g\left(\dfrac{U_m}{I_g R_g}-1\right) = 1200\left(\dfrac{75}{0.0001 \times 1200}-1\right) = 748\ 800.0 \ \Omega$。

(9) $R_{20} = R_{P9理} = R_g\left(\dfrac{U_m}{I_g R_g}-1\right) = 1200\left(\dfrac{100}{0.0001 \times 1200}-1\right) = 998\ 800.0 \ \Omega$。

(10) $R_{21} = R_{P10理} = R_g\left(\dfrac{U_m}{I_g R_g}-1\right) = 1200\left(\dfrac{300}{0.0001 \times 1200}-1\right) = 2\ 998\ 800 \ \Omega$。

(11) $R_{22} = R_{P11理} = R_g\left(\dfrac{U_m}{I_g R_g}-1\right) = 1200\left(\dfrac{600}{0.0001 \times 1200}-1\right) = 5\ 998\ 800 \ \Omega$。

3. 改装各挡数欧姆表并联和串联电阻参数的计算

（1）改装×1挡欧姆表并联和串联电阻参数的计算。

欧姆表的综合内阻 $R_Z = 10 \times$ 挡数 $= 10 \times 1 = 10$ Ω；$E = 1.5$ V，计算欧姆表中电路总电流的最大值 $I_{总max} = \dfrac{E}{R_Z} = \dfrac{1.5}{10} = 0.15$ A；先把表头改/扩量程为 150 mA 的电流表，即并联电阻为 $R_{23} = R_{S12理} = \dfrac{R_g}{(I_m/I_g) - 1} = \dfrac{1200}{(150/0.1) - 1} = 0.80$ Ω；若电源内阻 $R_内 = 0.5$ Ω，则串联电阻

$$R_{24} = R_{P12理} = R_Z - \frac{R_{S12理} R_g}{R_{S12理} + R_g} - R_内 = 10 - \frac{0.80 \times 1200}{0.80 + 1200} - 0.5 = 8.70 \ \Omega$$

（2）改装×10挡欧姆表并联和串联电阻参数的计算。

欧姆表的综合内阻 $R_Z = 10 \times$ 挡数 $= 10 \times 10 = 100$ Ω；$E = 1.5$ V，计算欧姆表中电路总电流的最大值 $I_{总max} = \dfrac{E}{R_Z} = \dfrac{1.5}{100} = 0.015$ A；先把表头改/扩量程为 15 mA 的电流表，即并联电阻为 $R_{25} = R_{S13理} = \dfrac{R_g}{(I_m/I_g) - 1} = \dfrac{1200}{(15/0.1) - 1} = 8.05$ Ω；若电源内阻 $R_内 = 0.5$ Ω，则串联电阻

$$R_{26} = R_{P13理} = R_Z - \frac{R_{S13理} R_g}{R_{S13理} + R_g} - R_内 = 100 - \frac{8.05 \times 1200}{8.05 + 1200} - 0.5 = 91.50 \ \Omega$$

（3）改装×100挡欧姆表并联和串联电阻参数的计算。

欧姆表的综合内阻 $R_Z = 10 \times$ 挡数 $= 10 \times 100 = 1000$ Ω；$E = 1.5$ V，计算欧姆表中电路总电流的最大值 $I_{总max} = \dfrac{E}{R_Z} = \dfrac{1.5}{1000} = 0.0015$ A；先把表头改/扩量程为 1.5 mA 的电流表，即并联电阻为 $R_{27} = R_{S14理} = \dfrac{R_g}{(I_m/I_g) - 1} = \dfrac{1200}{(1.5/0.1) - 1} = 85.71$ Ω；若电源内阻 $R_内 = 0.5$ Ω，则串联电阻

$$R_{28} = R_{P14理} = R_Z - \frac{R_{S14理} R_g}{R_{S14理} + R_g} - R_内 = 1000 - \frac{85.71 \times 1200}{85.71 + 1200} - 0.5 = 919.50 \ \Omega$$

（4）改装×1k挡欧姆表并联和串联电阻参数的计算。

欧姆表的综合内阻 $R_Z = 10 \times$ 挡数 $= 10 \times 1000 = 10\,000$ Ω；$E = 1.5$ V，计算欧姆表中电路总电流的最大值 $I_{总max} = \dfrac{E}{R_Z} = \dfrac{1.5}{10\,000} = 0.000\,15$ A；先把表头改/扩量程为 150 μA 的电流表，即并联电阻为 $R_{29} = R_{S15理} = \dfrac{R_g}{(I_m/I_g) - 1} = \dfrac{1200}{(150/100) - 1} = 2400.0$ Ω；若电源内阻 $R_内 = 0.5$ Ω 可忽略不计，则串联电阻

$$R_{30} = R_{P15理} = R_Z - \frac{R_{S15理} R_g}{R_{S15理} + R_g} = 10\,000 - \frac{2400 \times 1200}{2400 + 1200} = 9200.0 \ \Omega$$

（5）改装×10 k挡欧姆表并联和串联电阻参数的计算。

欧姆表的综合内阻 $R_Z = 10 \times$ 挡数 $= 10 \times 10\,000 = 100\,000$ Ω；$E = 12$ V，计算欧姆表中电路总电流的最大值 $I_{总max} = \dfrac{E}{R_Z} = \dfrac{12}{100\,000} = 0.000\,12$ A；先把表头改/扩量程为 120 μA 的

电流表，即并联电阻为 $R_{31}=R_{S16理}=\dfrac{R_g}{(I_m/I_g)-1}=\dfrac{100\,000}{(120/100)-1}=500\,000.0\ \Omega$；若电源内阻 $R_内=0.5\ \Omega$ 可忽略不计，则串联电阻

$$R_{32}=R_{P16理}=R_Z-\frac{R_{S16理}R_g}{R_{S16理}+R_g}=100\,000-\frac{500\,000\times1200}{500\,000+1200}=98\,802.9\ \Omega$$

4. 总电路原理图设计

总电路原理图如图 4-5-1 所示，相关说明如下：

(1) S_1 旋钮图示位置处于断路状态，在转动过程中，C 端只分别与各电阻接触，而不与 A、B 金属片接触；D 端只与 A、B 金属片接触，而不与电阻接触，且 C、D 两点在旋柄内用导线相连。若当 S_1 旋指 R_1 相连时，则 R_1 通过 C、D、B 连通而与表头 G 并联、与 $R_2\sim R_{22}$ 断开，这就是 500 μA 量程电流表⋯⋯当 S_1 旋指 R_{12} 时，R_{12} 与 C、D、A 连通而与表头串联，这就是 2.5 V 量程的电压表⋯⋯

(2) 因为 S_2 所处位置为断路状态，当 S_2 旋指 R_{23} 时，R_{23} 通过 S_2 与金属片 F 相连，使 R_{23} 与表头并联；再通过 S_2 与 R_{24} 连通，使 R_{24} 与表头串联，这就是×1 挡欧姆表⋯⋯

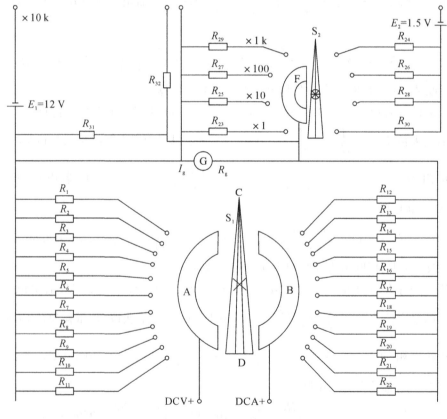

图 4-5-1 总电路原理图

四、实验内容、注意事项、实验数据记录与处理

校准改装万用表的步骤、注意事项、校准后的数据处理要求与实验 2.3 中校准单量程

电流表、电压表及欧姆表的要求相同，不再重述。

实验 4.6　电阻温度计的设计与标定

一、实验目的

要求利用金属材料和半导体材料制成的热敏电阻设计出一只能够测量常温的温度计。实验的测温范围为 15～100 ℃，并对温度计进行标定，绘制 T-I（温度-电流）或 T-U（温度-电压）标定曲线；用标定后的温度计测量室温、人体掌心温度，并与标准温度计所测结果进行比较。

二、实验器材

实验器材有 EH-物理实验仪、稳压电源、微安表、电压表、万用表、滑线变阻器、加热器、惠斯通单臂箱式电桥、被测热敏电阻、水银温度计、导线等。

三、实验原理

物质的电阻率随温度的变化而变化的现象称为热电阻效应。某些金属如铜、铂和半导体都具有热电阻效应。金属是具有正温度系数的热敏电阻，对于大多数金属导体电阻，当温度每升高 1℃ 时，电阻值要增加 0.4%～0.6%；而半导体是负温度系数的热敏电阻，对于半导体材料制成的电阻，当温度每升高 1℃ 时，电阻值要降低 2%～6%。这些物质的电阻与其自身温度有着密切的关系，因此可以把它们当做"温度-电阻"变换器，用作测量温度的敏感元件，故统称为电阻温度计。

1. 热电阻

热电阻一般用纯金属制成，其电阻温度系数较高，目前应用最广泛的是铂和铜，已制成标准测温热电阻。

如图 4-6-1 所示，铂(Pt)电阻的阻值变化率与温度之间的关系接近于线性，在 0～650℃ 范围内可用下式表示：

$$R_t = R_0(1 + At + Bt^2)$$

在 -200～0℃ 范围内则由下式表示：

$$R_t = R_0[1 + At + Bt^2 + C(t-100)^3]$$

式中，R_0 为 0℃ 时的电阻值，R_t 为 t ℃ 时的电阻值。

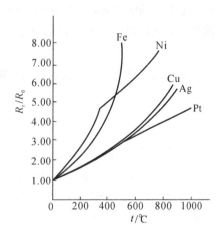

图 4-6-1　阻值变化率与温度的关系图

铂的物理化学性能非常稳定，是公认的工业用的电阻温度计材料。铂电阻在国际实用温标中取在 13.81～630.7 K 范围内的复现温标。铂电阻的常用测量范围在 -200～500℃。在 0℃ 以上时，铂电阻与温度之间的关系近似于直线，其电阻温度系数为 $3.9 \times 10^{-3}/℃$。

但铂是贵重金属，所以在一些测量精度要求不很高、测温范围比较小（-50～150℃）的情况下常采用铜电阻。在上述温域内，铜电阻有很好的稳定性和较大的温度系数，其电阻值与温度的关系曲线接近于线性。铜电阻的主要缺点是电阻率比铂的小，约为铂的 1/5.8 ($\rho_{Cu}=0.017\times10^{-6}\ \Omega\cdot m$，$\rho_{Pt}=0.098\times10^{-6}\ \Omega\cdot m$)。因此，铜电阻使用的铜丝要求细而且长，从而使其机械强度降低，在温度较高(100℃以上)的浸蚀性介质中使用时的化学稳定性也较差。

在 −50~150℃ 的温域内，铜电阻的阻值与温度的关系为

$$R_t=R_0(1+At+Bt^2+Ct^3)$$

按我国统一的设计标准，铜电阻的 R_0 值有 100 Ω 和 50 Ω 两种规格，在 −50~50℃温域内其精度为±0.5℃，在 50~150℃温域内铜电阻与温度的关系是线性的，即 $R_t=R_0(1+at)$。

2. 金属导体的电阻及其与温度关系的理论解释

金属最突出的特点之一就是它们都具有优良的导电性能(故叫作良导体)。因此，金属的导电机制在早期曾成为理论研究的中心问题之一。1900 年特鲁德首先提出用金属中存在的可自由运动的电子来解释其导电性，后经洛伦兹等人的研究，形成了所谓金属的经典电子理论。

经典电子理论是假定金属中存在可以自由运动的电子和正离子。正离子构成晶格点阵，而自由电子则不断地在晶体中做不规则的热运动。这种自由电子满布于金属中，称为"电子气"。通常情况下，由于热运动的无规则性，统计地说，向任何方向运动的电子数目都相等，因此金属中没有电流(即电子没有定向移动)。但当金属处于电场中时，每个自由电子都受到电场力的作用，它们将沿着与电场力相反的方向，相对于晶格点阵做规则的漂移运动。当然这种运动是叠加于热运动之上的，电子的这种定向运动就形成了电流。

设在电场力的作用下，电子获得的平均漂移速度为

$$\bar{v}=\mu E$$

$\bar{v}$ 正比于电场强度 E，系数 μ 叫作电子的迁移率。已知电流密度 j 是单位时间流过单位截面的电荷，这可以用 $\bar{v}$ 和流过的电子数 n 表示出来，即

$$j=ne\bar{v}=ne\mu E=\sigma E$$

式中，$\sigma=ne\mu$ 称为电导率。σ 表示金属导电能力的强弱，而通常说的电阻率 ρ 定义为电导率的倒数，即

$$\rho=\frac{1}{\sigma}=\frac{1}{ne\mu}$$

电阻的含义是明确的，即阻碍电流的通过。根据经典电子理论，自由电子之所以在金属中不能畅通无阻，是因为自由电子在运动过程中互相碰撞并与晶格点阵上的正离子碰撞。这种碰撞(决定了 μ 的大小)是与温度有关的。经典电子理论推导出，σ 应与绝对温度 T 的平方根 $\sqrt{T}$ 成正比，但这是与实验结果不相符的。在实验中会发现，金属的电阻(电阻率)并非与 $\sqrt{T}$ 成正比，而是基本上正比于 T。

为了解释这一现象，就必须用新的观点来研究。事实上，电子在金属中的运动表现出了强烈的波动特征。电子在晶格点阵中的运动相当于德布罗意波(量子物理部分的知识)在晶格中间的传播。如果这种点阵具有严格的周期性，那么电子的运动就不会受到阻碍，金属将不存在电阻。然而，构成金属晶格点阵的离子存在着不规则的热运动，而且随着金属

温度的升高，点阵上离子的热运动也越来越强烈，以致造成了不均匀性，破坏了晶格点阵的完整周期性。离子的这种热运动对运动电子的散射，使得金属具有一定的电阻。这是金属中自由电子的量子理论的结果。根据这一理论的推导，电子运动受离子热振动散射影响的大小是正比于绝对温度 T 的，这就比较好地解释了实验的结果。

不过，由于金属中总会含有一定的杂质和存在一定的缺陷，它们也会影响到金属的导电性，因此金属的电阻率与温度的关系也不是单纯线性的。通常我们可用这样一个经验公式来表达电阻率与温度之间的关系，即

$$\rho_t = \rho[1 + \alpha(t - t_0)]$$

式中，α 为金属材料的电阻温度系数，单位为 $℃^{-1}$，一般指以某一温度为中心的某个范围内的平均温度系数。

对一段导体或一个电阻元件的电阻来说，不难导出

$$R_t = R_0[1 + \alpha(t - t_0)]$$
$$R_t = R_0(1 - \alpha t_0) + \alpha R_0 t$$

当 $t_0 = 0\ ℃$ 时，上式有最简单的形式，即

$$R_t = R_0(1 + \alpha t)$$

式中，R_0 为温度 $t = 0℃$ 时的电阻值；R_t 为温度 $t℃$ 时的电阻值。由上式可知，因为等号右边一项为常数，所以其 R-t 曲线必是一条直线，由其斜率 k 及 R_0 即可求得 α。如果温度变化为 $\delta_t = t - t_0$，则相应的电阻改变量为 $\delta_R = R - R_0$，得

$$\alpha = \frac{\delta_R}{R_0 \delta_t}$$

3. 热敏电阻

参阅实验 3.1 中的相关内容。

4. 改装温度表实验

惠斯通电桥是采用平衡法精确测量电阻的，在研究所测试的热电阻的温度特性时，为使温度测量能连续进行，即能从电表上连续地反映出温度的变化，一般采用不平衡电桥来实现。

图 4-6-2 所示的电桥中，如果 R_t、R_1、R_2 和 R_3 配合适当，可使电桥平衡，电流计 G 中无电流流过。若温度变化使 R_t 值变化，电桥处于不平衡状态，G 中就有电流流过。一定的温度 t 对应于一定的 R_t，而 R_t 又对应于一定的 I_g 和 G 中的偏转量，所以只要事先对 G 标定，就可以根据 G 的偏转量连续地测量温度，因而可将微安表改装成温度表。由于 I_g 随 t 的变化是非线性的，因此所改装温度表的刻度是非均匀的。

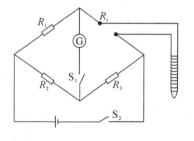

图 4-6-2 实验电桥图

在非平衡电桥中，流过电流计的电流大小不仅和 R_t 的数值有关，还和电桥的电源输出电压的大小有关。电源电压的波动会影响温度测量的正确度，所以电桥电源要用一定精度的稳压电源。另外对于 R_1 和 R_2 阻值的选择还必须满足以下条件：在电源电压一定的情况下，R_t 为最大值时(即 $t = 100℃$ 时)，检流计的偏转不超过满度值。

四、实验内容

用非平衡电桥测量温度。

(1) 电阻连接。按照图 4-6-2 所示，将 R_t 处改为标准电阻箱接在箱式电桥 R_x 的接线柱上。

(2) 标定。利用本实验补充知识表 4-6-1 中铜电阻(Cu50)R_t 与 t 的关系对检流计(或微安表)进行标定(也可用热敏电阻阻值和温度关系对检流计标定)。调节箱式电桥 $R_1 : R_2 = 1 : 1$，从 0℃开始标定，即将电桥的测量臂 R_3 取为 50.0 Ω，然后取外接电阻箱的阻值为 50.0 Ω 可使电桥平衡，G 指针指零处即为 0℃。以后，保持 R_1、R_2、R_3 不变，依次取电阻箱的阻值为表 4-6-1 中所列的数值，如 54.285 Ω，56.426 Ω，…，并在 G 指针相应偏转的各个位置记下偏转格数，即相应的温度 20℃、30℃、…。这样，在电阻箱换回为铜电阻 R_t 后，就可以由不平衡电桥中的电流计的偏转量直接读出所测的温度。本实验标定温度的范围为 0~100℃。

(3) 检验。用标定好的电阻温度计，即将铜电阻 R_t 接到电桥的 R_x 处，对铜电阻 R_t 加温，可分别测量室温、手掌心温度及不同温度下的水温，同时可与水银温度计测量出的结果进行比较。

 补充知识

铜电阻 R_t 与温度 t 的关系表分别如表 4-6-1 和表 4-6-2 所示。

表 4-6-1　Cu50 电阻与温度关系表

分度号：Cu50　　　　　　　　　　　　　　　　　　　　$R_t(0℃) = 50.00$ Ω

$t/℃$	−50	−40	−30	−20	−10	0		
$R_t/Ω$	39.242	41.400	43.555	45.706	47.854	50.000		
$t/℃$	0	10	20	30	40	50	60	70
$R_t/Ω$	50.000	52.144	54.285	56.426	58.565	60.704	62.842	64.981
$t/℃$	80	90	100	110	120	130	140	150
$R_t/Ω$	67.120	69.259	71.400	73.542	75.686	77.833	79.982	82.134

表 4-6-2　Cu100 电阻与温度关系表

分度号：Cu100　　　　　　　　　　　　　　　　　　　$R_t(0℃) = 100.00$ Ω

$t/℃$	−50	−40	−30	−20	−10	0		
$R_t/Ω$	78.48	82.80	87.11	91.41	95.71	100.00		
$t/℃$	0	10	20	30	40	50	60	70
$R_t/Ω$	100.00	104.29	108.57	112.85	117.13	121.41	125.68	129.96
$t/℃$	80	90	100	110	120	130	140	150
$R_t/Ω$	134.24	138.52	142.80	147.08	151.37	155.67	156.96	164.27

实验 4.7 可供选择的设计性物理实验

本实验只给出了实验任务和实验要求。由于没有给出具体的测量原理和测量工具,因此测量的方法可能有很多种,这将给学生提供比较大的自由想象空间。学生可以根据自己具备的物理知识或查阅相关文献,提出设计方案,包括实验原理、实验中使用仪器的确定、测量的具体方法和实验步骤、数据的获取和处理等。

1. 测量固体的密度

设计任务:已知铝柱的直径约为 3 cm,高约为 3.5 cm,密度约为 2.7 g/cm³,水的密度 $\rho_0 = 1.000$ g/cm³。要求测量圆柱体的密度,且测量的密度相对误差(相对不确定度)不大于 0.4%,说明测量原理(用数学公式表示直接测量量和间接测量量)和方法以及如何选择测量工具,写出测量步骤。

2. 测量电风扇的转速

设计任务:提供转速可以调节的家用电风扇。要求设计两种不同的方法来测量电风扇的转速,写出实验原理(用数学公式表示直接测量量和间接测量量)、实验方法和实验步骤。

3. 利用光电等厚干涉实验仪测量微小物质的直径

设计任务:实验室提供自制的光电等厚干涉实验仪(仪器的原理、组成和使用参阅实验 2.8 的相关内容),要求测量微小物质如金属丝、玻璃片等的直径或厚度,说明实验原理(用数学公式表示直接测量量和间接测量量)、实验方法和实验步骤。

4. 测量液体表面的张力系数

设计任务:提供被测液体(水或油),设计出两种不同的方法来测量被测液体的表面张力系数,写出实验原理(用数学公式表示直接测量量和间接测量量)、实验方法和实验步骤。

第五章 近代物理实验

实验 5.1 光电效应测量普朗克常数

量子理论是近代物理的基础之一，而光电效应则可以给量子理论以直观、鲜明的物理图像。1905 年爱因斯坦在普朗克量子假说的基础上圆满地解释了光电效应，约十年后密立根以精确的光电效应实验证实了爱因斯坦的光电效应方程，并测定了普朗克常数（公认值 $h = 6.626\,19 \times 10^{-34}\,\text{J} \cdot \text{s}$）。爱因斯坦和密立根都因光电效应等方面的杰出贡献，分别于 1921 年和 1923 年获得了诺贝尔物理学奖。随着科学技术的发展，光电效应已经广泛应用于工农业生产、国防和许多科技领域，利用光电效应制成的光电器件（如光电管、光电池、光电倍增管等）已成为生产和科研中不可缺少的器件。所以，进行光电效应实验并通过实验求取普朗克常数，有助于学生理解量子理论和更好地认识普朗克常数 h 这个普适常数。

一、实验目的

（1）了解光电效应的概念，掌握光电效应的基本规律。
（2）通过光电效应实验，加深对光的量子性的理解。
（3）测量光电管的弱电流特性，找出不同光频率下的截止电压。
（4）验证爱因斯坦方程，并由此求出普朗克常数。

二、实验器材

实验器材为 GP-1X 型普朗克常数测定仪，包括普朗克常数测定的专用光电管、光源和汞灯管、滤色片（5 个）、光阑（2 个）、微电流测量放大器，还可配用 X-Y 函数记录仪等。

光电效应测试仪基本结构如图 5-1-1 所示。其主要由 4 部分组成：光源、带有暗盒的光电管、滤色片以及微电流测试仪（放大器）。

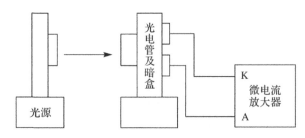

图 5-1-1 光电效应测试仪基本结构

（1）光源采用 GGQ-50WHg 高压汞灯，在 302.3~872.0 nm 光谱范围内有 365.0 nm、404.7 nm、435.8 nm、546.1 nm、577.0 nm 等谱线可供使用。

（2）仪器配有 5 片滤色片，用于产生单色光，对应 5 条较强的 Hg 谱线，透射的波长分别为 365.0 nm、405.0 nm、436.0 nm、546.0 nm、577.0 nm，其有效通光孔径为 36 mm。

（3）光电管光谱响应范围为 300.0~850.0 nm，最佳灵敏波长为 (390.0 ± 30.0) nm。当工作电压为 30 V 时，光照灵敏度为 75 μA/lm。

（4）微电流测试仪通过电缆与光电管相连，用于测量光电管的微电流。电流表分 1 μA、10 μA、100 μA 三个量程。微电流测试仪能连续工作 8 h 以上。

三、实验原理

1. 光电效应及其基本规律

1887 年赫兹在验证电磁波的存在实验中意外地发现，一束入射光照射到金属表面时，会有电子从金属表面逸出，这个物理现象被称为光电效应，所产生的电子叫作光电子。

1888 年以后，哈耳瓦克斯（Wilhelm Hallwachs）、斯托列托夫（Stoletov）、勒纳德（Philipp Lenard）等人对光电效应做了长时间的研究，并总结出了光电效应实验的基本实验事实。

（1）在光谱成分不变的情况下，光电流（光电发射率）的大小与入射光的强度 P 成正比，如图 5-1-2 中的（a）、（b）所示。

（2）光电子初动能的大小随着入射光频率的增加而线性增加（参见图 5-1-2(c)），且与入射光的强度大小无关。

（3）光电效应存在一个最小频率（又叫作截止频率），当入射光的频率小于这个截止频率时，光电发射就不会出现（参见图 5-1-2(d)），且这个截止频率值与物质表面的成分有关。

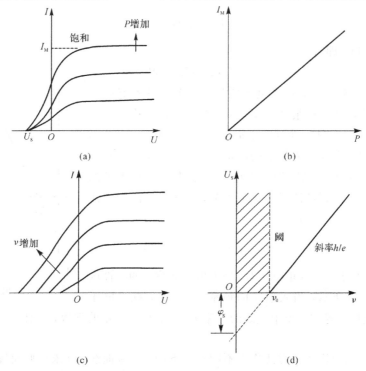

图 5-1-2　光电效应中的关系曲线

（4）光电效应是瞬时效应，一经光线照射就立刻产生光电流；一旦光照停止，则光电流马上消失。

用麦克斯韦的经典电磁场理论无法对上述现象做出完美的解释。

2. 爱因斯坦光电效应方程

1905 年，爱因斯坦大胆地把 1900 年普朗克在进行黑体辐射研究过程中提出的辐射能量不连续的观点应用于光辐射，提出了"光量子"的概念，从而给光电效应以正确的理论解释。爱因斯坦的理论认为，对于频率为 ν 的光波，每个光子的能量为

$$E = h\nu$$

式中：h 为普适常数（即普朗克常数，它的公认值是 $h = 6.626 \times 10^{-34}\,\text{J} \cdot \text{s}$）。

按照爱因斯坦的理论，光电效应的实质是当光子和电子相碰撞时，光子把全部能量传递给电子，电子获得的能量一部分用来克服金属表面对它的约束，其余的能量则转换为该光电子逸出金属表面后的动能。爱因斯坦提出了著名的光电方程，即

$$h\nu = \frac{1}{2}mv^2 + W \qquad\qquad (5-1-1)$$

式中，ν 为入射光的频率，m 为电子的质量，v 为光电子逸出金属表面的初速度，W 为被光线照射的金属材料的逸出功，$\frac{1}{2}mv^2$ 为从金属逸出的光电子的最大初动能。

由式（5-1-1）可见，入射到金属表面的光频率越高，逸出的电子动能必然也越大，所以即使阴极不加电压也会有光电子落入阳极而形成光电流，甚至阳极电位比阴极电位低时也会有光电子落到阳极，直至阳极电位低于某一数值时，所有光电子才都不能到达阳极，光电流才为零。这个相对于阴极为负值的阳极电位 U_0 被称为光电效应的截止电压。显然有

$$eU_0 - \frac{1}{2}mv^2 = 0 \qquad\qquad (5-1-2)$$

代入式（5-1-1），即有

$$h\nu = eU_0 + W \qquad\qquad (5-1-3)$$

由式（5-1-3）可知，若光电子能量 $h\nu < W$，则不能产生光电子。产生光电效应的最低频率是 $\nu_0 = W/h$，通常称为光电效应的截止频率。不同的材料有不同的逸出功，因而 ν_0 也不同。由于光的强弱取决于光量子的数量，因此光电流的大小与入射光的强度成正比。又因为一个电子只能吸收一个光子的能量，所以光电子获得的能量与光强无关，只与光子的频率成正比，将式（5-1-3）改写为

$$U_0 = \frac{h}{e}(\nu - \nu_0) \qquad (5-1-4)$$

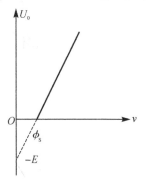

图 5-1-3　截止电压 U_0 与入射光频率 ν 的关系

式（5-1-4）表明，截止电压 U_0 是入射光频率 ν 的线性函数，如图 5-1-3 所示，当入射光的频率 $\nu = \nu_0$ 时，截止电压 $U_0 = 0$，没有光电子逸出。图中直线的斜率 $k = h/e$ 是一个正的常数，因此

$$h = ek \qquad\qquad (5-1-5)$$

由此可见，只要用实验方法作出不同频率下的 $U_0\text{-}\nu$ 曲线，并求出此曲线的斜率，就可以通过式（5-1-5）求出普朗克常数 h。其中 $e = 1.60 \times 10^{-19}\,\text{C}$ 是电子的电量。

3. 光电效应实验及其伏安特性曲线

图 5-1-4 是利用光电管进行光电效应实验的原理图。频率为 ν、强度为 P 的光线照射到光电管阴极上，即有光电子从阴极逸出。如在阴极 K 和阳极 A 之间加正向电压 U_{AK}，则它使 K、A 之间建立起的电场对从光电管阴极逸出的光电子起加速作用，随着电压 U_{AK} 的增加，到达阳极的光电子将逐渐增多。当正向电压 U_{AK} 增加到 U_m 时，光电流达到最大，且不再增加，此时称为饱和状态，对应的光电流称为饱和光电流。

由于光电子从阴极表面逸出时具有一定的初速度，因此当两极间电位差为零时，仍有光电流 I 存在，若在两极间施加一反向电压，光电流随之减少；当反向电压达到截止电压时，光电流为零。

爱因斯坦方程是在同种金属制成阴极和阳极，且阳极很小的理想状态下导出的。实际上制作阴极的金属逸出功比制作阳极的金属逸出功小，所以实验中存在着如下问题：

(1) 暗电流和本底电流。光电管阴极没有受到光线照射时会产生的电子流，称为暗电流。它是由电子的热运动和光电管管壳漏电等造成的。室内各种漫反射光射入光电管造成的光电流称为本底电流。暗电流和本底电流随着 K、A 之间电压大小的变化而变化。

(2) 阳极电流。制作光电管阴极时，阳极上也会被溅射有阴极材料，所以光入射到阳极上或由阴极反射到阳极上，阳极上也有光电子发射，这样就形成阳极电流。它们的存在使得 I-U 曲线较理论曲线下移，如图 5-1-5 所示。

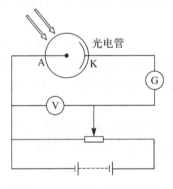
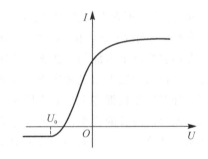

图 5-1-4　光电效应原理图　　　　图 5-1-5　伏安特性曲线

四、实验内容

(1) 开机前的准备：从左至右依次把光源、光电管及暗盒、微电流放大器按一排摆好，先不连线，先把微电流放大器面板上各开关、旋钮置于下列位置："倍率"开关置于"短路"；"电流极性"开关置于"－"；"工作选择"置于"直流"；"扫描平移"旋至"任意"（连接 X-Y 函数记录仪自动测绘 I-U 曲线）；"电压极性"置于"－"；"电压量程"置于"－3"；"电压调节"逆时针调至最小。

(2) 微电流放大器电源开关闭合，使其预热 20～30 min 后才可以开始测量。

先从暗盒入射窗口检查光电管是否正确安装在暗盒内，即光电管阳极圈恰好在光窗正中，如不合适请取下暗盒盖做适当调整后再重新装好，并在光窗上装入 ϕ5 mm 的光阑。打开光源开关，使汞灯预热。

(3) 待微电流放大器充分预热达 20～30 min 后，调整电流表的零点后校正满度。即把倍率开关旋至"满度"，若电流表指针不严格指满度(100 μA)位置，可调节放大器后盖输出端子旁边的旋钮，使指针严格指满度。再旋动倍率开关至各挡，指针都应处于零位，否则应再调节指零。

(4) 连接好光电管暗盒与微电流放大器之间的屏蔽电缆、地线和阳极电源线。在暗盒光窗滤色片架上装上遮光罩；微电流放大器倍率旋钮视具体情况置于"×10⁻⁷"或"×10⁻⁶"；顺时针方向旋转电压调节钮，合适地改变"电压量程"和"电压极性"开关，即可测量、读出相应的电压 U、电流 I 的值。此时测得的即为光电管的暗电流值。所测电流值＝电流表读数×倍率×μA。

(5) 让光源的出射孔对准暗盒窗口，让暗盒距离光源约 30～50 cm，取下遮光罩，换上滤色片(先放最短波长的，每观测一片的全部数据后，再按波长增加的方向依次更换滤色片)。把微电流放大器的倍率钮置"×10⁻⁵"，电压调节钮从最小值(−3 V 或−2 V)调起，并且电压量程做相应的变化，先观察每种波长的光所产生的光电流随所加电压大小变化而变化的情况，然后分别在草稿纸上记下每种滤光片的光照射光电管产生的光电流大小开始有明显变化(即拐点)的电压值，以便精确确定各波长的光照射光电管产生的光电流与所加电压的测量点的测量方案。一般在拐点前的特性曲线基本呈线性的部分等间距(电压间距为0.1 V 左右)测量 5 组；在拐点附近多测几组，其所测电压间距逐步减小，在拐点处的电压间距为 0.02 V 左右；过拐点后，所测各组数据的电压值间距逐渐增大。每种波长的光约测量 20 组以上的数据。

(6) 各种波长的光照射光电管时的特性曲线测量。在以上观察、粗测的基础上，按照上面拟定的各波长滤光片的测量方案，重新从短波片开始，精确测量、读记每一组电流、电压值。

(7) 检查和验算以上全部测量数据是否正常，是否有漏测的数据，否则要重新补测。自认全部正常后，把测量数据给老师审查、签字。

(8) 在老师对原始数据签字后，关掉所有仪器上的电源开关，拆除在实验中连接的所有接线。把滤光片按波长的大小依次放在原盒中，并把所有的仪器按原样摆放整齐、美观。盖好遮光罩或遮光布，打扫完周围的环境卫生后即可离开实验室。

五、注意事项

(1) 因微电流放大器要送电预热 20～30 min，汞灯也要充分预热后才能正常工作，故首先应做好开机前的准备工作，尽快地送电预热微电流放大器和汞灯。

(2) 更换滤光片时不要将其弄脏，或使用前用镜头纸认真揩擦以保证滤光片有良好的透光性能。更换滤光片时要平整地放入套架，以消除不必要的折射光带来实验误差。

(3) 更换滤色片时应先把光源的出光孔遮盖住，而且应在实验完毕后用遮光罩盖住光电管暗盒的进光窗口，避免强光直接照射光电管阴极，缩短光电管的寿命。

(4) 光源与光电管暗盒之间的距离宜取 30～50 cm，从光源出光孔射出的光必须直照光电管的阴极面，暗盒可作左右及高、矮升降调节。为了避免光线直射阳极带来反向电流增大，测试时光窗口宜加 φ4 mm～φ6 mm 的光阑。

(5) 该实验虽然不必在暗室中进行，但室内光线太强也会对测量结果带来不利影响，故应尽量不开照明灯，窗帘拉好挡住室外强光，以减少杂散光的干扰。仪器不宜在强磁场、强电场、强振动、高湿度、带辐射性物质的环境下工作。

（6）微电流放大器必须在充分预热下方能准确测量，连线时务必请先连接好地线，后连接信号线。

注意：不要让电压输出端与地线短路，以免烧毁电源。

六、实验数据记录与处理

1. 实验的原始数据记录

实验的原始数据记录如表 5 - 1 - 1 所示。

表 5 - 1 - 1　不同波长的光照射光电管的光电流与光电压

普朗克常数测定仪的规格型号：GP - 1X 型　　　　　　　　仪器编号：_____

I	暗电流		365.0 nm		404.7 nm		435.8 nm		546.1 nm		577.0 nm	
	U_{KA}	I_{KA}	U_{KA}	I_{KA}	U_{KA}	I_{KA}	U_{KA}	I_{KA}	U_{KA}	I_{KA}	U_{KA}	I_{KA}
1												
2												
3												
4												
5												
6												
7												
8												
9												
10												
11												
12												
13												
14												
15												
16												
17												
18												
19												
20												
21												
22												

作出各波长光照射光电管时的光电流与电压的伏安特性曲线：在同一毫米方格坐标纸上以光电管阳极上所加的电压 U 为横轴、以所产生的光电流 I 为纵轴，以所测各组对应的

电压、电流值为坐标,按照作图规则和要求分别作出不同波长的光照射光电管阴极时的伏安特性曲线图。在所作各波长光的伏安特性曲线图上,认真找出各曲线的拐点(即各曲线电流的"抬头点")所对应的电压值 U,确定各波长的截止电压 U_0。

2. 频率与截止电压的关系

频率与截止电压的关系如表 5-1-2 所示。

表 5-1-2   频率与截止电压的关系

波长 λ_i/nm	365.0	404.7	435.8	546.1	577.0
频率 ν_i($\times 10^{14}$)/Hz	8.214	7.408	6.879	5.490	5.196
截止电压 U_0/V					

在毫米方格坐标纸上以照射光的频率 ν 为横轴、照射光的截止电压 U_0 为纵轴,以对应的(ν,U_0)为坐标,按照作图规则和要求画出 $U_0-\nu$ 直线,并把所作直线图粘贴在前一页报告纸的背面。由所作直线图求出直线的斜率 k,再求 h。

七、问题讨论

(1) 本实验的测量误差来自哪些方面?在实验中您采取了哪些对应措施来减少或消除这些误差?

(2) 光电管为什么要装在暗盒中?为什么在非测量时要用遮光罩罩住光电管窗口?

(3) 为什么当反向电压加到一定值后光电流会出现负值?

实验 5.2   夫兰克-赫兹实验

1913 年,丹麦物理学家玻尔(N. Bohr)提出了一个氢原子模型,并指出原子存在能级。该模型在预言氢光谱的实验中取得了显著的成功。根据玻尔的原子理论,原子光谱中的谱线表示原子从某一个较高能态向另一个较低能态跃迁时的辐射。

1914 年,德国物理学家夫兰克(J. Franck)和赫兹(G. Hertz)对勒纳用来测量电离电位的实验装置做了改进,他们同样采取慢电子(几个到几十个电子伏特)与单元素气体原子碰撞的办法,但着重观察碰撞后电子发生的变化(勒纳则观察碰撞后离子流的情况)。通过实验测量,电子和原子碰撞时会交换某一定值的能量,且可以使原子从低能级激发到高能级。这就直接证明了原子发生跃变时吸收和发射的能量是分立的、不连续的,证明了原子能级的存在,从而证明了玻尔理论的正确性。他们也因此获得了 1925 年的诺贝尔物理学奖。

夫兰克-赫兹实验至今仍是探索原子结构的重要手段之一,实验中用的"拒斥电压"筛去小能量电子的方法已成为广泛应用的实验技术。

一、实验目的

(1) 通过测定氩原子等元素的第一激发电位(即中肯电位),证明原子能级的存在。

(2) 培养透过物理现象抓住物理本质的科学素养。

二、实验器材

1. ZKY-FH-2 型智能夫兰克-赫兹实验仪(雨母校区)

1)智能夫兰克-赫兹实验仪的性能简介

智能夫兰克-赫兹实验仪(如图 5-2-1 所示)用于测量氩原子的激发电压,观察其特殊的伏安特性现象,研究原子能级的量子特性。它由夫兰克-赫兹管、工作电源及扫描电源、微电流测量仪三部分组成。

图 5-2-1　ZKY-FH-2 型智能夫兰克-赫兹实验仪

(1)主要技术指标。

① 夫兰克-赫兹管。氩管,管子结构为 4 级;谱峰(或谷)数量不少于 6 个;寿命不少于 3000 小时。

② 工作电源及扫描电源(三位半数显)。

灯丝电压:DC 0~6.3 V,±1%。

第一栅压:DC 0~5 V,±1%。

第二栅压:DC 0~100 V,±1%(自动扫描/手动)。

拒斥电压:DC 0~12 V,±1%。

③ 微电流测量仪(三位半数显)。测量范围为 10^{-6}~10^{-9} A,±1%。

④ 电源电压为交流 220 V,50 Hz;最大电源电流为 0.5 A;保险管为 0.5 A。

⑤ 体积。

仪器:405 mm×260 mm×145 mm。

包装箱:480 mm×395 mm×240 mm。

(2)主要功能特点。

① 充氩的夫兰克-赫兹管不需要加热。

② 普通(数字)示波器动态显示实验曲线形成过程不损失谱峰数,可直观、生动地展现物理过程。

③ 普通(数字)示波器显示谱峰数等于点测法描绘谱峰数且不小于 6。

④ 手动、半自动、自动相结合的多种实验方式。

a. 手动测量 $\begin{cases} \text{数显测量值——人工描绘谱峰曲线} \\ \text{普通示波器动态显示谱峰曲线形成过程} \end{cases}$

b. 自动测量 $\begin{cases} \text{普通示波器动态显示曲线形成过程} \\ \text{回查实验数据——人工描绘曲线} \end{cases}$

2) 智能夫兰克-赫兹实验仪的操作说明

(1) 智能夫兰克-赫兹实验仪前面板夫兰克-赫兹管的接线说明。

智能夫兰克-赫兹实验仪前面板接线参见图 5-2-2。

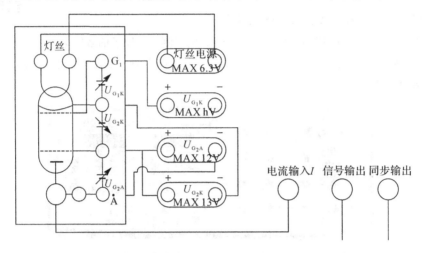

图 5-2-2　智能夫兰克-赫兹实验仪前面板接线图

(2) 智能夫兰克-赫兹实验仪前面板的功能说明。

智能夫兰克-赫兹实验仪前面板结构如图 5-2-3 所示，按其功能划分为 8 个区。

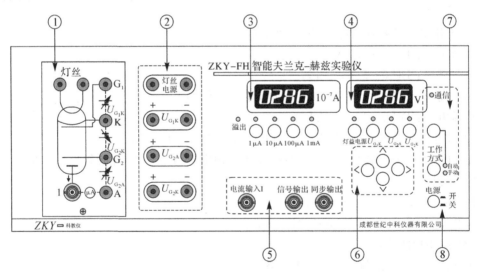

图 5-2-3　智能夫兰克-赫兹实验仪前面板结构图

①区为夫兰克-赫兹管各输入电压连接插孔和板极电流输出插座。

②区为夫兰克-赫兹管所需激励电压的输出连接插孔，其中左侧输出孔为正极，右侧为负极。

③区为测试电流指示区：四位七段数码管指示电流值；4 个电流量程挡位选择按键用于选择不同的电流量程挡；每一个量程选择同时备有一个选择指示灯来指示当前电流量程挡位。

④区为测试电压指示区：四位七段数码管指示当前选择电压源的电压值；4 个电压源

选择按键用于选择不同的电压源；每一个电压源选择都备有一个选择指示灯来指示当前选择的电压源。

⑤区为测试信号输入输出区：电流输入插座输入夫兰克-赫兹管板极电流；信号输出和同步输出插座可将信号送至示波器显示。

⑥区为调整按键区，用于改变当前电压源的电压设定值，设置查询电压点。

⑦区为工作状态指示区：通信指示灯指示实验仪与计算机的通信状态；启动按键与工作方式按键共同完成多种操作，详细说明见相关栏目。

⑧区为电源开关。

（3）智能夫兰克-赫兹实验仪的后面板说明。

智能夫兰克-赫兹实验仪后面板上有交流电源插座，插座上自带有保险管座，如果该实验仪已升级为微机型，则通信插座可连计算机；否则，该插座不可使用。

（4）智能夫兰克-赫兹实验仪的连线说明。

在确认供电电网电压无误后，将随机提供的电源连线插入后面板的电源插座中，连接面板上的连接线。务必反复检查，切勿连错！

（5）开机后的初始状态。

开机后，该实验仪面板状态显示如下：

① "1 mA"电流挡位指示灯亮，表明此时电流的量程为 1 mA 挡；电流显示值为 000.0 μA。

② "灯丝电压"挡位指示灯亮，表明此时修改的电压为灯丝电压；电压显示值为 000.0 V；最后一位在闪动，表明现在修改位为最后一位。

③ "手动"指示灯亮，表明此时实验操作方式为手动操作。

（6）变换电流量程。

如果想变换电流量程，则按下在③区中的相应电流量程按键，对应的量程指示灯亮，同时电流指示的小数点位置随之改变，表明量程已变换。

（7）变换电压源。

如果想变换不同的电压，则按下在④区中的相应电压源按键，对应的电压源指示灯随之变亮，表明电压源变换选择已完成，可以对选择的电压源进行电压值设定和修改。

（8）修改电压值。

按下⑥区上的"←/→"键，当前电压的修改位将进行循环移动，同时闪动位随之改变，以提示目前修改的电压位置。按下⑥区上的"↓/↑"键，电压值在当前修改位递增/递减一个增量单位。

注意：

① 如果当前电压值加上一个单位电压值超过了允许输出的最大电压值，再按下"↑"键，则电压值只能修改为最大电压值。

② 如果当前电压值减去一个单位电压值小于零，再按下"↓"键，则电压值只能修改为零。

（9）建议工作状态范围。

警告： 夫兰克-赫兹管很容易因电压设置不合适而被损坏。所以，一定要按照规定的实验步骤和适当的状态进行实验。

电流量程为 1 μA 或 10 μA 挡；灯丝电源电压为 0～6 V；U_{G_1K} 电压为 0～5 V；U_{G_2A} 电压为 5～12 V；U_{G_2K} 电压为不大于 85.0 V。

由于夫兰克-赫兹管具有离散性及使用中存在衰老情况，因此每一只夫兰克-赫兹管的最佳工作状态是不同的，对具体的夫兰克-赫兹管应在上述范围内找出其较理想的工作状态。

2. HG-FH-Ⅱ夫兰克-赫兹实验仪(红湘校区)

HG-FH-Ⅱ夫兰克-赫兹实验仪用于测量原子的第一激发电位，观察其特殊的伏安特性现象，研究原子能级的量子特性。它由夫兰克-赫兹管、工作电源、微电流放大器三部分组成。

1) 实验仪的主要技术参数

(1) 夫兰克-赫兹管。氩管的管子结构为 4 级，谱峰(或谷)数量≥6。

(2) 工作电源(液晶显示，满量程误差)。

灯丝电压：0～6.3 V，±1%；

第一栅压：0～5.0 V，±1%；

拒斥电压：0～12.9 V，±1%；

第二栅压：0～100.0 V，±1%，该电压可设置为手动扫描或自动扫描，手动扫描时测量步距为 0.1～2.0 V，自动扫描时测量步距为 0.1～2.0 V，扫描时间步距为 0.2～5.0 s。

(3) 微电流放大器(液晶显示)的电流测量范围为 10^{-8}～10^{-11}，共分 4 挡。

2) 实验仪的主要功能特点

(1) 充氩的夫兰克-赫兹管无须加热。

(2) 实验仪提供手动测试和自动测试工作方式。

(3) 实验仪通过实验测量，谱峰数≥6。

(4) 实验仪主机微电流放大器分 4 挡，最大指示值为 20 μA。

(5) 实验仪可以用于网络型夫兰克-赫兹实验，通过 WiFi 实现无线连接。

3) 夫兰克-赫兹实验仪的操作方法

(1) 夫兰克-赫兹实验仪的面板说明。

如图 5-2-4 所示，前面板分为 6 个区域：

①区是内置式夫兰克-赫兹管各输入电压连接插孔和板极电流输出插座(如果是外置式弗兰克-赫兹管，则各个插座在分离结构底座之上)。

②区是夫兰克-赫兹管所需激励电压的输出连接插孔，其中左侧输出孔为正极，右侧为负极。

③区是实验仪液晶屏幕，是各个实验参数的显示区域。

④区是测试信号输入/输出区，电流输入插座输入夫兰克-赫兹管板极电流，信号输出和同步输出插座可将信号送至示波器显示。

⑤区是调整按键和状态指示区，指示灯指示实验仪状态，按键设置实验仪输入和输出的各个参数和完成实验的多种操作。

⑥区是实验仪的电源开关。

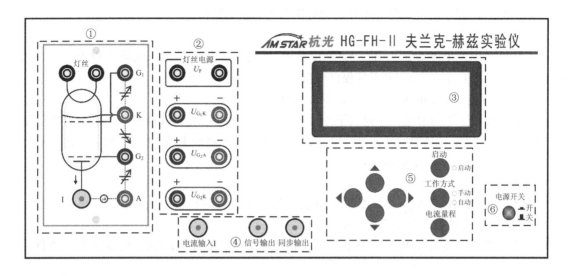

图 5-2-4 HG-FH-Ⅱ夫兰克-赫兹实验仪面板

夫兰克-赫兹实验仪后面板说明：

① 夫兰克一赫兹实验仪后面板上有交流电源插座，插座上自带保险管座。

② 如果实验仪为网络型，则可连计算机工作，后面板上安装 WiFi 天线。

（2）基本操作。

① 夫兰克-赫兹实验仪的连线说明：在确认供电电网电压无误后，将随机提供的电源连线插入后面板的电源插座中。

连接面板上的连接线如图 5-2-5 所示，务必反复检查，切勿连错!!!

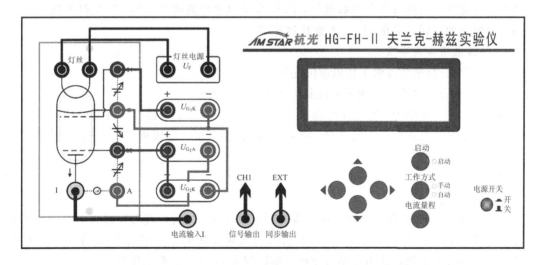

图 5-2-5 弗兰克-赫兹管各组工作电源的接线图

② 开机后，实验仪面板状态显示如下时表明仪器工作正常：

a. 实验仪的液晶屏显示 U_F、U_{G_1K}、U_{G_2A}、U_{G_2K}、I_A、ΔU。其中一位在闪动，表明是当前的修改位。

b. 实验仪的液晶屏显示"$* 10^{-10}$ A"，表明此时电流的量程为 10^{-10} A 挡。

c. "手动"指示灯亮, 表明此时实验操作方式为手动操作。

③ 变换电流量程。

如果想变换电流量程, 则按下"电流量程"按键, 屏幕循环显示电流量程为 10^{-10} A、10^{-9} A、10^{-8} A、10^{-11} A, 表明量程已变换。

④ 设置电压源、电压步长、时间步长等参数。

如果想设置不同的电压, 则按下"←/→"键, 对应的电压源数值闪烁；按下面板上的"↑/↓"键可以对选择的电压源进行电压值的修改, 按下面板上的"↑/↓"键, 电压值在当前修改位递增/递减一个增量单位。

注意：

① 如果当前电压值加上一个单位电压值超过了允许输出的最大电压值, 再按下"↑"键, 则电压值只能修改为最大电压值。

② 如果当前电压值减去一个单位电压值小于零, 再按下"↓"键, 则电压值只能修改为零。

（3）实验仪的建议工作状态。

警告：F-H 管很容易因为电压设置不合适而遭到损坏, 所以一定要严格按照规定的实验步骤和适当的状态进行实验。

由于 F-H 管具有离散性以及使用过程中存在衰老过程, 因此每一只 F-H 管的最佳工作状态是不同的。对于具体的 F-H 管, 应该在机箱上盖的建议参数的基础上找出其理想的工作状态。一般通过改变灯丝电压来找出最佳工作状态, 每次改变 0.1 V 进行测试, 以实验曲线的各个谱峰明显、电流不超出量程为佳。

注意：贴在机箱上的实验参数是出厂时测试的最佳实验参数, 如果在使用时波形曲线不理想, 则可以适当调节各个参数电压, 以获得较为理想的曲线波形, 但是灯丝电压不宜过高, 否则会加速管子老化, U_{G_2K} 不宜超过 85 V。

4）仪器使用注意事项

（1）弗兰克-赫兹管各组工作电源的连接。

弗兰克-赫兹管各组工作电源的连接如图 5-2-5 所示。

注意：先不要开电源, 各工作电源请按要求连接, 千万不能错!!! 待老师检查后再打开电源。如果是外置式弗兰克赫兹管, 则各个输入/输出端口连接到弗兰克-赫兹管的底座上, 接线方式类同。

（2）保护措施。

① 灯丝电源。

a. 具有输出端短路保护功能, 并伴随报警声（蜂鸣声）。当一直出现报警声时应立即关断主机电源并仔细检查面板连线。冷机开启时会出现短暂的蜂鸣报警声（这是因为冷机状态下灯丝电阻很小, 通常认为这是灯丝电压短路导致）, 这是正常工作状态。

b. 测量灯丝电压输出端, 若输出电压为一恒定值, 则说明电源正常；若无电压输出, 则说明此组电源已经损坏。

② U_{G_1K}、U_{G_2A}、U_{G_2K} 电源具有输出端短路保护功能, 但无声音报警功能。

③ U_{G_2K} 电源。

a. 测量电压输出端, 若输出电压为一恒定值, 则说明电源正常；若无电压输出, 则说明此组电源已经损坏。

b. 若将 U_{G_2K} 电压误加到夫兰克-赫兹管的 U_{G_1K}、U_{G_2A} 或灯丝上，则当实验开始时，随着 U_{G_2K} 电压的增大，面板电流显示无明显变化，且无波形的输出。上述现象发生时应立即关断主机电源，仔细检查面板连线，否则极易损坏仪器内的夫兰克-赫兹管。

注：① 当各组电源输出端自身短路时，在面板上虽能显示设置电压，但此时输出端已无电压输出。若及时排除短路故障，则输出端输出电压应与其设置的电压一致。

② 虽然仪器内置有保护电路，即使面板连线接错，在短时间内也不会损坏仪器，但时间稍长，就会影响仪器的性能，甚至损坏仪器，特别是夫兰克-赫兹管，各组工作电源有额定电压限制，应防止由于连线接错对其误加电压而造成损坏，因此在通电前应反复检查面板连线，确认无误后再打开主机电源。当仪器出现异常时，应立即关断主机电源。

（3）实验仪工作参数的设置。

夫兰克-赫兹管极易因电压设置不合适而遭受损坏。新管请按机箱上盖的标牌参数设置。若波形不理想，可适量调节灯丝电压、U_{G_1K}、U_{G_2K}（灯丝电压的调整建议先控制在标牌参数的 ± 0.3 V 范围内小步进行，若波形幅度不好，再适量扩大调整范围），以获得较理想的波形。

灯丝电压不宜过高，否则会加快 FH 管的老化；U_{G_2K} 不宜超过 85 V，否则管子易被击穿。

由于夫兰克-赫兹管使用过程中存在衰老现象，因此每只管子的最佳状态会发生变化，有经验的使用者可参照原参数在下列范围内重新设定标牌参数：

① 灯丝电压：$0 \sim 6.3$ V DC。

② 第一栅压 U_{G_1K}：$0 \sim 5.0$ V DC。

③ 第二栅压 U_{G_2K}：$0 \sim 85.0$ V DC。

④ 拒斥电压 U_{G_2A}：$0 \sim 12.9$ V DC。

三、实验原理

玻尔提出的原子理论指出以下几点：

（1）原子只能较长地停留在一些稳定状态（简称为定态）。原子在这些稳定状态时，不发射或吸收能量，各定态有一定的能量，其数值是彼此分隔的。原子的能量不论通过什么方式发生改变，它只能从一个定态跃迁到另一个定态。

（2）原子从一个定态跃迁到另一个定态而发射或吸收能量时，辐射频率是一定的。如果用 E_m 和 E_n 分别代表有关两定态的能量，则辐射的频率 ν 取决于如下关系：

$$h\nu = E_m - E_n \tag{5-2-1}$$

式中：h 为普朗克常数，数值为 $h = 6.63 \times 10^{-34}$ J·s。

为了使原子从低能级向高能级跃迁，可以通过具有一定能量的电子与原子相碰撞进行能量交换的办法来实现。

设初速度为零的电子在电位差为 U_0 的加速电场作用下获得能量为 eU_0。当具有这种能量的电子与稀薄气体的原子（比如十几个托的氩原子）发生碰撞时，就会发生能量交换。如果以 E_1 代表氩原子的基态能量、E_2 代表氩原子的第一激发态能量，那么当氩原子吸收从电子传递来的能量恰好为

$$eU_0 = E_2 - E_1 \qquad\qquad (5-2-2)$$

时，氩原子就会从基态跃迁到第一激发态；相应的电位差称为氩的第一激发电位(或称为氩的中肯电位)。测定出这个电位差 U_0，就可以根据式(5-2-2)求出氩原子的基态和第一激发态之间的能量差了(其他元素气体原子的第一激发电位亦可依此法求得)。

夫兰克-赫兹管的原理图如图 5-2-6 所示。在充氩的夫兰克-赫兹管中，电子由热阴极发出，阴极 K 和第二栅极 G_2 之间的加速电压 U_{G_2K} 使电子加速。在板极 A 和第二栅极 G_2 之间加有反向拒斥电压 U_{G_2A}。夫兰克-赫兹管内空间电位分布如图 5-2-7 所示。当电子通过 KG_2 空间进入 G_2A 空间时，如果有较大的能量(不小于 eU_{G_2A})，就能冲过反向拒斥电场而到达板极形成板流，从而被微电流计 μA 表检出。如果电子在 KG_2 空间与氩原子碰撞，把自己的一部分能量传给氩原子而使后者激发，则电子本身所剩余的能量就很小，以致通过第二栅极后已不足以克服拒斥电场而被折回到第二栅极，这时，通过微电流计 μA 表的电流将显著减小。

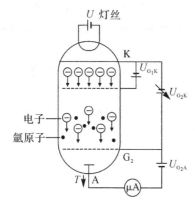

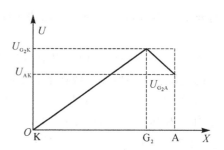

图 5-2-6 夫兰克-赫兹管原理图   图 5-2-7 夫兰克-赫兹管内空间电位分布

实验时，使 U_{G_2K} 电压逐渐增加并仔细观察电流计的电流指示，如果原子能级确实存在，而且基态和第一激发态之间有确定的能量差，就能观察到图 5-2-8 所示的 I_A-U_{G_2K} 曲线。

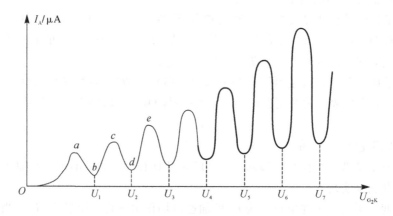

图 5-2-8 夫兰克-赫兹管的 I_A-U_{G_2K} 曲线

图 5-2-8 所示的曲线反映了氩原子在 KG_2 空间与电子进行能量交换的情况。当 KG_2 空间电压逐渐增加时，电子在 KG_2 空间被加速而取得越来越大的能量。但在起始阶段，由

于电压较低，电子的能量较少，因此即使在运动过程中它与原子相碰撞也只有微小的能量交换（为弹性碰撞）。穿过第二栅极的电子所形成的板流 I_A 将随第二栅极电压 U_{G_2K} 的增加而增大（Oa 段）。当 KG_2 间的电压达到氩原子的第一激发电位 U_0 时，电子在第二栅极附近与氩原子相碰撞，将自己从加速电场中获得的全部能量交给后者，并且使后者从基态激发到第一激发态。而电子本身由于把全部能量给了氩原子，因此即使穿过了第二栅极也不能克服反向拒斥电场，从而被折回第二栅极（被筛选掉）。所以板极电流将显著减小（ab 段）。随着第二栅极电压的增加，电子的能量也随之增加，在与氩原子碰撞后还留下足够的能量，可以克服反向拒斥电场而达到板极 A，这时电流又开始上升（bc 段），直到 KG_2 间电压是氩原子的第一激发电位的 2 倍时，电子在 KG_2 间又会因二次碰撞而失去能量，因而又会造成第二次板极电流的下降（cd 段）。同理，凡在

$$U_{G_2K} = nU_0 \quad (n = 1, 2, 3, \cdots) \tag{5-2-3}$$

的地方板极电流 I_A 都会相应下跌，形成规则起伏变化的 I_A-U_{G_2K} 曲线。而各次板极电流 I_A 下降相对应的阴、栅极电压差 $U_{n+1} - U_n$ 是氩原子的第一激发电位 U_0。

本实验就是要通过实际测量来证实原子能级的存在，并测出氩原子的第一激发电位（公认值为 $U_0 = 11.5$ V）。

原子处于激发态时是不稳定的。在实验中被慢电子轰击到第一激发态的原子要跳回基态，进行这种反跃迁时，就应该有 eU_0 电子伏特的能量发射出来。反跃迁时，原子是以放出光量子的形式向外辐射能量的。这种光辐射的波长满足：

$$eU_0 = h\nu = h\frac{c}{\lambda} \tag{5-2-4}$$

对于氩原子：

$$\lambda = \frac{hc}{eU_0} = \frac{6.63 \times 10^{-34} \times 3.00 \times 10^8}{1.6 \times 10^{-19} \times 11.5} \text{m} = 1081 \text{ Å}$$

如果夫兰克-赫兹管中充入其他元素，则可以得到它们的第一激发电位（参见表 5-2-1）。

表 5-2-1　几种元素的第一激发电位

元素	钠(Na)	钾(K)	锂(Li)	镁(Mg)	汞(Hg)	氦(He)	氖(Ne)
U_0/V	2.12	1.63	1.84	3.2	4.9	21.2	18.6
λ/Å	5898 5896	7664 7699	6707.8	4571	2500	584.3	640.2

四、实验内容

1. ZKY-FH-2 型智能夫兰克-赫兹实验仪的实验内容（雨母校区，）

1) 准备

(1) 熟悉实验装置结构和使用方法。

(2) 按照实验要求连接夫兰克-赫兹管各组工作电源线，检查无误后开机。F-H 实验仪预热 20~30 min。

(3) 数字示波器连接与设置。

① 将 F－H 实验仪的信号输出端连接数字示波器(详见实验 2.6 中 DS1074Z 数字示波器)的"CH1"(或"CH2"),接通电源。

② 实验过程中按下数字示波器的"CH1"(或"CH2")键,按下"AUTO"按钮,数字示波器自动寻找波形,或者调节垂直"SCALE"旋钮和水平"SCALE"旋钮寻找波形,等待信号输入(测试开始),调节垂直"POSITION"旋钮和水平"POSITION"旋钮,使波形居中。

(4) 开机后的初始状态。开机后,该实验仪面板状态显示如下:

① 实验仪的"1 mA"电流挡位指示灯亮,表明此时电流的量程为 1 mA 挡,电流显示值为 000.0 μA。

② 实验仪的"灯丝电压"挡位指示灯亮,表明此时修改的电压为灯丝电压,电压显示值为 000.0 V。最后一位在闪动,表明当前修改位为最后一位。

③ "手动"指示灯亮,表明该实验仪工作正常。

2) 氩元素的第一激发电位测量

(1) 手动测试。

① 设置仪器为"手动"工作状态,按"手动/自动"键,"手动"指示灯亮。

② 设定电流量程。按下电流量程"1 μA"键或"10 μA"键,对应的量程指示灯点亮。

③ 设定电压源的电压值,用"↓/↑""←/→"键完成,需设定的电压源有灯丝电压 U_F、第一加速电压 U_{G_1K}、拒斥电压 U_{G_2A}。设定状态参见随机提供的工作条件(详见机箱,不同的夫兰克-赫兹管其参数值不同)。

④ 按下"启动"键,开始实验。用"↓/↑""←/→"键完成 U_{G_2K} 电压值的调节,从 0.0 V 起,按步长 1 V(或 0.5 V)的电压值调节电压源 U_{G_2K},仔细观察夫兰克-赫兹管的板极电流值 I_A 的变化(可用示波器观察),读记 I_A 的峰、谷值和对应的 U_{G_2K} 值(一般取 I_A 的谷在 4～5 个为佳)。为保证实验数据的唯一性,U_{G_2K} 值必须从小到大单向调节,不可在过程中反复;记录最后一组数据后,立即将 U_{G_2K} 电压快速归零。

⑤ 重新启动。在手动测试的过程中,按下"启动"按键,U_{G_2K} 的电压值将被设置为零,内部存储的测试数据被清除,数字示波器上显示的波形被清除,但 U_F、U_{G_1K}、U_{G_2A}、电流挡位等的状态不发生改变。这时,操作者可以在该状态下重新进行测试,或修改状态后再进行测试。

(2) 自动测试。

F－H 实验仪除可以进行手动测试外,还可以进行自动测试。进行自动测试时,实验仪将自动产生 U_{G_2K} 扫描电压,完成整个测试过程;将数字示波器与该实验仪相连接,在示波器上可看到夫兰克-赫兹管板极电流随 U_{G_2K} 电压变化的波形。

① 自动测试状态设置。自动测试时 U_F、U_{G_1K}、U_{G_2A} 及电流挡位等状态设置的操作过程、夫兰克-赫兹管的连线操作过程与手动测试操作过程是一样的。

② U_{G_2K} 扫描终止电压的设定。进行自动测试时,该实验仪将自动产生 U_{G_2K} 扫描电压,其默认 U_{G_2K} 扫描电压的初始值为零,U_{G_2K} 扫描电压大约每 0.4 s 递增 0.2 V,直到扫描终止电压为止。要进行自动测试,必须设置电压 U_{G_2K} 的扫描终止电压。U_{G_2K} 扫描终止电压的设置是:将"手动/自动"测试键按下,自动测试指示灯亮;按下 U_{G_2K} 电压源选择键,U_{G_2K} 电压源选择指示灯亮;用"↓/↑""←/→"键完成 U_{G_2K} 电压值的具体设定。U_{G_2K} 设定终止值建议

以不超过 85 V 为好。

③ 自动测试启动。将电压源选择为 U_{G_2K}，再按面板上的"启动"键，自动测试开始。

在自动测试过程中，观察扫描电压 U_{G_2K} 与夫兰克-赫兹管板极电流的相关变化情况。可通过示波器观察夫兰克-赫兹管板极电流 I_A 随扫描电压 U_{G_2K} 变化的输出波形。在自动测试过程中，为避免面板按键误操作导致自动测试失败，面板上除"手动/自动"按键外的所有按键都被禁止使用。

④ 自动测试过程正常结束。当扫描电压 U_{G_2K} 的电压值大于设定的测试终止电压值后，实验仪将自动结束本次自动测试过程，进入数据查询工作状态。

测试数据保留在实验仪主机的存储器中，供数据查询过程使用。所以，数字示波器仍可观测到本次测试数据所形成的波形，直到下次测试开始时才刷新存储器的内容。

⑤ 自动测试后的数据查询。自动测试过程正常结束后，该实验仪进入数据查询工作状态。这时面板按键除测试电流指示区外，其他都已开启。自动测试指示灯亮，电流量程指示灯指示本次测试的电流量程选择挡位；各电压源选择按键可指示各电压源的电压值，其中 U_F、U_{G_1K}、U_{G_2A} 三电压源只能显示原设定电压值，不能通过按键改变相应的电压值。用"↓/↑""←/→"键改变电压源 U_{G_2K} 的指示值，就可查阅到在本次测试过程中，电压源 U_{G_2K} 的扫描电压值为当前显示值时，对应的夫兰克-赫兹管板极电流值 I_A 的大小，读出 I_A 的峰、谷值和对应的 U_{G_2K} 值。**说明**：为便于作图，在 I_A 的峰、谷值附近需多取几点。

⑥ 中断自动测试过程。在自动测试过程中，只要按下"手动/自动"键，手动测试指示灯亮，该实验仪就中断了自动测试过程。恢复到开机初始状态，所有按键都被再次开启工作。这时可进行下一次的测试准备工作。

本次测试的数据依然保留在 F－H 实验仪主机的存储器中，直到下次测试开始时才被清除。所以，数字示波器仍会观测到部分波形。

⑦ 结束查询过程，恢复初始状态。当需要结束查询过程时，只要按下"手动/自动"键，手动测试指示灯亮，查询过程结束，面板按键再次全部开启，原设置的电压状态被清除，该实验仪存储的测试数据被清除，其恢复到初始状态。

2. HG－FH－Ⅱ夫兰克-赫兹实验仪的实验内容与步骤（红湘校区）

1）实验内容

（1）熟悉实验仪的使用方法。

（2）连接夫兰克-赫兹管各组工作电源线，检查无误后开机。

（3）开机后的初始状态如下：

① 实验仪的液晶屏显示 U_F、U_{G_1K}、U_{G_2A}、U_{G_2K}、I_A、ΔU，其中一位在闪动，表明是当前的修改位。

② 实验仪的液晶屏显示"$* 10^{-10}$ A"电流挡位，表明此时电流的量程为 10^{-10} A 挡。

③"手动"指示灯亮。

（4）参考机箱上的出厂夫兰克-赫兹实验参数来设置 U_F、U_{G_1K}、U_{G_2A} 的实验参数，设定电压源的电压值（设定值可参考机箱盖上提供的数据），用按键"↓/↑""←/→"完成，需设定的电压源有灯丝电压 U_F、第一加速电压 U_{G_1K}、拒斥电压 U_{G_2A}。

（5）设备预热 15 分钟。

注意：当 U_{G_2K} 的电压为零时，电流显示有一个较小的电流数值(一般小于 50)，此电流为放大器本底电流，对实验数据和结果没有影响。

2) 实验步骤

(1) 手动测试。

① 实验仪的工作方式选择"手动"工作状态，按"工作方式"按键，"手动"指示灯亮。

② 设定电流量程按下"电流量程"按键，屏幕循环显示电流量程为 10^{-10} A、10^{-9} A、10^{-8} A、10^{-11} A(电流量程可参考机箱盖上提供的数据)。

③ 设定电压源的电压值(设定值可参考机箱盖上提供的数据)，用"↓/↑""←/→"键完成，需设定的电压源有灯丝电压 U_F、第一加速电压 U_{G_1K}、拒斥电压 U_{G_2A}。

④ 设定加速电压 U_{G_2K} 的增加步长 ΔU(一般 ΔU 设置为 0.5 V 或者 1 V)，用"↓/↑""←/→"键完成。

⑤ U_{G_2K} 终止电压的设定。进行手动测试时，实验仪 U_{G_2K} 电压的初始值为 0，按照设定的 ΔU 逐步增加电压，直到终止电压。用"↓/↑""←/→"键完成 U_{G_2K} 终止电压值的具体设定。U_{G_2K} 设定终止值建议以不超过 85 V 为好。

⑥ 按下"启动"键，实验开始。用"↑"键完成 U_{G_2K} 电压值的调节，从 0.0 V 起，按设定步长的电压值增加 U_{G_2K} 的电压，同步记录 U_{G_2K} 值和对应的 I_A 值，同时仔细观察夫兰克—赫兹管的板极电流值 I_A 的变化(可用示波器观察)。切记为保证实验数据的唯一性，U_{G_2K} 电压必须从小到大单向调节，不可在过程中反复。

⑦ 重新启动。如果测试过程中随着 U_{G_2K} 电压的增加，电流饱和(数值超过 2900，且保持不变)或者电流数值太小，那么需要中断手动实验，重新设置灯丝电压 U_F，然后再按照上述步骤做一遍实验。中断实验的方法是：按下"工作方式"按键，进入查询状态，再次按下"工作方式"按键，内部存储的测试数据被清除，示波器上显示的波形被清除，但 U_F、U_{G_1K}、U_{G_2A}、电流挡位等的状态不发生改变。这时操作者可以在该状态下重新进行测试，或修改状态后再进行测试。

(2) 自动测试。

HG-FH-Ⅱ夫兰克-赫兹实验仪除可以进行手动测试外，还可以进行自动测试。进行自动测试时，实验仪将自动产生 U_{G_2K} 扫描电压，完成整个测试过程；将示波器与实验仪相连接，在示波器上可以看到夫兰克-赫

兹管板极电流 I_A 随 U_{G_2K} 电压变化的波形。具体过程如下：

① 设置自动测试状态。实验仪的工作方式选择为"自动"工作状态，按"工作方式"按键，"自动"指示灯亮。

② 设定电流量程。按下"电流量程"按键，屏幕循环显示电流量程为 10^{-10} A、10^{-9} A、10^{-8} A、10^{-11} A(电流量程可参考机箱盖上提供的数据)。

③ 设定电压源的电压值。设定值可参考机箱盖上提供的数据，用"↓/↑""←/→"键完成。需设定的电压源有灯丝电压 U_F、第一加速电压 U_{G_1K}、拒斥电压 U_{G_2A}。

④ 设定加速电压 U_{G_2K} 的增加步长 ΔU(一般 ΔU 设置为 0.2 V 或者 0.5 V)，用"↓/↑""←/→"键完成。

⑤ 设定加速电压 U_{G_2K} 的时间步长 ΔT(一般 ΔT 设置为 0.4 s 或者 1 s),用"↓ / ↑"
"←/→"键完成。

⑥ U_{G_2K} 扫描终止电压的设定。进行自动测试时,实验仪将自动产生 U_{G_2K} 扫描电压。实
验仪的 U_{G_2K} 扫描电压的初始值为零,按照设定的 ΔU 和 ΔT 逐步增加扫描电压,直到扫描
终止电压。要进行自动测试,必须设置电压 U_{G_2K} 的扫描终止电压。用"↓/↑""←/→"键完
成 U_{G_2K} 终止电压值的具体设定。U_{G_2K} 的终止值建议以不超过 85 V 为好。

⑦ 上述设置全部完成以后,按面板上的"启动"键,开始自动测试。在自动测试过程中,
观察扫描电压 U_{G_2K} 与夫兰克-赫兹管板极电流 I_A 的相关变化情况。可通过示波器观察夫兰
克-赫兹管板极电流 I_A 随扫描电压 U_{G_2K} 变化的输出波形。**注**:在自动测试过程中,为避免
面板按键误操作导致自动测试失败,面板上除"工作方式"按键外的所有按键都被禁止
使用。

⑧ 自动测试过程正常结束。当扫描电压 U_{G_2K} 的电压值大于设定的测试终止电压值后,
实验仪将自动结束本次自动测试过程,进入数据查询工作状态,此时"启动"指示灯闪烁。
测试数据保留在实验仪主机的存储器中,供数据查询过程使用,所以示波器仍可观测到本
次测试数据形成的波形,直到下次测试开始时才刷新存储器的内容。

⑨ 自动测试后的数据查询。自动测试过程正常结束后,实验仪进入数据查询工作状
态。用"↓ / ↑""←/→"键改变电压源 U_{G_2K} 的指示值,就可查阅到在本次测试过程中当电
压源 U_{G_2K} 的扫描电压值为当前显示值时,对应的夫兰克-赫兹管板极电流值 I_A 的大小,记
录 I_A 的峰、谷值和对应的 U_{G_2K} 值(为便于作图,在 I_A 的峰、谷值附近需多取几个点)。

⑩ 中断自动测试过程。在自动测试过程中,只要按下"工作方式"键,"启动"指示灯闪
烁,进入查询状态,实验仪就中断了自动测试过程,再次按下"工作方式"键,所有按键都再
次开启工作。这时可进行下一次的测试准备工作。

⑪ 结束查询过程恢复初始状态。当需要结束查询过程时,只要按下"工作方式"键,手
动测试指示灯亮。查询过程结束后,面板按键再次全部开启,原设置的电压状态被保留,实
验仪存储的测试数据被清除,实验仪恢复到实验前的状态。

(3)注意事项。

① 为了防止由于导线连接错误导致误加电压对夫兰克-赫兹管造成损坏,在通电前应
该反复检查面板的导线连接,确认无误后再打开主机电源。当仪器出现异常时,应立即关
闭电源检查连线。

② 灯丝电压不宜过高,否则会加快夫兰克-赫兹管的老化。

③ U_{G_2K} 电压不宜过高,一般不超过 85 V,以降低管子被击穿的风险。

五、实验数据记录与处理

1. 实验原始数据记录

(1)手动测量 U_{G_2K}、I_A。测量峰、谷值各 4 组,测量时 $U_F =$ _____ 、$U_{G_1K} =$ _____ 、
$U_{G_2A} =$ _____ ,将实验原始数据填入表 5-2-2。

表 5 - 2 - 2　手动测试氩元素的第一激发电位

测量项目	1	2	3	4
U_{G_2K}/V				
$I_A(\times 10^{-8})/A$				
测量项目	5	6	7	8
U_{G_2K}/V				
$I_A(\times 10^{-8})/A$				

（2）自动测量 U_{G_2K}、I_A。测量时，$U_F=$_____、$U_{G_1K}=$_____、$U_{G_2A}=$_____，将实验原始数据填入表 5 - 2 - 3 中。

表 5 - 2 - 3　自动测试氩元素的第一激发电位

测量次序	U_{G_2K}	I_A	测量次序	U_{G_2K}	I_A	测量次序	U_{G_2K}	I_A
1			13			25		
2			14			26		
3			15			27		
4			16			28		
5			17			29		
6			18			30		
7			19			31		
8			20			32		
9			21			33		
10			22			34		
11			23			35		
12			24			36		

2. 数据处理

用逐差法处理手动测量数据，求得氩的第一激发电位 U_0 值。根据自动测量数据在方格

纸上作出 $I_A - U_{G_2K}$ 曲线。

六、问题讨论

(1) 拒斥电压在实验中的作用是什么？它的大小对 $I_A - U_{GK}$ 曲线的形状有什么影响？

(2) 为什么 $I_A - U_{GK}$ 曲线可以说明原子能级是分立的？

实验 5.3 电子荷质比的测定

电子的电量和质量之比，即电子的荷质比(e/m)是由汤姆逊(Thomson Joseph John)于1897 年在英国剑桥卡文迪许实验室首先测出的。1911 年密立根又测定了电子的电量，这样就可以间接地计算出电子的质量，这对证明电子的存在提供了进一步的实验证据。

以上电子的实验宣告了原子是可以分割的，为原子领域的研究开创了新的实验技术。所以电子荷质比的测定，在近代物理学的发展史中占有极其重要的地位。本实验采用纵向磁聚焦法测定电子的荷质比。

一、实验目的

(1) 了解磁聚焦的原理。

(2) 测定电子的荷质比。

(3) 正确使用电子荷质比测定仪。

二、实验器材

实验器材有 DHB 型电子荷质比测定仪。

本实验采用 DHB 型电子荷质比测定仪(简称测定仪)来测定电子荷质比。测定仪的面板及面板上各元件、旋钮的作用如图 5-3-1 所示。测定仪的电源插座和电源开关在其背板上。测定仪内部的主要构造如图 5-3-2 所示。

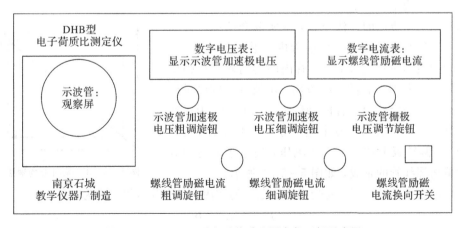

图 5-3-1 DHB 型电子荷质比测定仪面板示意图

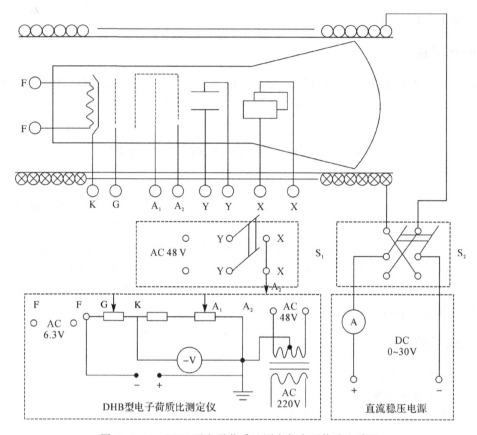

图 5 - 3 - 2　DHB 型电子荷质比测定仪主要构造电路图

三、实验原理

电子的电量 e 与电子的质量 m 的比值 e/m，称为电子的荷质比。这个比值在研究电子在电磁场的运动中常会遇到，特别是在这两个独立的微观量未被测量出来之前，用实验方法测出它们的比值，是一件很有意义的事情。后来密立根测出了单个电子的电量，于是电子的质量也就确定下来了。

测定电子荷质比的方法很多，本实验介绍纵向磁场聚焦法。这个方法是在长直螺线管内安装一只示波管，该螺线管的线圈通有直流电时，管内的均匀磁感应强度 B 的方向为沿着螺线管的轴线方向，示波管内的电子枪发射的电子也是沿着螺线管的轴线方向飞行的。为了使电子在垂直于 B 的方向上有个速度分量，我们在靠近电子枪的"Y"偏转板上加一个交变电压，使电子的运动方向稍微偏离螺线管的轴线，如图 5-3-3 所示。

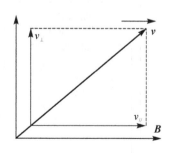

图 5 - 3 - 3　纵向磁场聚焦法

在磁场中运动的电子，要受到洛伦兹力的作用。洛伦兹力的公式为

$$f_{L} = -e[v \times B]$$

这是一个矢量积，它的大小为

$$f_{L} = evB\sin(v \times B)$$

它的方向由右手螺旋法则决定。对于运动在磁场中的电子所受的洛伦兹力,我们分 3 种情况予以讨论。

(1) 当电子的运动方向与磁感应强度 $\boldsymbol{B}$ 方向的夹角为零,即

$$(\boldsymbol{v}\times\boldsymbol{B})=0, \quad \sin(\boldsymbol{v}\times\boldsymbol{B})=0$$

时,$f_L=0$。可见,此时电子不受洛伦兹力的作用,而是沿着轴线方向做匀速直线运动。

(2) 当电子的运动方向与磁感应强度 $\boldsymbol{B}$ 的方向垂直,即

$$(\boldsymbol{v}\times\boldsymbol{B})=\frac{\pi}{2}, \quad \sin(\boldsymbol{v}\times\boldsymbol{B})=1$$

时,$f_L=evB$ 有最大值。此时洛伦兹力的方向垂直于 $\boldsymbol{v}$ 与 $\boldsymbol{B}$ 组成的平面,即洛伦兹力的方向与电子运动的方向互相垂直,这正是向心力的特性。因此,电子在洛伦兹力的作用下做匀速圆周运动,如图 5-3-4 所示,则有

$$f_L=evB=\frac{mv^2}{R}$$

式中:v 为电子做圆周运动的切线速度的大小;R 为圆周的半径,其计算式为

$$R=\frac{v}{\dfrac{e}{m}B}$$

由该式可见,当磁感应强度 B 一定时,R 与 v 成正比关系,即速度大的电子做半径大的圆周运动,速度小的电子做半径小的圆周运动。电子做圆周运动的周期为

$$T=\frac{2\pi R}{v}=\frac{2\pi}{\dfrac{e}{m}B}$$

此式表示电子在磁场中做匀速圆周运动的周期 T 与电子的速度无关。这一结论很重要,不但对后面推导磁聚焦有帮助,而且它本身也是回旋加速器的理论依据。

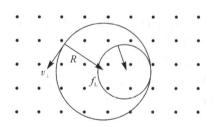

图 5-3-4　电子在洛伦兹力的作用下的运动

(3) 当电子的运动方向与磁感应强度 $\boldsymbol{B}$ 的方向有一个夹角 $\theta(0<\theta<\pi/2)$ 时,有

$$f_L=evB\sin\theta$$

这时我们将电子的速度 v 分解成两个互相垂直的分量:$v_\perp$ 和 $v_{//}$(见图 5-3-3)。下面按运动的独立性原理分别加以分析讨论。

① 对 $v_{//}$ 分量,就像在(1)中分析的一样,$v_{//}$ 不受洛伦兹力的影响,电子保持 v 的大小,沿轴线做匀速直线运动。

② 对 $v_\perp$ 分量,就像在(2)中分析的一样,电子在垂直于由 v 和 $\boldsymbol{B}$ 组成的平面内做圆周运动。可以想象,电子一方面沿螺线管的轴线做匀速直线运动飞向荧屏,另一方面又在垂直于 $v_{//}$ 的平面内做圆周运动,它的运动轨迹是一个像弹簧形状的螺旋线,这个螺旋线在垂

直于 B 的平面内的投影是一个圆,其中

$$R=\frac{v_\perp}{\frac{e}{m}B}, \qquad T=\frac{2\pi R}{v_\perp}=\frac{2\pi}{\frac{e}{m}B}, \qquad h=v_{//}T=\frac{2\pi v_{//}}{\frac{e}{m}B} \qquad (5-3-1)$$

式中:R 为圆的半径;T 为电子做圆周运动的周期;h 为电子沿轴线方向的螺旋形轨迹的螺距,即电子在一个周期内前进的距离。

因此得出结论:在同一时刻、从同一位置发出的电子,尽管它们的 v 各不相同,轨道也不相同,但只要 B 一定,它们绕螺旋轨道一周的时间 T 都是相同的。

虽然 $v_{//}$ 各不相同,但从迎着电子飞行的方向看,即正面看荧光屏时,经过一个周期,其仍是一个点。同理,经过 $2T$、$3T$、…,仍然是一个点,这就是磁聚焦的基本原理。

在示波器实验中,关于示波管的内部结构已经叙述得清楚了。从阴极发射出来的电子,在阳极加速电压 U 的作用下,电子获得了较大的动能,根据动能原理,即

$$\frac{1}{2}mv^2=eU$$

$$v=\sqrt{\frac{2eU}{m}} \qquad (5-3-2)$$

式(5-3-2)中的 v 可近似认为是式(5-3-1)中的 $v_{//}$,把式(5-3-2)代入式(5-3-1),则有

$$\frac{e}{m}=\frac{8\pi^2U}{h^2B^2} \qquad (5-3-3)$$

螺线管中部的磁感应强度 B 的计算公式为

$$B=\frac{\mu_0NI}{\sqrt{L^2+D^2}}$$

则

$$\frac{e}{m}=\frac{8\pi^2(L^2+D^2)}{(\mu_0Nh)^2}\cdot\frac{U}{I^2}=\frac{(L^2+D^2)}{2\times10^{-14}N^2h^2}\cdot\frac{U}{I^2} \qquad (5-3-4)$$

式中,$\mu_0=4\pi\times10^{-7}$ H/m;N 是螺线管总匝数,L、D 分别是螺线管的长度和直径(单位为米),h 是示波管"Y"偏转板靠近电子枪一端到荧光屏的距离($h=0.145$ m),其他数据详见铭牌。测量出与 U 相应的聚焦电流 I 后即可求得电子的荷质比。

四、实验内容

(1) 调整好荷质比测定仪,使其螺线管的轴线与当地地磁场的方向一致。

(2) 按线路图(参见图 5-3-2)接好线路。

(3) 接通电子荷质比测定仪的电源,预热 5 min。调节电压至 950 V。

(4) 调节聚焦和亮度,使光点聚焦到最佳状态,亮度不宜太亮。

(5) 调节直流电源的电压细调钮,使电压表指示为 950 V。

(6) 接通螺线管电源,调节磁化电流至 1.0 A,预热 2 min,然后调回零,正式进行测量。

(7) 由小到大调节磁化电流,并观察到荧光屏上的亮斑随着电流的增大一边旋转、一边缩短,直至会聚成一个光点,稳定半分钟后再正式读数。

（8）读取电压表和电流表的读数，记入原始数据表 5－3－1 的＋I 栏中。因电源电流的限制，故只记录做一次聚焦的实验数据（但可观察二次、三次聚焦）。

（9）将螺线管磁化电流调回到零，将换向开关推向另一端。由小到大调节磁化电流，屏上直线反向旋转，再次会聚成一点，读取电压表、电流表的读数，记入原始数据表 5－3－1 的－I 栏中。依次测出 950 V、1000 V、1050 V、1100 V、1150 V、1200 V 时，数字电压表、数字电流表的示数并依次分别记入原始记录表格中，分别计算电子的荷质比值。

表 5－3－1　原始数据记录表

U/V	$+I/A$	$-I/A$	$\bar{I}$	$U/\bar{I}$	e/m	$\Delta(e/m)$	$\Delta(e/m)^2$
950							
1000							
1050							
1100							
1150							
1200							
					$\overline{e/m}$		$\sum$

五、注意事项

（1）示波管电源电压高达 1000 V，操作者应特别注意安全。

（2）调节聚焦时观察光点会聚到最佳状态，但亮点不宜太亮，以免难于判断是否聚焦为最好。

（3）调节亮度之后，高压会有变化，因此再次调节高压细调，使高压指到需要的位置。

实验 5.4　验证快速电子的动量与动能的相对论关系

以太是经典力学推出的电磁波传播的媒介，19 世纪末至 20 世纪初，人们将牛顿经典物理理论推广到电磁学和光学时遇到了困难，具体表现在：

（1）迈克尔逊-莫雷实验否定了以太的存在；

（2）Maxwell 计算麦克斯韦方程组否定了以太的存在。

1905 年，爱因斯坦（见图 5－4－1）提出了狭义相对论：

（1）爱因斯坦相对性原理——所有物理定律在所有惯性参考系中有完全相同的形式。

（2）光速不变原理——所有惯性参考系中光速恒定为 c，与光源和参考系的运动无关，并据此导出从一个惯性系到另一个惯性系的变换方程，即"洛伦兹变换"。

本实验用核技术能量探测方法对快速电子的动量及动能的同时测定来验证动量和动能

之间的相对论关系，实验者将从中学习到 β 磁谱仪测量原理、闪烁计数器的使用方法及一些实验数据的处理方法。本实验为虚拟仿真实验，此处为实验原理等理论内容，仿真操作过程在实验 6.3 学习。

谈到核技术，不得不提及让我们中国人扬眉吐气的"两弹一星"（核弹、导弹和人造卫星）和 23 位"两弹一星"元勋，尤其是核物理学家钱学森（见图 5-4-2）、邓稼先，建国初期，他们放弃国外优厚待遇和工作条件，毅然回国，这种赤子之心值得我们学习。

图 5-4-1　爱因斯坦

图 5-4-2　核物理学家钱学森

一、实验目的

（1）测量快速电子的动量和动能。

（2）验证快速电子的动量与动能之间的关系符合相对论效应。

（3）培养辩证唯物主义世界观和家国情怀。

二、实验器材

实验器材有真空/非真空半圆聚焦 β 磁谱仪（简称 β 磁谱仪）、β 放射源 $^{90}Sr-^{90}Y$（强度约为 1 mCi）、定标用 γ 放射源 ^{137}Cs 和 ^{60}Co（强度约为 2 μCi）、200 μmAl 窗 NaI(TI)闪烁探头、数据处理计算软件、高压电源、放大器、多道脉冲幅度分析器等。

1. β 磁谱仪的原理

放射性核素的原子核放射出 β 粒子而变为原子序数差 1、质量数相同的核素称为 β 衰变。测量 β 粒子的荷质比可知，β 粒子是高速运动的电子，其速度与 β 粒子的能量有关，高能 β 粒子的速度可接近光速。

β 衰变可看成核中有一个中子转变为质子的结果，在发射 β 粒子的同时还发出一个反中微子 $\bar{\nu}$。中微子是一个静止、质量近似为 0 的中性粒子。衰变中释放出的衰变能 Q 将被 β 粒子、反中微子 $\bar{\nu}$ 和反冲核三者分配。因为 3 个粒子之间的发射角度是任意的，所以每个粒子所携带的能量并不固定，β 粒子的动能可在 0～Q 之间变化，形成一个连续谱。图 5-4-3(a)为本实验所用的 $^{90}_{38}Sr-^{90}_{39}Y$ β 源的衰变图。$^{90}_{38}Sr$ 的半衰期为 28.6 年，它发射的 β 粒子的最大能量为 0.546 MeV。$^{90}_{38}Sr$ 衰变后成为 $^{90}_{39}Y$，$^{90}_{39}Y$ 的半衰期为 64.1 小时，它发射的 β 粒子的最大能量为 2.27 MeV。因而 $^{90}_{38}Sr-^{90}_{39}Y$ 源在 0～2.27 MeV 的范围内形成一连续的 β 谱，其强度随动能的增加而减弱，如图 5 - 4 - 3(b)所示。

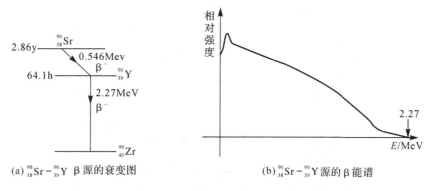

(a) ${}_{38}^{90}\mathrm{Sr} - {}_{39}^{90}\mathrm{Y}$ β 源的衰变图   (b) ${}_{38}^{90}\mathrm{Sr} - {}_{39}^{90}\mathrm{Y}$ 源的 β 能谱

图 5 - 4 - 3 ${}_{38}^{90}\mathrm{Sr} - {}_{39}^{90}\mathrm{Y}$ β 源的衰变图与 ${}_{38}^{90}\mathrm{Sr} - {}_{39}^{90}\mathrm{Y}$ 源的 β 能谱

图 5 - 4 - 4 为半圆形 β 磁谱仪的示意图。从 β 源射出的高速 β 粒子经准直后垂直射入一均匀磁场中($v \perp B$)，粒子因受到与运动方向垂直的洛伦兹力的作用而做圆周运动。其运动方程为

$$\frac{\mathrm{d}p}{\mathrm{d}t} = ev \times B \tag{5 - 4 - 1}$$

式中，e 为电子电荷，v 为粒子速度，B 为磁场的磁感应强度。因为

$$p = mv, \quad m = \beta m_0, \quad \beta = \left(1 - \frac{v^2}{c^2}\right)^{-\frac{1}{2}}$$

又因 $|v|$ 是常数，故

$$\frac{\mathrm{d}p}{\mathrm{d}t} = m\frac{\mathrm{d}v}{\mathrm{d}t}, \quad \left|\frac{\mathrm{d}v}{\mathrm{d}t}\right| = \frac{v^2}{R} \tag{5 - 4 - 2}$$

所以

$$p = eBR \tag{5 - 4 - 3}$$

式中：R 为 β 粒子轨道的半径，为放射源与探测器间距的一半。移动探测器改变 R，可得到不同动量 p 的 β 粒子，其动量值可由式(5 - 4 - 3)算出，本实验采用能测量 β 粒子能量的探测器(闪烁探测器)直接测出 β 粒子的能量。

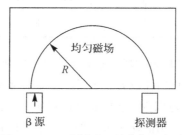

图 5 - 4 - 4   半圆形 β 磁谱仪示意图

2. 实验装置介绍

实验装置如图 5 - 4 - 5 所示，均匀磁场中置一真空盒，用一机械真空泵抽出真空盒中的空气，使盒中气压降到 0.1～1 Pa，目的是提高电子的平均自由程以减少电子与空气分子的碰撞，真空盒面对放射源和探测器的一面是用极薄的高强度有机塑料薄膜密封的。β 粒子穿过薄膜时所损失的能量可根据表 5 - 4 - 1 来修正。

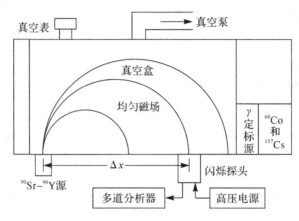

图 5 - 4 - 5　实验装置示意图

表 5 - 4 - 1　β粒子通过有机薄膜前、后的能量(分别为 E_1、E_2)关系

E_1/MeV	0.382	0.581	0.777	0.973	1.173	1.367	1.567	1.752
E_2/MeV	0.365	0.571	0.770	0.966	1.166	1.360	1.557	1.742

^{90}Sr -^{90}Y 源经准直后垂直射入真空室。探测器是掺 TI 的 NaI 闪烁计数器。闪烁体前有一厚度约为 200 μm 的 Al 窗用来保护 NaI 晶体和光电倍增管。β粒子穿过 Al 窗后将损失部分能量，其数值与膜厚和入射的 β粒子动能有关。表 5 - 4 - 2 为入射动能为 E_{ki} 的 β粒子穿过 200 μm 厚 Al 窗后的动能 E_{kt} 之间的关系表，单位为 MeV。实验中可按表 5 - 4 - 2 用线性内插的方法从粒子穿过 Al 窗后的动能 E_{kt} 计算出粒子的入射动能 E_{ki}。

表 5 - 4 - 2　β粒子通过有机薄膜前、后能量(分别为 E_{ki}、E_{kt})关系　　　　MeV

E_{ki}	E_{kt}	E_{ki}	E_{kt}	E_{ki}	E_{kt}	E_{ki}	E_{kt}	E_{ki}	E_{kt}
0.317	0.200	0.690	0.600	1.090	1.000	1.489	1.400	1.889	1.800
0.404	0.300	0.790	0.700	1.184	1.100	1.583	1.500	1.991	1.900
0.497	0.400	0.887	0.800	1.286	1.200	1.686	1.600		
0.595	0.500	0.988	0.900	1.383	1.300	1.789	1.700		

式(5 - 4 - 3)成立的条件是均匀磁场，即 **B** 为常量。实际上由于工艺的限制，仪器中央磁场的均匀性较好，边缘部分均匀性较差。幸而边缘部分对入射和出射处结果的影响较小，由它引起的系统误差在合理的范围内。这样就可以用实验方法确定测量范围内动能与动量的对应关系，进而验证相对论给出的这一关系的理论公式的正确性。

三、实验原理

经典力学总结了低速物体的运动规律，它反映了牛顿的绝对时空观：时间和空间是两个独立的概念，彼此之间没有联系；同一物体在不同惯性参照系中观察到的运动学量(如坐标、速度)可通过伽利略变换而互相联系，这就是力学相对性原理——一切力学规律在伽利略变换下是不变的。

19 世纪末至 20 世纪初，人们试图将伽利略变换和力学相对性原理推广到电磁学和光学时遇到了困难。实验证明，对高速运动的物体伽利略变换是不正确的。实验还证明，在所有惯性参照系中，光在真空中的传播速度均为同一常数。在此基础上，爱因斯坦于 1905 年提出了狭义相对论。

狭义相对论基于以下两个假设：

（1）所有物理定律在所有惯性参考系中均有完全相同的形式——爱因斯坦相对性原理。

（2）在所有惯性参考系中，光在真空中的速度恒定为 c，与光源和参考系的运动无关——光速不变原理，并据此导出洛伦兹变换。

在洛伦兹变换下，质量为 m_0、速度为 v 的物体，狭义相对论定义的动量 p 为

$$p = \frac{m_0}{\sqrt{1-\beta^2}} v = mv \tag{5-4-4}$$

式中，$m = m_0 / \sqrt{1-\beta^2}$，$\beta = v/c$。相对论的能量 E 为

$$E = mc^2 \tag{5-4-5}$$

这就是著名的质能关系。mc^2 是运动物体的总能量，当物体静止时 $v=0$，物体的能量为 $E_0 = m_0 c^2$ 称为静止能量；两者之差为物体的动能 E_k，即

$$E_k = mc^2 - m_0 c^2 = m_0 c^2 \left(\frac{1}{\sqrt{1-\beta^2}} - 1 \right) \tag{5-4-6}$$

当 $\beta \ll 1$ 时，式（5-4-6）可展开为

$$E_k = m_0 c^2 \left(1 + \frac{1}{2} \frac{v^2}{c^2} + \cdots \right) - m_0 c^2 \approx \frac{1}{2} m_0 v^2 = \frac{1}{2} \frac{p^2}{m_0} \tag{5-4-7}$$

即经典力学的动量-能量关系。

由式（5-4-4）和式（5-4-5）可得

$$E^2 - c^2 p^2 = E_0^2 \tag{5-4-8}$$

狭义相对论的动量与能量的关系为

$$E_k = E - E_0 = \sqrt{c^2 p^2 + m_0^2 c^4} - m_0 c^2 \tag{5-4-9}$$

这就是我们要验证的狭义相对论的动量与动能的关系。对高速电子其关系如图 5-4-6 所示，图中 pc 用 MeV 作单位，电子的静止能量 $m_0 c^2 = 0.511$ MeV。

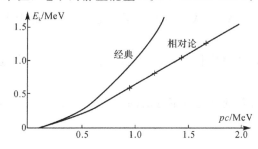

图 5-4-6　经典力学与狭义相对论的动量-动能关系

式（5-4-7）可转化为

$$E_k = \frac{1}{2} \frac{p^2 c^2}{m_0 c^2} = \frac{p^2 c^2}{2 \times 0.511}$$

以利于计算。

四、实验内容

（1）检查仪器线路连接是否正确，然后开启高压电源，开始实验。

（2）打开 ^{60}Co γ 定标源的盖子，移动闪烁探测器使其狭缝对准 ^{60}Co 源的出射孔并开始计数测量。

（3）调整高压和放大数值，使测得的 ^{60}Co 的 1.33 MeV 峰位道数在一个比较合理的位置（**建议**：在多道脉冲分析器总道数的 50％～70％之间），这样既可以保证测量高能 β 粒子在 1.8～1.9 MeV 时不越出量程范围，又能充分利用多道分析器的有效探测范围。

（4）选择好高压和放大数值后，稳定 10～20 min。

（5）闪烁计数器能量定标。首先测量 ^{60}Co 的 γ 能谱，等到 1.33 MeV 光电峰的峰顶计数达到 1000 以上后（尽量减少统计涨落带来的误差），再对能谱进行数据分析，记录 1.17 MeV 和 1.33 MeV 两个光电峰在多道能谱分析器上对应的道数"CH$_3$""CH$_4$"。

（6）移开探测器，关上 ^{60}Coγ 定标源的盖子，然后打开 ^{137}Csγ 定标源的盖子并移动闪烁探测器，使其狭缝对准 ^{137}Cs 源的出射孔并开始计数测量，等到 0.661 MeV 光电峰的峰顶计数达到 1000 后再对能谱进行数据分析，记录 0.184 MeV 反散射峰和 0.661 MeV 光电峰在多道能谱分析器上对应的道数 CH$_1$、CH$_2$。

（7）关上 ^{137}Csγ 定标源，打开机械泵抽真空（机械泵正常运转 2～3 min 即可停止工作）。

（8）盖上有机玻璃罩，打开 β 源的盖子开始测量快速电子的动量和动能，探测器与 β 源的距离 Δx 为 9～24 cm，以保证获得动能范围 0.4～1.8 MeV 的电子。

（9）选定探测器位置后开始逐个测量单能电子能峰，记下峰位道数 CH 和相应的位置坐标 x。

（10）全部数据测量完毕后关闭 β 源及仪器电源，在动量（用 p 表示，单位为 MeV）-动能（MeV）关系图上标出实测数据点。在同一图上画出经典力学与相对论的理论曲线，分析实验结果。

五、问题讨论

（1）观察狭缝的定位方式，试从半圆聚焦 β 磁谱仪的成像原理来论证其合理性。

（2）本实验在寻求 p 与 Δx 的关系时使用了一定的近似，能否用其他方法更为确切地得出 p 与 Δx 的关系？

（3）用 γ 放射源进行能量定标时，为什么不需要对 γ 射线穿过 220 μm 厚的铝膜进行"能量损失的修正"？

（4）为什么用 γ 放射源进行能量定标的闪烁探测器可以直接测量 β 粒子的能量？

第六章　计算机仿真物理实验

一、计算机仿真实验的基本概念

计算机的迅速发展使人类进入信息时代，作为社会发展的一个重要部分——教育，它的现代化是必然趋势。计算机仿真实验是利用软件来设计仿真仪器并建立仿真实验室，以供学生在仿真环境中使用、操作仿真仪器来模仿真实实验过程的实验。计算机仿真实验以具有很好交互性和真实感的实验来代替真实实验，通过计算机把实验设备、教学内容、教师指导和学生的操作有机地结合在一起，形成了一个"活"的可操作的实验教科书，开创了物理实验教学的新模式，使实验教学的内涵在时间和空间上得到延伸。

计算机仿真实验可以弥补许多实验过程中的不足。比如，在一次实验情况不理想的情况下，它可以不计消耗地反复实验；它也可以将一些危险、价格昂贵、在真实实验中难以开展的实验利用虚拟实验代替进行，同时它对于更深入地了解仪器的性能和结构，理解实验的设计思想是很有帮助的。总之，计算机仿真实验已经成为现代化物理实验的一个重要手段。本书介绍的南华大学物理仿真实验（简称物理仿真实验）就是一个计算机仿真实验教学软件的代表。

计算机仿真实验具有以下主要特点：

（1）仿真实验将先进的计算机模拟和多媒体技术，通过文字、动画、图片、录音、录像等手段，应用于实验预习，实验讲授，实验操作，实验复习或对物理学原理、方法的自主学习和研究中，可辅助和补充物理实验课堂教学的不足，它突破了实际实验对时间和地点的限制，可以提高学习效率。

（2）分析了实验的教学过程，培养了学生在理解、思考的基础上进行实验操作的能力，避免了实验中出现的盲目操作的现象，提高了实验的效率和质量。

我校计算机仿真实验有两种形式，一种是基于局域网的仿真实验，此种实验只在实验室机房开展，如本章的实验 6.1 和实验 6.2；另一种是基于互联网的仿真实验，这种仿真实验可以通过网络随时登录学习，如本章实验 6.3—实验 6.9 7 个仿真实验。2020 年，实验 6.3 "研究快速电子动量与动能的相对论关系虚拟仿真实验" 课程被评为湖南省一流虚拟仿真课程。

二、局域网计算机仿真实验的操作方法

物理仿真实验采用窗口式的图形化界面，由服务器发送仿真实验信息到每一个与电子教室相对应的学生用计算机上，"电子教室" 界面参见图 6-0-1，学生在物理仿真实验室界面（参见图 6-0-2）可以先输入自己的学号和密码，或者以过客身份单击"过客练习"就进

入物理仿真实验界面(参见图6-0-3)。本书介绍物理仿真实验软件的运行环境及相应可开设的物理实验项目,单击"本校实验",会出现所开设的所有仿真实验的下拉列表,也可单击"实验项目分类"——力学实验、电学实验、磁学实验、热学实验、光学实验、声学实验、近代实验、设计性实验,在它们的下拉列表中选定要学习的仿真实验。

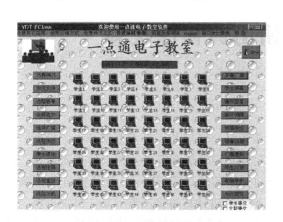

图6-0-1　"电子教室"界面

图6-0-2　物理仿真实验室界面

图6-0-3　大学物理仿真实验界面

　　进入具体的仿真实验项目后,可以通过菜单的方式来进行学习。菜单项目一般包括实验教程、实验讲授、实验演示、实验仿真和数据处理。实验教程介绍实验知识,它包括实验目的、实验仪器、实验原理、实验内容、注意事项等内容;实验讲授是老师授课使用的;实验演示是通过Flash将实验进行模拟仿真的过程;实验仿真是供学生进行仿真实验操作的。

　　大学物理仿真实验中所有操作都通过鼠标来完成,仿真实验中的具体操作如下:

　　(1)仿真实验开始操作。用鼠标单击实验项目界面所选实验名称,进入实验仿真,此时系统即处于"开始实验"状态。

　　(2)操作对象的选择操作。操作对象是指仿真实验室的仪器库中仪器图标、仪器按钮、开关、旋钮、连线等。鼠标单击这些对象后,即将其激活。如果选中的对象可以移动,就用鼠标拖动选中的对象。

　　(3)按钮及旋钮的操作。

　　① 按钮:选定开关,单击鼠标即可。

　　② 旋钮:选定旋钮,单击鼠标左键,出现逆时针箭头,旋钮逆时针旋转;出现顺时针箭

头，旋钮顺时针旋转。

（4）连接电路的操作。

① 连接两个接线柱：在工具栏中单击"接线"，选定一个接线柱，按住鼠标左键不放拖动，即从接线柱引出一根直导线，将末端拖至另一个接线柱后释放鼠标，就完成两接线柱的连接。

② 删除两个接线柱：在工具栏中单击"删除"，对准要删除的线（此时要删除的线变为红色），单击鼠标左键即可删除。

实验 6.1　电表的改装和校准仿真实验

传统的"电表的改装和校准"实验请参阅实验 2.3，这里仅介绍这个实验的仿真方法。

一、实验目的

（1）学习计算机仿真实验软件的使用。
（2）掌握计算机仿真实验的操作方法。
（3）学习电表的改装和校准仿真实验。

二、仿真仪器介绍

三、实验内容

启动学生用计算机 Windows 界面，屏幕上出现鼠标指针光标。在 Windows 主界面上双击"浏览器"图标，服务器将把仿真实验系统信息传给每一台学生用计算机。学生双击"浏览器"进入系统后出现主界面，如图 6-0-2 所示。在物理仿真实验室界面输入学号或双击"过客练习"，进入仿真实验界面，选择"本校实验"，出现实验项目的下拉列表，如图 6-1-1所示；或者选择"电学实验"，出现电学实验下拉列表，如图 6-1-2 所示。

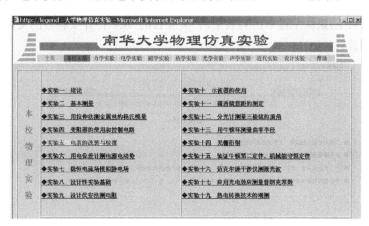

图 6-1-1　仿真实验列表 1

图 6-1-2　仿真实验列表 2

在下拉列表中单击"电表的改装与校准",进入"电表改装与校准"仿真实验界面,如图 6-1-3 所示。该界面由菜单栏"返回上页""实验教程""实验讲授""实验演示""实验仿真""数据处理"等组成,用鼠标左键单击各项可进入相应的内容(若单击"返回上页",则会返回到实验项目选择页面)。

图 6-1-3　实验教程列表

下面分别说明各菜单内容。

(1) 实验教程。单击"实验教程",页面显示"实验目的""实验仪器""实验原理""实验内容""注意事项"等列表,如图 6-1-3 所示。打开任意列表项,单击"返回"即可返回到上一级菜单。

① 实验目的。用鼠标左键单击列表上的"实验目的"项,打开实验目的文档,如图 6-1-4 所示,请认真阅读。

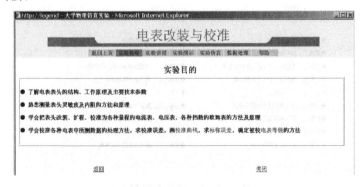

图 6-1-4　实验目的文档

② 实验仪器。用鼠标左键单击列表上的"实验仪器"项，显示本实验所需仪器列表，如图 6-1-5 所示。单击仪器列表的任意仪器，可弹出仪器图标和参数。图 6-1-6 所示即为单击"c46-μA 型微安表"显示的结果。

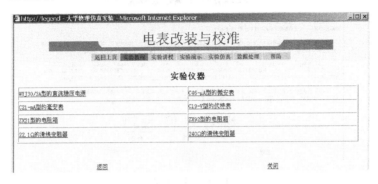

图 6-1-5　仿真实验仪器列表

图 6-1-6　实验仪器展示界面

③ 实验原理。用鼠标左键单击列表项的"实验原理"，实验原理细分为几个部分，如图 6-1-7 所示，单击任意部分，可打开这部分文档。图 6-1-8 所示为单击"表头灵敏度和内阻的测量方法及原理"后打开的文档；图 6-1-9 所示为单击"电表的扩程与改装"后打开的文档，请认真阅读。

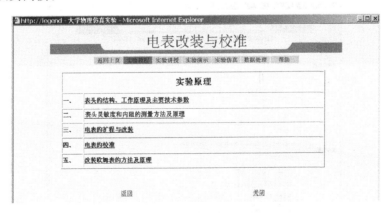

图 6-1-7　实验原理列表

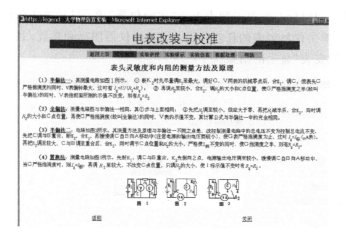

图 6-1-8　实验原理文档 1

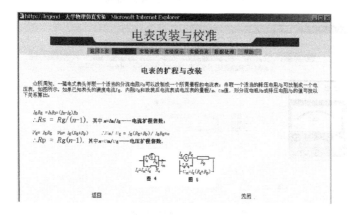

图 6-1-9　实验原理文档 2

　　④ 实验内容。用鼠标左键单击"实验内容"的第一项,则打开实验内容文档,如图 6-1-10 所示,它包括接线电路图、实验步骤等;图 6-1-11 所示为第二项实验内容文档,请认真阅读。

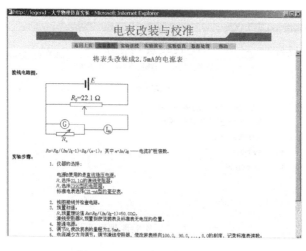

图 6-1-10　实验内容 1 文档

图 6-1-11 实验内容 2 文档

⑤ 注意事项。用鼠标左键单击"注意事项"项，弹出注意事项文档，如图 6-1-12 所示，请认真阅读。

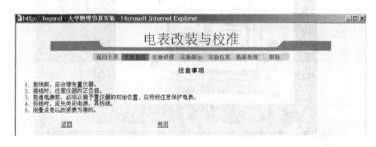

图 6-1-12 注意事项文档

（2）实验讲授。主要供老师（学生预习时）在讲课时辅助讲课用。用鼠标左键单击，即可进入文档（实验 6.2 将详细介绍此内容）。

（3）实验演示。用鼠标左键单击"实验演示"，出现可以进行实验演示的内容，如图 6-1-13 所示；单击演示内容，会弹出一个 Flash 视频，连续自动展示实验内容和过程，如图 6-1-14 和图 6-1-15 所示。

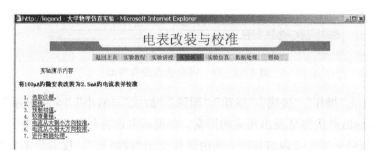

图 6-1-13 实验演示列表

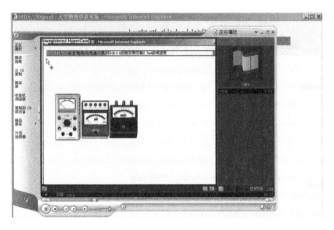

图 6-1-14   实验演示过程 1

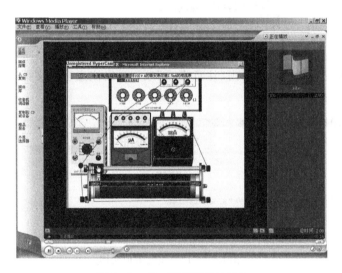

图 6-1-15   实验演示过程 2

（4）实验仿真。这个内容就是仿真实验操作的全过程。用鼠标左键单击"实验仿真"，首先来到图 6-1-16 所示的界面，出现主程序的菜单图，移动鼠标使光标指向该图的任意菜单，出现中文的菜单释义，菜单栏中从左至右的菜单名称分别是"仪器库""操作""接线""移动""删除""放大""缩小""全部显示""仪器临时放大""记录""帮助""退出"和"信息栏"等。

图 6-1-16   实验仿真操作界面

当用鼠标单击"操作""接线""移动""删除""放大""缩小""全部显示""仪器临时放大"菜单时，鼠标的形状将呈现出相应的图案，即提示可以进行相应的操作。

如果要进行第一项实验内容操作，则用鼠标单击"仪器库"，仪器库的仪器全部呈现出来，如图 6-1-17 所示；鼠标单击需要的仪器，将需要的仪器一个个拖到右边仿真界面，如图 6-1-18 和图 6-1-19 所示。如果仪器图标太小看不清楚，还可以用放大镜放大观察，如图6-1-20所示。合理布置仪器后，按电路图接线，记得使用工具栏里的专用接线工具接线，单击接线工具，这时光标会变为接线工具形状，光标对准要接线的接线柱单击一下，出来一根导线，移动光标到要连接的接线柱上释放即可。

图6-1-17　仪器库展示

图6-1-18　仿真操作界面中的仿真仪器1

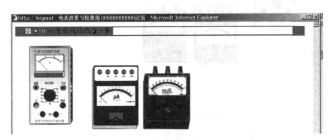

图6-1-19　仿真操作界面中的仿真仪器2

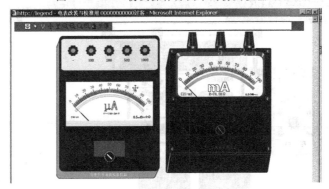

图6-1-20　放大后的仿真仪器

　　图6-1-21所示为完成接线后的仿真界面。如要删除某线，需单击工具栏的删除工具，这时光标变为删除工具形状，把光标放到要删除的线上，为了防止删除错误，这时要删除的线变为红色，单击鼠标左键，这根导线就删除了，如图6-1-22所示。然后按实验要求预置仪器初始位置，调节电源的输出电压(包括输出电压挡位的调节和细调旋钮的调节)，调节滑线变阻器滑动触头等，这些操作都要使用工具栏的操作工具进行。

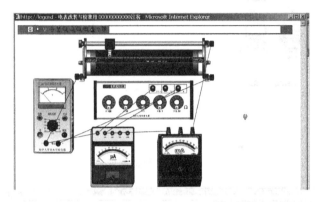

图6-1-21　连接好线路的实验仿真界面

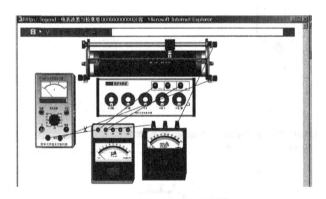

图6-1-22　导线的删除

　　正式实验时先调整分流电阻R_S的大小，使校准表和表头同时满偏；然后校准改装表，图6-1-23所示为校准80.0格时的实验状态。

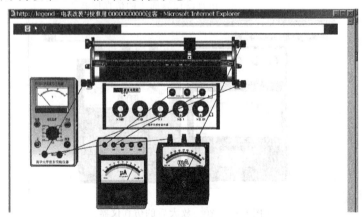

图6-1-23　校准改装表的仿真过程

　　做第二个实验内容时，基本操作和第一个实验内容相似，只是实验仪器不太一样，接线电路图不一样，电源的输出也不一样。图 6 - 1 - 24 展示了实验仪器，图 6 - 1 - 25 为接好线后的状态，图 6 - 1 - 26 为实验中预置 $R_{P理}$ 的大小，图 6 - 1 - 27 为校准改装表的某个瞬间。

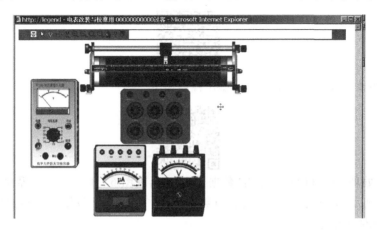

图 6 - 1 - 24　仿真实验内容 2 的实验仪器

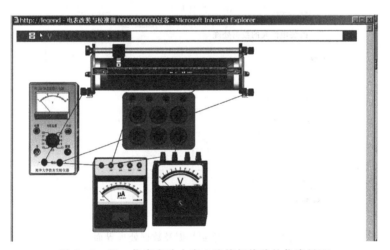

图 6 - 1 - 25　仿真实验内容 2 连接好线路的仿真界面

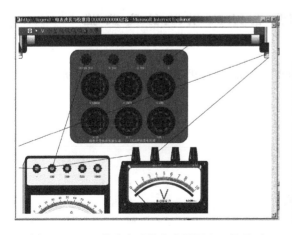

图 6 - 1 - 26　仿真实验操作中预置 $R_{P理}$ 的界面

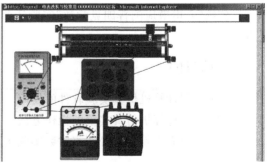

图 6 - 1 - 27　校准改装表的某瞬间

仿真实验结束后要关闭电源,用删除工具将仪器和导线删除。

(5) 电表改装。

① 将表头改装成 2.5 mA 电流表的操作视频如下。

② 将表头改装成 2.5 V 电压表的操作视频如下。

(6) 数据处理。用鼠标左键单击"数据处理",出现图 6-1-28 所示界面,可以将测量原始数据写入原始数据记录表中,再进行数据处理。对于原始数据记录与数据处理方面需要按任课老师的要求进行。

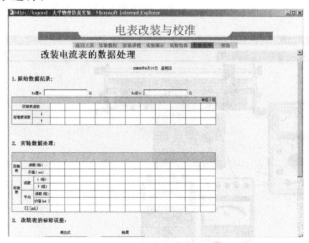

图 6-1-28　原始数据及数据处理界面

实验 6.2　光电效应测量普朗克常数仿真实验

传统"光电效应测普朗克常数"实验请参阅实验 5.1,这里仅介绍这个实验的仿真操作方法。

一、实验目的

(1) 学习计算机仿真实验软件的使用。

(2) 掌握计算机仿真实验的操作方法。

(3) 学习光电效应测普朗克常数实验仿真。

二、仪器介绍

三、实验内容

本仿真实验的仿真操作和实验6.1的操作类似，启动学生用计算机 Windows，屏幕上出现鼠标指针光标。在 Windows 主界面上双击"浏览器"图标，服务器将把仿真实验系统信息传给每一台学生用计算机。学生双击"浏览器"进入系统后出现主界面（如图6-0-2所示），在物理仿真实验室界面输入学号或双击"过客练习"，进入仿真实验页面；选择"本校实验"，出现实验项目的下拉列表，在实验项目列表（界面）上单击"光电效应测普朗克常数"，即可进入本仿真实验主窗口，如图6-2-1所示。该界面由菜单栏"返回上页""实验教程""实验讲授""实验演示""实验仿真""数据处理"等组成，用左键单击各项可进入相应的内容（若单击"返回上页"，则会返回到实验项目选择界面）。

下面分别说明各菜单内容。

（1）实验教程。单击"实验教程"，界面显示"实验目的""实验仪器及材料""实验原理""实验步骤""注意事项"等列表，如图6-2-1所示。打开任意列表项单击"返回"即可返回上一级菜单。

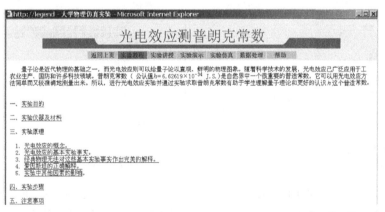

图6-2-1　实验教程列表

同样，用鼠标左键单击列表上的"实验目的"项，打开实验目的文档，如图6-2-2所示；用鼠标左键单击列表上的"实验原理"项，打开实验原理文档，如图6-2-3所示。其他列表项的操作大致相同，这里不再赘述。

图6-2-2　实验目的文档

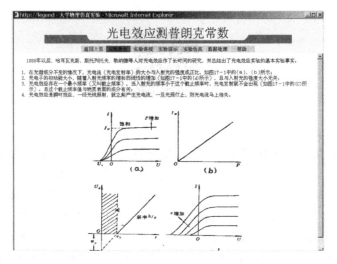

图 6-2-3　实验原理文档

（2）实验讲授。用鼠标左键单击"实验讲授"菜单项，打开实验讲授界面，如图 6-2-4 所示。若单击"手动放映"，则放映一页后需单击"▶"才可放映下一页，这样操作直到最后一页；若单击"自动放映"，则无需操作，浏览一段时间后自动转为下一页。图 6-2-4～图 6-2-7 所示的内容都是实验讲授的内容。

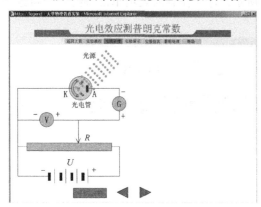

图 6-2-4　实验讲授界面

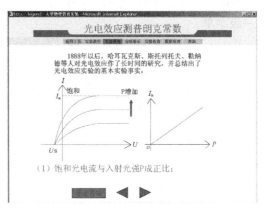

图 6-2-5　实验讲授 1

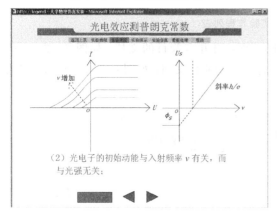

图 6-2-6　实验讲授 2

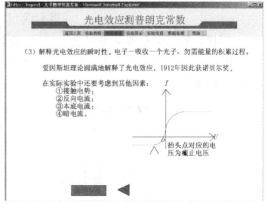

图 6-2-7　实验讲授 3

（3）实验演示。用鼠标左键单击"实验演示"，出现可以进行实验演示的内容，具体操作和实验6.1相似，不再赘述。

（4）实验仿真。用鼠标左键单击"实验仿真"，首先出现图6-2-8所示的界面，然后出现主程序的菜单图，移动鼠标使光标指向该图的任意菜单，出现中文的菜单释义，菜单栏从左至右的名称分别是"仪器库""操作""接线""移动""删除""放大""缩小""全部显示""仪器临时放大""记录""帮助""退出"和"信息栏"等。当鼠标单击"操作""接线""移动""删除""放大""缩小""全部显示""仪器临时放大"菜单时，鼠标的形状呈现出相应的图案，即提示可以进行相应的操作。

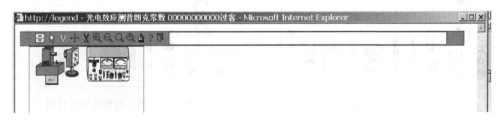

图6-2-8　实验仿真操作界面

用鼠标单击"仪器库"，仪器库的仪器全部呈现出来，如图6-2-9所示。用鼠标单击需要的仪器，按住鼠标左键将需要的仪器拖到右边仿真界面再放开鼠标左键，如图6-2-10所示。如果仪器图标太小看不清楚，还可以用"放大"工具放大观察。按电路图接线，需使用工具栏里专用接线工具接线。单击接线工具，这时光标变为接线工具形状，光标对准要接线的接线柱单击一下，出来一根导线，按住左键移动光标到要连接的接线柱上释放即可。图6-2-11所示为完成接线后的仿真界面。如要删除某线，需单击工具栏的删除工具，这时光标变为删除工具形状，把光标放到要删除的线上（这时要删除的线变为红色），单击鼠标左键，这根导线就删除了。

图6-2-9　仪器库仪器展示

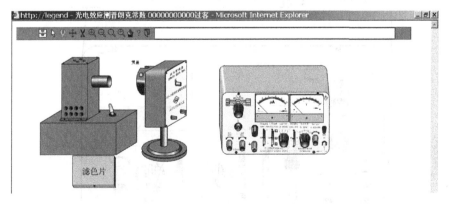

图6-2-10　仿真操作界面中的仿真仪器

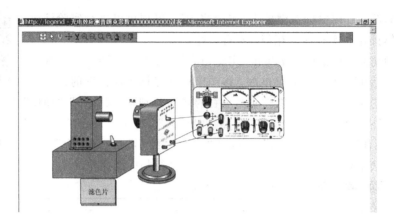

图 6-2-11　连接好线路的实验仿真界面

　　然后按实验要求预置微电流放大器的初始位置，微电流放大器放大图形如图 6-2-12 所示，调节"倍率"开关置"零点"，"电流极性"开关置"－"，"工作选择"置"直流"，"电压极性"置"－"，"电压量程"置"－3"，"电压调节"旋钮逆时针调至最小，"扫描平移"指任意，如图 6-2-13 所示。接通微电流放大器的电源开关，调整"零点"旋钮，使微安表指零，如图 6-2-14 所示。再把倍率开关旋指"满度"，调节"满度"旋钮，使指针严格指满度。

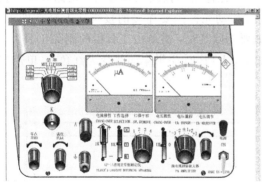

图 6-2-12　仿真仪器的初始位置预置和放大

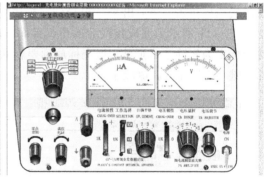

图 6-2-13　仿真仪器的初调

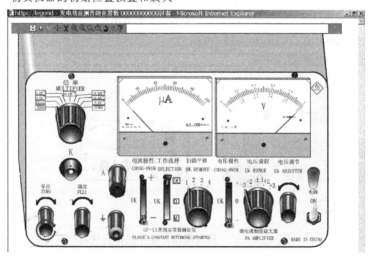

图 6-2-14　仿真仪器的调节

如图 6-2-15 所示，取下暗盒光罩，先单击滤色片盒，然后单击鼠标左键选择 365.0 nm 滤色片放入光电管(先放最短波长的滤色片，每观测一片的全部数据后，再按波长增加的方向依次更换滤色片)，打开光源开关，如图 6-2-16 所示。把微电流放大器的倍率钮置"×10⁻⁶"，"电压调节"旋钮从最小值(−3 V 或−2 V)调起，并且电压量程做相应变化，先观察每种波长的光所产生的光电流随所加电压大小变化而变化的情况，分别在草稿纸上记下每种滤光片的光照射光电管产生的光电流大小开始有明显变化(即拐单)的电压值，以便精确确定各波长的光照射光电管产生的光电流与所加电压的测量点的测量方案。一般在拐点前的特性曲线基本呈线性的部分等间距(电压间距约为 0.1 V)地测 5 组；在拐点附近多测几组，其所测电压间距逐步减小，约为 0.02 V，过拐点后，所测各组数据的电压值间距逐渐增大，如图 6-2-16～图 6-2-18 所示，约测 20 组以上的数据。再换上另一块滤色片，如图 6-2-19 所示，重复以上步骤。

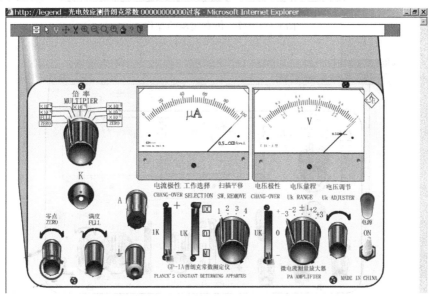

图 6-2-15　仿真实验的操作 1

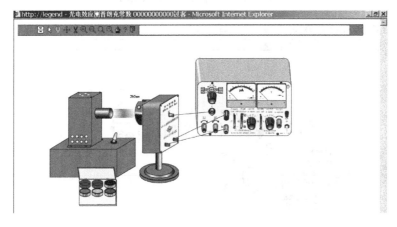

图 6-2-16　仿真实验的操作 2

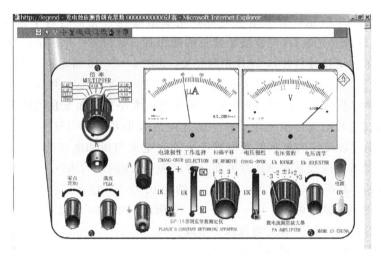

图 6-2-17 仿真实验的操作 3

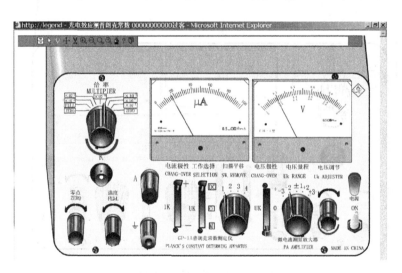

图 6-2-18 仿真实验的操作 4

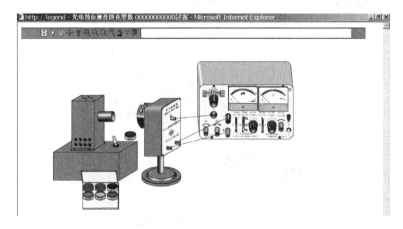

图 6-2-19 仿真实验的操作 5

仿真实验结束后要关闭仪器电源，用删除工具将仪器和导线删除。

（5）数据处理。用鼠标左键单击"数据处理"，和实验 6.1 一样，可以将测量原始数据写入原始数据记录表中，再进行数据处理。原始数据记录与数据处理方面需按任课老师的要求进行。

学生可以通过上述介绍一步一步地了解实验，学习仪器的使用，通过计算机完成实验数据的测量、数据的处理和分析，培养自己的科学实验素质和创造性思维与实践能力。

实验 6.3　研究快速电子动量与动能的相对论关系虚拟仿真实验

为了顺应互联网等信息技术的发展，南华大学开发了"研究快速电子动量与动能的相对论关系虚拟仿真实验"等 7 个虚拟仿真实验，建立了基于互联网技术的可以远程学习的南华大学物理实验仿真平台（网址 http：//wlsyfzpt. usc. edu. cn/）。本虚拟仿真实验要从国家级平台"实验空间"登录，登录网址为 http：//www. ilab-x. com/。切记要实名注册并完善个人信息（在校生要填写自己的在读学校）后才能登录。登录界面如图 6-3-1 所示。

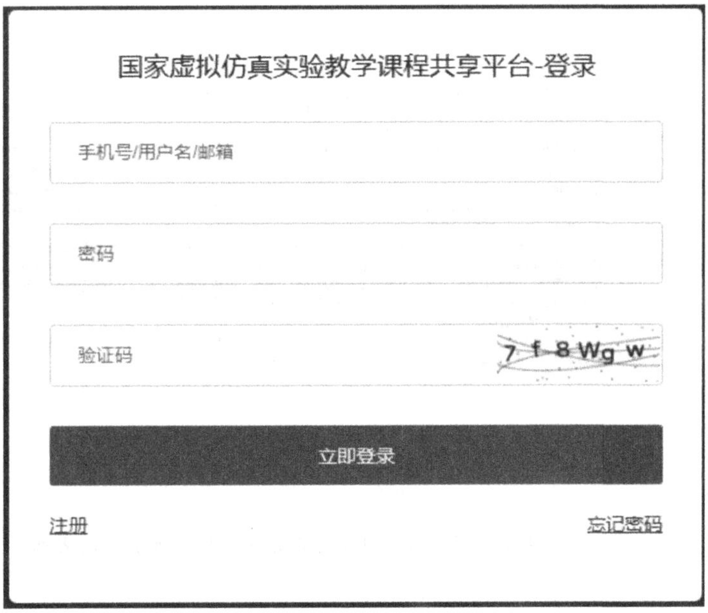

图 6-3-1　实验空间登录界面

登录后点击"实验中心"栏目，然后在搜索关键词中输入"南华大学"，即可找到"研究快速电子动量与动能的相对论关系虚拟仿真"实验。点击实验封面图片，进入实验项目界面，如图 6-3-2 所示。点击"我要做实验"，点击弹出的链接即可进入南华大学物理实验仿真平台。双击本实验项目，进入学习界面，如图 6-3-3 所示。

图 6-3-2 实验空间中的实验项目

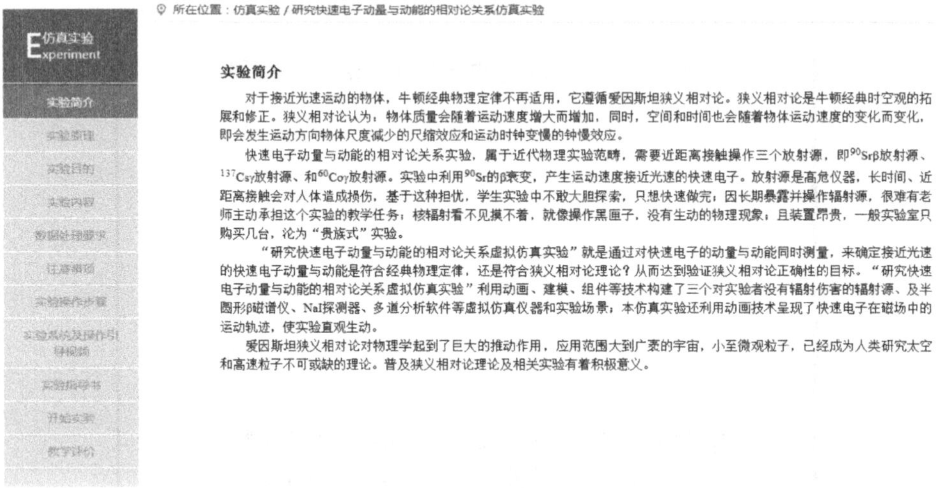

图 6-3-3 快速电子动量与动能相对论关系仿真实验学习界面

一、实验过程

依次点开学习界面菜单。本实验原理可参考实验 5.4。现重点讲述开始实验菜单。双击开始实验菜单，右侧会出现操作内容，先安装运行环境软件(有些电脑需点击安装.net.framework3.5)，再点击"开始实验"框，在弹出的对话框中点击"确定"，即打开实验操作界面，如图 6-3-4 所示。下面简述实验操作步骤。

图 6-3-4　实验操作界面

1. 利用^{60}Co、^{37}Cs 的 γ 能谱的光电峰能量与峰位道址数定标

（1）打开直流电源开关，如图 6-3-5 所示。

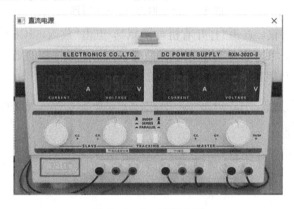

图 6-3-5　直流电源

（2）打开高压电源后面板开关，如图 6-3-6 所示；调节高压电源输出，将输出高压值调节至最佳参考电压，如图 6-3-7 所示；在数据面板上记录最佳参考电压。

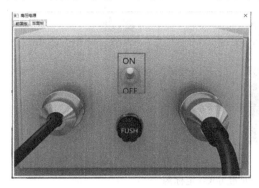

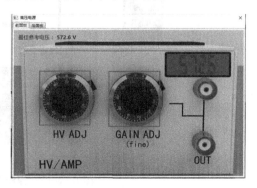

图 6-3-6　高压电源后面板　　　　　　　　　　图 6-3-7　调至最佳参考电压

　　(3) 打开电离隔离箱的第一扇门，拖曳 ^{60}Co 放射源放置于桌面上，如图 6-3-8 所示；双击打开放射源铅盖。

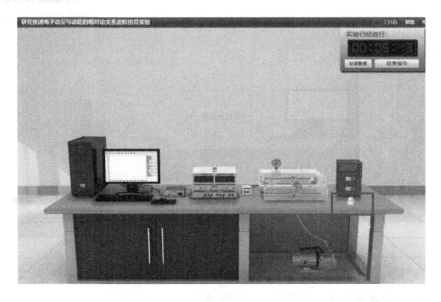

图 6-3-8　取出 60Co 放射源

　　(4) 打开半圆磁谱仪，点击"打开有机玻璃罩"，点击"放入 60Co 定标源"按钮，然后点击"关闭有机玻璃罩"，^{60}Co 自动放置在定标位置，移动闪烁体探测器，之后移动摇臂，让闪烁体探测器中心对准放射源的出射孔，如图 6-3-9 所示。

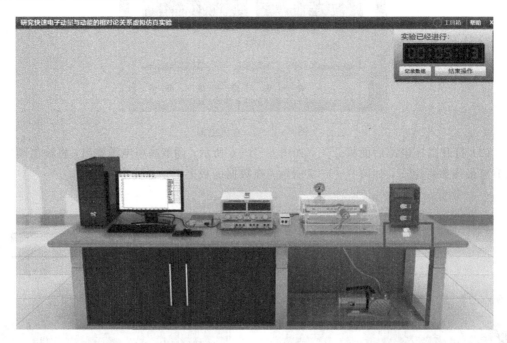

图 6-3-9　探测器中心对准 60Co 定标源

（5）在数据面板上记录半圆磁谱仪标签上的磁场强度和能量修正值。

（6）打开多道分析软件界面，设置测量用时，如图 6-3-10 所示。

图 6-3-10　多道分析软件设置

（7）在多道分析软件界面，点击"开始"按钮，待测量用时结束后，用鼠标单击"游标"按钮，拖动游标线，选定寻峰区域，点击"寻峰"按钮，对选定区域进行寻峰操作，如图 6-3-11、图 6-3-12 所示。

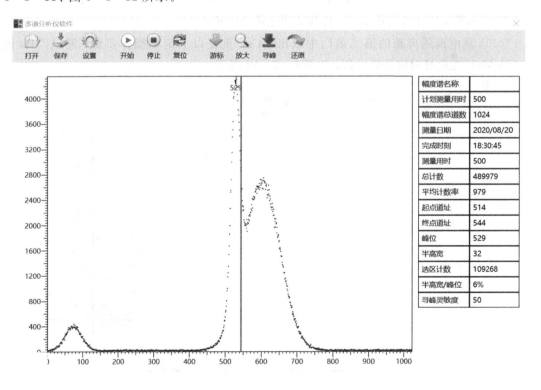

图 6-3-11　1.17 MeV 光电峰对应的道址值

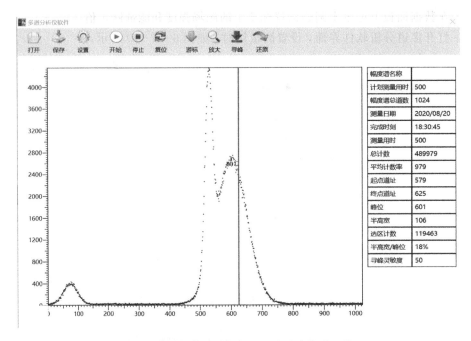

幅度谱名称	
计划测量用时	500
幅度谱总道数	1024
测量日期	2020/08/20
完成时刻	18:30:45
测量用时	500
总计数	489979
平均计数率	979
起点道址	579
终点道址	625
峰位	601
半高宽	106
选区计数	119463
半高宽/峰位	18%
寻峰灵敏度	50

图 6 - 3 - 12　1.33 MeV 光电峰对应的道址值

(8) 在数据记录面板记录光电峰 1.17 MeV(见图 6 - 3 - 11)和 1.33 MeV(见图 6 - 3 - 12)对应的道址值。

(9) 在半圆磁谱仪中点击"打开有机玻璃罩",然后点击"取下 60Co 定标源"按钮,取下 ^{60}Co 定标源,盖好放射源盖子,将其放回电离隔离箱中。

(10) 从电离隔离箱的第二扇门中取出 ^{137}Cs,重复以上定标操作步骤,测量 ^{137}Cs 的 0.661 MeV 光电峰对应的道址值,如图 6 - 3 - 13 所示。

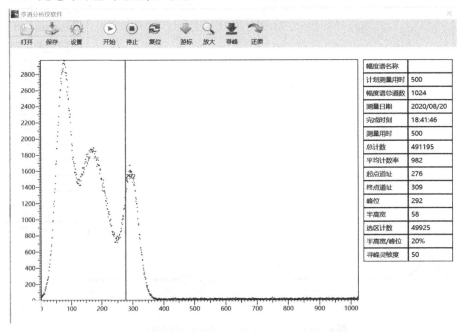

幅度谱名称	
计划测量用时	500
幅度谱总道数	1024
测量日期	2020/08/20
完成时刻	18:41:46
测量用时	500
总计数	491195
平均计数率	982
起点道址	276
终点道址	309
峰位	292
半高宽	58
选区计数	49925
半高宽/峰位	20%
寻峰灵敏度	50

图 6 - 3 - 13　0.661 MeV 光电峰对应的道址值

2. 在非真空环境下利用^{90}Sr放射源观察空气对单能电子运动的阻碍

（1）将^{90}Sr放射源从电离隔离箱的第三扇门中取出，用鼠标双击^{90}Sr放射源，取下放射源铅盖，如图6-3-14所示。

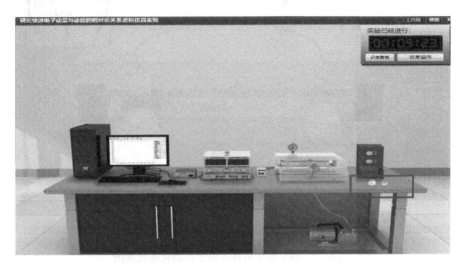

图6-3-14 ^{90}Sr放射源

（2）在半圆磁谱仪大视图界面点击"打开有机玻璃罩"，然后点击"放置90Sr放射源"按钮，^{90}Sr放射源自动到达半圆磁谱仪载物台，点击"关闭有机玻璃罩"，观察非真空条件下电子运动轨迹侧视图，如图6-3-15所示。点击"轨迹俯视"按钮可以观察俯视图。

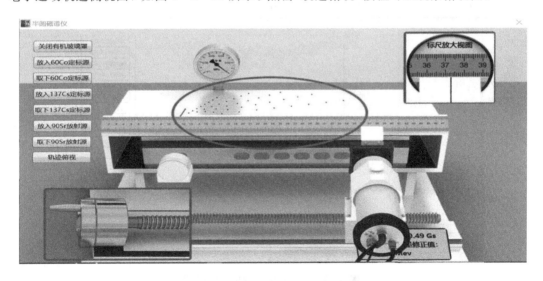

图6-3-15 非真空条件下电子运动轨迹侧视图

3. 在真空环境下利用^{90}Sr放射源进行相对论关系验证

（1）打开真空泵，在真空环境下观察轨迹运动侧视图（俯视图），如图6-3-16所示，比较非真空条件和真空条件下快速电子运动轨迹的变化。根据数据面板界面的要求（20.00～37.50 cm，每隔2.50 cm测一次），调节闪烁体探测器对准需要测量的位置。

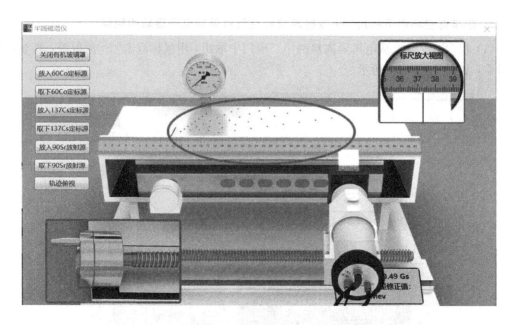

图 6-3-16　真空条件下电子运动轨迹侧视图

（2）在多道分析软件界面点击"复位"按钮，然后点击"开始"按钮，开始测量，待测量结束，单击"游标"按钮，选定寻峰区域，然后点击"寻峰"按钮，完成寻峰，如图 6-3-17 所示。

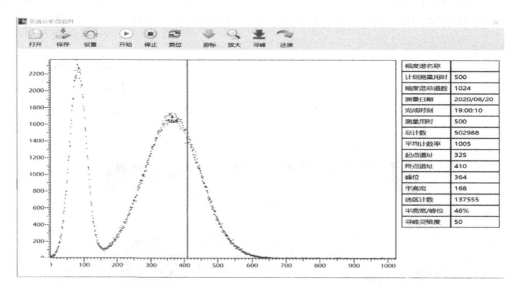

图 6-3-17　选定寻峰区域"寻峰"

（3）在数据面板界面记录当前光电峰的道址值 N。

（4）调节闪烁体探测器的位置，重复以上步骤，将不同位置对应的道址值填写在数据面板中，如图 6-3-18 所示。

（5）将 ^{90}Sr 从半圆磁谱仪中取下，放回电离隔离箱的第三扇门中。

（6）关闭真空泵、高压电源、直流电源开关。

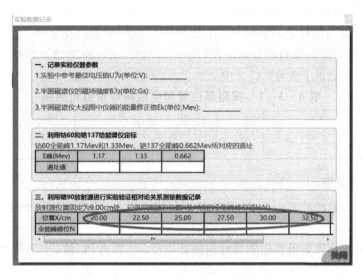

图 6-3-18 数据面板

二、实验内容

（1）测量^{60}Co 的 γ 能谱，观察 1.33 MeV 光电峰的峰顶记数达到 1000 以上后（尽量减少统计涨落带来的误差），对能谱进行数据分析。记录下 1.17 MeV 和 1.33 MeV 两个光电峰在多道能谱分析器上对应的道数。

（2）测量^{137}Cs 的 γ 能谱，观察 0.661 MeV 光电峰的峰顶记数达到 1000 后对能谱进行数据分析，记录下 0.661 MeV 光电峰在多道能谱分析器上对应的道数。

（3）在真空状态下，测量^{90}Sr β 源快速电子的动量和动能，探测器与^{90}Sr β 源的距离 x 为 20.00～37.50 cm，保证获得动能范围分布较广的单能电子；选定探测器位置后开始逐个测量单能电子能峰，记下峰位道数 CH 和相应的位置坐标 x。

（4）在非真空环境下观察^{90}Sr β 辐射源的快速电子运动轨道变化，对比真空和非真空条件下运动轨道的变化。

三、实验数据记录与处理

1. 原始数据记录

高压电源的最佳参考电压值（单位为 V）$U=$

半圆磁谱仪的磁场强度（单位为 Gs）$B=$

光电倍增管的能量修正值（单位为 MeV）$\Delta E=$

1）用^{60}Co、^{137}Cs 给能谱仪定标

进行定标操作后，将^{60}Co 全能峰 1.17 MeV 和 1.33 MeV 及^{137}Cs 全能峰 0.661 MeV 所对应的道址记录在表 6-3-1 中。

表 6-3-1 定标原始数据

E 峰/MeV	1.17	1.33	0.661
道址值			

2）利用 ^{90}Sr 放射源验证相对论关系

在高压电源输出值稳定的情况下，在 20.0～37.50 cm 之间改变 ^{90}Sr 放射源与闪烁探测器之间的距离（其中放射源的位置固定在 9.00 cm 处），通过探测器得到对应的全能峰峰位道址，将原始数据记录于表 6-3-2 中。

表 6-3-2   探测器位置和全能峰峰位道址数据

位置 $x/$cm	20.00	22.50	25.00	27.50	30.00	32.50	35.00	37.50
全能峰峰位 N								

2. 实验数据处理

（1）用最小二乘法对表 6-3-1 的数据进行线性拟合，得到定标斜率和截距，然后得到定标方程。

（2）由测出的位置数得到探测器的探测处半径，计算出 PC 值，计算经典力学的动能大小 $E_{K经典}$ 和 $E_{K相对}$ 的理论值；由测量的全能峰峰位，根据定标线，得到 $E_{K相对}$ 的测量值，最后利用光电倍增管的能量修正值得到 $E_{K相对}$ 的修正值，如表 6-3-3 所示。

表 6-3-3   数据处理表（放射源位于 9.00 cm 处）

位置 $x/$cm	20.00	22.50	25.00	27.50	30.00	32.50	35.00	37.50
半径 $R/$cm								
PC/MeV								
$E_{K经典}/$MeV								
$E_{K相对}$（理论）/MeV								
全能峰峰位 N								
$E_{K相对}$（测量）/MeV								
$E_{K相对}$（修正）/MeV								

（3）以 PC 为横轴，$E_{K经典}$、$E_{K相对}$（修正）为纵轴，作出经典力学理论和相对论理论的快速电子动量动能关系图。（可以用 excel 表作图）

四、问题讨论

为什么要对 β 能谱进行能量修正？

实验 6.4   薄透镜焦距的测量仿真实验

本实验原理可以参考实验 2.5，这里主要介绍本实验的仿真操作。登录南华大学物理实验仿真平台（网址 http://wlsyfzpt.usc.edu.cn/），选择基础物理实验的薄透镜焦距的测量仿真实验，即可进入本仿真实验学习界面。

一、实验器材

本实验虚拟仿真实验系统由光学实验平台、仿真蜡烛、仿真白光光源、仿真品字物屏、仿真光屏、仿真凸透镜、仿真凹透镜、仿真平面镜光具座组成。

1. 仿真蜡烛

仿真蜡烛如图 6-4-1 所示。

2. 仿真白光光源

仿真白光光源如图 6-4-2 所示。

图 6-4-1　仿真蜡烛

图 6-4-2　仿真白光光源

3. 仿真品字物屏

仿真品字物屏如图 6-4-3 所示。

4. 仿真光屏

仿真光屏如图 6-4-4 所示，用于接收物体所成的像。

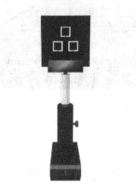

图 6-4-3　仿真品字物屏

图 6-4-4　仿真光屏

5. 仿真凸透镜

仿真凸透镜如图 6-4-5 所示。

6. 仿真凹透镜

仿真凹透镜如图 6-4-6 所示。

7. 仿真平面镜

仿真平面镜如图 6-4-7 所示。

图 6-4-5　仿真凸透镜

图 6-4-6　仿真凹透镜

图 6-4-7　仿真平面镜

二、实验内容

1. 主窗口介绍

点击开始实验,进入实验场景主窗体,如图 6-4-8 所示。

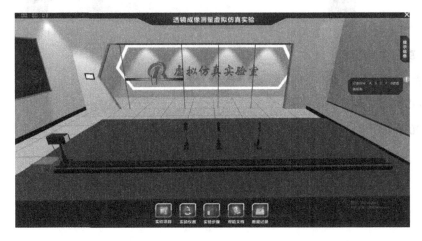

图 6-4-8　实验场景主窗体

主界面下方显示导航栏,共有 5 项内容。

(1) 实验项目:点击该项可打开实验项目菜单。

点击实验名称可进入对应的实验项目,进入实验时会刷新所有数据(所有仪器均初始化)。

(2) 实验仪器:点击该项可打开实验仪器菜单。用鼠标左键按住仪器可将其拖到实验平台上(个别仪器不允许或有数量限制)。

(3) 实验步骤:点击该项可打开实验步骤菜单,查看当前实验步骤。

(4) 帮助文档:点击该项可打开帮助文档,获取实验相关信息。

(5) 数据记录:点击该项可打开实验报告 Word 文档,记录上传实验数据。

主界面右边有 2 个按钮:

(1) 提示信息:点击该项可了解当前实验的简单信息。

（2）感叹号：点击该项可查看实验视角操控。

2. 场景操作介绍

鼠标左键点住不放并移动，可控制视角上下左右平移（按住 Shift 可降低移动速度）；鼠标右键点住不放并移动，可控制视角旋转（按住 Shift 可降低移动旋转速度）；鼠标滚轮前后滑动，可控制视角前进后退（按住 Shift 可降低移动速度）。按空格键可回到默认视角。

3. 仪器操作介绍

将鼠标放在仪器上，仪器会发光。松开仪器升降杆螺丝，用鼠标左键点击升降杆，可以控制仪器的高低，如图 6-4-9 所示。旋转仪器底座的旋钮，可以把仪器固定在光具座上，如图 6-4-10 所示。

图 6-4-9　升降杆

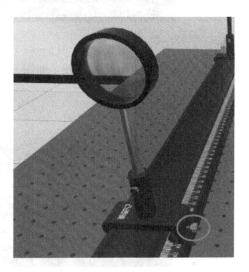

图 6-4-10　仪器底座的旋钮

4. 实验操作步骤

1）自准法测凸透镜焦距

（1）打开软件，进入主场视图中，如图 6-4-11 所示，选择实验项目 1。

图 6-4-11　主场视图

（2）阅读实验步骤，如图 6-4-12 所示。

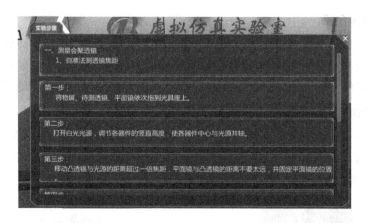

图 6-4-12 实验步骤

（3）按照实验步骤进行光路搭建，如图 6-4-13 所示，记录实验数据。

图 6-4-13 光路搭建

2）贝塞尔法测凸透镜焦距

（1）在主场视图（图 6-4-14）中点击进入实验项目 3。

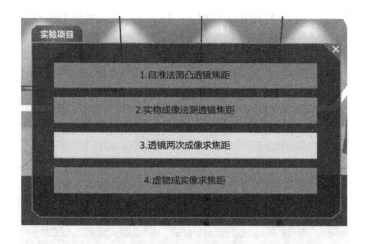

图 6-4-14 主场视图

（2）阅读实验步骤，如图 6 - 4 - 15 所示。

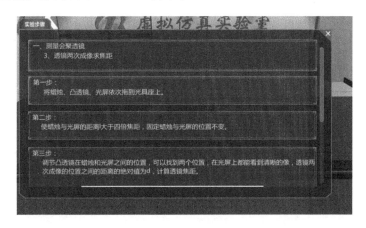

图 6 - 4 - 15　实验步骤

（3）按照实验步骤进行光路搭建，如图 6 - 4 - 16 所示，记录实验数据。

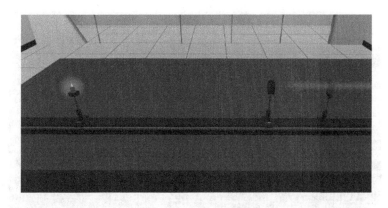

图 6 - 4 - 16　光路搭建

3）实物成像法测透镜焦距

（1）在主场视图（图 6 - 4 - 17）中点击进入实验项目 2。

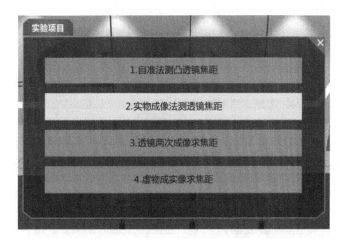

图 6 - 4 - 17　主场视图

（2）阅读实验步骤，如图 6-4-18 所示。

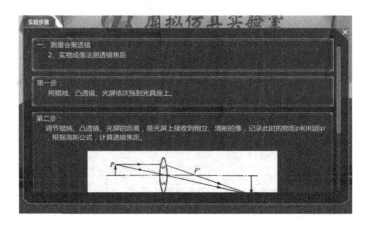

图 6-4-18 实验步骤

（3）按照实验步骤进行光路搭建，如图 6-4-19 所示，记录实验数据。

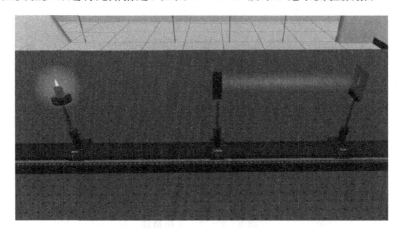

图 6-4-19 光路搭建

4）虚物成像法测凹透镜焦距

（1）在主场视图（图 6-4-20）中点击进入实验项目 4。

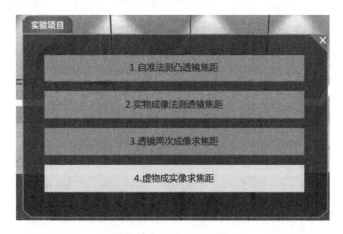

图 6-4-20 主场视图

（2）阅读实验步骤，如图 6-4-21 所示。

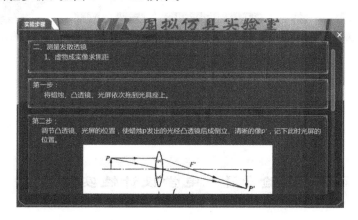

图 6-4-21　实验步骤

（3）按照实验步骤进行光路搭建，如图 6-4-22 所示，记录实验数据。

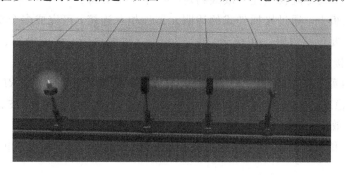

图 6-4-22　光路搭建

三、问题讨论

（1）除了本实验介绍的方法外，还有哪些测焦距的方法？

（2）如何减少实验误差？

四、补充资料

其他虚拟仿真实验请扫码学习。

第七章　开放创新性实验

实验 7.1　电学设计性实验

本实验装置为 DH-SJ1 物理电学设计性实验装置,目的是提高学生的实际动手能力和实验设计能力,为大专院校组建开放式物理实验室提供支持。

在主体九孔板上,通过接插件式的透明元器件相互连接,可完成多个功能物理实验。

实验元件主要包括电阻、电容、电感、二极管、可调电阻、可调电容、可调电感、微安表头、开关、连接线等。

可做的基础实验有电路元件伏安特性的测绘及电源外特性的测量,RLC 元件的阻抗特性和谐振电路(稳态特性),RLC 元件的一阶和二阶暂态特性,整流、滤波、稳压电路,电表改装,电路混沌效应。

可自行搭建和拓展的相关实验有基尔霍夫定律验证和电位的测定、电桥法测量定值电阻等。

装置配有完整的实验讲义,供指导老师参考。

除基本元件外,实验还需要配备如下器材:低频功率信号源 DH-WG1、直流恒压源恒流源 DH-VC1、4 位半数字万用表、示波器等。用户可以自备或向厂家询购。

实验 7.1.1　电路元件伏安特性的测绘及电源外特性的测量

一、实验目的

(1) 学习测量线性和非线性电阻元件伏安特性的方法,并绘制其特性曲线。

(2) 学习测量电源外特性的方法。

(3) 掌握运用伏安法判定电阻元件类型的方法。

(4) 学习使用直流电压表、电流表,掌握电压、电流的测量方法。

二、实验器材

实验器材有直流恒压源和恒流源(自备)、数字万用表(2 台,自备)、电阻(11 只,1 Ω×1、5.1 Ω×1、10 Ω×1、20 Ω×1、47 Ω×2、100 Ω×2、200 Ω×1、1 kΩ×1、3 kΩ×1)、白炽灯泡(12 V/3 W)、灯座($M=9.3$ mm)、稳压二极管(2EZ7.5D5)、电位器(470 Ω/2 W)、短接桥和连接导线(SJ-009 和 SJ-301)若干、九孔插件方板(SJ-010)。

三、实验原理

1. 电阻元件

1）伏安特性

两端电阻元件的伏安特性是指元件的端电压与通过该元件电流之间的函数关系。通过一定的测量电路，用电压表、电流表可测定电阻元件的伏安特性，由测得的伏安特性可了解该元件的性质。通过测量得到元件伏安特性的方法称为伏安测量法（简称伏安法）。把电阻元件上的电压作为纵（或横）坐标，电流作为横（或纵）坐标，根据测量所得数据，画出电压和电流的关系曲线，称为该电阻元件的伏安特性曲线。

2）线性电阻元件

线性电阻元件的伏安特性满足欧姆定律。在关联参考方向下可表示为 $U=IR$，其中 R 为常量，称为电阻的阻值，它不随电压或电流的改变而改变，其伏安特性曲线是一条过坐标原点的直线，具有双向性，如图 7-1-1(a) 所示。

3）非线性电阻元件

非线性电阻元件不遵循欧姆定律，它的阻值 R 随着其电压或电流的改变而改变，即它不是一个常量，其伏安特性是一条过坐标原点的曲线，如图 7-1-1(b) 所示。

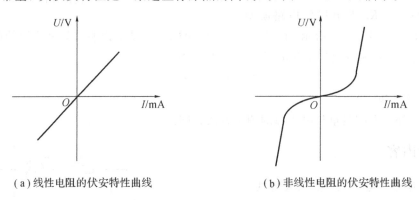

（a）线性电阻的伏安特性曲线　　　　　（b）非线性电阻的伏安特性曲线

图 7-1-1　伏安特性曲线

4）测量方法

在被测电阻元件上施加不同极性和幅值的电压，测量出流过该元件的电流，在被测电阻元件中通入不同方向和幅值的电流，测量该元件两端的电压，便得到被测电阻元件的伏安特性。

2. 直流电压源

1）直流电压源

理想的直流电压源输出固定幅值的电压，其输出电流的大小取决于它所连接的外电路。因此直流电压源的外特性曲线是平行于电流轴的直线，如图 7-1-2(a) 中实线所示。实际电压源的外特性曲线如图 7-1-2(a) 中虚线所示，在线性工作区

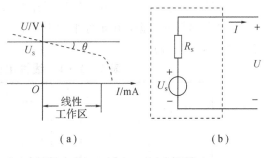

（a）　　　　　　　（b）

图 7-1-2　电压源特性

内它可以用一个理想电压源 U_S 和内电阻 R_S 相串联的电路模型来表示, 如图 7-1-2(b)所示。图 7-1-2(a)中角 θ 越大, 说明实际电压源的内阻 R_S 值越大。实际电压源的电压 U 和电流 I 的关系式为

$$U = U_S - R_S \cdot I \qquad (7-1-1)$$

2) 测量方法

将电压源与一可调负载电阻串联, 改变负载电阻的阻值, 测量出相应的电压源电流和端电压, 便可以得到被测电压源的外特性。

3. 直流电流源

1) 直流电流源

理想的直流电流源输出固定幅值的电流, 而其端电压的大小取决于外电路。因此, 直流电流源的外特性曲线是平行于电压轴的直线, 如图 7-1-3(a)中实线所示。实际电流源的外特性曲线如图 7-1-3(a)中虚线所示。在线性工作区它可以用一个理想电流源 I_S 和内电导 G_S ($G_S = 1/R_S$)相并联的电路模型

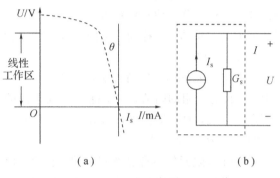

(a)   (b)

图 7-1-3 电流源外特性

来表示, 如图 7-1-3(b)所示。图 7-1-3(a)中的角 θ 越大, 说明实际电流源的内电导 G_S 值越大。实际电流源的电流 I 和电压 U 的关系式为

$$I = I_S - U \cdot G_S \qquad (7-1-2)$$

2) 测量方法

电流源外特性的测量与电压源的测量方法相同。

四、实验内容

1. 测量线性电阻元件的伏安特性

(1) 按图 7-1-4 接线, 取 $R_L = 47\ \Omega$, U_S 用直流稳压电源, 先将稳压电源"输出电压"旋钮置于零位。

(2) 调节稳压电源输出电压旋钮, 使电压 U_S 分别为 0 V、1 V、2 V、3 V、4 V、5 V、6 V、7 V、8 V、9 V、10 V, 并测量对应的电流值和负载 R_L 两端的电

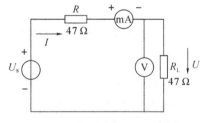

图 7-1-4 线性电阻元件的实验线路

压 U, 记录数据于表 7-1-1 中。然后断开电源, 将稳压电源"输出电压"旋钮置于零位。

(3) 根据测得的数据, 在坐标平面上绘制出电阻 $R_L = 47\ \Omega$ 的伏安特性曲线。先取点, 再用平滑曲线连接各点。

表 7-1-1 线性电阻元件实验数据

U_S/V	0	1	2	3	4	5	6	7	8	9	10
I/mA											
U/V											
$R(=U/I)/\Omega$											

2. 测量非线性电阻元件的伏安特性（钨丝灯电阻的伏安特性测量）

1）实验目的

通过本实验了解钨丝灯电阻随施加电压的增加而增加的特性，并了解钨丝灯的使用情况。

2）钨丝灯特性描述

实验仪用灯泡中的钨丝和家用白炽灯泡中的钨丝同属一种材料，但钨丝的粗细和长短不同，由此做成了不同规格的灯泡。

本实验的钨丝灯泡规格为 12 V、0.1 A。金属钨的电阻温度系数为 $4.8 \times 10^{-3}/℃$，为正温度系数。当灯泡两端施加电压后，钨丝上就有电流流过，产生功耗，灯丝温度上升，致使灯泡电阻增加。灯泡不加电时的电阻称为冷态电阻，施加额定电压时测得的电阻称为热态电阻。由于钨丝点亮时温度很高，超过额定电压时会被烧断，因此使用时不能超过额定电压。因为正温度系数的关系，所以冷态电阻小于热态电阻。在一定的电流范围内，电压和电流的关系为

$$U = KI^n \tag{7-1-3}$$

式中：U 为灯泡两端电压，单位取 V；I 为灯泡流过的电流，单位取 A；K、n 均为与灯泡有关的常数。

为求得常数 K 和 n，可以通过两次测量所得的 U_1、I_1 和 U_2、I_2 得到

$$U_1 = KI_1^n \tag{7-1-4}$$

$$U_2 = KI_2^n \tag{7-1-5}$$

将式（7-1-4）除以式（7-1-5）可得

$$n = \frac{\lg \dfrac{U_1}{U_2}}{\lg \dfrac{I_1}{I_2}} \tag{7-1-6}$$

将式（7-1-6）代入式（7-1-4）可得

$$K = U_1 I_1^{-n} \tag{7-1-7}$$

3）实验设计

注意：一定要控制好钨丝灯泡的两端电压！因为超过额定电压使用会烧断钨丝！

灯泡电阻在端电压 0～12 V 的范围内，电阻值大约为几欧姆到一百多欧姆。电压表在 20 V 挡时内阻为 1 MΩ，远大于灯泡电阻。而电流表在 200 mA 挡时内阻为 10 Ω 或 1 Ω（因

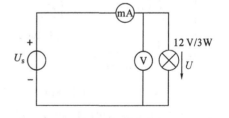

图 7-1-5　钨丝灯泡伏安特性测试电路

万用表不同而不同），和灯泡电阻相比，小得不多，宜采用电流表外接法测量，电路图见图 7-1-5。注意：接线前应确认电压源的输出已经调到最小！逐步增加电源电压，如表 7-1-2 所示，注意不要超过 12 V！记下相应的电流表数据。

4）实验记录

将实验测试数据填入表 7-1-2 中。根据实验数据在坐标纸上画出钨丝灯泡的伏安特性曲线，并将电阻计算值也标注在坐标图上。

表 7 - 1 - 2　钨丝灯泡伏安特性测试数据

灯泡电压 U/V	0	1	2	3	4	5	6	7	8	9	10	11	12
灯泡电流 I/mA													
灯泡电阻计算值/Ω													

选取两对数据(如 $U_1 = 2$ V、$U_2 = 8$ V,及相应的 I_1、I_2),按式(7-1-6)和式(7-1-7)计算出 n、K 两系数值。由此写出式(7-1-3),并进行多点验证。

3. 测量直流电压源的伏安特性

(1) 按图 7-1-6 接线,将直流稳压电源视作直流电压源,取 $R = 100$ Ω。

(2) 将稳压电源的输出电压调节为 $U_S = 10$ V,改变电阻 R_L 的值,使其分别为 100 Ω、47 Ω、20 Ω、10 Ω、5.1 Ω、1 Ω,测量其对应的电流 I 和直流电压源的端电压 U,记于表 7-1-3 中。

表 7 - 1 - 3　电压源实验数据

R_L/Ω	100	47	20	10	5.1	1
I/mA						
U/V						

(3) 根据测得的数据在坐标平面上绘制出直流电压源的伏安特性曲线。

4. 测量实际直流电压源的伏安特性

(1) 按图 7-1-7 接线,将直流稳压电源 U_S 与电阻 R_0(取 47 Ω)串联来模拟实际直流电压源,如图中虚线框内所示,取 $R = 100$ Ω。

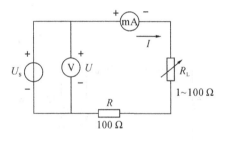

图 7 - 1 - 6　电压源实验线路

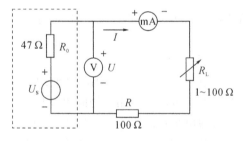

图 7 - 1 - 7　实际电压源实验线路

(2) 将稳压电源输出电压调节为 $U_S = 10$ V,改变电阻 R_L 的值,使其分别为 100 Ω、47 Ω、20 Ω、10 Ω、5.1 Ω、1 Ω,测量其对应的实际电压源端电压 U 和电流 I,记入表 7-1-4 中。

表 7 - 1 - 4　实际电压源实验数据

R_L/Ω	100	47	20	10	5.1	1
I/mA						
U/V						

（3）根据测得的数据在坐标平面上绘制出实际电压源的伏安特性曲线。

5. 测量直流电流源的伏安特性

（1）按图 7 - 1 - 8 接线，R_L 为可变负载电阻。

（2）调节直流电流源的输出电流为 $I_S = 25$ mA，改变 R_L 的值分别为 300 Ω、200 Ω、100 Ω、50 Ω、20 Ω（其中 300 Ω 采用 200 Ω 与 100 Ω 串联，50 Ω 采用 2 个 100 Ω 并联），测量对应的电流 I 和电压 U，记入表 7 - 1 - 5 中。

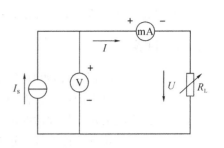

图 7 - 1 - 8　电流源实验线路

表 7 - 1 - 5　电流源实验数据

R_L/Ω	300	200	100	50	20
I/mA					
U/V					

（3）根据测得的数据在坐标平面上绘制出电流源的伏安特性曲线。

6. 测量实际直流电流源的伏安特性

（1）按图 7 - 1 - 9 接线，R_L 为负载电阻，取 $R_0 = 1$ kΩ，将 R_0 与电流源并联来模拟实际电流源，如图中虚线框内所示。

（2）调节电流源输出电流 $I_S = 25$ mA，改变 R_L 的值分别为 300 Ω、200 Ω、100 Ω、50 Ω、20 Ω，测量对应的电流 I 和电压 U，记入表 7 - 1 - 6 中。

（3）根据测得的数据在坐标平面上绘制出实际电流源的伏安特性曲线。

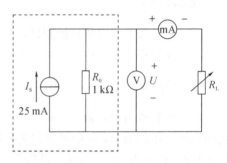

图 7 - 1 - 9　实际电流源实验线路

表 7 - 1 - 6　实际电流源实验数据

R_L/Ω	300	200	100	50	20
I/mA					
U/V					

五、注意事项

（1）电流表应串联接在被测电流支路中，电压表应并联接在被测电压两端，要注意直流仪表"＋""－"端钮的接线，并选取适当的量程。

（2）使用测量仪表前，应注意对量程和功能的正确选择。

（3）直流稳压电源的输出端不能短路。

（4）实验中用到的 R_L 可以用 470 Ω/2 W 的电位器代替，调节电位器接入不同的 R_L（用万用表测出），并记下各测量数据。

（5）实验元件的功率都已标出，使用时不要超过其额定功率，以免损坏元件。

六、问题讨论

（1）比较 47 Ω 电阻与白炽灯的伏安特性曲线，可以得出什么结论？

（2）试从钨丝灯泡的伏安特性曲线解释为什么在开灯的时候钨丝容易烧坏。

（3）根据不同的伏安特性曲线的性质区分它们为何种性质的电阻。

（4）通过元件伏安特性曲线，分析欧姆定律对哪些元件成立，对哪些元件不成立。

（5）比较直流电压源和实际直流电压源的伏安特性曲线，从中可以得出什么结论？

（6）比较直流电流源和实际直流电流源的伏安特性曲线，从中可以得出什么结论？

（7）稳压电源串联电阻构成的电压源，它的输出电压与输出电流之间有什么关系？是否能写出伏安特性方程式？

（8）选取表 7-1-6 中的一组实验结果，按式(7-1-2)计算出 R_S、G_S 并和实验参数比较。

选做实验 1   二极管伏安特性曲线的研究

一、实验目的

通过对二极管伏安特性的测试，掌握锗二极管和硅二极管的非线性特点，从而为以后正确设计和使用这些器件打下技术基础。

二、实验原理

对二极管施加正向偏置电压时，二极管中就有正向电流通过（多数载流子导电）。随着正向偏置电压的增加，开始时电流随电压变化很缓慢，当正向偏置电压增至接近二极管导通电压时（锗管为 0.2 V 左右，硅管为 0.7 V 左右），电流急剧增加。二极管导通后，电压有少许变化，相应的电流变化很大。

对上述两种器件施加反向偏置电压时，二极管处于截止状态，其反向电压增加至该二极管的击穿电压时，电流猛增，二极管被击穿。在使用中应尽可能避免二极管被击穿，这会造成其永久性损坏。所以在做二极管反向特性研究时，应串联接入限流电阻，以防因反向电流过大而损坏二极管。

二极管伏安特性示意图如图 7-1-10 和图 7-1-11 所示。

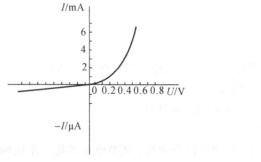

图 7-1-10   锗二极管伏安特性

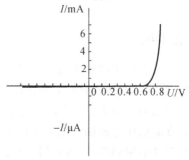

图 7-1-11   硅二极管伏安特性

三、实验内容

1. 反向特性测试电路

二极管的反向电阻值很大，采用电流表内接测试电路可以减少测量误差。测试电路如图 7 - 1 - 12 所示，电阻选择 510 Ω。

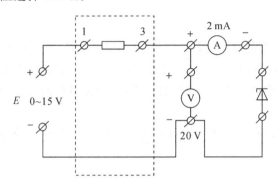

图 7 - 1 - 12　二极管反向特性测试电路

2. 正向特性测试电路

二极管正向特性测试电路如图 7 - 1 - 13 所示。二极管在正向导通时，呈现的电阻值较小，宜采用电流表外接测试电路。电源电压在 0～10 V 内调节，变阻器初始值设置为 510 Ω，调节电源电压，以得到所需电流值。

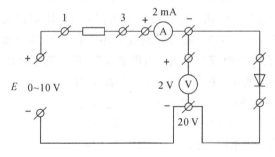

图 7 - 1 - 13　二极管正向特性测试电路

四、实验数据记录与处理

将二极管的反向、正向伏安曲线测试数据分别记录在表 7 - 1 - 7、表 7 - 1 - 8 内。

表 7 - 1 - 7　反向伏安曲线测试数据表

U/V							
$I/\mu A$							
电阻计算值/$k\Omega$							

表 7 - 1 - 8   正向伏安曲线测试数据表

I/mA							
U/V							
电阻计算值/kΩ							

注意：实验时二极管正向电流不得超过 20 mA。

五、问题讨论

(1) 二极管反向电阻和正向电阻差异如此大，其物理原理是什么？

(2) 在制定表 7 - 1 - 8 时，考虑到二极管正向特性显著的非线性特点，电阻值变化范围很大，因此在表 7 - 1 - 8 中加一项"电阻修正值"栏，与电阻计算值比较，讨论其误差产生过程。

选做实验 2   稳压二极管反向伏安特性实验

一、实验目的

通过稳压二极管反向伏安特性非线性的强烈反差，进一步熟悉电子元件伏安特性的测试技巧；通过本实验，掌握两端式稳压二极管的使用方法。

二、实验原理

2EZ7.5D5 属于硅半导体稳压二极管，其正向伏安特性类似于 1N4007 型二极管，其反向特性变化很大。当 2EZ7.5D5 两端电压反向偏置时，其电阻值很大，反向电流极小，据手册资料可知电流值不大于 0.5 μA。随着反向偏置电压的进一步增加，大约加到 7～8.8 V时，出现反向击穿(有意掺杂而成)，产生"雪崩效应"，其电流迅速增加。只要电压有稍许变化，都将引起电流的巨大变化。在线路中，对"雪崩"产生的电流施加有效的限流措施，在其电流有少许变化时，二极管两端电压仍然是稳定的(变化很小)。这就是稳压二极管的使用基础，其应用电路见图 7 - 1 - 14。图中，E为供电电源，如果二极管稳压值为 7～8.8 V，则要求 E为 10 V 左右；R 为限流电阻，C 为电解电容，对稳压二极管产生的噪声进行平滑滤波；U_z 为稳压输出电压。二

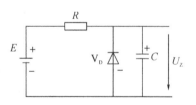

图 7 - 1 - 14   稳压二极管应用电路

极管 2EZ7.5D5 的工作电流选择 8 mA，考虑负载电流为 2 mA，通过 R 的电流为 10 mA，计算 R 值如下：

$$R = \frac{E - U_z}{I} = \frac{10\ V - 8\ V}{0.01\ mA} = 200\ \Omega$$

三、实验内容

1. 测试电路

二极管 2EZ7.5D5 反向偏置在 0～7 V 范围内时阻抗很大，采用电流表内接测试电路为

宜。反向偏置电压进入击穿段时，稳压二极管内阻较小（估计为 $R=8/0.008=1\ \text{k}\Omega$），这时宜采用电流表外接测试电路。结合图 7-1-14，测试电路图见图 7-1-15。

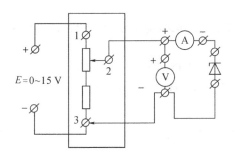

图 7-1-15　稳压二极管反向伏安特性测试电路

2. 实验过程

将电源电压调至 0 V，按图 7-1-15 接线。开始时按电流表内接法将电压表"＋端"接于电流表"＋端"，将变阻器旋到 1000 Ω 后，慢慢地增加电源电压，记下电压表的对应数据。当观察到电流开始增加，并有迅速加快的趋势时，说明二极管 2EZ7.5D5 已开始进入反向击穿过程，这时将电流表改为外接式，继续慢慢地将电源电压增加至 10 V。为了继续增加二极管 2EZ7.5D5 的工作电流，可以逐步地减小变阻器电阻值，为了得到整数电流值，可以辅助微调电源电压。

四、实验数据记录与处理

将实验得到的数据记录在表 7-1-9 中。

表 7-1-9　2EZ7.5D5 硅稳压二极管反向伏安特性测试数据表

电流表接法		数　据						
内接式	U/V							
	$I/\mu\text{A}$							
外接式	I/mA							
	U/V							

根据上述数据在坐标纸上画出二极管 2EZ7.5D5 的伏安曲线，参考图见图 7-1-16。若有条件，则可在老师的指导下利用计算机作图。

五、问题讨论

（1）在测试稳压二极管反向伏安特性时，为什么会分两个阶段分别采用电流表内接电路和外接电路？

（2）稳压二极管的限流电阻值如何确定？（提示：根据要求的稳压二极管动态内阻确定工作电流，由工作电流计算限流电阻大小）

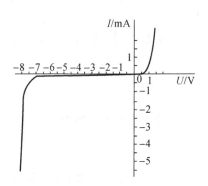

图 7-1-16　二极管 2EZ7.5D5 的
伏安曲线参考图

(3) 选择工作电流为 8 mA,供电电压为 10 V 时,限流电阻大小是多少? 供电电压为 12 V 时,限流电阻有多大?

 补充知识   电表内接和外接对测量元件伏安特性的影响

当电流表内阻为 0 Ω,电压表内阻无穷大时,图 7-1-17 和图 7-1-18 所示的两种测试电路都不会产生附加测量误差,被测电阻 $R=U/I$。

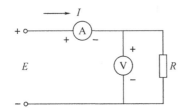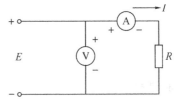

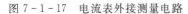

图 7-1-17 电流表外接测量电路   图 7-1-18 电流表内接测量电路

实际的电流表具有一定的内阻,记为 R_I,电压表也具有一定的内阻,记为 R_U。因为 R_I 和 R_U 的存在,如果简单地用被测电阻 $R=U/I$ 公式计算电阻器的电阻值,则必然产生附加测量误差。为了减少这种附加误差,测量电路可以粗略地按下述办法选择:

(1) 当 $R_U \gg R$,R_I 和 R 相差不大时,宜选用电流表外接电路,此时 R 为估计值。

(2) 当 $R \gg R_I$,R_U 和 R 相差不大时,宜选用电流表内接电路。

(3) 当 $R \gg R_I$,$R_U \gg R$ 时,必须先用电流表内接和外接电路作测试再作决定。

方法如下:先按电流表外接电路接好测试电路,调节直流稳压电源电压,使两表指针都指向较大的位置,保持电源电压不变,记下两表读数 U_1、I_1;将电路改成电流表内接式测量电路,记下两表读数 U_2、I_2。

将 U_1、I_1 和 U_2、I_2 比较,如果电压值变化不大,而 I_2 较 I_1 有显著的减少,则说明 R 是高值电阻,此时宜选择电流表内接式测试电路;反之,电流值变化不大,而 U_2 较 U_1 有显著的减少,说明 R 为低值电阻,此时宜选择电流表外接测试电路。当电压值和电流值均变化不大时,两种测试电路均可选择。(思考:什么情况下会出现此情况?)

在实际应用中,为了简便,可以这样判断:比较 $\lg(R/R_I)$ 和 $\lg(R_U/R)$ 的大小,比较时 R 取粗测值或已知的约值。如果前者大,则选电流表内接法;若后者大,则选择电流表外接法。

如果要得到测量准确值,就必须按式(7-1-8)和式(7-1-9)予以修正,即电流表内接测量时有

$$R = \frac{U}{I} - R_I \tag{7-1-8}$$

电流表外接测量时有

$$\frac{1}{R} = \frac{I}{U} - \frac{1}{R_U} \tag{7-1-9}$$

式中:R 为被测电阻阻值,单位为 Ω;U 为电压表读数值,单位为 V;I 为电流表读数值,单位为 A;R_I 为电流表内阻值,单位为 Ω;R_U 为电压表内阻值,单位为 Ω。

实验 7.1.2　RLC 电路特性的研究

电容、电感元件在交流电路中的阻抗是随着电源频率的变化而变化的。将正弦交流电压加到电阻、电容和电感组成的电路中时，各元件上的电压及相位会随之变化，这称作电路的稳态特性；将一个阶跃电压加到 RLC 元件组成的电路中时，电路的状态会由一个平衡态转变到另一个平衡态，各元件上的电压会出现有规律的变化，这称为电路的暂态特性。

一、实验目的

(1) 观测 RC 和 RL 串联电路的幅频特性和相频特性。

(2) 了解 RLC 串联、并联电路的相频特性和幅频特性。

(3) 观察和研究 RLC 电路的串联谐振和并联谐振现象。

(4) 观察 RC 和 RL 电路的暂态过程，理解时间常数 τ 的意义。

(5) 观察 RLC 串联电路的暂态过程及其阻尼振荡规律。

二、实验器材

实验器材有双踪示波器(自备)、数字存储示波器(选用，自备)、低频功率信号源(自备)、十进制电阻器(2 只，SJ - 006(10×10 Ω、10×100 Ω))、可调电容器 SJ - 006 - C5 (0.022 μF、10 μF、100 μF、470 μF)、可调电感器 SJ - 006 - L5 - 1 (1 mH、10 mH、50 mH、100 mH)、可调电容(4 只，0.022 μF、10 μF、100 μF、470 μF)、电感(2 只，1 mH、10 mH)、开关(SJ - 001 - 1 -纽子开关)、短接桥和连接导线若干(SJ - 009、SJ - 301、SJ - 302)、九孔插件方板(SJ - 010)。

三、实验原理

1. RC 串联电路的稳态特性

1) RC 串联电路的频率特性

在图 7 - 1 - 19 所示电路中，电阻 R、电容 C 的电压有以下关系：

$$I = \frac{U}{\sqrt{R^2 + \left(\frac{1}{\omega C}\right)^2}} \tag{7-1-10}$$

$$U_R = IR \tag{7-1-11}$$

$$U_C = \frac{1}{\omega C} \tag{7-1-12}$$

$$\phi = -\arctan\frac{1}{\omega CR} \tag{7-1-13}$$

其中：ω 为交流电源的角频率；U 为交流电源的电压有效值；ϕ 为电流和电源电压的相位差，它与角频率 ω 的关系见图 7 - 1 - 20。

可见，当 ω 增加时，I 和 U_R 增加，而 U_C 减小。当 ω 很小时，$\phi \to -\frac{\pi}{2}$；当 ω 很大时，$\phi \to 0$。

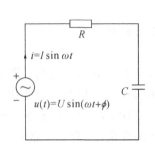

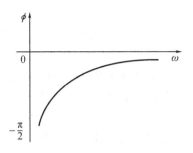

图 7-1-19   RC 串联电路   图 7-1-20   RC 串联电路的相频特性

2) RC 低通滤波电路

图 7-1-21 所示为 RC 低通滤波电路，其中 U_i 为输入电压，U_o 为输出电压，则有

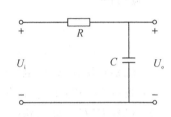

$$\frac{U_o}{U_i} = \frac{1}{1 + j\omega RC} \qquad (7-1-14)$$

它是一个复数，其模为

图 7-1-21   RC 低通滤波电路

$$\left|\frac{U_o}{U_i}\right| = \frac{1}{\sqrt{1 + (\omega RC)^2}} \qquad (7-1-15)$$

设 $\omega_0 = \dfrac{1}{RC}$，则由式(7-1-15)可知：$\omega = 0$ 时，$\left|\dfrac{U_o}{U_i}\right| = 1$；$\omega = \omega_0$ 时，$\left|\dfrac{U_o}{U_i}\right| = \dfrac{1}{\sqrt{2}} = 0.707$；

$\omega \to \infty$ 时，$\left|\dfrac{U_o}{U_i}\right| = 0$。

可见，$\left|\dfrac{U_o}{U_i}\right|$ 随 ω 的变化而变化，并且当 $\omega < \omega_0$ 时，$\left|\dfrac{U_o}{U_i}\right|$ 变化较小；当 $\omega > \omega_0$ 时，

$\left|\dfrac{U_o}{U_i}\right|$ 变化较大。这就是低通滤波器的工作原理，它使较低频率的信号容易通过，而阻止较高频率的信号通过。

3) RC 高通滤波电路

RC 高通滤波电路的原理图见图 7-1-22。根据图 7-1-22 分析可知：

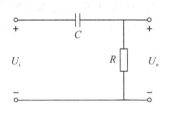

$$\left|\frac{U_o}{U_i}\right| = \frac{1}{\sqrt{1 + \left(\dfrac{1}{\omega RC}\right)^2}} \qquad (7-1-16)$$

同样令 $\omega_0 = \dfrac{1}{RC}$，则有：$\omega = 0$ 时，$\left|\dfrac{U_o}{U_i}\right| = 0$；$\omega = \omega_0$

图 7-1-22   RC 高通滤波电路

时，$\left|\dfrac{U_o}{U_i}\right| = \dfrac{1}{\sqrt{2}} = 0.707$；$\omega \to \infty$ 时，$\left|\dfrac{U_o}{U_i}\right| = 1$。

可见，该电路的特性与低通滤波电路相反，它对低频信号的衰减较大，而使高频信号容易通过，衰减很小，通常称作高通滤波电路。

2. RL 串联电路的稳态特性

RL 串联电路如图 7-1-23 所示，由图可得电路中 I、U、U_R、U_L 有以下关系：

$$I = \frac{U}{\sqrt{R^2 + (\omega L)^2}} \tag{7-1-17}$$

$$U_R = IR, \quad U_L = I\omega L \tag{7-1-18}$$

$$\phi = \arctan \frac{\omega L}{R} \tag{7-1-19}$$

可见，RL 电路的幅频特性与 RC 电路相反，ω 增加时，I、U_R 减小，U_L 则增大，它的相频特性见图 7-1-24。

由图 7-1-24 可知，ω 很小时，$\phi \to 0$；ω 很大时，$\phi \to \pi/2$。

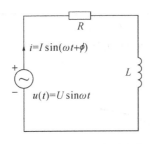

图 7-1-23　RL 串联电路

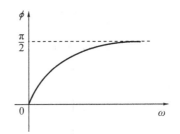

图 7-1-24　RL 串联电路的相频特性

3. RLC 电路的稳态特性

在电路中，如果同时存在电感和电容元件，那么在一定条件下会产生某种特殊状态，能量会在电容和电感元件中交换，我们称之为谐振现象。

1）RLC 串联电路

在如图 7-1-25 所示的电路中，电路的总阻抗为 $|Z|$，电压 U、U_R 和 i 之间有以下关系：

$$|Z| = \sqrt{R^2 + \left(\omega L - \frac{1}{\omega C}\right)^2} \tag{7-1-20}$$

$$i = \frac{U}{\sqrt{R^2 + \left(\omega L - \frac{1}{\omega C}\right)^2}} \tag{7-1-21}$$

$$\phi = \arctan \frac{\omega L - \dfrac{1}{\omega C}}{R} \tag{7-1-22}$$

其中：ω 为角频率。可见以上参数均与 ω 有关，它们与频率的关系称为频响特性，见图 7-1-26。

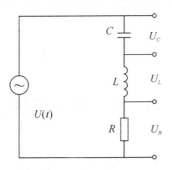

图 7-1-25　RLC 串联电路

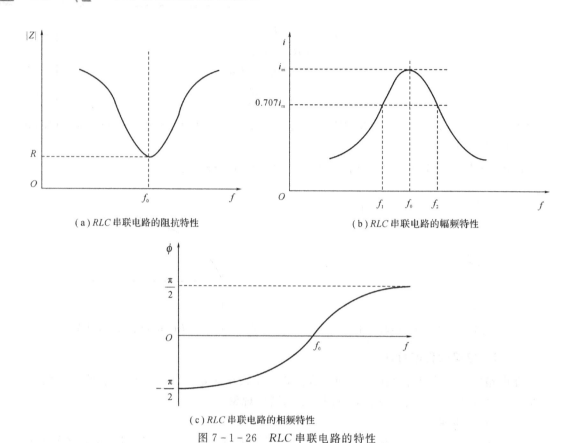

（a）RLC 串联电路的阻抗特性　　　　　　　　　　（b）RLC 串联电路的幅频特性

（c）RLC 串联电路的相频特性

图 7 - 1 - 26　　RLC 串联电路的特性

　　由图 7 - 1 - 26 可知，在频率 f_0 处阻抗 Z 值最小，且整个电路呈纯电阻性，而电流 i 达到最大值，我们称 f_0 为 RLC 串联电路的谐振频率（ω_0 为谐振角频率）。从图 7 - 1 - 26 还可知，在 $f_1 \sim f_0 \sim f_2$ 的频率范围内 i 值较大，我们称为通频带。

　　下面推导 $f_0(\omega_0)$ 和另一个重要的参数品质因数 Q。

　　当 $\omega L = \dfrac{1}{\omega C}$ 时，从式（7 - 1 - 20）、式（7 - 1 - 21）及式（7 - 1 - 22）可知：

$$|Z| = R, \ \phi = 0, \ i_{\mathrm{m}} = \frac{U}{R}$$

这时

$$\omega = \omega_0 = \frac{1}{\sqrt{LC}} \tag{7-1-23}$$

$$f = f_0 = \frac{1}{2\pi \sqrt{LC}} \tag{7-1-24}$$

　　电感上的电压：

$$U_L = i_{\mathrm{m}} = |Z_L| = \frac{\omega_0 L}{R} U \tag{7-1-25}$$

　　电容上的电压：

$$U_C = i_{\mathrm{m}} |Z_C| = \frac{1}{R\omega_0 C} U \tag{7-1-26}$$

　　U_C 或 U_L 与 U 的比值称为品质因数 Q，可以表示为

$$Q = \frac{U_L}{U} = \frac{U_C}{U} = \frac{\omega_0 L}{R} = \frac{1}{R\omega_0 C} \qquad (7-1-27)$$

可以证明

$$\nabla f = \frac{f_0}{Q}, \qquad Q = \frac{f_0}{\nabla f}$$

2) *RLC* 并联电路

在图 7-1-27 所示的电路中有

$$|Z| = \sqrt{\frac{R^2 + (\omega L)^2}{(1-\omega^2 LC)^2 + (\omega RC)^2}} \qquad (7-1-28)$$

$$\phi = \arctan \frac{\omega L - \omega C[R^2 + (\omega L)^2]}{R} \qquad (7-1-29)$$

可以求得并联谐振角频率：

$$\omega_0 = 2\pi f_0 = \sqrt{\frac{1}{LC} - \left(\frac{R}{L}\right)^2} \qquad (7-1-30)$$

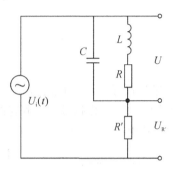

图 7-1-27　*RLC* 并联电路

可见，并联谐振频率与串联谐振频率不相等（当 Q 值很大时才近似相等）。

图 7-1-28 给出了 *RLC* 并联电路的阻抗、相位差和电压与频率变化的关系。与 *RLC* 串联电路类似，品质因数

$$Q = \frac{\omega_0 L}{R} = \frac{1}{R\omega_0 C}$$

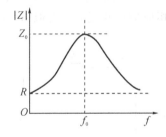 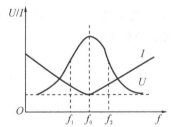 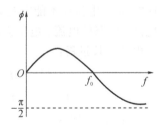

图 7-1-28　*RLC* 并联电路的阻抗特性、幅频特性、相频特性

由以上分析可知，*RLC* 串联、并联电路对交流信号具有选频特性，在谐振频率点附近有较大的信号输出，其他频率的信号被衰减。这在通信领域高频电路中得到了非常广泛的应用。

4. *RC* 串联电路的暂态特性

电压值从一个值跳变到另一个值称为阶跃电压。

在图 7-1-29 所示的电路中，当开关 S 合向"1"时，设 C 中初始电荷为 0，则电源 E 通过电阻 R 对 C 充电，充电完成后，把 S 合向"2"，电容放电，其充电方程为

$$\frac{\partial U_C}{\partial t} + \frac{1}{RC} U_C = \frac{E}{RC} \qquad (7-1-31)$$

放电方程为

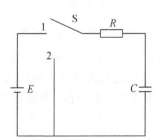

图 7-1-29　*RC* 串联电路的暂态特性

$$\frac{\partial U_c}{\partial t} + \frac{1}{RC}U_c = 0 \qquad\qquad (7-1-32)$$

可求得充电时：

$$U_C = E(1 - e^{-\frac{t}{RC}}) \qquad\qquad (7-1-33)$$

$$U_R = Ee^{\frac{t}{RC}} \qquad\qquad (7-1-34)$$

放电时：

$$U_C = Ee^{-\frac{t}{RC}} \qquad\qquad (7-1-35)$$

$$U_R = -Ee^{-\frac{t}{RC}} \qquad\qquad (7-1-36)$$

由上述公式可知 U_C、U_R 和 i 均按指数规律变化。令 $\tau = RC$，τ 称为 RC 电路的时间常数。τ 值越大，U_C 变化越慢，即电容的充电或放电越慢。图 7-1-30 给出了不同 τ 值的 U_C 变化情况，其中 $\tau_1 < \tau_2 < \tau_3$。

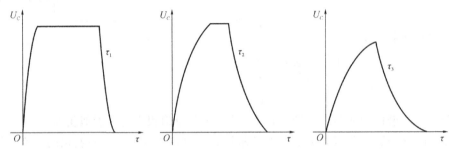

图 7-1-30　不同 τ 值的 U_C 变化示意图

5. RL 串联电路的暂态过程

在图 7-1-31 所示的 RL 串联电路中，当 S 合向"1"时，电感中的电流不能突变，当 S 合向"2"时，电流也不能突变为 0，这两个过程中的电流均有相应的变化过程。类似 RC 串联电路，电路的电流、电压方程可表述如下：

电流增长过程：

$$U_L = Ee^{-\frac{R}{L}t} \qquad (7-1-37)$$

$$U_R = E(1 - e^{-\frac{R}{L}t}) \qquad (7-1-38)$$

电流消失过程：

$$U_L = -Ee^{-\frac{R}{L}t} \qquad (7-1-39)$$

$$U_R = Ee^{-\frac{R}{L}t} \qquad (7-1-40)$$

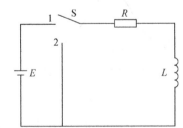

图 7-1-31　RL 串联电路的暂态过程

其中：电路的时间常数 $\tau = \dfrac{L}{R}$。

6. RLC 串联电路的暂态过程

在图 7-1-32 所示的电路中，先将 S 合向"1"，待稳定后再将 S 合向"2"，这个过程为 RLC 串联电路的放电过程，电路方程为

$$LC\frac{\partial^2 U_c}{\partial t^2} + RC\frac{\partial U_c}{\partial t} + U_c = 0$$

$$(7-1-41)$$

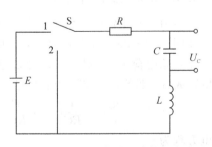

图 7-1-32　RLC 串联电路的暂态过程

初始条件为 $t=0$，$U_C=E$，$\dfrac{\partial U_C}{\partial t}=0$，这样方程的解按 R 值的大小一般可分为 3 种情况：

（1）当 $R<2\sqrt{\dfrac{L}{C}}$ 时，为欠阻尼。此时有

$$U_C=\frac{1}{\sqrt{1-\dfrac{C}{4L}R^2}}Ee^{-\frac{t}{\tau}} \qquad (7-1-42)$$

式中，$\tau=\dfrac{2L}{R}$，$\omega=\dfrac{1}{\sqrt{LC}}\sqrt{1-\dfrac{C}{4L}R^2}$。

（2）当 $R>2\sqrt{\dfrac{L}{C}}$ 时，为过阻尼。此时有

$$U_C=\frac{1}{\sqrt{\dfrac{C}{4L}R^2-1}}Ee^{-\frac{t}{\tau}}sh(\omega t+\phi) \qquad (7-1-43)$$

式中：$\tau=\dfrac{2L}{R}$，$\omega=\dfrac{1}{\sqrt{LC}}\sqrt{\dfrac{C}{4L}R^2-1}$。

（3）当 $R=2\sqrt{\dfrac{L}{C}}$ 时，为临界阻尼。此时有

$$U_C=\left(1+\frac{t}{\tau}\right)Ee^{-\frac{t}{\tau}} \qquad (7-1-44)$$

图 7-1-33 为这三种情况下的 U_C 变化曲线，其中 1 为欠阻尼，2 为过阻尼，3 为临界阻尼。

当 $R\ll2\sqrt{\dfrac{L}{C}}$ 时，曲线 1 的振幅衰减很慢，能量的损耗较小。能量在 L 与 C 之间不断交换，可近似为 LC 电路的自由振荡，这时 $\omega\approx\dfrac{1}{\sqrt{LC}}=\omega_0$，$\omega_0$ 为 $R=0$ 时 LC 回路的固有频率。

对于充电过程，与放电过程相类似，只是初始条件和最后平衡的位置不同。

图 7-1-34 给出了充电时不同阻尼的 U_C 变化曲线图。

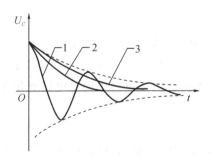

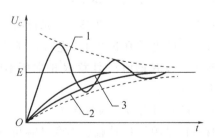

图 7-1-33　放电时的 U_C 曲线示意图　　　　图 7-1-34　充电时的 U_C 曲线示意图

四、实验内容

对 RC、RL、RLC 电路的稳态特性，采用正弦波进行观测。对 RLC 电路的暂态特性，可采用直流电源和方波信号观测，用方波作为测试信号可用普通示波器方便地进行观测；以直流信号作实验时，需要用数字存储示波器才能得到较好的观测。

注意：仪器采用开放式设计，使用时要正确接线，不要将功率信号源短路，以防损坏。

1. RC 串联电路的稳态特性

1）RC 串联电路的幅频特性

选择正弦波信号，保持其输出幅度不变，分别用示波器测量不同频率时的 U_R、U_C，可取 $C=0.022\ \mu F$、$R=1\ k\Omega$，也可根据实际情况选取参数 R、C 的值。

用双通道示波器观测时，可用一个通道监测信号源电压，另一个通道分别测 U_R、U_C。但需注意两通道的接地点应位于线路的同一点，否则会导致部分电路短路。

2）RC 串联电路的相频特性

将信号源电压 U 和 U_R 分别与示波器的两个通道连接，可取 $C=0.022\ \mu F$、$R=1\ k\Omega$（也可自选 L、R 的值）。从低到高调节信号源频率，观察示波器上两个波形的相位变化情况，可用李萨如图形法观测，并记录不同频率时的相位差。

2. RL 串联电路的稳态特性

测量 RL 串联电路的幅频特性和相频特性与 RC 串联电路方法类似，可选 $L=10\ mH$、$R=1\ k\Omega$（也可自选 L、R 的值）。

3. RLC 串联电路的稳态特性

自选合适的 L、C 和 R 值，用示波器的两个通道测信号源电压 U 和电阻电压 U_R。必须注意两通道的公共线是相通的，应接在电路中的同一点上，否则会造成短路。

1）幅频特性

保持信号源电压 U 不变（可取 $U_{PP}=5\ V$），根据所选的 L、C 值，估算谐振频率，以选择合适的正弦波频率范围。从低到高调节频率，U_R 最大时的频率即为谐振频率，记录下不同频率时的 U_R 大小。

2）相频特性

用示波器的双通道观测 U 的相位差，U_R 的相位与电路中电流的相位相同。观测不同频率下的相位变化，记录下某一频率时的相位差值。

4. RLC 并联电路的稳态特性

按图 7-1-27 进行连线，注意此时 R 为电感的内阻，随不同的电感而取不同值。R 的值可在相应的电感值下用直流电阻表测量，选取 $L=10\ mH$、$C=0.022\ \mu F$、$R'=1\ k\Omega$（也可自选 L、C、R 的值）。注意 R' 的取值不能过小，否则会由于电路中的总电流变化太大而影响 U_R' 的大小。

1）LC 并联电路的幅频特性

保持信号源的 U 值幅度不变（U_{PP} 可取 2～5 V 范围内的值），测量 U 和 U_R' 的变化情况。注意示波器的公共端接线，不应造成电路短路。

2）RLC 并联电路的相频特性

用示波器的两个通道测 U 与 U'_R 的相位变化情况，自行确定电路参数。

5. RC 串联电路的暂态特性

如果选择信号源为直流电压，则观察单次充电过程要用存储式示波器。我们选择方波作为信号源进行实验，以便用普通示波器进行观测。由于采用了功率信号输出，因此应防止短路。

（1）选择合适的 R 和 C 值，根据时间常数 τ，选择合适的方波频率，一般要求方波的周期 $T > 10\tau$，这样能较完整地反映暂态过程，并且选用合适的示波器扫描速度，以完整地显示暂态过程。

（2）改变 R 值或 C 值，观测 U_R 或 U_C 的变化规律，记录下不同 R、C 值时的波形情况，并分别测量时间常数 τ。

（3）改变方波频率，观察波形的变化情况，分析相同的 τ 值在不同频率时的波形变化情况。

6. RL 电路的暂态过程

选取合适的 L 与 R 值，注意 R 的取值不能过小，因为电感 L 存在内阻。如果波形有失真、自激现象，则应重新调整 L 值与 R 值进行实验，方法与 RC 串联电路的暂态特性实验类似。

7. RLC 串联电路的暂态特性

（1）先选择合适的 L、C 值，根据选定参数调节 R 值大小。观察三种阻尼振荡的波形，如果欠阻尼时振荡的周期数较少，则应重新调整 L、C 值。

（2）用示波器测量欠阻尼时的振荡周期 T 和时间常数 τ。τ 值反映了振荡幅度的衰减速度，从最大幅度衰减到最大幅度的 36.8% 处的时间即为 τ 值。

五、实验数据记录与处理

（1）根据测量结果作 RC 串联电路的幅频特性和相频特性图。

（2）根据测量结果作 RL 串联电路的幅频特性和相频特性图。

（3）分析 RC 低通滤波电路和 RC 高通滤波电路的频率特性。

（4）根据测量结果作 RLC 串联电路、RLC 并联电路的幅频特性和相频特性图，并计算电路的 Q 值。

（5）根据不同的 R、C 和 L 值，分别作出 RC 电路和 RL 电路的暂态响应曲线，并分析两条曲线有何区别。

（6）根据不同的 R 值作出 RLC 串联电路的暂态响应曲线，分析 R 值大小对充放电的影响。

实验 7.1.3　整流、滤波和稳压电路

一、实验目的

（1）掌握整流、滤波、稳压电路的工作原理及各元件在电路中的作用。

（2）学习直流稳压电源的安装、调整和测试方法。

（3）熟悉和掌握线性集成稳压电路的工作原理。

（4）学习线性集成稳压电路技术指标的测量方法。

二、实验器材

实验器材有交流电源盒 DH-AV1(6 V、12 V、18 V)、低频功率信号源(自备)、通用示波器(自备)、数字万用表(自备)、稳压块(2 只, LM317×1、LM7812×1)、二极管(2 只, 1N4007×4)、电容(6 只, 0.1 μF×1、1 μF×1、10 μF×2、100 μF×2)、电阻(2 只, 100 Ω/2 W×1、510Ω/1W×1)、电位器(1 kΩ×1)、短接桥和连接导线若干(SJ-009、SJ-301、SJ-302)、九孔插件方板(SJ-010)。

三、实验原理

1. 整流滤波电路

常见的整流电路有半波整流电路、全波整流电路和桥式整流电路等。这里介绍半波整流电路和桥式整流电路。

1) 半波整流电路

图 7-1-35 所示为半波整流电路, 交流电压 $U(t)$ 通过二极管 V_D 时, 由于二极管具有单向导电性, 因此只有信号的正半周 V_D 能够导通, 在 R 上形成压降, 负半周 V_D 截止。电容 C 并联于 R 两端, 起滤波作用。在 V_D 导通期间, 电容 C 充电; 在 V_D 截止期间, 电容 C 放电。用示波器可以观察 C 接入和不接入电路时的波形差别, 不同 C 值和 R 值时的波形差别, 以及不同电源频率时的波形差别。

2) 桥式整流电路

图 7-1-36 所示为桥式整流电路。在交流信号的正半周, V_{D2}、V_{D3} 导通, V_{D1}、V_{D4} 截止; 在负半周 V_{D1}、V_{D4} 导通, V_{D2}、V_{D3} 截止, 所以在电阻 R 上的压降始终为上"+"下"-"。与半波整流相比, 信号的另半周也被有效地利用起来, 减小了输出的脉动电压。电容 C 同样起到滤波的作用。用示波器可以比较桥式整流与半波整流的波形区别。

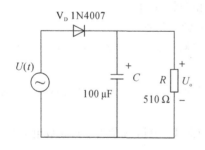

图 7-1-35　半波整流电路

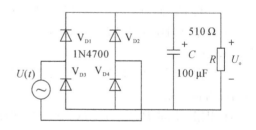

图 7-1-36　桥式整流电路

2. 直流稳压电源

直流稳压电源是电子设备中最基本、最常用的仪器之一。它作为能源, 可以保证电子设备的正常运行。直流稳压电源一般由整流电路、滤波电路和稳压电路三部分组成, 如图 7-1-37 所示。

整流电路利用二极管的单向导电性将交流电转变为脉动的直流电; 滤波电路是利用电抗性元件(电容、电感)的储能作用, 平滑地输出电压; 稳压电路的作用是保持输出电压的稳定, 使输出电压不随电网电压、负载和温度的变化而变化。

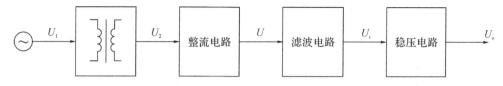

图 7-1-37 直流稳压电源

在小功率直流稳压电源中，多采用桥式整流、电容滤波，常用三端集成稳压器。为便于观测滤波电路时间常数的改变及对其输出电压的影响，本实验采用半波整流，如图 7-1-38 所示。在图 7-1-38 中，T_1 为调压器，用于观测电网电压波动时稳压电路的稳压性能；T_2 为交流变压器（交流电源盒 DH-AV1）。

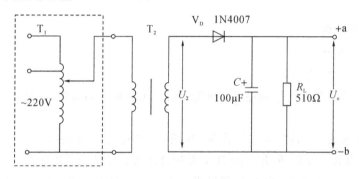

图 7-1-38 利用半波整流观测其对电路的影响

下面我们讨论由 LM317 和 LM7812 组成的直流稳压电路。

（1）图 7-1-39 为三端可调式集成稳压器，其管脚分为调整端、输入端和输出端。调节电位器 R_P 的阻值可以改变输出电压的大小。由于它的输出端和可调端之间具有很强的保持 1.25 V 电压不变的能力，因此 R_1 上的电流值基本恒定，而调整端的电流非常小且恒定，故将其忽略，那么输出电压为

$$U_o = \left(1 + \frac{R_P}{R_1}\right) \times 1.25(\text{V})$$

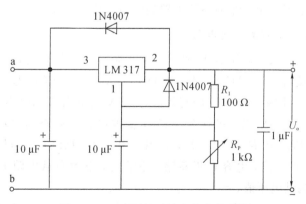

图 7-1-39 三端可调式集成稳压器

（2）线性集成稳压电路组成的稳压电源如图 7-1-40 所示，其工作原理与由分立元件组成的串联型稳压电源相似，只是稳压电路部分由三端稳压块代替，整流部分由 4 个二极管组成的全波整流电路代替（图中简化了），使电路的组装与调试工作大为简化。

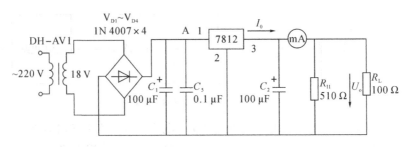

图 7-1-40   线性集成稳压电路组成的稳压电源

四、实验内容

1. 整流滤波电路

1) 半波整流电路

按图 7-1-35 接线。

(1) $U(t)$ 由低频功率信号源提供，预先将信号源的频率调节到 50 Hz，将幅度调到 3 V 左右。

(2) 进行下列测试：将整流二极管 V_D 短路，滤波电容 C 断路(拔掉)，用示波器观察负载电阻 R_L 两端的电压波形(R_L 取 510 Ω)，并用万用表直流挡测其电压值。

去掉二极管 V_D 的短路，电容 C 仍断路，用示波器观测负载电阻 R_L 两端的电压波形，并用万用表直流挡测其电压值。

在上述实验基础上插上电容 C(100 μF)，观察电压输出波形并测出电压值。

固定电容 C(100 μF)，改换 R_L 为 100 Ω，观测其电压波形及电压值。

固定 R_L(510 Ω)，改变电容 C 的容值(C 取 10 μF)，观测输出电压的波形及电压值。

(3) 试着改变信号 $U(t)$ 的频率，重复步骤②。如果仅做步骤②，则可用 DH-AV1 交流电源代替 $U(t)$。

2) 全波整流电路

按图 7-1-36 接线。重复半波整流电路的实验步骤①、②、③。

2. 由 LM317 组成的直流稳压电路

(1) 按图 7-1-38 接入调压器 T_1 和降压变压器 T_2，组装好整流滤波电路(若实验室无调压器 T_1，则可直接将 T_2 接 AC 220 V，用 DH-AV1 作为交流电源)。

① 选择 DH-AV1 输出电压 U_2 的有效值为 12 V 的输出端(用万用表交流挡监测)。

② 进行下列测试：将整流二极管 V_D 短路，滤波电容 C 断路(拔掉)，用示波器观察负载电阻 R_L 两端的电压波形(R_L 取 510 Ω)，并用万用表直流挡测其电压值。

去掉二极管 V_D 的短路，电容 C 仍断路，用示波器观测负载电阻 R_L 两端的电压波形，并用万用表直流挡测其电压值。

在上述实验基础上插上电容 C(100 μF)，观察电压输出波形，并测出电压值。

固定电容 C(100 μF)，改换 R_L 为 100 Ω，观测其电压波形及电压值。

固定 R_L(510 Ω)，改变电容 C 的容值(C 取 10 μF)，观测输出电压的波形及电压值。

③ 固定 R_L 为 510 Ω，电容 C 为 100 μF，其余不变，以备使用。

（2）将图 7 - 1 - 38 和图 7 - 1 - 39 中的电路接好。

① 调节 R_P，观察输出电压 U_o 是否改变。输出电压可调时，分别测出 U_o 的最大值和最小值及对应稳压部分的输入电压 U_i 和输入端与输出端之间的压降。

② 调节 R_P，使 U_o 的值为 6 V，并测出此时 a、b 两端的电压值 U_1。

③ 调节调压器，使电网电压（220 V）变化 $\pm 10\%$ 时，分别测量出输出电压和输入电压相应的变化值 ΔU_o 和 ΔU_i，求出稳压系数（在配置调压器时）：

$$S = \frac{\Delta U_o / U_o}{\Delta U_i / U_i}$$

④ 用示波器或真空管毫伏表测出输出电压中的纹波成分 U_{ow}。U_{ow} 既可用交流毫伏表测出，也可用灵敏度较高的示波器测出。但是由于纹波电压已不再是正弦波电压，毫伏表的读数并不能代表纹波电压的有效值。因此，在实际测试中，最好用示波器直接测出纹波电压的峰值 ΔU_{ow}。

注意：没有交流调压器时，可以把 U_2 用 12 V 左右的交流电源（DH - AV1）代替，省去步骤③和④。

3. 由 LM7812 组成的直流稳压电路

1）接线

按图 7 - 1 - 40 连接电路。电路接好后在 A 点处断开，测量并记录 U_i 波形（即 U_A 的波形），然后接通 A 点，观察 U_o 的波形。

2）观察纹波电压

用示波器观察稳压电路输入电压 U_i 的波形，并记录纹波电压的大小，再观察输出电压 U_o 的波形，将两者进行比较。

五、问题讨论

（1）列表整理所测的实验数据，绘出观测到的各部分波形。

（2）按实验内容分析所测的实验结果与理论值的差别，分析产生误差的原因。

（3）简要叙述实验中发生的故障及排除方法。

（4）78XX 或 79XX 系列其他稳压管的实验请同学们查阅资料自行设计。

实 验 7.1.4　电 表 改 装

一、实验目的

（1）设计由运算放大器组成的电压表、电流表。

（2）组装与调试自己设计的电压表、电流表。

二、实验器材

实验器材有直流稳压电源（自备）、交流电源 DH - AV1（6 V，12 V，18 V）、电位器（2只，5 kΩ×1、10 kΩ×1）、电阻（56 kΩ×1）、表头（100 μA、内阻 2 kΩ）、运算放大器（HA17741×1）、芯片座（SJ - 004）、二极管（1N4007×4）、短接桥和连接导线若干（SJ - 009和 SJ - 301）、九孔插件方板（SJ - 010）。

三、实验原理

1. 设计要求

直流电压表：满量程为＋6 V(或＋1 V，＋10 V)。

直流电流表：满量程为200 μA。

交流电压表：满量程为＋6 V、50 Hz～1 kHz。

交流电流表：满量程为100 μA。

2. 电压表、电流表工作原理及参考电路

在进行测量时，电表的接入应不影响被测电路的原工作状态，这就要求电压表应具有无穷大的输入电阻，电流表的内阻应为零。但实际上，万用表表头的可动线圈总有一定的电阻。比如，100 μA的表头，其内阻R约为2 kΩ(可以用比较法或代替法测出，具体见补充实验"DH4508电表改装与校准实验")，用它进行测量时将影响被测物理量，引起误差。此外，交流电表中的整流二极管的压降和非线性特性也会产生误差，如在万用电表中使用运算放大器，就能大大降低这些误差，提高测量精度。

1) 直流电压表

图7-1-41为同相输入的高精度直流电压表的原理图。

为了减小表头参数对测量精度的影响，可以将表头置于运算放大器的反馈回路中。这时，流经表头的电流与表头的参数无关，只需改变一个电阻R_1，就可进行量程的切换。若已知要转换的最大量程U_{imax}，则可得到$R_1 = U_{\mathrm{imax}}/I_{\mathrm{max}}$。实际设计的过程中，可以把$R_1$用标准电阻或一个定值电阻串联一个电位器进行调节，以得到转换量程。

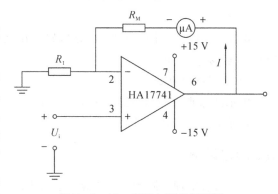

图7-1-41   直流电压表原理图

表头电流I与被测电压U_i的关系为

$$I = \frac{U_\mathrm{i}}{R_1} \tag{7-1-45}$$

应当指出，图7-1-41适用于测量电路与运算放大器共地的有关电路(其中R_M指表头内阻)。此外，当被测电压较高时，在运算放大器的输入端应设置衰减器。

2) 直流电流表

图7-1-42是浮地直流电流表的原理图。在电流测量中，浮地电流的测量是普遍存在的。例如，被测电流无接地点，这种情况下测量的电流即为浮地电流。为此，应把运算放大器的电源也对地浮动，按此种方式组成的电流表就可像常规电流表那样串联在任何电流通路中测量电流。

表头电流I与被测电流之间的关系为

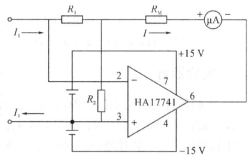

图7-1-42   浮地直流电流表原理图

$$-I_1R_1 = (I_1 - I)R_2$$

$$I = \left(1 + \frac{R_1}{R_2}\right)I_1 \tag{7-1-46}$$

可见，改变电阻比 R_1/R_2，可调节流过电流表的电流，以提高灵敏度。如果被测电流较大（大于 $100\ \mu A$），则应给电流表表头并联分流电阻（用 $4.7\ \text{k}\Omega$ 电位器调节）。实际设计时，通过改变 R_1/R_2 的值，调节并联在表头的分流电阻来得到要设计的量程。

注意：先计算好参数范围后再连线设计，不要用浮地电流表测量大电流。设计时，可以在电流回路中串联标准电流表来观察实际测量电流值并校准改装表头。遵循"先接线，再检查，再通电；先关电，再拆线"的原则，确保器件安全。

3）交流电压表

由运算放大器、二极管整流桥和直流毫安表组成的交流电压表，如图 7-1-43 所示。被测交流电压 U_i 加到运算放大器的同相端，故有很高的输入阻抗。又因为负反馈能减少反馈回路中的非线性影响，故把二极管桥路和表头置于运算放大器的反馈回路中，以减小二极管本身非线性的影响。

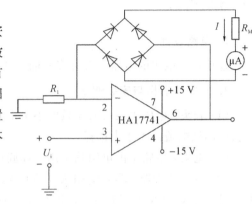

表头电流 I 与被测电压 U_i 的关系为

$$I \propto \frac{U_i}{R_1}$$

图 7-1-43　交流电压表

电流 I 全部流过桥路，其值仅与 U_i/R_1 有关，与桥路和表头参数（如二极管的死区等非线性参数）无关。表头中电流与被测电压 U_i 的全波整流平均值成正比。若 U_i 为正弦波，则表头可按有效值来刻度，被测电压的上限频率决定于运算放大器的频带和上升速率。设计中通过调节 R_1 的值来得到相应量程。

4）交流电流表

图 7-1-44 为浮地交流电流表，表头读数由被测交流电流 i 的全波整流平均值 I_{1AV} 决定，即

$$I = \left(1 + \frac{R_1}{R_2}\right)I_{1AV} \tag{7-1-47}$$

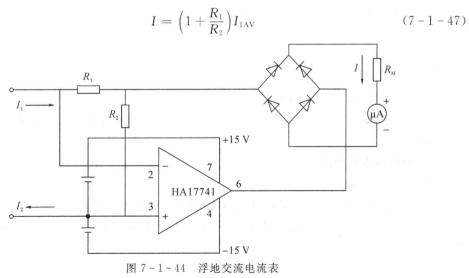

图 7-1-44　浮地交流电流表

如果被测电流 i 为正弦电流，即

$$i_1 = \sqrt{2}\,I_1 \sin\omega t \qquad\qquad (7-1-48)$$

式(7-1-48)又可写为

$$I = 0.9\left(1 + \frac{R_1}{R_2}\right)I_1$$

则表头可按有效值来刻度。

实际设计时，可以通过改变 R_1/R_2 的值，并结合在表头并联分流电阻来得到要设计的量程。

四、实验内容

1. 电路设计

连接万用电表的电路是多种多样的，建议用参考电路设计一只较完整的万用电表。

2. 元器件选择与安装调试

（1）表头：电压表表头的灵敏度小于 $100\ \mu A$，内电阻为 $2\ k\Omega$ 左右，电流表表头的量程应根据测试电流的大小来选择。

（2）电阻：电路中的电阻均采用金属膜电阻，使用前须用电桥校准。

（3）运算放大器：输入电阻大于 $500\ k\Omega$，输出电阻要足够小，开环增益 A_0 在万倍以上。同时输入 10 条电压 U_{io} 时，电流 I_{io} 及输入偏置电流 I_B 足够小。

（4）二极管：可选用整流二极管或检波二极管。

（5）运算放大器的调试按惯例进行，电流表、电压表要用标准电流表、电压表校准。

（6）实验中需要的 $100\ \mu A$ 的电流可以用直流电压源串联电阻得到。例如，电压源选择 $0\sim10\ V$ 可调，电阻选择 $100\ k\Omega$，则电流调节范围为 $0\sim100\ \mu A$ 可调。注意实验过程中电流不可过大，以免损坏放大器或微安表。

（7）实验中需要的可调交流电压可由 DH-AV1 加电位器调节实现。

（8）设计前先计算出量程转换参数，遵循"先接线，再检查，再通电；先关电，再拆线"的原则，特别要注意放大器的管脚排列顺序。

（9）实验时把 8 脚芯片 HA17741 放在 16 脚芯片座中，注意电源供电和脚位应正确接线。

五、问题讨论

（1）画出完整的万用电表的设计电路原理图。

（2）将万用电表与标准表作测试比较，计算万用电表各功能挡的相对误差，分析误差产生的原因。

（3）电路改进的建议。

（4）收获与体会。

（5）补充实验"DH4508 电表改装与校准实验"供学生参考设计。

（6）HA17741 运算放大器芯片实物图以及管脚排列图如图 7-1-45、图 7-1-46 所示。

图 7 - 1 - 45　HA17741 实物图

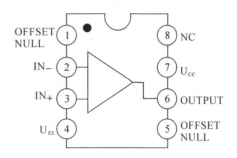

图 7 - 1 - 46　HA17741 管脚排列图

补充实验　DH4508 电表改装与校准实验

电表在电测量中有着广泛的应用，因此了解电表和使用电表就显得十分重要。电流计（表头）由于构造的原因，一般只能测量较小的电流和电压，如果要用它来测量较大的电流和电压，就必须进行改装，以扩大其量程。万用表就是对微安表头进行多量程改装得来的，在电路的测量和故障检测中得到了广泛的应用。

一、实验目的

（1）测量表头内阻及满度电流。

（2）掌握将 1 mA 表头改装成较大量程电流表和电压表的方法。

（3）设计一个 $R_{中}=1500\ \Omega$ 的欧姆表，要求 E 在 1.3～1.6 V 范围内使用时能调零。

（4）用电阻器校准欧姆表，画校准曲线，并根据校准曲线用组装好的欧姆表测未知电阻。

（5）学会校准电流表和电压表的方法。

二、实验器材

实验器材有 DH4508 型电表改装与校准实验仪和 ZX21 电阻箱（可选用）。

三、实验原理

常见的磁电式电流计主要由放在永久磁场中的由细漆包线绕制的可以转动的线圈、用来产生机械反力矩的游丝、指示用的指针和永久磁铁组成。当电流通过线圈时，载流线圈在磁场中就产生一磁力矩 $M_{磁}$，使线圈转动，从而带动指针偏转。线圈偏转角度的大小与通过的电流大小成正比，所以可由指针的偏转直接指示出电流值。

1. 电流计内阻的常用测量方法

电流计的量程是指电流计允许通过的最大电流，用 I_g 表示。电流计的线圈有一定内阻，用 R_g 表示，I_g 与 R_g 是两个表示电流计特性的重要参数。

测量内阻 R_g 的常用方法有半电流法和替代法。

1）半电流法

半电流法也称中值法，测量原理图见图 7 - 1 - 47。当被测电流计接在电路中时，调节电流计的指针到满偏位置,再用十进位电阻箱与电流计并联作为分流电阻,改变电阻值即改变分流程度。当电流计指针指到中间位置,且标准表读数(总电流强度)仍保持不变时,调节电源电压和 R_W,显然这时分流电阻值等于电流计的内阻。

2) 替代法

替代法测量原理图见图 7-1-48。当被测电流计接在电路中时,用十进位电阻箱替代它,同时改变电阻值。当电路中的电压不变时,电路中的电流(标准表读数)亦保持不变,则电阻箱的电阻值即为被测电流计内阻。

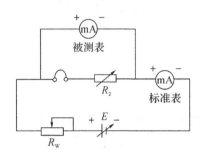
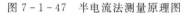
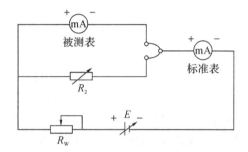

图 7-1-47　半电流法测量原理图　　　　图 7-1-48　替代法测量原理图

替代法是一种运用很广的测量方法,具有较高的测量准确度。

2. 改装为大量程电流表

根据电阻并联规律可知,如果在表头两端并联上一个阻值适当的电阻 R_2(如图 7-1-49 所示),则可使表头不能承受的那部分电流从 R_2 上通过。这种由表头和并联电阻 R_2 组成的整体(图中虚线框部分)就是改装后的电流表。如需将量程扩大 n 倍,则不难得出

$$R_2 = \frac{R_g}{n-1} \tag{7-1-49}$$

图 7-1-49 为扩流后的电流表原理图。用电流表测量电流时,应将电流表串联在被测电路中,所以要求电流表有较小的内阻。另外,在表头上并联阻值不同的分流电阻,可制成多量程的电流表。

3. 改装为电压表

一般表头能承受的电压很小,不能用来测量较大的电压。为了测量较大的电压,可以给表头串联一个阻值适当的电阻 R_M,如图 7-1-50 所示,使表头上不能承受的那部分电压加在电阻 R_M 上。这种由表头和串联电阻 R_M 组成的整体就是改装后的电压表,串联的电阻 R_M 叫作扩程电阻。选取不同大小的 R_M,可以得到不同量程的电压表。由图 7-1-50 可求得扩程电阻的阻值为

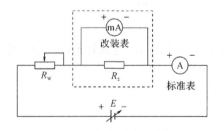
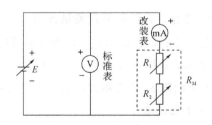

图 7-1-49　扩流后的电流表原理图　　　　图 7-1-50　扩展量程后的电压表原理图

$$R_M = \frac{U}{I_g} - R_g \qquad (7-1-50)$$

实际的扩展量程后的电压表原理见图 7-1-50。

用电压表测电压时，总是将电压表并联在被测电路中，为了不因并联电压表而改变电路中的工作状态，要求电压表有较大的内阻。

4. 改装毫安表为欧姆表

用来测量电阻大小的电表称为欧姆表。根据调零方式的不同，欧姆表可分为串联分压式和并联分流式两种，其原理电路如图 7-1-51 所示。

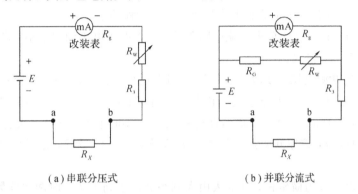

（a）串联分压式　　　　　　　（b）并联分流式

图 7-1-51　欧姆表原理图

图中 E 为电源，R_3 为限流电阻，R_w 为调零电位器，R_X 为被测电阻，R_g 为等效表头内阻。图 7-1-51(b)中，R_G 与 R_w 组成分流电阻。

使用欧姆表前先要调零点，即将 a、b 两点相连（相当于 $R_X = 0$），调节 R_w 的阻值，使表头指针正好偏转到满度。可见，欧姆表的零点在表头标度尺的满刻度（即量限）处，与电流表和电压表的零点正好相反。

在图 7-1-51(a)中，当 a、b 端接入被测电阻 R_X 后，电路中的电流为

$$I = \frac{E}{R_g + R_w + R_3 + R_X} \qquad (7-1-51)$$

对于给定的表头和电路来说，R_g、R_w、R_3 都是常量。由此可见，当电源端电压 E 保持不变时，被测电阻和电流值有一一对应的关系。即接入不同的电阻，表头就会有不同的偏转读数，R_X 越大，电流 I 越小。短路 a、b 两端，即 $R_X = 0$ 时

$$I = \frac{E}{R_g + R_w + R_3} = I_g \qquad (7-1-52)$$

这时指针满偏。当 $R_X = R_g + R_w + R_3$ 时

$$I = \frac{E}{R_g + R_w + R_3 + R_X} = \frac{1}{2} I_g \qquad (7-1-53)$$

这时指针在表头的中间位置，对应的阻值为中值电阻，即 $R_{中} = R_g + R_w + R_3$。当 $R_X = \infty$（相当于 a、b 开路）时，$I = 0$，即指针在表头的机械零位。

所以欧姆表的标度尺为反向刻度，且刻度是不均匀的，电阻 R 越大，刻度间隔越密。如果预先按已知电阻值刻度标定表头的标度尺，就可以用电流表直接测量电阻。

并联分流式欧姆表通过对表头分流来调零，具体参数可自行设计。

在使用欧姆表的过程中，电池的端电压会有所改变，而表头的内阻 R_g 及限流电阻 R_3 为常量，故要求 R_W 要随着 E 的改变而改变，以满足调零的要求。设计时用可调电源模拟电池电压的变化，范围取 $1.3\sim1.6$ V 即可。

四、实验内容

DH4508 型电表改装与校准实验仪的使用参见前文补充实验。

在进行实验前应对毫安表进行机械调零。

(1) 用中值法或替代法测出表头的内阻，然后按图 7-1-41 或图 7-1-42 接线，$R_g=2$ kΩ。

(2) 将一个量程为 1 mA 的表头改装成 5 mA 量程的电流表。

① 根据式(7-1-49)计算出分流电阻阻值，先将电源电压调到最小，将 R_W 调到中间位置，再按图 7-1-43 接线。

② 慢慢升高电源电压，使改装表指针指到满量程(可配合调节 R_W 变阻器)，这时记录标准表读数(注意：R_W 作为限流电阻，阻值不要调至最小值)。然后调小电源电压，使改装表每隔 1 mA(满量程的 1/5)逐步减小直至零点；将标准电流表选择开关打在 20 mA 挡量程，再调节电源电压，按原间隔逐步增大改装表读数直到满量程，记录标准表相应的读数于表 7-1-10。

③ 以改装表读数为横坐标，标准表由大到小和由小到大调节时两次读数的平均值为纵坐标，在坐标纸上作出电流表的校正曲线，并根据两表最大误差的数值定出改装表的准确度级别。

④ 重复以上步骤，将 1 mA 表头改装成 10 mA 表头，可每隔 2 mA 测量一次(选做)。

⑤ 将面板上的 R_G 和表头串联，作为一个新的表头使用，重新测量一组数据，并比较扩流电阻有何异同(选做)。

表 7-1-10　将量程为 1 mA 的表头改装成量程为 5 mA 电流表的实验记录

改装表读数 /mA	标准表读数/mA			示值误差 ΔI/mA
	减小时	增大时	平均值	
1				
2				
3				
4				
5				

(3) 将一个量程为 1 mA 的表头改装成 1.5 V 量程的电压表。

① 根据式(7-1-50)计算扩程电阻 R_M 的阻值，可选用 R_1、R_2 进行实验。

② 按图(7-1-50)连接校准电路。用量程为 2 V 的数显电压表作为标准表来校准改装的电压表。

③ 调节电源电压，使改装表指针指到满量程(1.5 V)，记下标准表读数。每隔 0.3 V 逐步减小改装读数直至零点，再按原间隔逐步增大到满量程，记录相应的标准表读数

于表 7 - 1 - 11。

表 7 - 1 - 11　将量程为 1 mA 的表头改装成量程为 1.5 V 电压表的实验数据记录

改装表读数/V	标准表读数/V			示值误差 $\Delta U/V$
	减小时	增大时	平均值	
0.3				
0.6				
0.9				
1.2				
1.5				

④ 以改装表读数为横坐标，以标准表由大到小和由小到大调节时两次读数的平均值为纵坐标，在坐标纸上作出电压表的校正曲线，并根据两表最大误差的数值定出改装表的准确度级别。

⑤ 重复以上步骤，将 1 mA 表头改成 5 V 表头，可每隔 1 V 测量一次。（选做）

（4）改装欧姆表及标定表面刻度。

① 根据表头参数 I_g 和 R_g 以及电源电压 E，选择 R_w 为 470 Ω，R_3 为 1 kΩ，也可自行设计确定。

② 按图 7 - 1 - 51(a)进行连线。将电阻箱 R_1、R_2（这时作为被测电阻 R_X）接于 a、b 之间，调节 R_1、R_2，使 $R_中 = R_1 + R_2 = 1500$ Ω。

③ 调节电源电压 E 为 1.5 V，调节 R_w 使改装表头指针指向零。

④ 取电阻箱的电阻为一组特定的数值 R_{Xi}，读出相应的偏转格数 d_i。根据所得读数 R_{Xi}、d_i 绘制出改装欧姆表的标度盘，如表 7 - 1 - 12 所示。

表 7 - 1 - 12　改装欧姆表及标定表面刻度数据记录

$$E = \underline{\qquad} \text{V}, R_中 = \underline{\qquad} \Omega$$

R_{Xi}/Ω	$\frac{1}{5}R_中$	$\frac{1}{4}R_中$	$\frac{1}{3}R_中$	$\frac{1}{2}R_中$	$R_中$	$2R_中$	$3R_中$	$4R_中$	$5R_中$
偏转格数(d_i)									

⑤ 按图 7 - 1 - 51(b)连线，设计一个并联分流式欧姆表。与串联分压式欧姆表比较，有何异同？（选做）

五、问题讨论

（1）是否还有别的办法来测定电流计内阻？能否用欧姆定律来测定？能否用电桥进行测定而又保证通过电流计的电流不超过 I_g？

（2）设计 $R_中 = 1500$ Ω 的欧姆表时，现有两块量程为 1 mA 的电流表，其内阻分别为 250 Ω 和 100 Ω，你认为选哪块较好？

实验 7.1.5　电路混沌效应

一、实验目的

（1）用 RLC 串联谐振电路测量仪器提供的铁氧体介质电感在通过不同电流时的电感量，并解释电感量变化的原因。

（2）用示波器观测 LC 振荡器产生的波形及经 RC 移相后的波形。

（3）用双踪示波器观测上述两个波形组成的相图（李萨如图）。

（4）改变 RC 移相器中可调电阻 R 的值，观察相图周期的变化。记录倍周期分岔、阵发混沌、三倍周期、吸引子（周期混沌）和双吸引子（周期混沌）相图。

（5）测量由 TL072 双运放构成的有源非线性负阻元件的伏安特性，结合非线性电路的动力学方程，解释混沌产生的原因。

二、实验器材

实验器材有示波器（自备）、四位半数字万用表（2 台，自备）、非线性电阻、电容（2 只，$0.1\ \mu\mathrm{F}\times 1$、$0.01\ \mu\mathrm{F}\times 1$）、电感（20 mH）、电位器（2 只，2.2 kΩ、220 Ω）、电阻箱（0～999 99.9 Ω，自备）、桥形跨连线和连接导线若干（SJ‑009、SJ‑301、SJ‑302）、9 孔插件方板（SJ‑010）。

三、实验原理

1. 非线性电路与非线性动力学

实验电路如图 7‑1‑52 所示，图中 R_2 是一个有源非线性负阻元件；电感 L_1 和电容 C_1 组成一个损耗可以忽略的谐振回路；可变电阻 R_1 和电容 C_2 连接将振荡器产生的正弦信号移相输出。图 7‑1‑53 所示是电阻 R_2 的伏安特性曲线，可以看出，加在此非线性元件上的电压与通过它的电流极性是相反的。由于加在此元件上的电压增加时，通过它的电流却减小，因此将此元件称为非线性负阻元件。

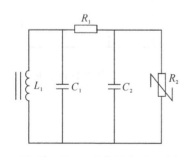
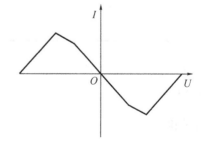

图 7‑1‑52　非线性实验电路　　　图 7‑1‑53　非线性负阻的伏安特性曲线

图 7‑1‑52 所示电路的非线性动力学方程为

$$C_2 \frac{\mathrm{d}U_{C_2}}{\mathrm{d}t} = G(U_{C_1} - U_{C_2}) - gU_{C_2} \qquad (7\text{-}1\text{-}54)$$

$$C_1 \frac{\mathrm{d}U_{C_1}}{\mathrm{d}t} = G(U_{C_2} - U_{C_1}) + i_L \qquad (7-1-55)$$

$$L \frac{\mathrm{d}i_L}{\mathrm{d}t} = -U_{C_1} \qquad (7-1-56)$$

式中，U_{C_1}、U_{C_2} 是 C_1、C_2 上的电压，i_L 是电感 L_1 上的电流，$G = 1/R_1$ 是电导，g 为 U 的函数。如果 R_2 是线性的，则 g 为常数，电路就是一般的振荡电路，得到的解是正弦函数。电阻 R_1 的作用是调节 C_1 和 C_2 的相位差，把 C_1 和 C_2 两端的电压分别输入到示波器的 x、y 轴，则显示的图形是椭圆。但是如果 R_2 是非线性的，又会看见什么现象呢？

实际电路中 R_2 是非线性元件，它的伏安特性曲线如图 $7-1-54$ 所示，是一个分段线性的电阻，整体呈现出非线性。gU_{C_2} 是一个分段线性函数。由于 g 是非线性函数，故由式（$7-1-54$）～（$7-1-56$）组成的三元非线性方程组没有解。若用计算机编程进行数据计算，当取适当电路参数时，则可在显示屏上观察到模拟实验的混沌现象。

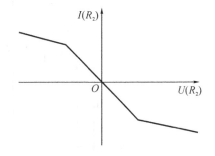

图 $7-1-54$　非线性电阻的伏安特性曲线

除了计算机数学模拟方法之外，更直接的方法是用示波器观察混沌现象，实验电路如图 $7-1-55$ 所示。图中，非线性电阻是电路的关键，它是通过一个双运算放大器和六个电阻组合来实现的。电路中，L 和 C_1 并联构成振荡电路，R_{P1}、R_{P2} 和 C_2 的作用是分相，使 CH1 和 CH2 两处输入示波器的信号产生相位差，由此得到 x、y 两个信号的合成图形。双运算放大器 TL072 的前级和后级正、负反馈同时存在，正反馈的强弱与比值 $R_3/(R_{P1}+R_{P2})$、$R_4/(R_{P1}+R_{P2})$ 有关，负反馈的强弱与比值 R_2/R_1、R_5/R_4 有关。当正反馈大于负反馈时，振荡电路才能维持振荡。调节 R_{P1}、R_{P2} 时正反馈会发生变化，TL072 就处于振荡状态而表现出非线性。图 $7-1-56$ 就是 TL072 与六个电阻组成的一个等效非线性电阻，它的伏安特性曲线大致如图 $7-1-54$ 所示。

实际非线性混沌实验电路如图 $7-1-55$ 所示。

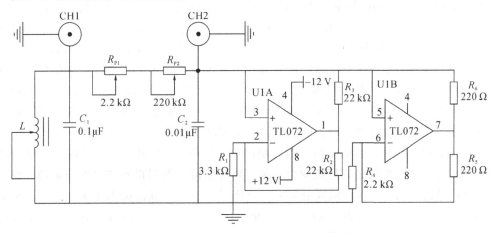

图 $7-1-55$　实际非线性混沌实验电路

2. 有源非线性负阻元件的实现

有源非线性负阻元件的实现方法有多种,这里使用的是一种较简单的电路,即采用两个运算放大器和六个电阻来实现,其电路如图 7-1-56 所示,它的伏安特性曲线如图 7-1-54 所示。实验要研究的是该非线性元件对整个电路的影响,而非线性负阻元件的作用是使振动周期产生分岔和混沌等一系列非线性现象。

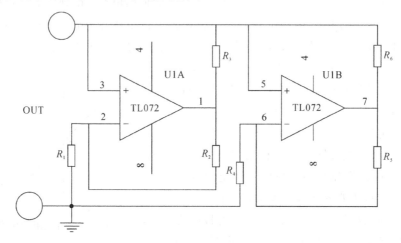

图 7-1-56　非线性电阻模块内部电路

3. 实验现象的观察

把图 7-1-55 中的 CH1 和 CH2 接入示波器,将示波器调至 CH1-CH2 波形合成挡,调节可变电阻器的阻值,可以从示波器上观察到一系列现象。最初刚打开仪器时,电路中有一个短暂的稳态响应现象,这个稳态响应被称作系统的吸引子(attractor)。这意味着系统的响应部分虽然初始条件各异,但仍会变化到一个稳态。在本实验中,对于初始电路中的微小正、负扰动,各对应一个正、负的稳态。当电导继续平滑增大到达某一值时,响应部分的电压和电流开始周期性地回到同一个值,产生振荡。这时即可说,我们观察到了一个单周期吸引子(period-one attractor)。它的频率取决于电感与非线性电阻组成的回路的特性。

再增加电导[这里的电导值为 $1/(R_{P1}+R_{P2})$]时,可观察到一系列非线性的现象,先是电路中产生了一个不连续的变化:电流与电压的振荡周期变成了原来的二倍,也称分岔(bifurcation)。继续增加电导时,还会发现二周期倍增到四周期,四周期倍增到八周期。如果精度足够,当连续地、越来越小地调节时就会发现一系列永无止境的周期倍增,最终在有限的范围内会形成无穷周期的循环,从而显示出混沌吸引子(chaotic attractor)的性质。

需要注意的是,对应于前面所述的不同的初始稳态,调节电导会导致两个不同的但却是确定的混沌吸引子,这两个混沌吸引子是关于零电位对称的。

实验中,很容易观察到倍周期和四周期现象,再有一点变化,就会出现一个单漩涡状的混沌吸引子,较明显的是三周期窗口。观察到这些窗口表明得到的是混沌的解,而不是噪声。在调节的最后,可以看到吸引子突然充满了原本两个混沌吸引子所占据的空间,形成了双漩涡混沌吸引子(double scroll chaotic attractor)。由于示波器上的每一点对应着电路中的每一个状态,因此出现双混沌吸引子就意味着电路在这个状态时,相当于电路处于最初的响应状态,最终会到达哪一个状态完全取决于初始条件。

在实验中，尤其需要注意的是，由于示波器的扫描频率选择不符合的原因，可能无法观察到正确的现象。此时需仔细分析，可以通过使用示波器不同的扫描频率挡来观察现象，以期得到最佳的扫描图像。

四、实验内容

1. 混沌现象的观察

(1) 按照电路原理图 7-1-55 进行接线，注意不要将运算放大器的电源极性接反。

(2) 用同轴电缆将 Q9 插座 CH1 连接双踪示波器 CH1 通道(即 X 轴输入)；Q9 插座 CH2 连接双踪示波器 CH2 通道(即 Y 轴输入)；可以交换 X、Y 输入，使显示的图形相差 90°。

① 调节示波器相应的旋钮使其在 Y-X 状态下工作，即 CH2 输入的大小反映在示波器的水平方向上，CH1 输入的大小反映在示波器的垂直方向上。

② 可将 CH2 的输入和 CH1 的输入放在 DC 态或 AC 态，适当调节输入增益 V/DIV 波段开关，使示波器显示大小适度、稳定的图像。

(3) 检查接线无误后即可打开电源开关，点亮电源指示灯，此时不需将电压表接入电路。

(4) 非线性电路混沌现象的观测。

① 把电感值 L_1 调到 20 mH 或 21 mH，调节 R_{P1} 为 2.2 kΩ，R_{P2} 为 220 Ω。

② 右旋细调电位器 R_{P2} 到最大挡位，左旋或右旋粗调多圈电位器 R_{P1}，使示波器出现一个略斜向的椭圆，如图 7-1-57(a) 所示。

③ 左旋多圈细调电位器 R_{P2} 少许，示波器会出现二倍周期分岔，如图 7-1-57(b) 所示。

④ 左旋多圈细调电位器 R_{P2} 少许，示波器会出现三倍周期分岔，如图 7-1-57(c) 所示。

⑤ 左旋多圈细调电位器 R_{P2} 少许，示波器会出现四倍周期分岔，如图 7-1-57(d) 所示。

⑥ 左旋多圈细调电位器 R_{P2} 少许，示波器会出现双吸引子(混沌)现象，如图 7-1-57(e) 所示。

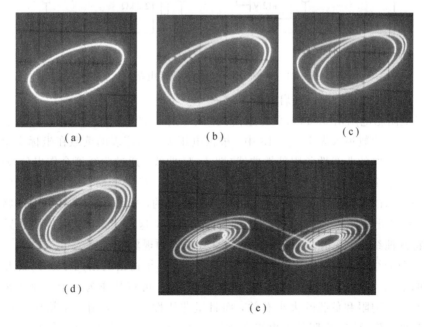

(a)　　　　(b)　　　　(c)

(d)

(e)

图 7-1-57 非线性电路混沌现象的观测图

⑦ 观测的同时可以调节示波器相应的旋钮，观测不同状态下 Y 轴输入或 X 轴输入的相位、幅度和跳变情况。

⑧ 电感的选择对实验现象的影响很大，只有选择合适的电感和电容才可以观测到最好的效果。有兴趣的老师和同学们可以通过改变电感和电容的值来观测不同情况下的现象，分析产生此现象的原因，并从理论的角度去认识和理解非线性电路的混沌现象。

2. 有源非线性电阻伏安特性的测量

(1) 测量原理如图 7-1-58 所示，R 为 0~99 999.9 Ω 可调电阻箱；A 和 V 代表电流表和电压表，用一般的四位半万用表即可；R_2 为非线性负阻元件。具体按照图 7-1-59 进行接线，其中电流表和电压表用一般的四位半数字万用表，电阻箱可以选用大华公司的 ZX21a 或 ZX21b，注意数字电流表的正极接电压表的正极。

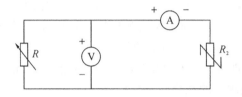

图 7-1-58　有源非线性电阻的测量原理

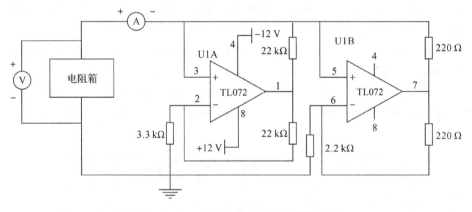

图 7-1-59　有源非线性电阻的测量电路

(2) 检查接线无误后即可开启电源。

(3) 将电阻箱电阻由 99 999.9 Ω 起由大到小调节，将电阻箱的电阻、数字电压表以及电流表上的对应读数填入表 7-1-13 中。根据电压表和电流表的读数在坐标系里描点，作出有源非线性电路的非线性负阻特性曲线(即 $I-U$ 曲线，通过曲线拟合作出分段曲线)。实验参考数据如表 7-1-14 所示，由表 7-1-14 作的 $I-U$ 曲线略。从实验数据可以看出测量的电流和电压的极性始终是相反的，变化是非线性的，验证了非线性负阻的特性。实验过程中，可能会出现 $I-U$ 曲线在第二、四象限的现象，这是正常的。元件的差异可能使非线性负阻特性曲线不同，请老师和同学们认真分析这种现象。

对于有源非线性电阻，使用的是 Kennedy 于 1993 年提出的由两个运算放大器和六个电阻构成的电路。在测定有源非线性电阻的非线性时，可将其作为一个黑匣子来研究，其非线性表现与其内阻和负载的大小有关，而且呈非线性。因此，用电阻箱作其负载可测定其特性，方便实验操作。电阻箱的电阻变化是不连续的，这对实验曲线影响甚小。

表 7 - 1 - 13　有源非线性电阻的测量数据

电压/V	电阻/Ω	电流/mA

表 7 - 1 - 14　实验参考数据

电压/V	电阻/Ω	电流/mA	电压/V	电阻/Ω	电流/mA
−11.575	799 99.9	0.145	−3.082	1690.9	1.823
−11.509	39 999.9	0.288	−2.585	1590.9	1.625
−11.088	9999.9	1.109	−2.181	1490.9	1.463
−10.954	7999.9	1.369	−1.847	1390.9	1.328
−10.567	4999.9	2.113	−1.665	1330.9	1.251
−9.930	2999.9	3.310	−1.336	1320.9	1.011
−9.465	2299.9	4.115	−1.070	1319.9	0.811
−9.364	2200.9	4.255	−0.655	1316.9	0.497
−8.787	2140.9	4.104	−0.368	1310.9	0.281
−8.241	2120.9	3.886	−0.212	1300.9	0.163
−7.724	2099.9	3.678	−0.148	1290.9	0.115
−7.103	2070.9	3.430	−0.092	1270.9	0.072
−6.543	2040.9	3.206	−0.066	1250.9	0.053
−6.051	2010.9	3.009	−0.046	1220.9	0.038
−5.228	1950.9	2.680	−0.019	1100.9	0.017
−4.473	1880.9	2.378	−0.012	1000.9	0.012
−3.720	1790.9	2.077			

补充知识　TL072 运算放大器芯片

TL072 运算放大器芯片实物图以及管脚排列图如图 7-1-60、图 7-1-61 所示。

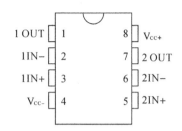

1 OUT	1	8	V_{CC+}
1IN−	2	7	2 OUT
1IN+	3	6	2IN−
V_{CC-}	4	5	2IN+

图 7-1-60　TL072 实物图　　　　图 7-1-61　TL072 管脚排列图

实验 7.2　基本传感器型物理设计性实验

　　DH-SJ2 基本传感器型设计性实验装置主要由五部分组成：传感器实验台一、九孔板接口平台、频率振荡器 DH-WG2、直流恒压源 DH-VC2 和处理电路模块。

　　传感器实验台一：装有双平行振动梁(包括应变片上、下各 2 片和梁自由端的磁钢)、双平行梁测微头及支架、振动盘(装有磁钢,用于固定霍尔传感器的两个半圆磁钢、差动变压器的可动芯子、电容传感器的动片组、磁电传感器的可动芯子、压电传感器)。

　　九孔板接口平台：九孔板是开放式实验和设计性实验的一个桥梁(平台)。

　　频率振荡器 DH-WG2：包括音频振荡器和低频振荡器。

　　直流恒压源 DH-VC2：提供实验时所必需的电源。

　　处理电路模块：由电桥模块(提供元件和参考电路,由学生自行搭建)、差动放大器、电容放大器、电压放大器、移相器、相敏检波器、电荷放大器、低通滤波器及调零、增益、移相等模块组成。

　　本套实验仪器的设计思想如下：

　　(1) 通过九孔板接口平台可以培养学生动手、动脑的能力,从中建立起创新能力以适应社会发展的需要。

　　(2) 传感器已经成为各个领域的关键元器件。为此,本实验以传感器作为实验对象,让学生了解和掌握传感器的基本知识及应用,为今后的学习、工作和生活打下扎实的基础。

　　本套仪器具有设计性、趣味性、开放性和可扩展性等特点。通过实验时大量重复的接线和调试以及后续的数据处理、分析,可以加深学生对实验仪器构造和原理的理解,同时培养学生耐心仔细的实验习惯和严谨的实验态度。仪器采用了性能比较稳定、品质较高的敏感器件和较为合理、成熟的电路设计。本实验非常适合大中专院校在开放性实验室开展。

一、主要技术参数、性能及说明

1. 传感器实验台一

双平行振动梁的自由端及振动盘装有磁钢,通过测微头或激振线圈接入低频振荡器 V_0

可做静态或动态测量。

应变梁采用不锈钢片,双梁结构端部有较好的线性位移。

传感器相关参数如下:

(1) 差动变压器。量程:≥5 mm;直流电阻:5～10 Ω;线圈为由一个初级、两个次级线圈绕制而成的透明空心线圈,铁芯为软磁铁氧体。

(2) 霍尔式传感器。量程:±≥2 mm;直流电阻激励源端口:800 Ω～1.5 kΩ;直流电阻输出端口:300～500 Ω。

(3) 电容式传感器。量程:±≥2 mm;由两组定片和一组动片组成的差动变面积式电容。

(4) 压阻式压力传感器。量程:10 kPa(差压);供电电压:≤6 V;直流电阻 $V_s^+ - V_s^-$ $(V_o^+ - V_o^-)$:5～5.5 kΩ。

(5) 压电加速度计。由 PZT - 5 双压电晶片和铜质量块组成;谐振频率:≥10 kHz;电荷灵敏度:q≥20 pc/g。

(6) 应变式传感器。箔式应变片阻值:350 Ω;应变系数:2。

(7) 磁电式传感器。Φ 0.21×1000;直流电阻:30～40 Ω;由线圈和动铁(永久磁钢)组成;灵敏度:0.5 V/ms。

(8) 光电传感器。由一只红外发射管与接收管组成。

(9) 气敏传感器 MQ - 3。适用材质:酒精;测量范围:50～2000 ppm。注:ppm=10^{-6}。

(10) 湿敏电阻。高分子薄膜电阻型;R_H(阻值在 $1×10^3$ Ω～$1×10^7$ Ω 之间);响应时间:吸湿、脱湿小于 10 s;湿度系数:0.5R_H%/℃;测量范围:10%～95%;工作温度:0～50℃。

(11) 热释电传感器。采用远红外式传感器,主要由传感探测元、干涉滤光片和场效应管匹配器三部分组成。

2. 信号处理及变换

(1) 电桥模块:提供相关参数的器件,由学生根据实验需要自行搭建。

(2) 差动放大器:通频带 0～10 kHz,可接成同相、反相的差动结构,增益为 1～100 倍的直流放大器。

(3) 电容变换器:由高频振荡器、放大器和双 T 电桥组成的处理电路。

(4) 电压放大器:增益约为 5 倍,同相输入,通频带 0～10 kHz。

(5) 移相器:允许最大输入电压为 10U_{PP},移相范围≥±20°。

(6) 相敏检波器:可检波电压频率 0～10 kHz,允许最大输入电压为 10U_{PP},由极性反转整形电路与电子开关组成的检波电路。

(7) 电荷放大器:电容反馈型放大器,用于放大压电传感器的输出信号。

(8) 低通滤波器:由 50 Hz 陷波器和 RC 滤波器组成,转折频率为 35 Hz 左右。

3. 频率振荡器 DH - WG2 部分

(1) 音频振荡器:0.4～10 kHz 范围内的输出连续可调,幅度连续可调,U_{PP} 值为 20 V,180°、0°反相输出,L_V 端最大功率输出电流为 0.5 A,具备带较大负载的能力,实验室通用信号源不能替代。

(2) 低频振荡器：1～30 Hz 范围内的输出连续可调，幅度连续可调，U_{PP} 值为 20 V，最大输出电流为 0.5 A，具备带较大负载的能力，实验室通用信号源不能替代。

4. 振动梁、测微头

双平行式悬臂梁(应变片与振动盘相连)的梁端装有永久磁钢、激振线圈和可拆卸式螺旋测微头，可进行压力位移与振动实验。

5. 直流恒压源 DH - VC2 部分

直流电压为 ±15 V 时，主要提供给各芯片电源；电压分 ±2 V、±4 V、±6 V 三挡输出时，提供给实验时的直流激励源；电压为 0～12 V 时，Max 1A 作为电机电源或作其他电源。

二、基本传感器特性开设的实验

本部分主要包括实验时的结构安装图示(实验原理图)和各模块的电气连接图示说明，以及实验中的相关参考信息。

该装置可以开设的实验项目有金属箔式应变片性能——单臂电桥，金属箔式应变片——单臂、半桥、全桥比较，移相器实验，相敏检波器实验，金属箔式应变片——交流全桥实验，交流全桥的应用——振幅测量，交流全桥的应用——电子秤，差动变压器(互感式)的性能，差动变压器(互感式)零点残余电压的补偿，差动变压器(互感式)的标定，差动变压器(互感式)的应用——振幅测量，差动变压器(互感式)的应用——电子秤，差动螺管式(自感式)传感器的静态位移性能，差动螺管式(自感式)传感器的动态位移性能，霍尔式传感器的直流激励静态位移特性，霍尔式传感器的应用——电子秤，霍尔式传感器的交流激励静态位移特性，霍尔式传感器的应用——振幅测量，磁电式传感器的性能，压电传感器的动态响应实验，压电传感器的引线电容对电压放大器、电荷放大器的影响，差动变面积式电容传感器的静态及动态特性，扩散硅压阻式压力传感器实验，气敏传感器(MQ - 3)实验，湿敏电阻(R_H)实验，光电传感器测转速实验，热释电人体接近实验。在进行实验之前，请认真仔细阅读第一部分的内容及相关注意事项。实验时，请严格按照实验步骤和接线图完成实验内容。由于各模块是完全独立的，因此接线比较烦琐，请各位同学认真检查，确认接线正确之后方可通电实验，否则会烧坏芯片。

设计和思考问题部分，同学们可以通过查阅相关资料或请教老师完成。

特别说明：用直流恒压源 DH - VC2 做实验时，所需要用到的"地"(电源负极)都需要接在一起。实验时不要晃动或者摇动实验桌以及相关的仪器设备和线路，以免导致线路接触不良，导致实验无法正常进行。

实验 7.2.1　金属箔式应变片性能——单臂电桥

一、实验目的

了解金属箔式应变片——单臂单桥的工作原理和工作情况。

二、实验器材

实验器材有直流恒压源 DH - VC2、电桥模块(只提供器件)、差动放大器(含调零模块)、测微头及连接件、应变片、万用表、九孔板接口平台和传感器实验台一。

旋钮初始位置为：直流恒压源 DH - VC2 置于 ±4 V 挡，万用表打到 2 V 挡，差动放大器增益在中间位置。

三、实验内容

(1) 了解所需模块、器件设备等，观察梁上的应变片(应变片为棕色衬底箔式结构小方薄片，上下两片梁的外表面各贴两片受力应变片)。可以上、下、前、后、左、右调节测微头(测微头在双平行梁后面的支座上)。安装测微头时，应注意是否可以到达磁钢中心位置。

(2) 差动放大器调零：将 V_+ 接至直流恒压源的"+15 V"，V_- 接至"−15 V"，将调零模块的 GND 与差动放大器模块的 GND 相连，V_{REF} 与 V_{REF} 相连，V_+ 与 V_+ 相连，再用导线将差动放大器的输入端同相端 V_P(+)、反相端 V_N(−)与"地"短接。用万用表测差动放大器输出端的电压，开启直流恒压源，调节调零旋钮使万用表显示为零。

(3) 根据图 7 - 2 - 1 接线。R_1、R_2、R_3 为电桥模块的固定电阻，R_X 为应变片。将直流恒压源调至 ±4 V 挡，万用表置于 20 V 挡。开启直流恒压源，调节电桥平衡网络中的电位器 R_{P1}，使万用表显示为零。

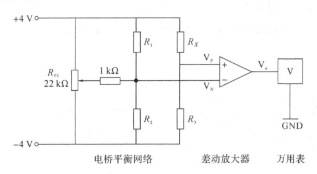

图 7 - 2 - 1　金属箔式应变片——单臂电桥原理图

(4) 将测微头转动到 10 mm 刻度附近，再将其安装到双平行梁的自由端(与自由端磁钢吸合)。调节测微头支柱的高度(梁的自由端跟随变化)使万用表显示最小值，再旋动测微头，使万用表显示为零(细调零)，并记下此时测微头上的刻度值(要准确无误地读出测微头上的刻度值)。

(5) 往下或往上旋动测微头，使梁的自由端产生位移 X，记下万用表显示的值。建议每旋动测微头一周(即 $\Delta X = 0.5$ mm)记一个数值，填入表 7 - 2 - 1。

表 7 - 2 - 1　自由端位移与电压的关系

X/mm				
U/mV				

（6）据所得结果计算灵敏度 $S=\Delta U/\Delta X$（ΔX 为梁的自由端位移变化，ΔU 为万用表显示的相应电压变化）。

（7）在托盘未放砝码之前记下电压数值，然后每增加一只砝码记下一个数值并将这些数值填入表 7-2-2。根据所得结果计算系统灵敏度 $S=\Delta U/\Delta W$，并作出 $U-W$ 关系曲线，ΔU 为电压变化率，ΔW 为相应的质量变化率。质量用 W 表示，电压用 U 表示，后面所用与此相同，不再另作说明。

表 7-2-2　质量与电压的关系

W/g	20	40	60	80	100	120
U/mV						

四、注意事项

（1）在记录数据之前，请通过调整测微头支杆座的高度来将测微头调至一个合适位置（测微头螺杆最长及最短时，万用表示数的范围足够大）。

（2）在旋转旋钮时，请不要转动测微头支杆。

五、问题讨论

（1）本实验电路对直流恒压源和放大器有何要求？

（2）根据图 7-2-2 的原理图，简要分析差动放大器的工作原理。

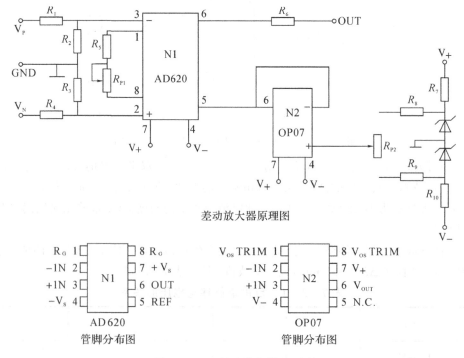

图 7-2-2　差动放大器原理图

实验 7.2.2　金属箔式应变片——单臂、半桥、全桥比较

一、实验目的

验证单臂、半桥、全桥的性能及相互之间的关系。

二、实验器材

实验器材有直流恒压源 DH - VC2、差动放大器、电桥模块、万用表、测微头及连接件、传感器实验台一、应变片和九孔板接口平台。

旋钮初始位置为：直流恒压源置于 ±4 V 挡，万用表打到 2 V 挡，差动放大器增益在中间位置。

三、实验内容

(1) 差动放大器调零。将 V_+ 接至直流恒压源的"+15 V"，V_- 接至"−15 V"，将调零模块的 GND 与差动放大器模块的 GND 相连，V_{REF} 与 V_{REF} 相连，V_+ 与 V_+ 相连，再用导线将差动放大器的输入端同相端 $V_P(+)$、反相端 $V_N(-)$ 与"地"短接。用万用表测差动放大器输出端的电压；开启直流恒压源；调节调零旋钮使万用表显示为零。

(2) 按图 7 - 2 - 3 接线。图中 R_X 为应变片，r 及 R_{P1} 为可调平衡网络。

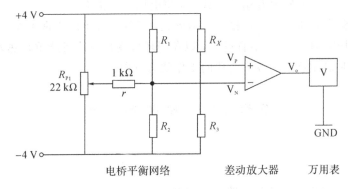

图 7 - 2 - 3　实验电路图

(3) 安装和调整测微头到磁钢中心的位置，并使双平行梁处于水平位置（目测），记下该刻度值，再将直流恒压源打到 ±4 V 挡。选择适当的放大增益，调节电桥平衡电位器 R_{P1}，使万用表显示为零。

(4) 旋转测微头，使平行梁移动，每隔 0.5 mm 读一个数，将测得数值填入表 7 - 2 - 3，然后关闭直流恒压源。

表 7 - 2 - 3　数据记录表

X/mm						
U/mV						

(5) 保持放大器增益不变，将固定电阻 R_3 换为与 R_X 工作状态相反的另一应变片，即取

两片受力方向不同的应变片,形成半桥。调节测微头使平行梁到水平位置(目测),调节电桥 R_{P1} 使万用表显示为零,重复步骤(4),将测得的读数填入表 7-2-4。

表 7-2-4 数据记录表

X/mm					
U/mV					

(6)保持差动放大器增益不变,将两个固定电阻 R_1、R_2 换成另两片受力应变片(即 R_1 换成 ↑, R_2 换成 ↓)。组桥时只要掌握对臂应变片的受力方向相同、邻臂应变片的受力方向相反即可,否则相互抵消没有输出。接成直流全桥后,调节测微头使平行梁到水平位置,调节电桥 R_{P1} 同样使万用表显示为零。重复过程(4)将数据填入表 7-2-5。

表 7-2-5 数据记录表

X/mm					
U/mV					

(7)在同一坐标纸上描出 X-U 曲线,比较三种接法的灵敏度。

四、注意事项

(1)在更换应变片时应将直流恒压源关闭。

(2)在实验过程中如发现万用表过载,应将电压量程扩大。

(3)在本实验中只能将放大器接成差动形式,否则系统不能正常工作。

(4)直流恒压源为 ± 4 V,不宜过大,以免损坏应变片或造成严重自热效应。

(5)接全桥时请注意区别各应变片的工作状态方向。

实验 7.2.3 移相器实验

一、实验目的

了解运算放大器构成的移相电路的原理及工作情况。

二、实验器材

实验器材有移相器、频率振荡器 DH-WG2(音频振荡器)、直流恒压源、双踪示波器和九孔板接口平台。

三、实验内容

(1)按图 7-2-4 接线。

(2)将音频振荡器的信号引入移相器的输入端(音频信号从 0°、180°插口输出均可)。

(3)打开恒压源,将示波器的两根线分别接

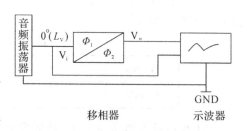

图 7-2-4 移相器实验电路图

到移相的输入端和输出端，调整示波器，观察示波器的波形。

(4) 旋动移相器上的移相电位器，观察两个波形间相位的变化。

(5) 改变音频振荡器的频率，观察不同频率的最大移相范围。

四、问题讨论

(1) 试分析本移相器的工作原理(如图 7-2-5 所示)及观察到的现象。

提示：A_2、R_3、R_4、R_5、C_2 超前移相，在 $R_3 = R_4 = R_5$ 时，$K_{F1}(j\omega) = V_{o1}/V_{i1} = -(1-j\omega R_3 C_2)/(1+j\omega R_3 C_2)$，$|K_{F1}(\omega)| = 1$，$\Phi_{F1}(\omega) = -\pi - \arctan 2\omega R_3 C_2$。$A_3$、$R_6$、$R_7$、$R_P$、$C_3$ 滞后移相，在 $R_6 = R_7$ 时，$K_{F2}(j\omega) = V_{o2}/V_{i2} = (1-j\omega R_P C_3)/(1+j\omega R_P C_3)$，$|K_{F2}(\omega)| = 1$，$\Phi_{F2}(\omega) = -\arctan 2\omega R_W C_3$，$\omega = 2\pi f$。

分析：f 一定时，$R_w = 0 \sim 10\ \text{k}\Omega$ 相移 $\Delta\varphi$，当 R_w 一定时，f 变化相移 $\Delta\varphi$。

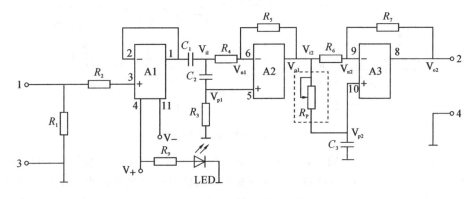

(a) 移相器原理图

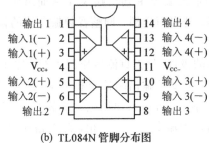

(b) TL084N 管脚分布图

图 7-2-5　移相器原理图及 TL084N 管脚分布图

(2) 如果将双踪示波器改为单踪示波器，两路信号分别从 Y 轴和 X 轴输入，则根据李萨如图形是否可完成此实验？

实验 7.2.4　相敏检波器实验

一、实验目的

了解相敏检波器的原理和工作情况。

二、实验器材

实验器材有相敏检波器、移相器、频率振荡器 DH－WG2(音频振荡器)、双踪示波器、直流恒压源 DH－VC2、低通滤波器、万用表和九孔板接口平台。

旋钮初始位置为：音频振荡器频率为 4 kHz，幅度置于最小位置，直流恒压源输出置于 ±2 V 挡。

三、实验内容

相敏检波器原理图如图 7－2－6 所示。

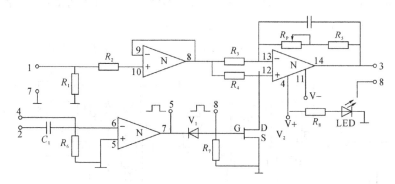

图 7－2－6 相敏检波器原理图

(1) 根据图 7－2－7(a)的电路接线，将相敏检波器的 V_+、V_- 分别接至 DH－VC2 的"＋15V""－15 V"，GND 接 GND，将音频振荡器的信号 0°输出端输出至相敏检波器的输入端 V_i，把直流恒压源＋2 V 输出接至相敏检波器的参考输入端 DC，把示波器两根输入线分别接至相敏检波器的输入端 V_i 和输出端 V_o，从而组成一个测量线路。

(2) 调整好示波器，开启恒压源，调整音频振荡器的幅度峰峰值为 4 V。观察输入和输出波的相位和幅值关系。

(3) 改变参考电压的极性(除去直流恒压源＋2 V 输出端与相敏检波器参考输入端 DC 的连线，把直流恒压源的－2 V 输出端接至相敏检波器的参考输入端 DC)，观察输入和输出波形的相位和幅值关系。由此可得出结论：当参考电压为正时，输入和输出_____相；当参考电压为负时，输入和输出_____相，此电路的放大倍数为_____倍。

(4) 关闭恒压源，根据图 7－2－7(b)重新接线，将音频振荡器的信号从 0°输出端输出至相敏检波器的输入端 V_i，将 0°输出端输出接至相敏检波器的参考输入端 V_r，把示波器的两根输入线分别接至相敏检波器的输入端 V_i 和输出端 V_o，将相敏检波器输出端 V_o 同时与低通滤波器的输入端连接起来，将低通滤波器的输出端与万用表连接起来，组成一个测量线路。(此时，万用表置于 20 V 挡)。

(5) 开启恒压源，调整音频振荡器的输出幅度 V_{iPP}，同时记录万用表的读数 U_o，填入表 7－2－6。

表 7－2－6 数据记录表

U_{iPP}						
U_o						

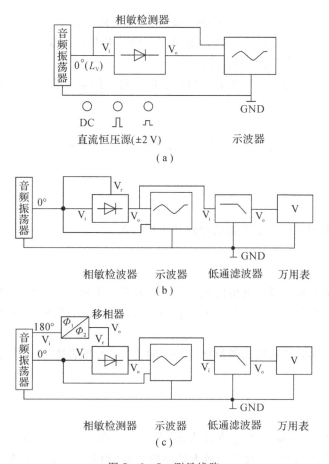

图 7 - 2 - 7 测量线路

（6）关闭恒压源，根据图 7 - 2 - 7(c) 的电路重新接线，将音频振荡器的信号从 0°输出端输出至相敏检波器的输入端 V_i，将 180°输出端输出接至移相器的输入端，移相器的输出端接至相敏检波器的参考输入端 V_r，把示波器的两根输入线分别接至相敏检波器的输入端 V_i 和输出端 V_o，将相敏检波器的输出端 V_o 同时与低通滤波器的输入端连接起来，将低通滤波器的输出端与万用表连接起来，组成一测量线路。

（7）开启恒压源，转动移相器上的移相电位器，观察示波器上显示的波形及万用表上的读数，使得输出最大。

（8）调整音频振荡器的输出幅度，同时记录万用表的读数，填入表 7 - 2 - 7。

表 7 - 2 - 7 数据记录表 V

U_{iPP}						
U_o						

四、问题讨论

（1）根据实验结果可以知道相敏检波器的作用是什么？移相器在实验线路中的作用（即

参考端输入波形相位的作用)是什么?

(2) 在完成第(4)步后,将示波器两根输入线分别接至相敏检波器的输入端 V_i 和附加观察端___⎍___和___⎍___,观察波形回答相敏检波器中的整形电路是将什么波转换成什么波?相位如何变化? 相敏检波器起什么作用?

(3) 当相敏检波器的输入与开关信号同相时,输出的是什么极性的什么波? 万用表的读数是什么极性的最大值?

实验 7.2.5　金属箔式应变片——交流全桥实验

一、实验目的

了解交流供电的四臂应变电桥的原理和工作情况。

二、实验器材

实验器材有频率振荡器、电桥模块、差动放大器、移相器、相敏检波器、低通滤波器、万用表、传感器实验台一、应变片、测微头及连接件、直流恒压源、九孔板接口平台和双踪示波器。

旋钮初始位置为:音频振荡器幅度置于中间位置,万用表置于 20 V 挡,差动放大器增益置为最大。

三、实验内容

(1) 差动放大器调零。将差动放大器、V_+ 接至直流恒压源的"+15 V",V_- 接至"−15 V",调零模块的 GND 与差动放大器模块的 GND 相连,V_{REF} 与 V_{REF} 相连,V_+ 与 V_+ 相连,再用导线将差动放大器的输入端同相端 $V_P(+)$、反相端 $V_N(-)$ 与"地"短接。用万用表测差动放大器输出端的电压,开启直流恒压源,调节差动放大器的增益到最大位置,然后调节差动放大器的调零旋钮使万用表显示为零。

(2) 按图 7-2-8 接线。图中 R_1、R_2、R_3、R_4 为应变片,R_{P1}、R_{P2}、C、r 为交流电桥调节平衡网络。必须将电桥交流激励源从音频振荡器的 L_V 口引入。

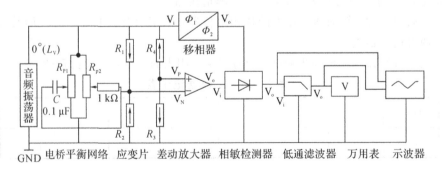

图 7-2-8　实验原理图

(3) 用手按住振动梁(双平行梁)的自由端,旋转测微头使其脱离并远离振动梁自由端。将万用表打至 20 V 挡,示波器 X 轴扫描时间切换到 0.1～0.5 ms(合适为宜),Y 轴 CH1

或 CH2 打至 5 V/div，音频振荡器的频率旋钮置于 5 kHz，幅度旋钮置于 1/4 幅度。开启恒压源，调节电桥网络中的 R_{P1} 和 R_{P2}，使万用表和示波器显示值最小，再把万用表和示波器 Y 轴的切换开关分别置于 2 V 挡和 50 mV/div，细调 R_{P1}、R_{P2} 及差动放大器调零旋钮，使万用表的显示值最小。此时，示波器的波形大致为一条水平线（万用表显示值与示波器图形不完全相符时二者兼顾即可）。再用手按住梁的自由端使之产生一个大位移，调节移相器的移相旋钮，使示波器显示全波检波的图形，放手后梁复原。此时，示波器图形基本成一条直线。

（4）在双平行梁的自由端装上测微头，旋转测微头使万用表显示为零。之后每转动测微头一周（即 0.5 mm）将万用表显示值记录于表 7 - 2 - 8 中。

表 7 - 2 - 8　数据记录表

X/mm																
U_o/V																

根据所得数据作出 U_o - X 曲线，找出线性范围，计算灵敏度 $S(S = \Delta U/\Delta X)$，并与之前直流全桥实验结果相比较。

（5）实验完毕，关闭恒压源。

四、问题讨论

在交流电桥中，为什么有两个可调参数才能使电桥平衡？

实验 7.2.6　交流全桥的应用——振幅测量

一、实验目的

了解交流激励的金属箔式应变片电桥的应用。

二、实验器材

实验器材有频率振荡器、电桥模块、差动放大器、移相器、相敏检波器、低通滤波器、万用表、传感器实验台一、应变片、直流恒压源、频率计、九孔板接口平台和双踪示波器。

旋钮初始位置为：低频振荡器频率置于合适位置，幅度为最小，差放增益置于合适位置。

三、实验内容

（1）同实验 7.2.5 的步骤（1）~（3）。

（2）将低频振荡器的输出端接至激振输入端，低频振荡器的幅度旋钮置合适位置，并用频率计监测低频振荡器的输出端。开启直流恒压源，可见双平行梁在振动，慢慢调节低频振荡器频率旋钮，使梁振动比较明显，如梁振幅不够大，可调大低频振荡器的幅度。

（3）将音频振荡器的频率调至 1 kHz 左右，幅度为 $10U_{PP}$。（频率用频率计监测，幅度用示波器监测。）

（4）将示波器的 X 轴扫描旋钮切换到 ms/div 级挡，Y 轴切换到 50 mV/div 或 0.1 V/div，分别观察差动放大器输出端、相敏检波器输出端、低通滤波器输出端的波形。描出各级波形，改变低频振荡器频率，可测得相应的电压峰峰值(低通滤波器输出端 U_{oPP})，填入表 7-2-9 中，并作出幅频曲线。

表 7-2-9　数据记录表

f/Hz						
U_{oPP}/mV						

做完以上实验，可反复调节线路中的各旋钮，用示波器观察各输出环节波形的变化，加深实验体会并了解各旋钮的作用。

实验 7.2.7　交流全桥的应用——电子秤

一、实验目的

了解交流供电的金属箔式应变片电桥的实际应用。

二、实验器材

实验器材有频率振荡器、电桥模块、差动放大器、移相器、低通滤波器、万用表、砝码、直流恒压源、应变片、九孔板接口平台和传感器实验台一。

三、实验内容

(1) 按图 7-2-9 接线，图中 R_1、R_2、R_3、R_4 为应变片，R_{P1}、R_{P2}、C、r 为交流电桥调节平衡网络。必须将电桥交流激励源从音频振荡器的 L_v 输出口引入。

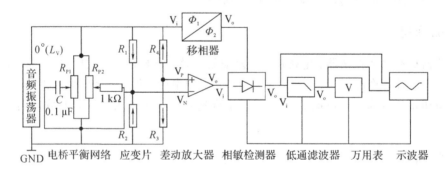

图 7-2-9　实验原理图

(2) 将万用表调至 20 V 挡，示波器 X 轴扫描时间切换到 0.1～0.5 ms，Y 轴 CH1 或 CH2 调至 5 V/div，音频振荡器的频率旋钮置于 5 kHz，幅度旋钮置于 1/4 幅度。开启恒压源，调节电桥网络中的 R_{P1} 和 R_{P2}，使万用表和示波器显示值最小。再把万用表和示波器 Y 轴的切换开关分别置于 2 V 挡和 50 mV/div，细调 R_{P1} 和 R_{P2} 及差动放大器调零旋钮，使万用表的显示值最小。此时，示波器的波形为一条水平线(万用表显示值与示波器图形不完全相符时二者兼顾即可)。现用手按住梁的自由端使之产生一个大位移。调节移相器的移相电位器，使示波器显示全波检波的图形，放手后梁复原。此时，示波器图形基本成一条直线。

（3）在梁的自由端加上砝码，调节差动放大器增益旋钮，使万用表显示对应的量值。去除所有砝码，调节 R_{P1} 使万用表显示为零，这样重复几次即可。

（4）在梁自由端（磁钢处同一个点上）逐一加上砝码，把万用表的显示值填入表 7-2-10，并计算灵敏度 $S(S = \Delta U/\Delta W)$。

表 7-2-10　数据记录表

W/g					
U/V					

（5）在梁自由端放一个重量未知的重物，记录万用表的显示值，得出未知重物的重量。

四、注意事项

砝码和重物应放在梁自由端的磁钢上的同一点。

五、问题讨论

要将这个电子秤方案投入实际应用应如何改进？

实验 7.2.8　差动变压器(互感式)的性能

一、实验目的

了解差动变压器的原理及工作情况。

二、实验器材

实验器材有频率振荡器、差动变压器、测微头及连接件、示波器、直流恒压源、九孔板接口平台、传感器实验台一、差动线圈与铁芯连接件等。

旋钮初始位置为：音频振荡器置于 4～8 kHz 之间。

三、实验内容

（1）先将差动线圈及其铁芯连接件按图 7-2-10 所示的接线方式安装在传感器实验台一的振动盘上，并将音频振荡器从 L_V 输出。将音频振荡器和示波器连接起来，组成一个测量线路。打开直流恒压源，将示波器探头 CH1、CH2 分别接至差动变压器的输入端和输出端，调节差动变压器原边线圈 L_1 的音频振荡器激励

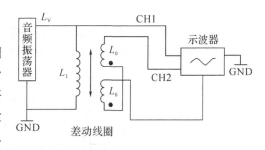

图 7-2-10　实验原理图

信号峰峰值为 2 V。观察 CH2 波形，并调节铁芯上、下的位置使 CH2 的波形幅度为最小。

（2）转动测微头使之与传感器实验台一的磁钢吸合，并使示波器上的波形输出幅度为最小，记下测微头上的刻度值。

（3）往下旋动测微头，使传感器实验台一产生位移。每产生 0.5 mm 位移，就用示波器读出差动变压器输出端的峰峰值填入表 7-2-11 中。根据所得数据计算灵敏度 S，$S=\Delta U/\Delta X$（ΔU 为电压变化，ΔX 为相应传感器实验台一的位移变化），作出 $U-X$ 关系曲线。

表 7-2-11   数据记录表

X/mm									
$U_{\mathrm{oPP}}/\mathrm{mV}$									

四、思考与讨论

（1）根据实验结果指出线性范围。

（2）当差动变压器中磁棒的位置由上到下变化时，由双踪示波器观察到的波形相位会发生怎样的变化？

（3）用测微头调节振动平台位置，使示波器上观察到的差动变压器的输出端信号为最小，这个最小电压称作什么？最小电压是什么原因造成的？

实验 7.2.9   差动变压器(互感式)零点残余电压的补偿

一、实验目的

说明如何用适当的网络线路对残余电压进行补偿。

二、实验器材

实验器材有频率振荡器、测微头及连接件、电桥模块、差动线圈与铁芯连接件、差动变压器、差动放大器、示波器、传感器实验台一、直流恒压源和九孔板接口平台。

旋钮初始位置为：差动放大器的增益置于中间位置。

三、实验内容

（1）先把线圈与铁芯连接件的位置调整好，使铁芯处于线圈的中间位置，后将差动放大器调零，再按图 7-2-11 接线。音频振荡必须从 L_V 口输出，R_{P1}（22 kΩ）、R_{P2}（22 kΩ）、r（1 kΩ）、C（0.1 μF）组成电桥模块中的调平衡网络。

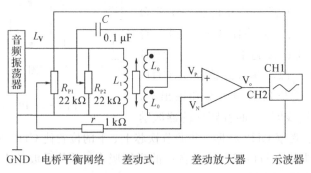

图 7-2-11   实验原理图

（2）利用示波器调整音频振荡器幅度，使示波器 CH1 的电压为 $2U_{PP}$。调节音频振荡器频率，使示波器 CH2 波形不失真。

（3）将 CH2 的灵敏度调高，观察零点残余电压的波形，注意与激励电压波形相比较。经过补偿后的残余电压波形为_____波形，这说明波形中有_____分量。

（4）这时的零点残余电压经放大后为 $U_{零点PP}/100$，100 为放大倍数。

（5）实验完毕后，关闭直流恒压源，拆除导线。

四、注意事项

（1）由于该补偿线路要求差动变压器的输出必须悬浮，因此次级输出波形难以用一般示波器来观测，要用差动放大器使双端输出转换为单端输出。

（2）音频信号必须从 L_V 口引出。

五、问题讨论

本实验也可把电桥模块移到次级圈上进行零点残余电压补偿。

实验 7.2.10　差动变压器（互感式）的标定

一、实验目的

了解差动变压器测量系统的组成和标定方法。

二、实验器材

实验器材有频率振荡器、差动放大器、差动线圈与差动棒连接件、移相器、相敏检波器、低通滤波器、测微头及连接件、电桥模块、万用表、示波器、传感器实验台一、九孔板接口平台和直流恒压源。

旋钮初始位置为：差动放大器的增益置于中间位置，万用表置于 2 V 挡。

三、实验内容

（1）按图 7 - 2 - 12 接线。

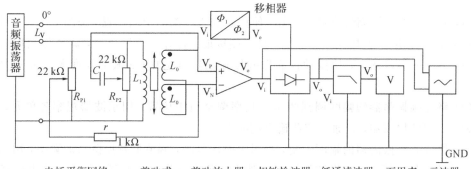

图 7 - 2 - 12　实验原理图

（2）装上测微头，调整铁芯使之处于差动线圈的中间位置。

（3）打开直流恒压源，利用示波器调整音频振荡器幅度旋钮为 $2U_{PP}$。

（4）利用示波器和万用表，调整差动放大器的增益及电桥平衡网络电位器，使万用表指示为零。

（5）给梁一个较大的位移，调整移相器，使万用表指示值为最大，同时用示波器观察相敏检波器的输出波形。

（6）旋转测微头，使万用表的显示为零，记下测微头的刻度值。读数每隔 0.5 mm 时记录实验数据，填入表 7-2-12 中，作出 $U-X$ 曲线，并求出灵敏度 $S(S=\Delta U/\Delta X)$。

表 7-2-12　数据记录表

X/mm											
U/mV											

四、注意事项

如果接着做下一个实验，那么各旋钮及接线无须变动。

实验 7.2.11　差动变压器(互感式)的应用——振幅测量

一、实验目的

了解差动变压器的实际应用。

二、实验器材

实验器材有频率振荡器、差动放大器、移相器、相敏检波器、电桥模块、低通滤波器、直流恒压源、频率计、示波器、差动线圈与铁芯连接件、九孔板接口平台和传感器实验台一。

旋钮初始位置为：差动放大器增益最大，低频振荡器频率、幅度适中。

三、实验内容

（1）先把铁芯与线圈的位置调整好，使铁芯处于线圈的中间位置。按图 7-2-12 接线，将低频振荡器输出端 V_o 接入激振一端，另一端接地。打开直流恒压源，调节低频振荡器幅度适中，将频率慢慢调大，使振动盘起振并使振动幅度适中（如振动幅度太小可调大幅度旋钮）。

（2）将音频振荡器的幅度调到 $2U_{PP}$，频率调至适中位置。用示波器观察各单元，即差动放大器、相敏检波器、低通滤波器输出的波形。

（3）保持低频振荡器的幅度不变，并用频率计监测，调节低频振荡器的频率，用示波器观察低通滤波器的输出。如果波形不好，则可适当减小差动放大器的增益，读出峰峰值记入表 7-2-13 中。

表 7 - 2 - 13　数据记录表

f/Hz							
U_{PP}/V							

（4）根据实验结果作出平行梁的振幅—频率（幅频）特性曲线，指出传感器实验台一自振频率（谐振频率）的大致值，并与用应变片测出的实验结果（实验 7.2.6）相比较。

（5）实验完毕，关闭直流恒压源，拆除导线。

四、注意事项

选择合适的低频激振信号，以免传感器实验台一在自振频率附近振幅过大。

五、问题讨论

如果用直流万用表来读数，则需增加哪些测量单元？测量线路该如何？

实验 7.2.12　差动变压器（互感式）的应用——电子秤

一、实验目的

了解差动变压器的实际应用。

二、实验器材

实验器材有频率振荡器、差动放大器、移相器、相敏检波器、低通滤波器、万用表、电桥模块、砝码、直流恒压源、传感器实验台一和九孔板接口平台。

旋钮初始位置为：万用表置于 2 V 挡。

三、实验内容

（1）先把差动线圈与铁芯连接件的位置调整好，使铁芯处于线圈的中间位置，后将差动放大器调零，再按图 7 - 2 - 12 接线。

（2）打开直流恒压源，利用示波器观察音频振荡器的幅度，使其输出为 $2U_{\text{PP}}$。

（3）将测量系统调零（与实验 7.2.7 相同。若万用表始终无法调零，说明差动变压器的铁芯不在中间位置）。

（4）适当调节差动放大器的放大倍数，使在称重平台上放一定数量的砝码时万用表指示不溢出。

（5）去掉砝码后，必要时可以将系统重新调零，再逐个加砝码，记下万用表的电压值，填入表 7 - 2 - 14 中。

表 7 - 2 - 14　数据记录表

W/g								
U/V								

(6) 去掉砝码，在平台上放一个质量未知的重物，记下万用表读数，关闭直流恒压源。

(7) 利用所得数据求得系统灵敏度 $S(S=\Delta U/\Delta W)$ 及重物的质量。

四、注意事项

(1) 砝码不宜太重，以免平行梁的自由端位移过大。

(2) 砝码应放在磁钢的中间位置。

实验 7.2.13　差动螺管式(自感式)传感器的静态位移性能

一、实验目的

了解差动螺管式电感传感器的原理。

二、实验器材

实验器材有频率振荡器、电桥模块、差动放大器、移相器、相敏检波器、低频滤波器、万用表、测微头及连接件、示波器、差动线圈与铁芯连接件、直流恒压源、传感器实验台一和九孔板接口平台。

旋钮初始位置为：差动放大器增益置于中间位置。

三、实验内容

(1) 先将差动放大器调零，再按图 7-2-13 接线，组成一个电感电桥测量系统。

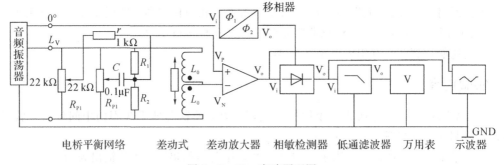

图 7-2-13　实验原理图

(2) 装上测微头，调整连接件，使铁芯在差动线圈的中间位置。

(3) 将音频振荡器的频率调至合适位置，打开直流恒压源，以差动放大器输出的波形不失真为好，音频幅度为 $2U_{PP}$。用类似于实验 7.2.5 中实验步骤(3)的方法调整电位器，使万用表显示值为零(若万用表始终无法调零，说明差动变压器的铁芯不处在中间位置，可适当调节测微头，并记下刻度值)。

(4) 转动测微头，同时记下实验数据，填入表 7-2-15 中。

表 7-2-15　数据记录表

X/mm										
U/mV										

（5）作出 U-X 曲线，计算出灵敏度 $S(S=\Delta U/\Delta X)$。

（6）关闭直流恒压源，拆除导线。

四、注意事项

（1）此实验只用原差动变压器的次级线圈，注意接法。

（2）必须从音频振荡器的 L_V 口输出。

实验 7.2.14　差动螺管式（自感式）传感器的动态位移性能

一、实验目的

了解差动螺管式电感传感器振动时的幅频性能和工作情况。

二、实验器材

实验器材有差动螺管式传感器、频率振荡器、电桥模块、差动放大器、相敏检波器、移相器、低通滤波器、直流恒压源、示波器、频率计、九孔板接口平台和传感器实验台一。

旋钮初始位置为：L_V 输出幅度为峰峰值 2 V，差动放大器的增益旋钮置于中间位置，频率计置于 2 kHz 挡，低频振荡器的幅度旋钮置于最小。

三、实验内容

（1）将铁芯连接件固定在振动盘上，调整连接件使铁芯在差动线圈的中间位置，后将差动放大器调零，再按图 7-2-13 接线。

（2）打开直流恒压源。

（3）调整电桥平衡网络的电位器 R_{P1} 和 R_{P2}，使差动放大器输出端输出的信号最小，这时差动放大器的增益旋钮旋至最大。（如果无法将电桥平衡网络调整到零，则需要调整电感中铁芯的上、下位置。）

（4）为了使相敏检波器输出端的两个半波的基准一致，可调节差动放大器的调零电位器。将低频振荡器输出端接入激振。

（5）调节低频振荡器的频率旋钮、幅度旋钮并固定至某一位置，使梁产生上、下振动。

（6）调整移相器上的移相电位器，使得相敏检波器输出端的波形如图 7-2-14 所示。

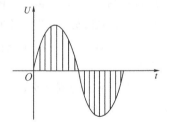

图 7-2-14　相敏检波器输出端的波形

（7）将示波器探头换接至低通滤波器的输出端。

（8）调节低频振荡器的频率，用频率计监测低频振荡器的输出频率，用示波器读出峰峰值填入表 7-2-16 中，并作幅频特性曲线，关闭直流恒压源。

表 7-2-16　数据记录表

f/Hz							
U_{PP}/V							

四、注意事项

（1）必须从频率振荡器的 L_V 输出端输出信号。

（2）注意差动螺管式电感的次级线圈接法。

（3）实验中，电桥平衡网络的电位器 R_{P1} 和 R_{P2} 的调整是配调的。

（4）实验中，为了便于观察，需要调整示波器的灵敏度。

五、问题讨论

对比本实验与实验 7.2.11，请指出它们各自的特点。

实验 7.2.15　霍尔式传感器的直流激励静态位移特性

一、实验目的

了解霍尔式传感器的原理与特性。

二、实验器材

实验器材有霍尔式传感器及磁场、霍尔片、电桥模块、差动放大器、万用表、直流恒压源、测微头及连接件、传感器实验台一和九孔板接口平台。

旋钮初始位置为：差动放大器增益旋钮置于最小位置，万用表置于 20 V 挡，直流恒压源置于 ±2 V 挡。

三、实验内容

（1）了解霍尔式传感器的结构，熟悉霍尔片的符号。将霍尔磁场固定在振动盘上，调节振动盘与霍尔片之间的位置，不可有任何接触，以免将霍尔传感器损坏。

（2）按图 7-2-15 接线，R_{P1}、r 为电桥模块的直流电桥平衡网络，霍尔片上的 A、B、C、D 与霍尔式传感器上的 A、B、C、D 一一对应。

（3）装好测微头，调节测微头使之与振动盘吸合，将霍尔片置于半圆磁钢上、下正中位置。

（4）打开直流恒压源，调整 R_{P1} 使万用表指示值为零（要先将 R_{P1} 调节好再调整霍尔片的位置）。

（5）上、下旋动测微头，记下万用表的读数，建议每间隔 0.1 mm 读一个数，将读数填入表 7-2-17 中。

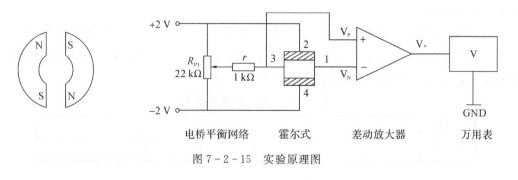

图 7-2-15　实验原理图

表 7 - 2 - 17 数据记录表

X/mm								
U/V								

（6）作出 U - X 曲线并指出线性范围，求出灵敏度 $S(S=\Delta U/\Delta X)$。

可见，实际上本实验测出的是磁场情况，磁场分布为梯度磁场。位移测量的线性度、灵敏度与磁场分布有很大关系。

（7）实验完毕，关闭直流恒压源，将各旋钮置于初始位置。

四、注意事项

（1）由于磁场的气隙较大，因此应使霍尔片尽量靠近极靴，以提高灵敏度。

（2）激励电压不能过大，以免损坏霍尔片。

实验 7.2.16 霍尔式传感器的应用——电子秤

一、实验目的

了解霍尔式传感器在静态测量中的应用。

二、实验器材

实验器材有霍尔式传感器及磁场、霍尔片、差动放大器、直流恒压源、测微头及连接件、电桥模块、砝码、万用表、九孔板接口平台和传感器实验台一。

旋钮初始位置为：直流恒压源置于 ±2 V 挡，万用表置于 2 V 挡。

三、实验内容

（1）将霍尔磁场固定在振动盘上，调节振动盘与霍尔片之间的位置（不可有任何接触，以免将霍尔传感器损坏），使霍尔片刚好处于磁场的中间位置。

（2）按图 7 - 2 - 15 接线，霍尔片上的 A、B、C、D 与霍尔式传感器上的 A、B、C、D 一一对应，打开直流恒压源。

（3）将差动放大器增益调至适中位置，调节调零旋钮使万用表显示值为零。

（4）在称重平台上逐个放上砝码，记录万用表电压值，将数据填入表 7 - 2 - 18 中。

表 7 - 2 - 18 数据记录表

W/g							
U/V							

（5）在平台上放一个未知质量的物体，记下表头读数。根据实验结果作出 U - W 曲线，可求得未知物体的质量。

四、注意事项

（1）此霍尔传感器的线性范围较小，所以砝码和重物不应太重。

（2）应将砝码置于振动盘的中间位置，装或卸砝码时，不要用力拉扯。

实验 7.2.17　霍尔式传感器的交流激励静态位移特性

一、实验目的

了解交流激励霍尔片的特性。

二、实验器材

实验器材有霍尔式传感器及磁场、霍尔片、频率振荡器、差动放大器、测微头及连接件、电桥模块、移相器、相敏检波器、低通滤波器、九孔板接口平台、万用表、直流恒压源、示波器和传感器实验台一。

旋钮初始位置为：差动放大器增益置于最大位置。

三、实验内容

（1）将霍尔磁场固定在振动盘上，调节振动盘与霍尔片之间的位置（不可有任何接触，以免将霍尔传感器损坏），装上测微头并调节，使其与振动盘吸合，使霍尔片刚好处于磁场的中间位置。

（2）按图 7-2-16 接线，霍尔片上的 A、B、C、D 与霍尔式传感器上的 A、B、C、D 一一对应。打开直流恒压源，将音频振荡器的输出幅度调到 $5U_{PP}$ 左右，将差放增益置于合适位置。利用示波器和万用表调整好 R_{P1}、R_{P2}，移相器及振动盘与霍尔片之间的位置，再转动测微头，使其在某个位置时万用表显示值为零，也可以调节音频幅度。将万用表置于 20 V 挡。

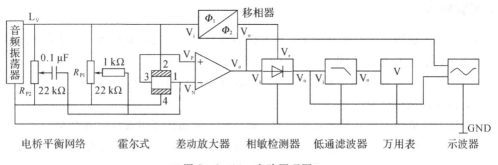

图 7-2-16　实验原理图

（3）旋动测微头，将每隔 0.1 mm 记下的表头读数填入表 7-2-19 中。

表 7-2-19　数据记录表

X/mm								
U/V								

（4）作出 U-X 曲线并找出线性范围，计算出其灵敏度 $S(S=\Delta U/\Delta X)$。

四、注意事项

必须从电压输出端 0°或 L_V 输出交流激励信号，应将幅度限制在 $5U_{PP}$ 以下，以免霍尔片产生自热现象。

实验 7.2.18　霍尔式传感器的应用——振幅测量

一、实验目的

了解霍尔式传感器在振动测量中的应用。

二、实验器材

实验器材有霍尔片、霍尔式传感器及磁场、差动放大器、电桥模块、移相器、频率计、相敏检波器、低通滤波器、频率振荡器、传感器实验台一、直流恒压源、九孔板接口平台和示波器。

旋钮初始位置为：差动放大器增益置于合适位置，万用表置于 20 V 挡。

三、实验内容

（1）将霍尔磁场固定在振动盘上，调节振动盘与霍尔片之间的位置（不可有任何接触，以免将霍尔传感器损坏），使霍尔片刚好处于磁场的中间位置。

（2）按图 7-2-17 接线，将音频振荡器、电桥平衡网络、霍尔式传感器、差动放大器、移相器、相敏检波器、低通滤波器、示波器连接起来，组成一个测量线路，霍尔片上的 A、B、C、D 与霍尔式传感器上的 A、B、C、D 一一对应。

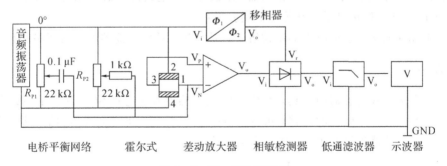

图 7-2-17　实验原理图

（3）打开直流恒压源，调整电桥平衡电位器 R_{P1} 和 R_{P2}，使万用表指示为零。

（4）将频率计置于 2 kHz 挡，并将低频振荡器的输出端与激振线圈相连，用频率计监测频率。

（5）将低频振荡器的幅度旋钮固定至某一位置，调节低频振荡频率（用频率计监测频率），用示波器读出低通滤波器输出的峰峰值并填入表 7-2-20 中。

表 7 - 2 - 20　数据记录表

f/Hz								
$U_{\mathrm{PP}}/\mathrm{V}$								

四、注意事项

应仔细调整霍尔式传感器及磁场部分,使传感器工作在梯度磁场中,否则灵敏度将大大下降。

五、问题讨论

(1) 根据实验结果,可得传感器实验台一的自振频率大致为多少?

(2) 在某一频率固定时,调节低频振荡器的幅度旋钮,改变梁的振动幅度,利用万用表及示波器读出的数据是否可以推算出梁振动时的相对位置?

(3) 试用其他方法来测传感器实验台一振动时的位移范围,并与本实验结果进行比较验证。

实验 7.2.19　磁电式传感器的性能

一、实验目的

了解磁电式传感器的原理及其性能。

二、实验器材

实验器材有差动放大器、频率振荡器、示波器、磁电式传感器及磁芯连接板(与差动式连接板通用)、九孔板接口平台和传感器实验平台一。

旋钮初始位置为:差动放大器增益置于合适位置,低频振荡器幅度置于最小位置。

三、实验内容

(1) 观察磁电式传感器的结构,并将磁电式传感器及磁芯的位置调整好,按下振动梁的自由端,使之有一个较大的位移,再按图 7 - 2 - 18 接线,将磁电式传感器、差动放大器、低通滤波器、示波器连接起来,组成一个测量线路。

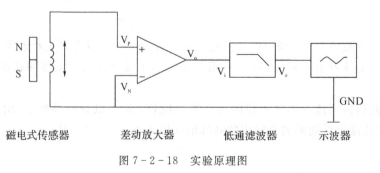

图 7 - 2 - 18　实验原理图

（2）将低频振荡器的输出端接入激振和频率计的输入端，打开电源。

（3）调整好示波器，将低频振荡器的幅度旋钮固定至某一位置，调节频率，调节时用频率计监测频率变化，并记录峰峰值，填入表7-2-21中。

表7-2-21　数据记录表

f/Hz									
$U_{\mathrm{PP}}/\mathrm{V}$									

四、问题讨论

（1）磁电式传感器具有怎样的特点？

（2）通过实验能否推测出线圈的振动频率？

实验7.2.20　压电传感器的动态响应实验

一、实验目的

了解压电式传感器的原理、结构及应用。

二、实验器材

实验器材有频率振荡器、电荷放大器、低通滤波器、单芯屏蔽线、压电式传感器、示波器、频率计、直流恒压源、九孔板接口平台和传感器实验台一。

旋钮初始位置为：低频振荡器幅度置于最小位置、频率计置于2 kHz挡。

三、实验内容

（1）观察压电式传感器的结构，并将压电式传感器固定在振动盘上，按下自由端使之有一个较大的位移，否则调整振动盘在磁钢上的位置。再按图7-2-19接线，将压电式传感器、电荷放大器、低通滤波器、示波器连接起来，组成一个测量线路。将低通滤波器的输出端与频率计输入端相连。

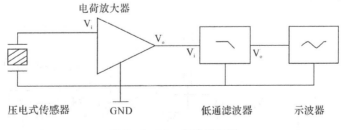

图7-2-19　实验原理图

（2）将低频振荡器的输出端接入激振和频率计的输入端，打开电源。

（3）调整好示波器，将低频振荡器的幅度旋钮固定至最大。调节频率，并用频率计监测频率，将用示波器读出的峰峰值填入表7-2-22中。

表 7 - 2 - 22   数据记录表

f/Hz							
$U_{\mathrm{PP}}/\mathrm{V}$							

四、问题讨论

（1）根据实验结果可得振动台的自振频率大致多少？

（2）试回答压电式传感器的特点。比较磁电式传感器输出波形的相位差 $\Delta\varphi$ 大致为多少？为什么？

实验 7.2.21   压电传感器的引线电容对电压放大器、电荷放大器的影响

一、实验目的

验证引线电容对电压放大器的影响。了解电荷放大器的原理和使用。

二、实验器材

实验器材有频率振荡器、压电式传感器、电压放大器、电荷放大器、低通滤波器、相敏检波器、万用表、单芯屏蔽线、差动放大器、直流稳压源、示波器、九孔板接口平台和传感器实验台一。

旋钮初始位置为：低频振荡器幅度置于最小位置，万用表置于 20 V 挡，差动放大器增益置于合适位置，直流稳压源输出置于±4 V 挡。

三、实验内容

（1）先将差动放大器调零，再将压电式传感器固定在振动盘上，按下自由端使之有一个较大的位移，否则调整振动盘在磁钢上的位置。再按图 7 - 2 - 20 接线，相敏检波器参考电压应从低频输出端接入，将差动放大器的增益旋钮旋到适中位置，不能调得太大。将直流稳压源调到±4 V 挡。

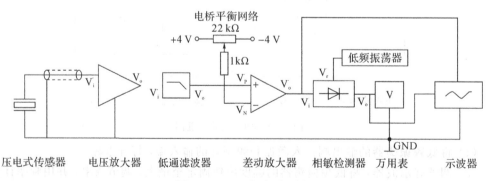

图 7 - 2 - 20   实验原理图

（2）将示波器的两个通道分别接到差动放大器和相敏检波器的输出端。

（3）观察示波器上显示的波形，适当调节低频振荡器的幅度旋钮，使差动放大器的输出波形较大且没有明显的失真。

（4）观察相敏检波器输出的波形，解释所看到的现象。调整电位器，使差动放大器的直流成分减小到零，这可以通过观察相敏检波器输出波形达到。（思考为什么）

（5）适当增大差动放大器的增益，使万用表显示值为某一整数值（如 1.5 V）。

（6）将电压放大器与压电传感器之间的屏蔽线换成与原来长度不同的屏蔽线，读出万用表的读数。

（7）将电压放大器换成电荷放大器，重复实验。

四、注意事项

（1）选择合适的低频振荡器的幅度，以免引起波形失真。

（2）梁振动时不应发生碰撞，否则将引起波形畸变，不再是正弦波。

（3）由于梁的相频特性影响，压电式传感器的输出与激励信号一般不为 180°，因此万用表示数会有较大跳动。此时，可以适当改变激励信号频率，使相敏检波器输出的两个半波尽可能平衡，以减少万用表示数跳动。

五、问题讨论

（1）相敏检波器输入含有一些直流成分与不含直流成分对万用表的读数是否有影响，为什么？

（2）根据实验数据计算灵敏度的相对变化值。比较电压放大器和电荷放大器受引线电容的影响程度，并解释原因。

（3）根据所得数据，结合压电式传感器的原理和电压、电荷放大器的原理，试回答引线分布电容对电压放大器和电荷放大器性能有什么样的影响？

实验 7.2.22　差动变面积式电容传感器的静态及动态特性

一、实验目的

了解差动变面积式电容传感器的原理及特性。

二、实验器材

实验器材有电容式传感器、电容变换器、差动放大器、低通滤波器、万用表、九孔板接口平台、直流恒压源、频率振荡器、示波器和传感器实验台一。

旋钮初始位置为：差动放大器增益置于合适位置。

三、实验内容

（1）将差动放大器调零。

（2）将电容式动片固定在振动盘上，调整好动片与静片的位置，使之不能相互接触，按

图 7-2-21 接线。把电容的增益旋钮拧至合适位置，将万用表置于 20 V 挡，调节测微头使输出为零，并记下其刻度值。

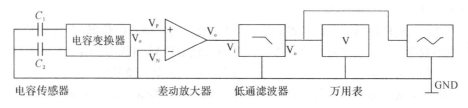

图 7-2-21　实验原理图

(3) 转动测微头(每次 0.3 mm)，记下此时测微头的读数及万用表的读数，填入表 7-2-23 中，直到电容动片与上(或下)静片覆盖面积最大为止。将测微头转回初始位置，并向相反方向旋动。同上法，记下 X(mm) 及 U(mV) 值，填入表 7-2-24 中。

表 7-2-23　数据记录表 1

X/mm							
U/mV							

表 7-2-24　数据记录表 2

X/mm							
U/mV							

(4) 计算系统灵敏度 S，$S = \Delta U / \Delta X$(ΔU 为电压变化，ΔX 为相应的梁端位移变化)，并作出 U-X 关系曲线。

(5) 卸下测微头，断开万用表，接通激振器，用示波器观察输出波形。

实验 7.2.23　扩散硅压阻式压力传感器实验

一、实验目的

了解扩散硅压阻式压力传感器的工作原理和工作情况。

二、实验器材

实验器材有九孔板接口平台、直流恒压源、差动放大器、万用表、压阻式传感器和压力表。

旋钮初始位置为：直流恒压源置于 ±4 V 挡，万用表置于 2 V 挡，差放增益置于合适位置。

三、实验原理

扩散硅压阻式压力传感器是利用单晶硅的压阻效应制成的器件，也就是在单晶硅的基片上用扩散工艺(或离子注入及溅射工艺)制成一定形状的应变元件。当它受到压力作用时，应变元件的电阻发生变化，从而使输出电压变化。

四、实验内容

（1）检查压力表指针是否对准零位，如果没有对准，则可通过工具校准或以某一个值为基准（如 4 kPa），并记下该值。

（2）按照图 7-2-22(a)接线，确保接线正确，否则易损坏元器件，将差动放大器接成同相或反相均可。

（3）供压回路如图 7-2-22(b)所示。

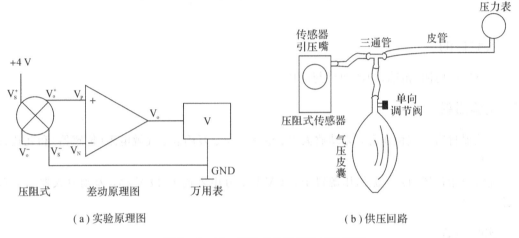

（a）实验原理图　　　　　　　　　　　（b）供压回路

图 7-2-22　压阻式传感器的工作原理

（4）将气压皮囊上单向调节阀的锁紧螺丝拧松。

（5）打开直流恒压源，将差动放大器的增益旋钮拧至最大，并适当调节调零旋钮，使万用表指示尽可能为零，记下此时万用表的读数。

（6）拧紧皮囊上单向调节阀的锁紧螺丝。轻按气压皮囊，注意不要用力太大，每隔一个压力差记下万用表的示数，并将数据填入表 7-2-25 中。根据所得的结果计算系统灵敏度 $S(S=\Delta U/\Delta P)$，并作出 $U-P$ 关系曲线，找出线性范围。

表 7-2-25　数据记录表

P/kPa						
U/V						

五、注意事项

（1）若实验中压力不稳定，则应检查加压气体回路是否有漏气现象和气囊上单向调节阀的锁紧螺丝是否拧紧。

（2）如读数误差较大，应检查皮管是否有折压现象。皮管折压会造成传感器与压力表之间的供气压力不均匀。

（3）若觉得差动放大器增益不理想，则可调整其增益旋钮，不过此时应重新调整零位，调好后在整个实验过程中不得再改变其位置。

（4）实验完毕必须先关闭直流恒压源后再拆去实验连接线，拆去实验连接线时注意手要从连接线头部拉起,以免拉断实验连接线。

六、问题讨论

(1) 差压传感器是否可用作真空度以及负压测试?

(2) 如何测量人体的肺活量,怎样去实现?请给出设计方案、原理图和必要的文字说明。

实验 7.2.24　气敏电阻(MQ-3)实验

一、实验目的

了解气敏电阻(传感器)的原理与应用。

二、实验器材

实验器材有直流恒压源、差动放大器、电桥模块、万用表、气敏电阻(传感器)和九孔板接口平台。

旋钮初始位置为:直流恒压源置于±4 V 挡,万用表置于 20 V 挡,差动放大器增益置于最小位置。

三、实验内容

(1) 将差动放大器调零。

(2) 按图 7-2-23 接线。

(3) 打开直流恒压源,预热 5~15 分钟后,用浸有酒精的棉球靠近传感器,并轻轻吹气使酒精挥发并进入传感器金属网内,同时观察万用表数值的变化,此时电压读数为_____。它反映了传感器 A、B 两端之间的电阻随着_____发生了变化。说明 MQ-3 检测到了酒精的存在。如果万用表变化不够明显,则可适当调大差动放大器增益。

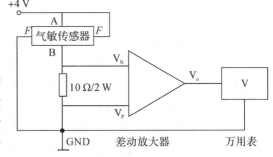

图 7-2-23　实验原理图

四、问题讨论

利用现有的条件是否可以设计出一个酒精报警器,你认为还需要哪些条件?

提示:(1) 需进行浓度标定;

(2) 还需增加哪些必要的电路?

补充知识　MQ 系列气敏元件使用说明

1. 特点

(1) 具有很高的灵敏度和良好的选择性。

（2）具有长期的使用寿命和可靠的稳定性。

2. 结构、外形和元件符号

（1）MQ 系列气敏元件的结构如图 7-2-24 所示，将由微型 Al_2O_3 陶瓷管、SnO_2 敏感层、测量电极和加热器组成的敏感元件固定在塑料或不锈钢网的腔体内。加热器为气敏元件的工作提供了必要的工作条件。

（2）气敏元件有 6 只针状管脚，其中 4 个用于信号输出，2 个用于提供加热电流。

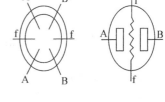

图 7-2-24 MQ 气敏元件的结构

3. 性能

（1）标准回路如图 7-2-25 所示。MQ 气敏元件的标准测试回路由两部分组成：一是加热回路，二是信号输出回路，它可以准确反映传感器表面电阻的变化。

（2）传感器的表面电阻 R_S 的变化，是通过与其串联的负载电阻 R_L 上的有效电压信号 U_{RL} 输出获得的，二者之间的关系可表述为

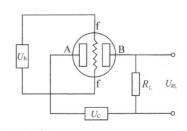

图 7-2-25 MQ 气敏元件的标准回路

$$\frac{R_S}{R_L} = \frac{U_C - U_{RL}}{U_{RL}}$$

（3）标准工作条件如表 7-2-26 所示。

表 7-2-26 标准工作条件

符号	参数名称	技术条件	备注
U_C	回路电压	10 V	AC 或 DC
U_h	加热电压	5 V	AC 或 DC
R_L	负载电阻	可调	$0.5 \sim 200$ kΩ
R_h	加热器电阻	$33 \times (1 \pm 5\%)$ Ω	室温
P_h	加热功耗	< 800 mW	

（4）环境条件如表 7-2-27 所示。

表 7-2-27 环境条件

符号	参数名称	技术条件	备注
Tao	使用温度	$-20 \sim 50$℃	推荐使用范围
Tas	储存温度	$-20 \sim 70$℃	
R_H	相对湿度	小于 $95\% R_H$	
O_2	氧气浓度	21%（标准条件）（氧气浓度会影响灵敏度）	最小值大于 2%

（5）灵敏度特性如表 7-2-28 所示。

表 7 - 2 - 28   灵敏度特性

符号	参数名称	技术条件		探测浓度范围(×10⁻⁶)	适用材质
R_S	敏感体电阻	$10\sim1000$ kΩ (洁净空气中)	MQ - 2	$300\sim1000$ I - C_4H_{10}	丁烷、丙烷、烟雾、氯气 液化石油气
A	浓度斜率	$\leqslant0.65$	MQ - 3	$50\sim2000$ C_2H_5OH	酒精
标准测试条件	温度:20℃±2℃ U_C:10V±0.1V 湿度:65%±5% U_h:5V±0.1V		MQ - 4	$1000\sim20000$ CH_4	甲烷、天然气
			MQ - 5	$800\sim5000$ H_2	氢气、煤气
预热时间	大于 24 小时		MQ - 6	$300\sim10000$ LPG	液化石油气
			MQ - 7	$30\sim1000$ CO	一氧化碳、氢气

实验 7.2.25   湿敏电阻(R_H)实验

一、实验目的

了解湿敏电阻(传感器)的原理与应用。

二、实验器材

实验器材有差动放大器、万用表、电桥模块、湿敏电阻(传感器)、直流恒压源和九孔板接口平台。

旋钮初始位置为:直流恒压源置于±2 V挡,万用表置于 20 V 挡。

三、实验内容

(1) 观察湿敏电阻结构(湿敏电阻是在一块特殊的绝缘基底上浅射了一层高分子薄膜而形成的),先将差动放大器调零,再按图 7 - 2 - 26 接线。

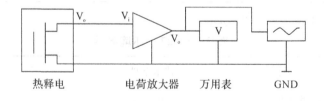

图 7 - 2 - 26   实验原理图

(2) 取两种不同潮湿度的海绵或其他易吸潮的材料。分别轻轻地与传感器接触,观察万用表数字的变化。此时万用表的示数变_____,也就是 R_H 阻值变_____,说明 R_H 检测到了湿度的变化,而且随着湿度的不同,阻值变化也不同。

注意:在实验时所取的材料不要太湿,有点潮即可,否则会产生湿度饱和现象,延长脱湿时间。

（3）R_H 的通电稳定时间、脱湿时间与环境的湿度、温度都有一定的关系，请实验者注意。

四、问题讨论

请用 R_H 设计一个湿度测量仪，并给出电路原理图和简要的文字说明。

实验 7.2.26　光电传感器测转速实验

一、实验目的

了解光电传感器测转速的基本原理及运用。

二、实验器材

实验器材有光电传感器、直流恒压源、示波器、差动放大器、电压放大器、频率计和九孔板接口平台。

三、实验原理

光电传感器由红外发射二极管、红外接收管、达林顿输出管及波形整形组成。发射管发射红外光经电机转动叶片间隙，接收管接收到反射信号，经放大，波形整形输出方波，再经转换测出其频率。

四、实验内容

（1）先将差动放大器调零，再按图 7-2-27 接线。

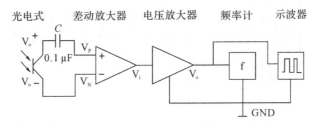

图 7-2-27　实验原理图

（2）光电传感器"＋""－"端分别接至直流恒压源 0～12 V 的"＋""－"端。

（3）V_i+、V_i- 分别接直流恒压源的"＋6 V"和 GND，并与"±15 V"处的 GND 相连。

（4）调节电压粗调旋钮使电机转动。

（5）根据测到的频率及电机上反射面的数目算出此时的电机转速：

$$N=\frac{频率计显示值}{6\times60}\ \text{n/min}$$

（6）实验完毕，关闭直流恒压源电源。

五、问题讨论

（1）光电传感器测转速产生的误差较大且稳定性差的原因是什么？主要有哪些影响因素？

（2）通过本实验的学习，能否对家用电风扇测速？如果可行，则如何实现，需要注意哪些问题？请给出方案和必要的电路图和文字说明。

实验 7.2.27　热释电人体感应实验

一、实验目的

了解热释电传感器的特性和基本原理。

二、实验器材

实验器材有热释电传感器、电荷放大器、直流恒压源、九孔板接口平台、万用表和示波器。

传感器外由金属腔壳和滤色片组成，中间黑色方孔为滤色片，内有敏感元件和阻抗变换电路。实验时请勿用手或者其他物体碰触滤色片，以免损坏器件，不能进行正常实验。

三、实验原理

热释电传感器是利用热电效应的热电型红外传感器，是在温度不变时不产生任何信号的传感器，多用于人体红外辐射温度检测。所谓热电效应就是随温度变化产生电荷的现象。

四、实验内容

（1）按图 7 - 2 - 28 接线，热释电传感器模块"+4 V"接在直流恒压源的"+4 V"上，GND 与 GND 相连，热释电的 V_o 端接到电荷放大器的 V_i 端，电荷放大器的 V_o 端接示波器。

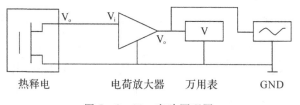

图 7 - 2 - 28　实验原理图

（2）注意观察示波器上的波形及万用表（交流挡 20 V）示数的变化，改变手指与传感器之间的距离，又有什么现象？

（3）画出 1 cm 和＜1 cm（目测）时 U_{PP} - t 的波形，比较并分析其形成的原因。

五、问题讨论

通过本实验的学习，请用热释电传感器设计一个简单的人体感应装置控制大门，画出电路原理图并给出简要的文字说明。

　补充知识　装置结构安装及相关说明

1. 传感器实验台一各部分名称及安装图示

传感器实验台一的实物图及各部分安装图如图 7 - 2 - 29～图 7 - 2 - 34 所示。

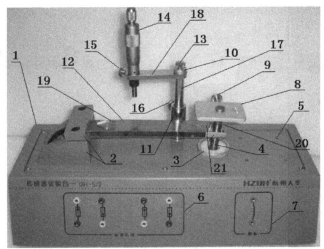

1—机箱；2—平行梁压块及座；3—激励线圈及螺母；4—磁棒；5—器件固定孔；6—应变片组信号输出端；7—激励信号输入端；8—振动盘；9—振动盘锁紧螺钉；10—垫圈；11—测微头座；12—双平行梁；13—支杆锁紧螺钉；14—测微头；15—连接板锁紧螺钉；16—支杆锁紧螺钉；17—支杆；18—连接板；19—应变片(中间一片为备用)；20—磁棒锁紧螺钉(在隔块后面)；21—隔块及固定螺钉

说明：(1)做静态实验时需要将测微头装上，做动态实验不需要测微头；

(2)使用振动盘时，须先卸下振动盘，再装上所需的结构，不要在没有卸下之前装上其他结构。

图 7-2-29　传感器实验台—实物图

说明：差动式连接板与磁电式通用。

图 7-2-30　差动变压器安装图示

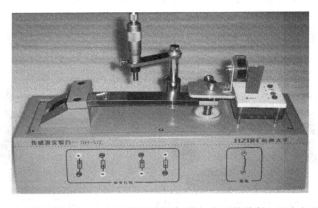

注意：调节霍尔片与磁场距离时，一定要保证磁场与霍尔片不能接触！固定好磁场使其不能晃动，不要将方盒四只脚完全插入定位孔中，以方便调整位置。

图 7-2-31　霍尔实验安装图示

说明：差动式连接板与磁电式通用。

图 7 - 2 - 32　磁电式安装图示

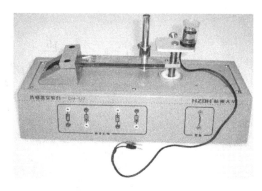

图 7 - 2 - 33　压电实验安装图示

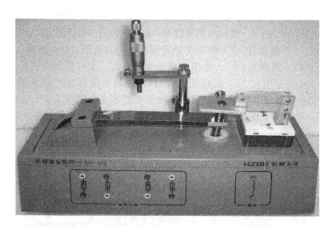

图 7 - 2 - 34　变面积式电容实验安装图示

2. 电源及信号源的说明

直流恒压源及频率振荡器实物图如图 7 - 2 - 35、图 7 - 2 - 36 所示。

3. 各模块说明及其组合

差动放大器模块及组合如图 7 - 2 - 37、图 7 - 2 - 38 所示。

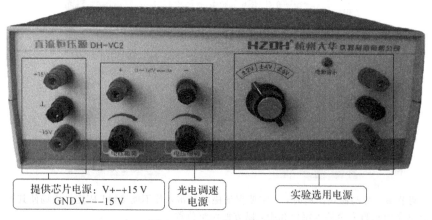

图 7 - 2 - 35　直流恒压源

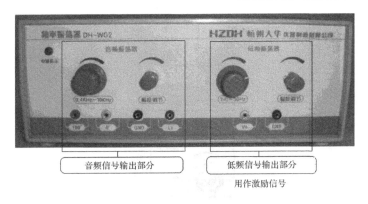

图 7 - 2 - 36　频率振荡器

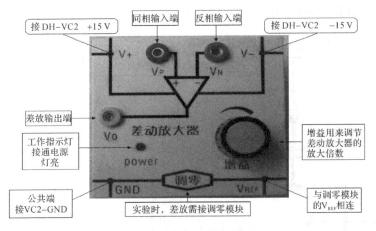

说明：盒子的四个角 (V+、V−、GND、V_{REF}) 均从下面的铜柱引出。

图 7 - 2 - 37　差动放大器模块

图 7 - 2 - 38　差动放大器组合

电容变换器模块及组合如图 7 - 2 - 39、图 7 - 2 - 40 所示。

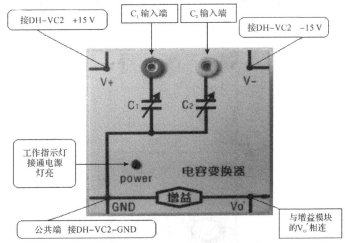

说明：盒子的四个角 (V+、V−、GND、V_o) 均从下面的铜柱引出。

图 7 - 2 - 39　电容变换器模块

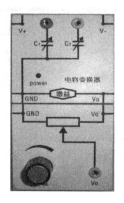

图 7 - 2 - 40　电容变换器组合(增益为 1 kΩ 电位器)

电压放大器模块及组合如图 7 - 2 - 41、图 7 - 2 - 42 所示。

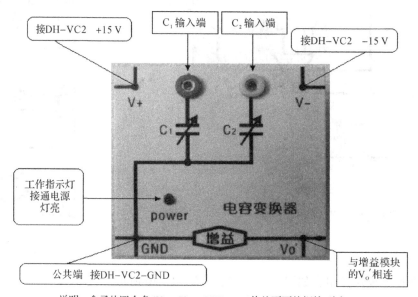

接DH-VC2 　+15 V

C_1 输入端

C_2 输入端

接DH-VC2 　-15 V

V+

C_1

C_2

V-

工作指示灯
接通电源
灯亮

power

电容变换器

GND

增益

Vo'

与增益模块
的V_o'相连

公共端　接DH-VC2-GND

说明: 盒子的四个角(V+、V-、GND、V_o)均从下面的铜柱引出。

图 7 - 2 - 41　电压放大器模块

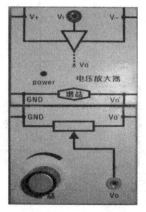

图 7 - 2 - 42　电压放大器组合(增益为 4.7 kΩ 电位器)

移相器模块及组合如图 7-2-43、图 7-2-44 所示。

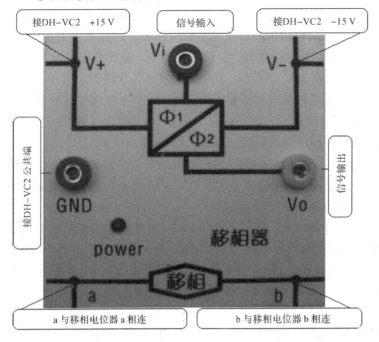

图 7-2-43 移相器模块

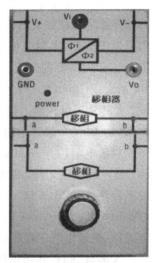

图 7-2-44 移相器组合

实验 7.3 温度传感器设计性实验

一、温度传感器概述

温度是表征物体冷热程度的物理量。温度只能通过物体随温度变化的某些特性来间接测量。测温传感器就是将温度信息转换成易于传递和处理的电信号的传感器。

1. 测温传感器的分类

1) 电阻式传感器

热电阻式传感器是利用导电物体的电阻值随温度的变化而变化的效应制成的传感器。热电阻是中低温区最常用的一种温度检测器。它的主要特点是测量精度高，性能稳定。热电阻分为金属热电阻和半导体热电阻两大类。金属热电阻的电阻值和温度一般可以用以下的近似关系式表示：

$$R_t = R_{t_0}[1 + \alpha(t - t_0)]$$

式中，R_t 为温度 t 时的阻值，R_{t_0} 为温度 t_0（通常 $t_0 = 0℃$）时对应电阻值，α 为温度系数。

半导体热电阻的阻值和温度关系为

$$R_t = A e^{\frac{B}{t}}$$

式中，R_t 为温度为 t 时的阻值，A，B 为半导体材料结构的常数。

常用的热电阻有铂热电阻、热敏电阻和铜热电阻。其中，铂热电阻的测量精确度是最高的，它不仅广泛应用于工业测温，还被制成标准的基准仪。

金属铂是目前公认制造热电阻的最好材料，它具有如下特点：① 电阻温度系数大，感应灵敏；② 电阻率高，元件尺寸小；③ 电阻值与温度基本呈线性关系；④ 在测温范围内，物理、化学性能稳定，长期复现性好，测量精度高。但铂在高温下，易受还原性介质的污染，使铂丝变脆并改变电阻与温度之间的线性关系，因此使用时应装在保护套管中。用铂的此种物理特性制成的传感器称为铂电阻温度传感器。通常使用的铂电阻温度传感器零度阻值为 100 Ω，电阻变化率为 0.3851 Ω/℃，TCR＝$(R_{100}-R_0)/(R_0 \times 100)$，$R_0$ 为 0℃ 的阻值，R_{100} 为 100℃ 的阻值。按 IEC751 国际标准，温度系数 TCR＝0.003 851。Pt100($R_0=$ 100 Ω)、Pt1000($R_0=1000$ Ω)为统一设计型铂电阻。铂热电阻的特点是物理、化学性能稳定，尤其是耐氧化能力强，测量精度高，应用温度范围广，有很好的重现性，是中低温区（−200～650℃）最常用的一种温度检测器。

热敏电阻(Thermally Sensitive Resistor，简称 Thermistor) 是对温度敏感的电阻的总称，是一种电阻元件，即电阻值随温度变化的电阻。热敏电阻一般分为两种基本类型：负温度系数热敏电阻 NTC（Negative Temperature Coefficient）和正温度系数热敏电阻 PTC（Positive Temperature Coefficient）。NTC 热敏电阻表现为随温度的上升，其电阻值下降；而 PTC 热敏电阻正好相反。

大多数 NTC 热敏电阻是由 Mn(锰)、Ni(镍)、Co(钴)、Fe(铁)、Cu(铜)等金属的氧化物经过烧结而成的半导体材料制成的。因此，NTC 热敏电阻不能在太高的温度场合下使用。特殊情况下，NTC 热敏电阻的使用范围也可以达到−200～700℃。但一般情况下，其使用范围为−100～300℃。

NTC 热敏电阻热响应时间一般跟封装形式、阻值、材料常数（热敏指数）、热时间常数有关。材料常数 B 值反映了两个温度之间的电阻变化，热敏电阻的特性就是由它的大小决定的，B 值(K)被定义为

$$B = \frac{\lg R_1 - \lg R_2}{\dfrac{1}{T_1} - \dfrac{1}{T_2}} = 2.3026 \times \frac{\lg R_1 - \lg R_2}{\dfrac{1}{T_1} - \dfrac{1}{T_2}}$$

式中，R_1 为温度 T_1 时的零功率电阻值(K)，R_2 为温度 T_2 时的零功率电阻值(K)，T_1、T_2 为两个被指定的温度(K)。对于常用的 NTC 热敏电阻，B 值一般在 2000～6000 K 之间。

热时间常数是指在零功率条件下，当温度突变时，热敏电阻的温度变化了始末两个温度差的 63.2% 时所需的时间。热时间常数与 NTC 热敏电阻的热容量成正比，与其耗散系数成反比。NTC 热敏电阻和 PTC 热敏电阻均具有特定的特点和优点，以应用于不同的领域。

铜(Cu50)热电阻测温范围小，在−50～150℃ 范围内，稳定性好，价格低廉，但体积大，机械强度较低。在测温范围内，铜电阻的电阻值与温度呈线性关系。温度系数大的铜热电阻适用于无腐蚀介质，超过 150℃ 易被氧化，通常用于测量精度不高的场合。铜电阻有 $R_0=50$ Ω 和 $R_0=100$ Ω 两种，它们的分度号为 Cu50 和 Cu100，其中 Cu50 的应用最为广泛。

2) PN 结半导体温度传感器

PN 结半导体温度传感器是利用半导体 PN 结的温度特性制成的，其工作原理是 PN 结两端的电压随着温度的升高而减小。PN 结温度传感器具有灵敏度高、线性好、热响应快和体积轻巧等特点，尤其是温度数字化、温度控制以及用微机进行温度实时信号处理等方面，

是其他温度传感器所不能比拟的。目前 PN 结半导体温度传感器主要以硅为材料，原因是硅材料易于实现功能化，即将测温单元和恒流、放大等电路组合成集成电路。

美国 Motorola 公司在 1979 年就开始生产测温晶体管及其组件，如灵敏度高达 100 mV/℃、分辨率不低于 0.1℃ 的硅集成电路温度传感器。但是以硅为材料的这类温度传感器也不是尽善尽美的，在非线性不超过标准值 0.5% 的条件下，其工作温度一般为 −50~150℃，与其他温度传感器相比，测温范围的局限性较大。如果采用不同材料（如锑化铟或砷化镓）的 PN 结，则可展宽低温区或高温区的测量范围。20 世纪 80 年代中期我国就研制成功了以 SiC 为材料的 PN 结温度传感器（其高温区可延伸到 500℃），并荣获国际博览会金奖。

3）晶体温度传感器

晶体温度传感器是利用晶体的各向异性，并通过选择适当的切割角度切割而成的一种可将温度转换成频率的传感器，这种传感器用于计算机测量时可省去模数转换环节。因此，该传感器适合于计算机测温的应用。

4）非接触型温度传感器

非接触型温度传感器是利用物体表面散发出来的光或热来进行测量的。常用的非接触型温度传感器多数是红外传感器，适合于高速运行物体、带电体、高温及高压物体的温度测量。这种红外测温传感器具有反应速度快、灵敏度高、测量准确、测温范围广泛等特点。

5）热电式传感器（热电偶）

（1）热电偶测温的基本原理。

将两种不同的金属丝一端熔合起来，如果给它们的连接点和基准点之间提供不同的温度，就会产生电压，即热电势。这种现象叫作塞贝克效应。

将两种不同材料的导体（或半导体）A 和 B 焊接起来，构成一个闭合回路，如图 7−3−1 所示。当导体 A 和 B 的两个连接点 1 和 2 之间存在温差时，两者之间便产生电动势，从而在回路中形成电流，这种现象称为热电效应。热电偶就是利用这一效应来工作的，属于有源传感器，它能将温度直接转换成热电势。热电偶是工业上最常用的温度检测元件之一，其优点如下：

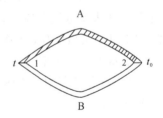

图 7−3−1　热电偶原理

① 测量精度高，测量准确、可靠。因为热电偶直接与被测对象接触，不受中间介质的影响。

② 测量范围广。测温范围极宽，从 −270℃ 的极低温度到 2600℃ 的超高温度都可以测量，而且在 600~2000℃ 的温度范围内可以进行精确的测量（600℃ 以下时，铂电阻的测量精度更高）。某些特殊热电偶最低可测到 −269℃（如金、铁、镍、铬），最高可达 +2800℃（如钨、铼）。

③ 构造简单，使用方便。热电偶通常是由两种不同的金属丝组成的，而且不受大小和开头的限制，其外有保护套管，使用起来非常方便。

④ 性能稳定、热惯性小。通常用于高温炉的测量和快速测量。

（2）热电偶的种类及结构形成。

① 热电偶的种类。常用的热电偶可分为标准热电偶和非标准热电偶两大类。标准热电

偶是指国家标准规定了其热电势与温度的关系、允许误差,并有统一的标准分度表的热电偶,它有与其配套的显示仪表可供选用。非标准热电偶在使用范围或数量级上均不及标准热电偶,一般也没有统一的分度表,主要用于某些特殊场合的测量。我国从 1988 年 1 月 1日起,要求热电偶和热电阻全部按 IEC 国际标准生产,并指定 S、B、E、K、R、J、T 七种标准热电偶为我国统一设计型热电偶。

② 热电偶的结构形式。为了保证热电偶可靠、稳定地工作,对它的结构要求如下:

· 组成热电偶的两个热电极的焊接必须牢固。

· 两个热电极彼此之间应很好地绝缘,以防短路。

· 补偿导线与热电偶自由端的连接要方便可靠。

· 保护套管应能保证热电极与有害介质充分隔离。

(3) 热电偶冷端的温度补偿。

由于热电偶的材料一般都比较贵重(特别是采用贵金属时),而测温点到仪表的距离都很远,为了节省热电偶材料,降低成本,通常采用补偿导线把热电偶的冷端(自由端)延伸到温度比较稳定的控制室内,连接到仪表端子上。必须指出,热电偶补偿导线只起延伸热电极、使热电偶的冷端移动到控制室的仪表端子上的作用,它本身并不能消除冷端温度变化对测温的影响,不起补偿作用。因此,还需采用其他修正方法来补偿冷端温度 $t_0 \neq 0\,℃$ 时对测温的影响。

在使用热电偶补偿导线时必须注意型号相配,极性不能接错,补偿导线与热电偶连接端的温度不能超过 $100\,℃$。

6) 光纤温度传感器

光纤温度传感器分为相位调制型光纤温度传感器(灵敏度高)、热辐射光纤温度传感器(可监视一些大型电气设备,如电机、变压器等内部热点的变化情况)和传光型光纤温度传感器(体积小,灵敏度高,工作可靠,易制作)。

7) 液压温度传感器

液压温度传感器中的流体受热会膨胀,膨胀程度与所加的热量成正比。在根据液压原理制成的温度传感器中,最常见的就是大家熟悉的水银温度计。

8) 智能温度传感器

智能温度传感器是在一个芯片上集成有温度传感器、处理器、存储器、A/D 转换器等部件的传感器。因此,这类传感器具有判断和信息处理的能力,并可对测量值进行各种修正和误差补偿,同时还带有自诊断、自校准功能,可大大提高系统的可靠性,并能与计算机直接联机。

2. 目前热电阻引线的三种方式

(1) 二线制。如图 7-3-2 所示,在热电阻的两端各连接一根导线来引出电阻信号的方式叫二线制。这种引线方法很简单,但由于连接导线必然存在引线电阻 r,r 的大小与导线的材质和长度等因素有关,因此这种引线方式只适用于测量精度较低的场合。

(2) 三线制。如图 7-3-3 所示,在热电阻根部的一端连接一根引线,另一端连接两根引线的方式称为三线制。这种方式通常与电桥配套使用,可以较好地消除引线电阻的影响,是工业过程控制中最常用的引线电阻。

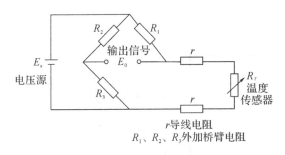

图 7 - 3 - 2　二线制引线电阻

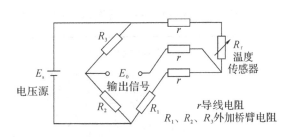

图 7 - 3 - 3　三线制引线电阻

（3）四线制。如图 7 - 3 - 4 所示，在热电阻的根部两端各连接两根导线的方式称为四线制。其中两根引线为热电阻提供恒定电流 I，把 R 转换成电压信号 U，再通过另两根引线把 U 引至二次仪表。可见这种引线方式可完全消除引线的电阻影响，主要用于高精度的温度检测。

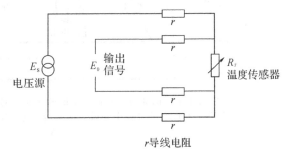

图 7 - 3 - 4　四线制引线电阻

二、DH‑SJ5 温度传感器实验装置

1. 概述

DH‑SJ5 型温度传感器实验装置是以分离的温度传感器探头元器件、单个电子元件、九孔板为实验平台来测量温度的设计性实验装置，该实验装置提供了多种测温方法，可以自行设计测温电路来测量温度传感器的温度特性。实验配有铂电阻 Pt100、热敏电阻（NTC 和 PTC）、铜电阻 Cu50、铜‑康铜热电偶、PN 结、AD590 和 LM35 等温度传感器。本实验装置采用智能温度控制器控温，其具有以下特点：

（1）控温精度高、范围广，加热所需的温度可自由设定，采用数字显示。

（2）使用低电压恒流加热，安全可靠，无污染。加热电流连续可调。

（3）本仪器提供的是单个分离的温度传感器，形象直观，给实验带来了很大的方便，可对不同传感器的温度特性进行比较，更易于掌握它们的温度特性。

（4）采用九孔板（见本节末的补充知识）作为实验平台，提供设计性实验装置。

（5）加热炉配有风扇，在做降温实验过程中可采用风扇快速降温。

（6）整体结构设计新颖，紧凑合理，外形美观大方。

2. 主要技术指标

（1）电源电压：AC220V×（1±10%）（50/60 Hz）。

（2）工作环境：温度 0～40℃，相对湿度＜80% 的无腐蚀性场合。

（3）控温范围：室温～120℃。

（4）温度控制精度：±0.2℃。

（5）分辨率：0.1℃。

（6）控制方式：先进的 PID 控制。

3. 温控仪与恒温炉的连线

温控仪与恒温炉的连线图示见图 7 - 3 - 5。

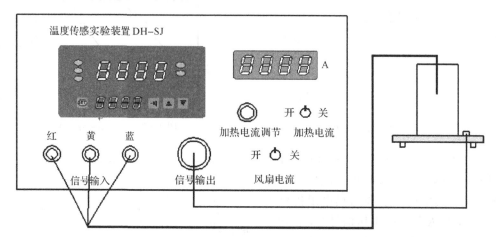

说明：Pt100 的插头与温控仪上的插座颜色对应相连：红→红，黄→黄，蓝→蓝。

警告：在做实验过程中和做完实验后，禁止用手触碰传感器的护套！

图 7 - 3 - 5　温控仪与恒温炉的连线

三、温度传感器特性开设的实验

温度传感器特性开设的实验有热电阻特性实验、热电偶温差电动势测量与研究、PN 结正向压降与温度关系的研究和应用、集成温度传感器，下面分别进行介绍。

实验 7.3.1　热电阻特性实验

一、实验目的

（1）研究 Pt100 铂电阻、Cu50 铜电阻和热敏电阻（NTC 和 PTC）的温度特性及其测温原理。

（2）研究比较不同温度传感器的温度特性及其测温原理。

（3）掌握单臂电桥及非平衡电桥的原理及其应用。

（4）了解温度控制的最小微机控制系统。

（5）掌握实验中单片机在温度实时控制、数据采集、数据处理等方面的应用。

（6）学习运用不同的温度传感器设计测温电路。

二、实验器材

实验器材有九孔板、DH - VC1 直流恒压源恒流源、DH - SJ 型温度传感器实验装置、数字万用表、电阻箱（自备）。

三、实验原理

1. Pt100 铂电阻的测温原理

金属铂(Pt)的电阻值随温度变化而变化，并且具有很好的重现性和稳定性。利用铂的此种物理特性制成的传感器称为铂电阻温度传感器。通常使用的铂电阻温度传感器的零度阻值为 100 Ω，电阻变化率为 0.3851 Ω/℃。铂电阻温度传感器精度高、稳定性好、应用温度范围广，是中低温区(−200～650℃)最常用的一种温度检测器。铂电阻温度传感器不仅广泛应用于工业测温，而且被制成各种标准温度计(涵盖国家和世界基准温度)供计量和校准使用。

按 IEC751 国际标准，温度系数 TCR＝0.003 851，Pt100(R_0＝100 Ω)、Pt1000(R_0＝1000 Ω)为统一设计型铂电阻。TCR 的计算式为

$$TCR = \frac{R_{100} - R_0}{R_0 \times 100} \tag{7-3-1}$$

100℃时标准电阻值 R_{100}＝138.51 Ω，R_{1000}＝1385.1 Ω。

Pt100 铂电阻的阻值随温度变化而变化，计算公式为

$$R_t = R_0[1 + At + Bt^2 + C(t-100)t^3] \quad (-200 < t < 0℃) \tag{7-3-2}$$

$$R_t = R_0(1 + At + Bt^2) \quad (0 < t < 850℃) \tag{7-3-3}$$

R_t 是在 t℃时的电阻值，R_0 是在 0℃时的电阻值。式中，系数 A、B、C 的值为 A＝3.908 02×10^{-3}，B＝−5.802×10^{-7}，C＝−4.273 50×10^{-12}。

三线制接法要求引出的三根导线截面积和长度均相同。测量铂电阻的电路一般是不平衡电桥，铂电阻作为电桥的一个桥臂电阻，将一根导线接到电桥的电源端，其余两根分别接到铂电阻所在的桥臂及与其相邻的桥臂上。当桥路平衡时，通过计算可知

$$R_t = \frac{R_1 R_3}{R_2} + \frac{rR_1}{R_2} - r \tag{7-3-4}$$

当 R_1＝R_2 时，导线电阻的变化对测量结果没有任何影响，这样就消除了导线线路电阻带来的测量误差，但是必须为全等臂电桥，否则不可能完全消除导线电阻的影响。但经分析，采用三线制会大大减小导线电阻带来的附加误差，因此工业上一般都采用三线制接法。

2. 热敏电阻(NTC 型)的温度特性原理

热敏电阻是阻值对温度变化非常敏感的一种半导体电阻，它有负温度系数热敏电阻和正温度系数热敏电阻两种。负温度系数热敏电阻(NTC)的电阻率随着温度的升高而下降(一般是按指数规律)；正温度系数热敏电阻(PTC)的电阻率随着温度的升高而升高；金属的电阻率则是随温度的升高而缓慢地上升。热敏电阻对于温度的反应要比金属电阻灵敏得多，热敏电阻的体积也可以做得很小，用它来制成的半导体温度计已广泛地使用在自动控制和科学仪器中。热敏电阻在物理、化学和生物学研究等方面得到了广泛的应用。

在一定的温度范围内，半导体的电阻率 ρ 和温度 T 之间有如下关系

$$\rho = A_1 e^{B/T} \tag{7-3-5}$$

式中，A_1 和 B 是与材料物理性质有关的常数，T 为绝对温度。对于截面均匀的热敏电阻，其阻值 R_T 为

$$R_T = \rho \frac{l}{s} \tag{7-3-6}$$

式中，R_T 的单位为 Ω，ρ 的单位为 Ω·cm，l 为两电极间的距离(cm)，S 为电阻的横截面积(cm²)。将式(7-3-5)代入式(7-3-6)，令 $A = A_1 \frac{l}{s}$，于是可得

$$R_T = A e^{B/T} \tag{7-3-7}$$

对一定的电阻而言，A 和 B 均为常数。对式(7-3-7)两边取对数则有

$$\ln R_T = B\frac{1}{T} + \ln A \qquad (7-3-8)$$

可见，$\ln R_T$ 与 $\frac{1}{T}$ 呈线性关系。在实验中测得各个温度 T 的 R_T 值后，可通过作图求出 B 和 A 值，代入式(7-3-7)即可得到 R_T 的表达式。式中，R_T 为在温度 T(K)时的电阻值 (Ω)；A 为在某温度时的电阻值(Ω)；B 为常数(K)，其值与半导体材料的成分和制造方法有关。

图7-3-6表示了热敏电阻(NTC)与普通电阻(金属)的不同温度特性。

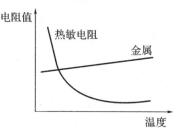

图7-3-6　热敏电阻与普通电阻的温度特性对比

3. Cu50 铜电阻温度特性原理

铜电阻是利用物质在温度变化时本身电阻也随之发生变化的特性来测量温度的。铜电阻的受热部分(感温元件)是用细金属丝均匀地双绕在绝缘材料制成的骨架上，当被测介质中有温度梯度存在时，所测得的温度是感温元件所在范围内介质层中的平均温度。

4. 单臂电桥原理

惠斯登电桥线路如图7-3-7所示，四个电阻 R_1、R_2、R_0、R_X 连成一个四边形，四边形的四条边被称为电桥的四个臂。四边形的一条对角线接有检流计，称为"桥"；另一条对角线上接电源 E，称为电桥的电源对角线。电源接通，电桥线路中各支路均有电流通过。

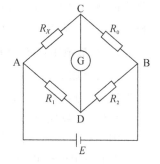

图7-3-7　惠斯登电桥

当C、D之间的电位不相等时，桥路中的电流 $I_g \neq 0$，检流计的指针发生偏转；当C、D之间的电位相等时，"桥"路中的电流 $I_g = 0$，检流计指针指零，这时我们称电桥处于平衡状态。

当电桥平衡时，$I_g = 0$，则有

$$\begin{cases} U_{AC} = U_{AD} \\ U_{CB} = U_{DB} \end{cases}$$

即

$$\begin{cases} I_1 R_X = I_2 R_1 \\ I_1 R_0 = I_2 R_2 \end{cases}$$

于是 $R_X/R_0 = R_1/R_2$。

根据电桥的平衡条件，已知其中三个臂的电阻就可以计算出另一个桥臂的电阻。因此，电桥测电阻的计算式为

$$R_X = \frac{R_1}{R_2} R_0 \qquad (7-3-9)$$

电阻 R_1/R_2 为电桥的比率臂，R_0 为比较臂（常用标准电阻箱）。R_X 作为待测臂，在热敏电阻测量中用 R_T 表示。

四、实验内容

1. 万用表直接测量法

（1）参照本节末的补充知识的使用方法，将温度传感器直接插在温度传感器实验装置的恒温炉中。在传感器的输出端用数字万用表直接测量其电阻值。本实验的热敏电阻 NTC 温度传感器在 25℃时的阻值为 5 kΩ，PTC 温度传感器在 25℃时的阻值为 350 Ω。

（2）在不同温度下，观察 Pt100 铂电阻、热敏电阻（NTC 和 PTC）和 Cu50 铜电阻的阻值变化，从室温到 120℃（注：PTC 温度实验从室温到 100℃）每隔 5℃（或自定度数）测一个数据，将测量数据逐一记录在表 7-3-1～表 7-3-4 内。

表 7-3-1　Pt100 铂电阻数据记录　　　　室温＿＿＿℃

序号	1	2	3	4	5	6	7	8	9	10
温度/℃										
R/Ω										
序号	11	12	13	14	15	16	17	18	19	20
温度/℃										
R/Ω										

表 7-3-2　NTC 负温度系数热敏电阻数据记录　　　　室温＿＿＿℃

序号	1	2	3	4	5	6	7	8	9	10
温度/℃										
R/Ω										
序号	11	12	13	14	15	16	17	18	19	20
温度/℃										
R/Ω										

表 7-3-3　PTC 正温度系数热敏电阻数据记录　　　　室温＿＿＿℃

序号	1	2	3	4	5	6	7	8	9	10
温度/℃										
R/Ω										
序号	11	12	13	14	15	16	17	18	19	20
温度/℃										
R/Ω										

表 7 - 3 - 4　　Cu50 铜电阻数据记录　　　　室温_____℃

序号	1	2	3	4	5	6	7	8	9	10
温度/℃										
R/Ω										
序号	11	12	13	14	15	16	17	18	19	20
温度/℃										
R/Ω										

(3) 以温标为横轴,以阻值为纵轴,按等精度作图的方法,根据所测的各对应数据作出 R_T - T 曲线。

(4) 分析比较它们的温度特性。

2. 单臂电桥法

(1) 根据单臂电桥原理,参照图 7 - 3 - 2 和图 7 - 3 - 3,按图 7 - 3 - 8 的方式连接成单臂电桥形式。运用万用表自行判定三线制 Pt100 铂电阻的接线,将 R_3 用电位器代替。用 DH - VC1 直流恒压源来提供稳定的电压源,范围为 0~5 V。注意:将电压由 0 V 到 5 V 缓慢调节,具体电压自定。

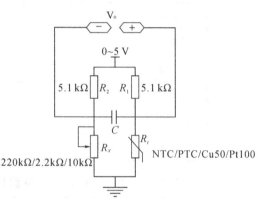

图 7 - 3 - 8　单臂电桥

(2) 将温度传感器作为其中的一个臂,根据不同的温度传感器,参照附录 B - 19 和 B - 20 中的温度传感器在 0℃的对应阻值,把电阻器件调到与 Pt100 铂电阻或 Cu50 铜电阻温度传感器对应的阻值(Cu50 铜电阻在 0℃的阻值是 50 Ω,用 100 Ω 并联 220 Ω 的电位器,比较臂 R_3 的阻值可以按照同样思路来匹配),仔细调节比较臂 R_3 使桥路平衡,即万用表的示数为零。NTC 和 PTC 温度传感器以 25℃时的阻值为桥路平衡的零点。把电阻器件调到与 NTC 或 PTC 温度传感器对应的 25℃时的阻值(NTC 温度传感器的阻值为 5 kΩ,用 1 kΩ 的电阻串联 5 kΩ 和 220 Ω 的电位器,比较臂 R_3 的阻值可以按照同样思路来匹配),仔细调节比较臂 R_3 使桥路平衡,即万用表的示数为零。

(3) 参照温控仪的使用说明,将温度传感器直接插在温度传感器实验装置的恒温炉中。通过温控仪加热,在不同的温度下,观察 Pt100 铂电阻、热敏电阻(NTC 和 PTC)和 Cu50 铜电阻阻值的变化,从室温到 120℃(注:PTC 温度实验从室温到 100℃)每隔 5℃(或自定度数)测一个数据,将测量数据逐一记录在表 7 - 3 - 5~表 7 - 3 - 8 内。

(4) 以温标为横轴,以电压为纵轴,按等精度作图的方法,根据所测的各对应数据作出 U - t 曲线。

(5) 推导测量原理计算公式。

表 7 - 3 - 5 Pt100 铂电阻数据记录 室温_____℃

序号	1	2	3	4	5	6	7	8	9	10
温度/℃										
R/Ω										
序号	11	12	13	14	15	16	17	18	19	20
温度/℃										
R/Ω										

表 7 - 3 - 6 NTC 负温度系数热敏电阻数据记录 室温_____℃

序号	1	2	3	4	5	6	7	8	9	10
温度/℃										
R/Ω										
序号	11	12	13	14	15	16	17	18	19	20
温度/℃										
R/Ω										

表 7 - 3 - 7 PTC 正温度系数热敏电阻数据记录 室温_____℃

序号	1	2	3	4	5	6	7	8	9	10
温度/℃										
R/Ω										
序号	11	12	13	14	15	16	17	18	19	20
温度/℃										
R/Ω										

表 7 - 3 - 8 Cu50 铜电阻数据记录 室温_____℃

序号	1	2	3	4	5	6	7	8	9	10
温度/℃										
R/Ω										
序号	11	12	13	14	15	16	17	18	19	20
温度/℃										
R/Ω										

(6) 分析比较它们的温度特性。

3. 恒流法

(1) 按照图 7-3-9 接线。用 DH-VC1 直流恒流源来提供 1 mA 或 0.1 mA 直流电流。用万用表测量取样电阻 R_0，调节 DH-VC1 恒流源的电位器使其两端的电压为 1 V 或 0.1 V。注意：将电压由 0 到 1 V 缓慢调节。

(2) 将温度传感器直接插在温度传感器实验装置的恒温炉中。通过温控仪加热，在不同的温度下，观察 Pt100 铂电阻、热敏电阻(NTC 和 PTC)和 Cu50 铜电阻的阻值的变化，从室温到 120℃(注：PTC 温度实验从室温到 100℃)每隔 5℃(或自定度数)测一个数据，将测量数据逐一记录在表 7-3-9～表 7-3-12 内。温控仪的使用方法详见使用说明书。

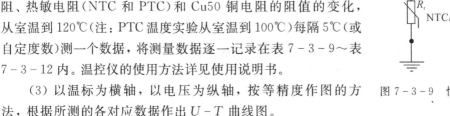

图 7-3-9　恒流法电路图

(3) 以温标为横轴，以电压为纵轴，按等精度作图的方法，根据所测的各对应数据作出 $U\text{-}T$ 曲线图。

(4) 推导测量原理计算公式。

(5) 分析比较它们的温度特性。

(6) 分析比较单臂电桥法与恒流法这两种测量方法的特点。

4. 自行设计

学习运用电桥和差分放大器自行设计数字测温电路，参考图如图 7-3-10 所示。

图 7-3-10　测温电路

注意：正温度系数热敏电阻(PTC)随温度成指数函数变化，在 80℃以下阻值变化比较平滑，而在 80℃以上变化非常快，整体成指数上升曲线。

表 7-3-9　Pt100 铂电阻数据记录　　　室温_____℃

序号	1	2	3	4	5	6	7	8	9	10
温度/℃										
R/Ω										
序号	11	12	13	14	15	16	17	18	19	20
温度/℃										
R/Ω										

表 7-3-10　NTC 负温度系数热敏电阻数据记录　　　室温_____℃

序号	1	2	3	4	5	6	7	8	9	10
温度/℃										
R/Ω										
序号	11	12	13	14	15	16	17	18	19	20
温度/℃										
R/Ω										

表 7 - 3 - 11　PTC 正温度系数热敏电阻数据记录　室温＿＿＿＿℃

序号	1	2	3	4	5	6	7	8	9	10
温度/℃										
R/Ω										
序号	11	12	13	14	15	16	17	18	19	20
温度/℃										
R/Ω										

表 7 - 3 - 12　Cu50 铜电阻数据记录　室温＿＿＿＿℃

序号	1	2	3	4	5	6	7	8	9	10
温度/℃										
R/Ω										
序号	11	12	13	14	15	16	17	18	19	20
温度/℃										
R/Ω										

实验 7.3.2　热电偶温差电动势测量与研究

一、实验目的

(1) 研究热电偶的温差电动势。

(2) 学习热电偶测温的原理及方法。

(3) 学习热电偶定标。

(4) 学习运用热电偶传感器设计测温电路。

二、实验器材

实验器材有九孔板、DH - VC1 直流恒压源恒流源、DH - SJ 型温度传感器实验装置、数字万用表。

三、实验原理

热电偶亦称温差电偶，是由 A、B 两种不同材料的金属丝的端点彼此紧密接触组成的。当两个接点处于不同温度时（如图 7 - 3 - 11 所示），在回路中就有直流电动势产生，该电动势为温差电动势或热电动势。当组成热电偶的材料一定时，温差电动势 E_X 仅与两接点处的温度有关，并且两接点的温差电动势在一定的温度范围内有如下近似关系式：

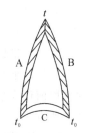

图 7 - 3 - 11　热电偶的组成

$$E_X \approx \alpha(t - t_0) \tag{7 - 3 - 10}$$

式中，α 为温差电系数(对于不同金属组成的热电偶，α 是不同的，其数值上等于两接点温度差为 1℃时所产生的电动势)，t 为工作端的温度，t_0 为冷端的温度。

为了测量温差电动势，需要在图 7 - 3 - 11 的回路中接入电位差计，但测量仪器的引入不能影响热电偶原来的性质，如不影响它在一定的温差 $t-t_0$ 下应有的电动势 E_X 值。要做到这一点，实验时应保证一定的条件。根据伏打定律，在 A、B 两种金属之间插入第三种金属 C 时，若它与 A、B 的两连接点处于同一温度 t_0(见图 7 - 3 - 11)，则该闭合回路的温差电动势与上述只有 A、B 两种金属组成回路时的数值完全相同。所以，把 A、B 两根不同化学成分的金属丝的一端焊在一起，构成热电偶的热端(工作端)。将另两端

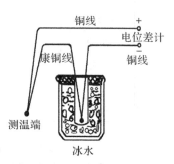

图 7 - 3 - 12　热电偶温度计

分别与铜引线(即第三种金属 C)焊接，构成两个同温度(t_0)的冷端(自由端)。铜引线与电位差计相连组成一个热电偶温度计，如图 7 - 3 - 12 所示。通常将冷端置于冰水混合物中，保持 $t_0 = 0℃$，将热端置于待测温度处，即可测得相应的温差电动势，再根据事先校正好的曲线或数据来求出温度 t。热电偶温度计的优点是热容量小，灵敏度高，反应迅速，测温范围广，还能直接把非电学量温度转换成电学量。因此，热电偶温度计在自动测温、自动控温等系统中得到了广泛应用。

本实验的热电偶为铜-康铜热电偶，属于 T 形热电偶，其测温范围为 $-270\sim400℃$。铜-康铜热电偶的优点有热电动势的直线性好、低温特性良好、再现性好、精度高，但是缺点为(＋)端的铜易被氧化。

四、实验内容

(1) 对热电偶进行定标，求出热电偶的温差电系数 α_0。

(2) 用实验方法测量热电偶的温差电动势与工作端温度之间的关系曲线，称为对热电偶定标。本实验采用常用的比较定标法，即用一标准的测温仪器(如标准水银温度计或已知高一级的标准热电偶)与待测热电偶置于同一能改变温度的调温装置中，测出 E_X - t 定标曲线。具体步骤如下：

① 按图 7 - 3 - 12 所示原理连接线路，注意热电偶的正、负极的正确连接。将热电偶的冷端置于冰水混合物中，确保 $t_0 = 0℃$，将测温端直接插在恒温炉内。

② 测量待测热电偶的电动势。用万用表测出室温时热电偶的电动势(建议采用 UJ33d 型电位差来测量)，然后开启温控仪电源，给热端加温。每隔 10℃左右测一组 (t, E_X) 值，直至 100℃为止。由于升温测量时温度是动态变化的，因此测量时可提前 2℃进行跟踪，以保证测量速度与测量精度。测量时，一旦达到补偿状态应立即读取温度值和电动势值，再做一次降温测量，即先升温至 100℃，然后每降低 10℃测一组 (t, E_X) 值，再取升温降温测量数据的平均值作为最后测量值。

另外一种方法是设定需要测量的温度，等控温仪稳定后再测量该温度下的温差电动势。这样可以测得更精确些，但需花费较长的实验时间。

(3) 自行设计热电偶数字测温电路。

(4) 实验注意事项。

① 传感器头如果没有完全侵入到冰水混合物中或接触到保温杯壁,那么会对实验产生影响。

② 传感器头如果没有接触恒温炉孔的底或壁,则会对实验产生影响。

③ 加了铠甲封装的热电偶要比未加铠甲封装的误差大。

五、实验数据记录与处理

(1) 将热电偶定标数据记录在表 7 - 3 - 13 中。

表 7 - 3 - 13　热电偶定标数据

室温 $t =$ ___ ℃,　　$E_N =$ ___ V,　$t_0 = 0$℃

序号	1	2	3	4	5	6	7	8	9	10
温度 $t/℃$										
电动势/mV										
序号	11	12	13	14	15	16	17	18	19	20
温度 $t/℃$										
电动势/mV										

(2) 作出热电偶定标 $E_X \sim t$ 曲线。在直角坐标系中作出 $E_X \sim t$ 的曲线。定标曲线为不光滑的折线,相邻点应以直线相连,这样在两个校正点之间的变化关系用线性内插法予以近似,从而得到除校正点之外其他点的电动势和温度之间的关系。所以,作出了定标曲线之后,热电偶便可以作为温度计使用了。

(3) 求铜-康铜热电偶的温差电系数 α。在本实验温度范围内,$E_X - t$ 函数关系近似为线性,即 $E_2 = \alpha \times t (t_0 = 0$℃)。所以,在定标曲线上可给出线性化后的平均直线,从而求得 α。在直线上取两点 $a(E_a, t_a)$、$b(E_b, t_b)$(不要取原来测量的数据点,并且两点间尽可能相距远一些),求斜率

$$k = \frac{E_b - E_a}{t_b - t_a} \tag{7 - 3 - 11}$$

k 即为所求的 $\bar{\alpha}$。(请自行分析其原理)

实验 7.3.3　PN 结正向压降与温度关系的研究和应用(仅供参考)

常用的温度传感器有热电偶、测温电阻器和热敏电阻等,这些温度传感器均有各自的优点,但也有不足之处。如热电偶适用温度范围宽,但灵敏度低且需要参考温度;热敏电阻灵敏度高、热响应快、体积小,缺点是非线性,且一致性较差,这对于仪表的校准和调节均感不便;测温电阻如铂电阻有精度高、线性好的优点,但灵敏度低且价格较贵;而 PN 结温度传感器有灵敏度高、线性较好、热响应快和体积小、轻巧易集成化等优点,所以其应用势必日益广泛。但是这类温度传感器的工作温度一般为 $-50 \sim 150$℃,与其他温度传感器相比,测温范围的局限性较大,有待于进一步改进和开发。

一、实验目的

(1) 了解 PN 结正向压降随温度变化的基本关系式。

(2) 在恒定正向电流条件下,测绘 PN 结正向压降随温度变化的曲线,并由此确定其灵敏度及被测 PN 结材料的禁带宽度。

(3) 学习用 PN 结测温的方法。

二、实验器材

实验器材有九孔板、DH - VC1 直流恒压源恒流源、DH - SJ 型温度传感器实验装置、数字万用表。

三、实验原理

理想的 PN 结的正向电流 I_F 和正向压降 U_F 存在如下关系式:

$$I_F = I_F \exp\left(\frac{qU_F}{kT}\right) \tag{7-3-12}$$

式中:q 为电子电荷;k 为玻尔兹曼常数;T 为绝对温度;I_F 为反向饱和电流,它是一个和 PN 结材料的禁带宽度以及温度有关的系数。可以证明:

$$I_F = CT^r \exp\left(-\frac{qU_{g(0)}}{kT}\right) \tag{7-3-13}$$

式中,C 是与结面积、掺质浓度等有关的常数,r 也是常数(r 的数值取决于少数载流子迁移率对温度的关系,通常取 $r=3.4$),$U_{g(0)}$ 为绝对零度时 PN 结材料的带底和价带顶的电势差。式(7-3-13)的具体证明参阅黄昆、谢德著的《半导体物理》。

将式(7-3-13)代入式(7-3-12),两边取对数可得

$$U_F = U_{g(0)} - \left(\frac{k}{q}\ln\frac{C}{I_F}\right)T - \frac{kT}{q}\ln T^r = U_1 + U_{n1} \tag{7-3-14}$$

其中,$U_1 = U_{g(0)} - \left(\frac{k}{q}\ln\frac{C}{I_F}\right)T$,$U_{n1} = -\frac{kT}{q}\ln T^r$。

式(7-3-14)就是 PN 结正向压降作为电流和温度函数的表达式,它是 PN 结温度传感器的基本方程。令 I_F 为常数,则正向压降只随温度变化而变化,但是在式(7-3-14)中还包含非线性项 U_{n1}。下面来分析一下 U_{n1} 项所引起的线性误差。

设温度由 T_1 变为 T 时,正向电压由 U_{F1} 变为 U_F,由式(7-3-14)可得

$$U_F = U_{g(0)} - (U_{g(0)} - U_{F1})\frac{T}{T_1} - \frac{kT}{q}\ln\left(\frac{T}{T_1}\right)^r \tag{7-3-15}$$

按理想的线性温度响应,U_F 应取如下形式

$$U_{理想} = U_{F1} + \frac{\partial U_{F1}}{\partial T}(T - T_1) \tag{7-3-16}$$

$\frac{\partial U_{F1}}{\partial T}$ 等于 T_1 温度时的 $\frac{\partial U_F}{\partial T}$ 值。

由式(7-3-14)可得

$$\frac{\partial U_{F1}}{\partial T} = -\frac{U_{g(0)} - U_{F1}}{T_1} - \frac{k}{q}r \tag{7-3-17}$$

所以

$$U_{理想} = U_{F1} + \left(-\frac{U_{g(0)} - U_{F1}}{T_1} - \frac{k}{q}r\right)(T - T_1)$$

$$= U_{g(0)} - (U_{g(0)} - U_{F1})\frac{T}{T_1} - \frac{k}{q}(T - T_1)r \qquad (7-3-18)$$

比较理想线性温度响应式(7-3-18)和实际响应式(7-3-15)，可得实际响应对线性的理论偏差为

$$\Delta = U_{理想} - U_F = -\frac{k}{q}(T - T_1)r + \frac{kT}{q}\ln\left(\frac{T}{T_1}\right)^r \qquad (7-3-19)$$

设 $T_1 = 300°\text{K}$，$T = 310°\text{K}$，取 $r = 3.4$，由式(7-3-19)可得 $\Delta = 0.048\text{ mV}$，而相应的 U_F 的改变量约为 20 mV，相比之下误差很小。不过当温度变化范围增大时，U_F 温度响应的非线性误差将有所递增，这主要由 r 因子所致。

综上所述，在恒流供电条件下，PN 结的 U_F 对 T 的依赖关系取决于线性项 U_1，即正向压降几乎随温度升高而线性下降，这就是 PN 结测温的理论依据。必须指出，上述结论仅适用于杂质全部电离、本征激发可以忽略的温度区间(对于通常的硅二极管来说，温度范围为 $-50 \sim 150°\text{C}$)。如果温度低于或高于上述范围，由于杂质电离因子减小或本征载流子迅速增加，因此 U_F-T 关系将产生新的非线性，这一现象说明 U_F-T 的特性还因 PN 结的材料而异。对于宽带材料(如 GaAs、Eg 为 1.43 eV)的 PN 结，其高温端的线性区宽；而材料杂质电离能小(如 InSb)的 PN 结，则低温端的线性范围宽。对于给定的 PN 结，即使在杂质导电和非本征激发温度范围内，其线性度亦随温度的高低而有所不同，这是由非线性项 U_{n1} 引起的，由 U_{n1} 对 T 的二阶导数 $\dfrac{\text{d}^2U}{\text{d}T^2} = \dfrac{1}{T}$ 可知，$\dfrac{\text{d}U_{n1}}{\text{d}T}$ 的变化与 T 成反比，所以 U_F-T 的线性度在高温端优于低温端，这是 PN 结温度传感器的普遍规律。此外，由式(7-3-15)可知，减小 I_F 可以改善线性度，但并不能从根本上解决问题，目前行之有效的方法大致有两种：

(1) 利用对管的两个 BE 结(将三极管的基极与集电极短路，再与发射极组成一个 PN 结)，分别在不同电流 I_{F1}、I_{F2} 下工作，由此可得两者之差($I_{F1} - I_{F2}$)与温度呈线性函数关系，即

$$U_{F1} - U_{F2} = \frac{kT}{q}\ln\frac{I_{F1}}{I_{F2}} \qquad (7-3-20)$$

由于晶体管的参数有一定的离散性，实际值与理论值仍存在差距，但与单个 PN 结相比其线性度与精度均有所提高。这种电路结构与恒流、放大等电路集成一体，便构成电路温度传感器。

(2) 采用电流函数发生器来消除非线性误差。由式(7-3-14)可知，非线性误差来自 T^r 项。利用函数发生器，I_F 正比于绝对温度的 r 次方，则 U_F-T 的线性理论误差为 $\Delta = 0$。实验结果与理论值比较一致，其精度可达 $0.01°\text{C}$。

四、实验内容

(1) 参照本节末的补充知识，将"加热电流"开关置于"关"位置，将"风扇电流"开关置于"关"位置，接上加热电源线和信号传输线，两者连接均为直插式。PN 结传感器引脚如图

7-3-13所示。按图7-3-14的方式连接电路，用DH-VC1直流恒流源来提供恒流源。

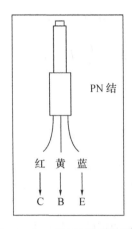

图7-3-13　PN结传感器引脚图

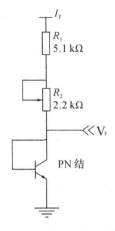

图7-3-14　实验电路图

(2) 此时测试仪上将显示出室温T_R，记录下起始温度T_R。把恒流源调节至1 mA，记录下$U_F(T_R)$值。再将PN结传感器置于冰水混合物中，静置几分钟后，记录下$U_{F(0)}$的值。

(3) 测定ΔU-T曲线。把温度控制器温度设定在100℃，开启加热电流，并记录对应的U_F和T。对于ΔU_F、T的数据测量，可按U_F每改变10 mV或15 mV立即读取一组ΔU_F、T，这样可以减小测量误差。应该注意，在整个实验过程中，控温加热电流不要太大，以确保升温速率慢，方便读数，且设定的温度不宜过高，最好控制在120℃以内。

(4) 求被测PN结正向压降随温度变化的灵敏度S(mV/℃)。以T为横坐标、ΔU_F为纵坐标，作ΔU_F-T曲线，其斜率即为S。

(5) 估算被测PN结材料的禁带宽度。根据式(7-3-17)，略去非线性项，可得

$$U_{g(0)} = U_{F(0)} + \frac{U_{F(0)}}{T} \Delta T = U_{F(0)} + S \cdot \Delta T$$

式中：$\Delta T = -273.2$ K，即摄氏温标与凯尔文温标之差；$U_{F(0)}$为0℃时PN结正向压降。将实验所得的$E_{g(0)} = eU_{g(0)}$与公认值$E_{g(0)} = 1.21$ eV比较，求其误差。

(6) 数据记录。实验起始温度：$T_R =$ _____ ℃；工作电流：$I_F =$ _____ mA；起始温度为T_R时的正向压降：$U_{F(T_R)} =$ _____ mV。

(7) 改变工作电流$I_F = 0.5 \sim 1$ mA，重复上述步骤(1)~(6)进行测量，并比较两组测量结果。

(8) 根据实验原理及结论，将该PN结制成温度传感器，使其灵敏度最大，试确定其工作电流及其测量范围，并标定其刻度。

五、实验数据记录与处理

(1) 实验为什么要测量$U_{F(T_R)}$？为什么实验要求测ΔU_F-T曲线而不是U_F-T曲线？

(2) 测ΔU_F-T为何按ΔU的变化读取T，而不是按自变量T读取ΔU？

(3) 在测量PN结正向压降和温度的变化关系时，温度高时ΔU_F-T线性好，还是温度低时线性好？

(4) 测量时，为什么温度必须在-50~150℃范围内？

实验 7.3.4 集成温度传感器

一、实验目的

(1) 了解常用集成温度传感器(AD590 和 LM35)的测温原理及其温度特性。

(2) 学习用集成温度传感器设计测温电路。

(3) 比较常用的温度传感器与集成温度传感器的温度特性。

二、实验器材

实验器材有九孔板、DH-VC1 直流恒压源恒流源、DH-SJ 型温度传感器实验装置、数字万用表。

三、实验原理

集成温度传感器实质上是一种半导体集成电路,它是利用晶体管的 BE 结压降的不饱和值 U_{BE} 与热力学温度 T 和通过发射极电流 I 的下述关系实现对温度的检测

$$U_{BE} = \frac{kIT}{q}\ln I$$

式中,k 为玻尔兹曼常数,q 为电子电荷绝对值。

集成温度传感器具有线性好、精度适中、灵敏度高、体积小、使用方便等优点,因此得到了广泛应用。集成温度传感器的输出形式分为电压输出型和电流输出型两种。电压输出型的灵敏度一般为 10 mV/K,温度 0℃时输出为 0,温度 25℃时输出为 2.982 V。电流输出型的灵敏度一般为 1 μA/K。

1. 集成温度传感器电流型 AD590

1) AD590 概述

AD590 是美国模拟器件公司生产的单片集成两端感温电流源,如图 7-3-15 所示,它的主要特性如下:

(1) 流过器件的电流(μA)等于器件所处环境的热力学温度(K)度数,即

$$\frac{T_\tau}{T} = 1 \ \mu A/K = C_i \qquad (7-3-21)$$

式中:T_τ 为流过器件(AD590)的电流,单位为 μA;T 为热力学温度,单位为 K。

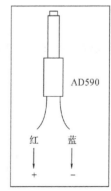

图 7-3-15 AD590

(2) AD590 的测温范围为 -55～150℃。

(3) AD590 的电源电压范围为 4～30 V。电源电压可在 4～6 V 范围内变化,电流变化 1 μA,相当于温度变化 1 K。AD590 可以承受 44 V 正向电压和 20 V 反向电压,因而器件反接也不会被损坏。

(4) 输出阻抗>10 MΩ。

(5) 精度高。AD590 共有 I、J、K、L、M 五挡,其中 M 挡精度最高。在 -55～150℃范

围内，非线性误差为±0.3℃。AD590 测量热力学温度、摄氏温度、两点温度差、多点最低温度、多点平均温度的具体电路，广泛应用于不同的温度控制场合。由于 AD590 精度高、价格低、不需辅助电源、线性好，因此常用于测温和热电偶的冷端补偿。

2) AD590 的应用电路

(1) 基本应用电路。图 7-3-16 是 AD590 用于测量热力学温度的基本应用电路。因为流过 AD590 的电流与热力学温度成正比，所以当电阻 R 为 1 kΩ 时，输出电压 U_0 随温度的变化为 1 mV/K。由于 AD590 的增益有偏差，电阻也有误差，因此应对电路进行调整。调整的方法为把 AD590 放于冰水混合物中，调整电位器 R_2，使 $U_0 = 273.2$ mV。或在室温（25℃）条件下调整电位器，使 $U_0 = 273.2 + 25 = 298.2$ mV。但这样调整只可保证在 0℃ 或 25℃ 附近有较高精度。

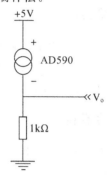

图 7-3-16 基本应用电路

(2) 温差测量电路及其应用（仅供设计参考）。图 7-3-17 是 AD590 的温差测量电路。根据式(7-3-21)，图 7-3-17 中两个 AD590 的输出电流为

$$I_1 = C_i \times T_1 \tag{7-3-22}$$
$$I_2 = C_i \times T_2 \tag{7-3-23}$$

由节点电流法可知，在 B 点有

$$I_3 = I_2 - I_1 = C_i(T_2 - T_1) \tag{7-3-24}$$

由式(7-3-24)可知，I_3 与两点温度差成正比。图中电位器 R_2 用于调零，即补偿运放 OP07 的失调电流，保证在 $T_1 = T_2$ 时，$I_4 = 0$，而当 $T_1 \neq T_2$ 时有

$$I_4 = I_3 = I_2 - I_1 = C_i(T_2 - T_1) \tag{7-3-25}$$

$$\frac{U_0}{R_3} = -I_3 \tag{7-3-26}$$

综合式(7-3-21)～式(7-3-25)得

$$U_0 = C_i \times R_3(T_1 - T_2)$$
$$= 1(\mu A /K) \times 10 \text{ k}\Omega \times (T_1 - T_2)$$
$$= (T_1 - T_2) \times (10 \text{ mV/K}) \tag{7-3-27}$$
$$= (t_1 - t_2) \times (10 \text{ mV/℃}) \tag{7-3-28}$$

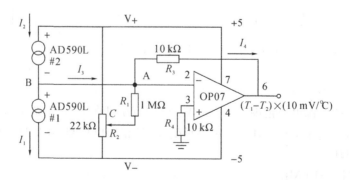

图 7-3-17 AD590 的温差测量电路

2. 集成温度传感器电压型 LM35

LM35 是由 National Semiconductor 公司生产的集成温度传感器，其输出电压值与摄氏温标呈线性关系，转换公式为式(7 - 3 - 29)。在 0℃时其电压输出为 0 V，温度每升高 1℃时其电压输出就增加 10 mV。在常温下，LM35 不需要额外的校准处理，其精度就可达到 ±1/4℃的准确率。LM35 的测温范围是 −55～150℃。U_o 为

$$U_o = 10 \text{ mV/℃} \times T℃ \tag{7 - 3 - 29}$$

图 7 - 3 - 18 中，$R_1 = -U_s/50\ \mu A$，其电压输出值与温度的对应关系如表 7 - 3 - 14 所示。

表 7 - 3 - 14　电压输出值与温度的关系

电压值/mV	对应温度/℃
+1500	+150
+1000	+100
+500	+50
+250	+25
0	0
−550	−55

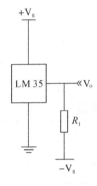

图 7 - 3 - 18　实验电路 1

四、实验内容

(1) 了解温度传感器 AD590 的引脚及其功能。图 7 - 3 - 15 为其封装图。

(2) 参照图 7 - 3 - 16，温度传感器 AD590 用于测量热力学温度的基本应用电路中。

(3) 通过温控仪加热，在不同的温度下，观察温度传感器 AD590 的变化，从室温到 120℃每隔 5℃（或自定度数）测一个数据，将测量数据逐一记录在表 7 - 3 - 15 内。

表 7 - 3 - 15　AD590 数据记录　　　　　　室温_____℃

序号	1	2	3	4	5	6	7	8	9	10
温度/℃										
U										
序号	11	12	13	14	15	16	17	18	19	20
温度/℃										
U										

(4) 了解温度传感器 LM35 的引脚及其功能。图 7 - 3 - 19 为其封装图。

(5) 参照图 7 - 3 - 18 和图 7 - 3 - 20 分别连线做实验。根据 $R_1 = -V_s/50\ \mu A$，自行选择取样电阻 R_1 和电源电压 U_s。例如，电源电压 $U_s = 5$ V，则 $-U_s = -5$ V，根据 $R_1 = -U_s/50\ \mu A$，$R_1 = 100$ kΩ，R_1 的阻值可以用 99 kΩ 电阻与 2.2 kΩ 电位器串联来实现。

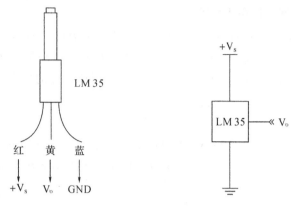

图 7 - 3 - 19　LM35 的引脚　　　　图 7 - 3 - 20　实验电路 2

（6）通过温控仪加热，在不同的温度下，观察温度传感器 LM35 的变化，从室温到120℃每隔5℃（或自定度数）测一个数据，将测量数据逐一记录在表 7 - 3 - 16 内。

表 7 - 3 - 16　LM35 数据记录　　　　　　　室温_____℃

序号	1	2	3	4	5	6	7	8	9	10
温度/℃										
U										
序号	11	12	13	14	15	16	17	18	19	20
温度/℃										
U										

（7）以温标为横轴、电压为纵轴，按等精度作图的方法，用所测的各对应数据作出 $U-t$ 曲线。

（8）分析比较它们的温度特性以及温度传感器与常用的集成温度传感器的温度特性。

　补充知识　DH - SJ5 温度传感实验装置温控仪面板及其使用说明

具体使用方法请参照智能双数显调节仪使用说明书，实验装置如图 7 - 3 - 21 所示。

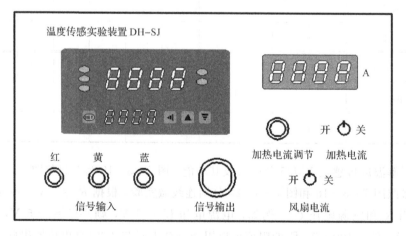

图 7 - 3 - 21　DH - SJ5 温度传感器实验装置

补充知识　九孔板

　　九孔板的面板结构如图 7-3-22 所示。日字型的结构中每个插孔都是相互连通的。但任何两个日字型结构之间是不导通的。田字型的结构中每个插孔都是相互连通的。但任何两个田字型结构之间是不导通的。一字型的结构中每个插孔都是相互连通的。但两个一字型结构之间是不导通的。我们可以用元器件、导线和连接器等连接成我们需要的电路。

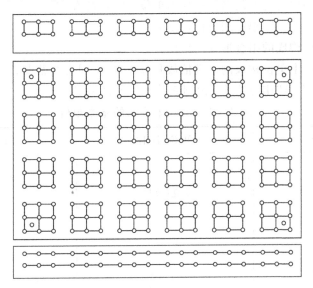

图 7-3-22　九孔板

附录 A　中华人民共和国法定计量单位

我国的法定计量单位(以下简称法定单位)如下：

(1) 国际单位制的基本单位，参见表 A-1。

(2) 国际单位制的辅助单位，参见表 A-2。

(3) 国际单位制中具有专门名称的导出单位，参见表 A-3。

(4) 国家选定的非国际单位制单位，参见表 A-4。

(5) 由以上单位构成的组合形式的单位。

(6) 由词头和以上单位构成的十进倍数和分数单位(词头参见表 A-5)。

法定单位的定义、使用方法等，由国家计量局另行规定。

表 A-1　国际单位制的基本单位

量 的 名 称	单 位 名 称	单 位 符 号
长度	米	m
质量	千克(公斤)	kg
时间	秒	s
电流	安[培]	A
热力学温度	开[尔文]	K
物质的量	摩[尔]	mol
发光强度	坎[德拉]	cd

表 A-2　国际单位制的辅助单位

量 的 名 称	单 位 名 称	单 位 符 号
平面角	弧度	rad
立体角	球面度	sr

表 A-3　国际单位制中具有专门名称的导出单位

量 的 名 称	单 位 名 称	单 位 符 号	其他表示实例
频率	赫[兹]	Hz	s^{-1}
力，重力	牛[顿]	N	$Kg \cdot m/s^2$
压强；应力	帕[斯卡]	Pa	N/m^2
能量；功；热	焦[尔]	J	$N \cdot m$
功率；辐射通量	瓦[特]	W	J/s

续表

量 的 名 称	单 位 名 称	单位符号	其他表示实例
电荷量	库[仑]	C	A·s
电位；电压；电动势	伏[特]	V	W/A
电容	法[拉]	F	C/V
电阻	欧[姆]	Ω	V/A
电导	西[门子]	S	A/V
磁通量	韦[伯]	Wb	V·s
磁通量密度；磁感应强度	特[斯拉]	T	Wb/m^2
电感	亨[利]	H	Wb/A
摄氏温度	摄氏度	℃	
光通量	流[明]	lm	Cd·sr
光照度	勒[克斯]	lx	lm/m^2
放射性活度	贝可[勒尔]	Bq	s^{-1}
吸收剂量	戈[瑞]	Gy	J/kg
剂量当量	希[沃特]	Sv	J/kg

表 A-4　国家选定的非国际单位制单位

量的名称	单位名称	单位符号	换算关系和说明
时　间	分	min	1 min＝60 s
	[小]时	h	1 h＝60 min＝3600 s
	天(日)	d	1 d＝24 h＝86 400 s
平面角	[角]秒	(″)	$1'' = (\pi/648\,000)$ rad
	[角]分	(′)	$1' = 60'' = (\pi/10\,800)$ rad　　(π为圆周率)
	度	(°)	$1° = 60' = (\pi/180)$ rad
旋转速度	转每分	r/min	$1\ r/min = (1/60)\ s^{-1}$
长　度	海里	n mile	1 n mile＝1852 m(只用于航程)
速　度	节	kn	1 kn＝1 n mile/h＝(1852/3600) m/s(只用于航程)
质　量	吨	t	$1\ t = 10^3\ kg$
	原子质量单位	u	$1\ u \approx 1.660\,565\,5 \times 10^{-27}\ kg$
体积,容积	升	L(l)	$1\ L = 1\ dm^3 = 10^{-3}\ m^3$
能	电子伏	eV	$1\ eV \approx 1.602\,189\,2 \times 10^{-19}\ J$
级　差	分贝	dB	
线密度	特[克斯]	tex	1 tex＝1 g/km
面积	公顷	hm^2	$1\ hm^2 = 10^4\ m^2$

表 A－5   用于构成十进倍数和分数单位的词头

所表示的因数	词头名称	词头符号
10^{24}	尧[它]	Y
10^{21}	泽[它]	Z
10^{18}	艾[可萨]	E
10^{15}	拍[它]	P
10^{12}	太[拉]	T
10^{9}	吉[咖]	G
10^{6}	兆	M
10^{3}	千	k
10^{2}	百	h
10^{1}	十	da
10^{-1}	分	d
10^{-2}	厘	c
10^{-3}	毫	m
10^{-6}	微	μ
10^{-9}	纳[诺]	n
10^{-12}	皮[可]	p
10^{-15}	飞[母托]	f
10^{-18}	阿[托]	a

注:

(1) 周、月、年(年的符号为 a)为一般常用时间单位。

(2) [   ]内的字是在不致混淆的情况下可以省略的字。

(3) (   )内的字为前者的同义语。

(4) 角度单位度、分、秒的符号不处于数字后时,用括弧。

(5) 升的符号中,小写字母 l 为备用符号。

(6) r 为"转"的符号。

(7) 人民生活和贸易中,质量习惯称为重量。

(8) 公里为千米的俗称,符号为 km。

(9) 10^{4} 称为万, 10^{8} 称为亿, 10^{12} 称为万亿,这类数词的使用不受词头名称的影响,但不应与词头混淆。

说明:法定计量单位的使用,可查阅 1984 年国家计量局公布的《中华人民共和国法定计量单位使用方法》。

附录 B 基本物理常量表

表 B-1 国 际 单 位 制

	物 理 量 名 称	单 位 名 称	单 位 符 号		用其他 SI 单位表示式
			中 文	国 际	
基本单位	长度	米	米	m	
	质量	千克	千克	kg	
	时间	秒	秒	s	
	电流	安培	安	A	
	热力学温标	开尔文	开	K	
	物质的量	摩尔	摩	mol	
	光强度	坎德拉	坎	cd	
辅助单位	平面角	弧度	弧度	rad	
	立体角	球面度	球面度	sr	
导出单位	面积	平方米	米^2	m^2	
	速度	米每秒	米/秒	m/s	
	加速度	米每秒平方	米/秒^2	m/s^2	
	密度	千克每立方米	千克/米^3	kg/m^3	
	频率	赫兹	赫	Hz	s^{-1}
	力	牛顿	牛	N	m·kg·s^{-2}
	压强，应力	帕斯卡	帕	Pa	N/m^2
	功，能量，热量	焦耳	焦	J	N·m
	功率，辐射通量	瓦特	瓦	W	J/s
	电量，电荷	库仑	库	C	S·A
	电位，电压，电动势	伏特	伏	V	W/A
	电容	法拉	法	F	C/V
	电阻	欧姆	欧	Ω	V/A
	磁通量	韦伯	韦	Wb	V·s
	磁感应强度	特斯拉	特	T	Wb/m^2
	电感	亨利	亨	H	Wb/A
	光通量	流明	流	lm	
	光照度	勒克斯	勒	lx	lm/m^2
	黏度	帕斯卡秒	帕·秒	Pa·s	
	表面张力	牛顿每米	牛/米	N/m	
	比热容	焦耳每米克开尔文	焦/(千克·开)	J/(kg·K)	
	热导率	瓦特每米开尔文	瓦/(米·开)	W/(m·K)	
	电容率(介电常量)	法拉每米	法/米	F/m	
	磁导率	亨利米	亨/米	H/m	

表 B－2 基本物理常数(1986 年国际推荐值)

量	符 号	数 值	单 位	不确定度 10^{-6}
光速	c	299 792 458	$m \cdot s^{-1}$	(精确)
真空磁导率	μ_0	$4\pi \times 10^{-7}$	$N \cdot A^{-1}$	(精确)
真空介电常量,$1/\mu_0 c^2$	ε_0	8.854 187 817…	$10^{12} F \cdot m^{-1}$	(精确)
牛顿引力常量	G	6.672 59(85)	$10^{11} m^3 kg^{-1} \cdot s^{-2}$	128
普朗克常量	H	6.626 075 5(40)	$10^{-34} J \cdot s$	0.60
基本电荷	e	1.602 177 33(49)	$10^{-19} C$	0.30
电子质量	m_e	0.910 938 97(54)	$10^{-30} kg$	0.59
电子荷质比	$-e/m_e$	-1.758 819 62(53)	$10^{11} C/kg$	0.30
质子质量	m_p	1.672 623 1(10)	$10^{-27} kg$	0.59
里德伯常量	R_∞	10 973 731.534(13)	m^{-1}	0.0012
精细结构常数	a	7.297 353 08(33)	10^{-3}	0.045
阿伏伽德罗常量	N_A , L	6.022 136 7(36)	$10^{23} mol^{-1}$	0.59
气体常量	R	8.314 510(70)	$J\ mol^{-1}K^{-1}$	8.4
玻耳兹曼常量	K	1.380 658(12)	$10^{23} J \cdot K^{-1}$	8.4
摩尔体积(理想气体) $T=273.15K$;$p=101\ 325\ Pa$	V_m	22.414 10(29)	L/mol	8.4
圆周率	π	3.141 592 65		
自然对数底	E	2.718 281 83		
对数变换因子	$\log_e 10$	2.302 585 09		

表 B－3 20℃时常见固体和液体的密度

物 质	密 度 $\rho /(kg/m^3)$	物 质	密 度 $\rho /(kg/m^3)$
铝	2698.9	金	19 320
铜	8960	钨	19 300
铁	7874	铂	21 450
银	10 500	铅	11 350
锡	7298	甲醇	792
水银	13 546.2	乙醇	789.4
钢	7600~7900	乙醚	714
石英	2500~2800	汽油	710~720
水晶玻璃	2900~3000	弗利昂-12	1329
窗玻璃	2400~2700	变压器油	840~890
冰(0℃)	800~920	甘油	1260
石蜡	792	食盐	2140
有机玻璃	1200~1500		

表 B-4　标准大气压下不同温度的纯水密度

温度 $t/℃$	密度 $\rho/(kg/m^3)$	温度 $t/℃$	密度 $\rho/(kg/m^3)$	温度 $t/℃$	密度 $\rho/(kg/m^3)$
0	999.841	17.0	998.774	34.0	994.371
1.0	999.900	18.0	998.595	35.0	994.031
2.0	999.941	19.0	998.405	36.0	993.68
3.0	999.965	20.0	998.203	37.0	993.33
4.0	999.973	21.0	997.992	38.0	992.96
5.0	999.965	22.0	997.770	39.0	992.59
6.0	999.941	23.0	997.538	40.0	992.21
7.0	999.902	24.0	997.296	41.0	991.83
8.0	999.849	25.0	997.044	42.0	991.44
9.0	999.781	26.0	996.783	43.0	991.07
10.0	999.700	27.0	996.512	50.0	998.04
11.0	999.605	28.0	996.232	60.0	983.21
12.0	999.498	29.0	995.944	70.0	977.78
13.0	999.377	30.0	995.646	80.0	975.31
14.0	999.244	31.0	995.340	90.0	965.31
15.0	999.099	32.0	995.025	100.0	958.35
16.0	999.943	33.0	994.702		

表 B-5　海平面上不同纬度处的重力加速度

纬度 $\phi/(°)$	$g/(m/s^2)$	纬度 $\phi/(°)$	$g/(m/s^2)$
0	9.7849	50	9.810 79
5	9.780 88	55	9.815 15
10	9.782 04	60	9.819 24
15	9.783 94	65	9.822 49
20	9.786 52	70	9.826 14
25	9.789 69	75	9.828 73
30	9.793 38	80	9.830 65
35	9.797 40	85	9.831 82
40	9.808 18	90	9.832 21

注：表中所列数值的依据为公式 $g = 9.780\ 49(1+0.005\ 288\sin^2\phi - 0.000\ 006\sin^2\phi)$，式中 ϕ 为纬度。

表 B - 6　在 20℃ 时部分金属的杨氏弹性模量

金属名称	杨氏模量 E	
	/GPa	$(\times 10^2)/(kg/mm^2)$
铝	69～70	70～71
钨	407	415
铁	186～206	190～210
铜	103～127	105～130
金	77	79
银	69～80	70～82
锌	78	80
镍	203	205
铬	235～245	240～250
合金钢	206～216	210～220
碳钢	169～206	200～210
康钢	160	163

注：杨氏模量值尚与材料结构、化学成分、加工方法关系密切，实际材料可能与表列数值不尽相同。

表 B - 7　水的饱和蒸气压与温度的关系　　　　　　　　Pa(mmHg)

温度 /℃	0.0	1.0	2.0	3.0	4.0	5.0	6.0	7.0	8.0	9.0
-10.0	260.8	238.6	218.1	199.3	182.0	166.0	151.4	138.0	125.6	114.2
	(1.956)	(1.790)	(1.636)	(1.495)	(1.365)	(1.246)	(1.136)	(1.035)	(0.942)	(0.857)
-0.0	610.7	562.6	517.8	476.4	438.0	402.4	369.4	338.9	310.8	284.8
	(4.581)	(4.220)	(3.884)	(3.573)	(3.285)	(3.018)	(3.771)	(2.542)	(2.331)	(2.136)
0.0	610.7	656.6	705.5	757.7	813.1	872.2	934.8	1061.6	1072.6	1147.8
	(4.581)	(4.925)	(5.292)	(5.683)	(6.099)	(6.542)	(7.012)	(7.513)	(8.045)	(8.609)
10.0	1227.8	1312.04	1402.3	1497.3	1598.3	1704.9	1817.8	1937.3	2063.6	2196.9
	(9.209)	(9.844)	(10.518)	(11.231)	(11.988)	(12.788)	(13.635)	(14.531)	(15.478)	(16.478)
20.0	2337.8	2486.6	2643.5	2809.1	2983.6	3167.6	3361.6	3565.3	3779.9	4005.8
	(17.535)	(18.651)	(19.828)	(21.070)	(22.379)	(23.759)	(25.212)	(26.742)	(28.352)	(30.046)
30.0	4243.2	4493.0	4755.3	5030.9	5380.1	5623.6	5942.2	6276.1	6626.1	6993.1
	(31.827)	(33.700)	(35.668)	(37.735)	(39.904)	(42.181)	(44.570)	(47.075)	(49.701)	(52.453)
40.0	7377.4	7778.7	8201.0	8641.8	9102.8	10 087	10 615	10 615	11 165	11 739
	(55.335)	(58.354)	(61.513)	(64.819)	(64.819)	(68.277)	(71.892)	(79.619)	(83.744)	(88.050)

表 B-8　蓖麻油的黏度与温度的关系

温度/℃	$\eta(\times 10^{-3})/(\text{Pa}\cdot\text{s})$	温度/℃	$\eta(\times 10^{-3})/(\text{Pa}\cdot\text{s})$
0	5300	25	621
5	3760	30	451
10	2420	35	312
15	1514	40	231
20	986	100	169

表 B-9　不同温度下与空气接触的水的表面张力

温度/℃	$\gamma(\times 10^{-3})/(\text{N}\cdot\text{m}^{-1})$	温度/℃	$\gamma(\times 10^{-3})/(\text{N}\cdot\text{m}^{-1})$	温度/℃	$\gamma(\times 10^{-3})/(\text{N}\cdot\text{m}^{-1})$
0	75.62	16	73.34	30	71.15
5	74.90	17	73.20	40	69.55
6	74.76	18	73.05	50	67.90
8	74.48	19	72.89	60	66.17
10	74.20	20	72.75	70	64.41
11	74.07	21	72.60	80	62.60
12	73.92	22	72.44	90	60.74
13	73.78	23	72.28	100	58.84
14	73.64	24	72.12		
15	73.48	25	71.96		

表 B-10　不同湿度时干燥空气中的声速$(\text{m}\cdot\text{s}^{-1})$

温度/℃	0	1	2	3	4	5	6	7	8	9
60	366.05	366.60	367.14	367.69	368.24	368.78	369.33	369.87	370.42	370.42
50	360.51	361.07	361.62	362.18	362.74	363.29	363.84	364.39	364.95	364.95
40	354.89	355.46	356.02	356.58	357.15	357.71	358.27	358.83	359.39	359.95
30	349.18	349.75	350.33	350.90	351.47	352.04	352.62	353.19	353.75	354.32
20	343.37	343.95	344.54	345.12	345.70	346.29	346.87	347.74	348.02	348.60
10	337.46	338.06	338.65	339.25	339.94	340.43	341.02	341.61	342.20	342.78
0	331.45	332.06	332.66	333.27	333.87	334.47	335.57	335.67	336.27	332.87
−10	325.33	324.71	324.09	323.47	322.84	322.22	321.60	320.97	320.34	319.72
−20	319.09	318.45	317.82	317.19	316.55	315.92	315.28	314.64	314.00	313.36
−30	312.72	311.43	311.43	310.78	310.14	309.49	308.84	308.19	307.53	306.88
−40	306.22	304.91	304.91	304.25	303.58	302.92	302.26	301.59	300.92	300.25
−50	299.58	298.91	298.24	297.65	296.89	296.21	295.53	294.85	294.16	293.48

续表

温度/℃	0	1	2	3	4	5	6	7	8	9
−60	292.79	292.11	291.42	290.73	290.03	289.34	288.64	287.95	287.25	286.55
−70	285.54	285.14	284.43	283.73	283.02	282.30	281.59	280.88	280.16	279.44
−80	278.72	278.00	277.27	276.55	275.82	275.09	274.36	273.62	272.89	272.15
−90	271.41	270.67	269.92	269.18	268.43	267.68	266.93	266.17	265.42	264.66

表 B－11　相对湿度查对表

干 湿 差 度

湿表温度	1.0	1.5	2.0	2.5	3.0	3.5	4.0	5.0	6.0	7.0
30	93	89	86	83	79	76	73	67	61	55
	93	89	86	82	79	76	72	66	60	54
	93	89	86	82	79	75	72	65	59	53
	93	89	85	81	78	75	71	65	59	53
	92	88	85	81	78	74	71	64	58	51
25	92	88	85	81	77	74	70	63	57	51
	92	88	84	80	77	73	70	62	56	49
	92	88	84	80	76	72	69	62	55	48
	92	88	83	80	75	72	68	61	54	47
	91	87	83	79	75	71	67	60	52	45
20	91	87	83	78	74	70	66	59	51	44
	91	86	82	78	74	70	65	58	50	43
	91	86	82	77	73	69	65	56	49	41
	90	86	81	77	72	68	63	55	47	39
	90	85	81	76	71	67	62	54	46	37
15	90	85	80	75	71	66	61	53	44	35
	90	84	79	74	70	65	60	51	42	33
	89	84	79	74	69	64	59	49	40	31
	89	83	78	73	68	62	57	48	38	29
	88	83	77	72	66	61	56	46	36	26
10	88	82	77	71	65	60	55	44	34	24
	88	82	76	70	64	58	53	42	31	21
	87	81	75	69	62	57	51	40	29	18
	87	80	75	67	61	55	49	37	26	14
	86	79	73	66	60	53	47	35	23	
5	86	79	72	65	58	51	45	32	19	
	85	78	70	63	56	49	42	29		
	84	77	68	62	54	47	40	25		
	84	76	68	60	52	45	37	22		
	83	75	66	58	50	42	34	18		
0	82	73	64	56	47	39	31			

　　例：干温度为20℃，湿表温度为17℃，它们相差3℃，查上表干湿差度为3的数往下对准湿表温度17℃，交叉数可读出72%。

表 B-12　酒精的密度

温度/℃	密度($\times 10^3$)/(kg/m^3)	温度/℃	密度($\times 10^3$)/(kg/m^3)	温度/℃	密度($\times 10^3$)/(kg/m^3)
0	0.806 25	11	0.797 04	22	0.787 75
1	0.804 57	12	0.795 35	23	0.786 91
2	0.804 57	13	0.795 35	24	0.786 06
3	0.803 74	14	0.794 51	25	0.785 22
4	0.802 90	15	0.793 67	26	0.784 37
5	0.802 07	16	0.792 83	27	0.783 52
6	0.801 23	17	0.791 98	28	0.782 67
7	0.800 39	18	0.791 14	29	0.781 82
8	0.799 56	19	0.790 29	30	0.780 37
9	0.798 72	20	0.789 45	31	0.780 12
10	0.797 88	21	0.788 60	32	0.779 27

表 B-13　水的黏滞系数(泊)(1 泊＝0.1 泊·秒)

温度/℃	η	温度/℃	η	温度/℃	η
0	0.017 94	17	0.010 88	26	0.008 75
5	0.015 19	18	0.010 60	27	0.008 56
10	0.013 10	19	0.010 34	28	0.008 37
11	0.012 74	20	0.010 09	29	0.008 18
12	0.012 39	21	0.009 84	30	0.008 00
13	0.012 06	22	0.009 61	31	0.007 88
14	0.011 75	23	0.009 38	32	0.007 67
15	0.011 45	24	0.009 16	35	0.007 21
16	0.011 10	25	0.008 95	40	0.006 60

表 B-14　酒精黏滞系数(泊)

温度/℃	η	温度/℃	η	温度/℃	η
14	0.013 30	21	0.011 79	28	0.010 39
15	0.013 08	22	0.011 58	29	0.010 21
16	0.012 86	23	0.011 37	30	0.010 03
17	0.012 64	24	0.011 16	31	0.009 85
18	0.012 42	25	0.010 96	32	0.009 67
19	0.012 21	26	0.010 76	33	0.009 49
20	0.012 00	27	0.010 57	34	0.009 31

表 B-15　常用晶体及光学玻璃折射率表

物质名称	分子式或符号	折射率	物质名称	分子式或符号	折射率
熔凝石英	SiO_2	1.458 43	钡冕玻璃	BaK_2	1.539 88
氯 化 钠	NaCl	1.544 27	火石玻璃	F8	1.605 51
氯 化 钾	KCl	1.490 44	钡火石玻璃	BaF_8	1.625 90
萤　石	CaF_2	1.433 81	重火石玻璃	ZF1	1.647 52
冕牌玻璃	K6	1.511 10		ZF5	1.739 77
	K8	1.515 90		ZF6	1.754 96
	K9	1.516 30			
重冕玻璃	ZK6	1.612 63			
	ZK8	1.614 00			

表 B-16　常用光源的谱线波长

光源	波长/nm	光源	波长/nm	光源	波长/nm	光源	波长/nm
He-Ne 激光器	632.80(橙)	汞灯 (低压汞灯)	623.44(橙)	氦灯 (He光 谱管)	706.52(红Ⅰ)	氖灯 (Ne光 谱管)	650.65(红)
			579.07(黄Ⅰ)		667.82(红Ⅱ)		640.23(橙Ⅰ)
钠光灯	589.59(黄Ⅰ)		576.96(黄Ⅱ)		587.56(黄)		638.30(橙Ⅱ)
	588.99(黄Ⅱ)		547.07(绿)		501.57(绿)		626.25(橙Ⅲ)
			491.60(绿蓝)		492.19(绿蓝)		621.73(橙Ⅳ)
			435.83(蓝)		471.31(蓝Ⅰ)		614.31(橙Ⅴ)
			407.78(蓝紫Ⅰ)		447.15(蓝Ⅱ)		588.19(黄Ⅰ)
			404.66(蓝紫Ⅱ)		402.62(蓝紫Ⅰ)		585.25(黄Ⅱ)
					388.87(蓝紫Ⅱ)		

表 B-17　标准电池电动势随温度的变化

$T/℃$	ε_{Nt}/V	$T/℃$	ε_{Nt}/V	$T/℃$	ε_{Nt}/V
5	1.018 96	16	1.018 74	27	1.018 28
6	1.018 95	17	1.018 71	28	1.018 23
7	1.018 94	18	1.018 68	29	1.018 17
8	1.018 93	19	1.018 64	30	1.018 12
9	1.018 91	20	1.018 60	31	1.018 06
10	1.018 90	21	1.018 56	32	1.018 00
11	1.018 88	22	1.018 52	33	1.017 94
12	1.018 86	23	1.018 47	34	1.017 88
13	1.018 83	24	1.018 43	35	1.017 82
14	1.018 80	25	1.018 38	36	1.017 76
15	1.018 78	26	1.018 33		

表 B – 18　铜电阻 Cu50 的电阻-温度特性　　　$\alpha = 0.004\ 280/℃$

温度/℃	0	1	2	3	4	5	6	7	8	9
	电阻值/Ω									
−50	39.24									
−40	41.40	41.18	40.97	40.75	40.54	40.32	40.10	39.89	39.67	39.46
−30	43.55	43.34	43.12	42.91	42.69	42.48	42.27	42.05	41.83	41.61
−20	45.70	45.49	45.27	45.06	44.84	44.63	44.41	42.20	43.98	43.77
−10	47.85	47.64	47.42	47.21	46.99	46.78	46.56	46.35	46.13	45.92
−0	50.00	49.78	49.57	49.35	49.14	48.92	48.71	48.50	48.28	48.07
0	50.00	50.21	50.43	50.64	50.86	51.07	51.28	51.50	51.81	51.93
10	52.14	52.36	52.57	52.78	53.00	53.21	53.43	53.64	53.86	54.07
20	54.28	54.50	54.71	54.92	55.14	55.35	55.57	55.78	56.00	56.21
30	56.42	56.64	56.85	57.07	57.28	57.49	57.71	57.92	58.14	58.35
40	58.56	58.78	58.99	59.20	59.42	59.63	59.85	60.06	60.27	60.49
50	60.70	60.92	61.13	61.34	61.56	61.77	61.93	62.20	62.41	62.63
60	62.84	63.05	63.27	63.48	63.70	63.91	64.12	64.34	64.55	64.76
70	64.98	65.19	65.41	65.62	65.83	66.05	66.26	66.48	66.69	66.90
80	67.12	67.33	67.54	67.76	67.97	68.19	68.40	68.62	68.83	69.04
90	69.26	69.47	69.68	69.90	70.11	70.33	70.54	70.76	70.97	71.18
100	71.40	71.61	71.83	72.04	72.25	72.47	72.68	72.90	73.11	73.33
110	73.54	73.75	73.97	74.18	74.40	74.61	74.83	75.04	75.26	75.47
120	75.68									

说明：不同的热元件的输出会有一定的偏差，所以以上数据仅供参考。

表 B – 19　铂电阻 Pt100 分度表(ITS－90)　　　$R(0℃) = 100.00\ \Omega$

温度/℃	0	1	2	3	4	5	6	7	8	9
	电阻值/Ω									
0	100.00	100.39	100.78	101.17	101.56	101.95	102.34	102.73	103.12	103.51
10	103.90	104.29	104.68	105.07	105.46	105.85	106.24	106.63	107.02	107.40
20	107.79	108.18	108.57	108.96	109.35	109.73	110.12	110.51	110.90	111.29
30	111.67	112.06	112.45	112.83	113.22	113.61	114.00	114.38	114.77	115.15
40	115.54	115.93	116.31	116.70	117.08	117.47	117.86	118.24	118.63	119.01
50	119.40	119.78	120.17	120.55	120.94	121.32	121.71	122.09	122.47	122.86
60	123.24	123.63	124.01	124.39	124.78	125.16	125.54	125.93	126.31	126.69
70	127.08	127.46	127.84	128.22	128.61	128.99	129.37	129.75	130.13	130.52
80	130.90	131.28	131.66	132.04	132.42	132.80	133.18	133.57	133.95	134.33
90	134.71	135.09	135.47	135.85	136.23	136.61	136.99	137.37	137.75	138.13
100	138.51	138.88	139.26	139.64	140.02	140.40	140.78	141.16	141.54	141.91
110	142.29	142.67	143.05	143.43	143.80	144.18	144.56	144.94	145.31	145.69
120	146.07	146.44	146.82	147.20	147.57	147.95	148.33	148.70	149.08	149.46
130	149.83	150.21	150.28	150.96	151.33	151.71	152.08	152.46	152.83	153.21

续表

温度/℃	0	1	2	3	4	5	6	7	8	9
	电阻值/Ω									
140	153.58	153.96	154.33	154.71	155.08	155.46	155.83	156.20	156.58	156.95
150	157.33	157.70	158.07	158.45	158.82	159.19	159.56	159.94	160.31	160.95
160	161.05	161.43	161.80	162.17	162.54	162.91	163.29	163.66	164.03	164.40
170	164.77	165.14	165.51	165.89	166.26	166.63	167.00	167.37	167.74	168.11
180	168.48	168.85	169.22	169.59	169.96	170.33	170.70	171.07	171.43	171.80
190	172.17	172.54	172.91	173.28	173.65	174.02	174.38	174.75	175.12	175.49
200	175.86	176.22	176.59	176.96	177.33	177.69	178.06	178.43	178.79	179.16

说明：不同的热元件的输出会有一定的偏差，所以以上数据仅供参考。

表 B-20　铜-康铜热电偶分度表

温度/℃	热电势/mV									
	0	1	2	3	4	5	6	7	8	9
−10	−0.383	−0.421	−0.458	−0.496	−0.534	−0.571	−0.608	−0.646	−0.683	−0.720
−0	0.000	−0.039	−0.077	−0.116	−0.154	−0.193	−0.231	−0.269	−0.307	−0.345
0	0.000	0.039	0.078	0.117	0.156	0.195	0.234	0.273	0.312	0.351
10	0.391	0.430	0.470	0.510	0.549	0.589	0.629	0.669	0.709	0.749
20	0.789	0.830	0.870	0.911	0.951	0.992	1.032	1.073	1.114	1.155
30	1.196	1.237	1.279	1.320	1.361	1.403	1.444	1.486	1.528	1.569
40	1.611	1.653	1.695	1.738	1.780	1.865	1.882	1.907	1.950	1.992
50	2.035	2.078	2.121	2.164	2.207	2.250	2.294	2.337	2.380	2.424
60	2.467	2.511	2.555	2.599	2.643	2.687	2.731	2.775	2.819	2.864
70	2.908	2.953	2.997	3.042	3.087	3.131	3.176	3.221	3.266	3.312
80	3.357	3.402	3.447	3.493	3.538	3.584	3.630	3.676	3.721	3.767
90	3.813	3.859	3.906	3.952	3.998	4.044	4.091	4.137	4.184	4.231
100	4.277	4.324	4.371	4.418	4.465	4.512	4.559	4.607	4.654	4.701
110	4.749	4.796	4.844	4.891	4.939	4.987	5.035	5.083	5.131	5.179
120	5.227	5.275	5.324	5.372	5.420	5.469	5.517	5.566	5.615	5.663
130	5.712	5.761	5.810	5.859	5.908	5.957	6.007	6.056	6.105	6.155
140	6.204	6.254	6.303	6.353	6.403	6.452	6.502	6.552	6.602	6.652
150	6.702	6.753	6.803	6.853	6.903	6.954	7.004	7.055	7.106	7.156
160	7.207	7.258	7.309	7.360	7.411	7.462	7.513	7.564	7.615	7.666
170	7.718	7.769	7.821	7.872	7.924	7.975	8.027	8.079	8.131	8.183
180	8.235	8.287	8.339	8.391	8.443	8.495	8.548	8.600	8.652	8.705
190	8.757	8.810	8.863	8.915	8.968	9.024	9.074	9.127	9.180	9.233
200	9.286									

说明：不同的热元件的输出会有一定的偏差，所以以上数据仅供参考。

参 考 文 献

[1]　国家技术监督局. 测量不确定度评定与表示. 中华人民共和国计量技术规范 JJF1059—1999[M]. 北京：中国计量出版社，1999.

[2]　教育部高等学校物理学与天文学教学指导委员会物理基础课程教学指导分委会. 理工科类大学物理实验课程教学基本要求[M]. 北京：高等教育出版社，2008.

[3]　龚镇雄，刘雪林. 普通物理实验指导书[M]. 北京：北京大学出版社，1990.

[4]　丁慎训，张连芳. 物理实验教程[M]. 北京：清华大学出版社，2002.

[5]　潘人培. 物理实验[M]. 南京：东南大学出版社，1986.

[6]　陈九畴，文双春，文景. 大学物理实验[M]. 长沙：湖南师范大学出版社，1997.

[7]　周克省，赵新闻，胡照文. 大学物理实验教程[M]. 长沙：中南大学出版社，2001.

[8]　吴平. 大学物理实验教程[M]. 北京：机械工业出版社，2008.

[9]　肖井华，蒋达娅，陈以方，等. 大学物理实验教程[M]. 北京：北京邮电大学出版社，2005.

[10]　张映辉. 大学物理实验[M]. 大连：大连海事大学出版社，2007.

[11]　季诚响，肖昱. 大学物理实验[M]. 北京：国防工业出版社，2007.

[12]　丁益民，徐杨子. 大学物理实验基础与综合部分[M]. 北京：科学出版社，2008.

[13]　沈元华. 设计性研究性物理实验教程[M]. 上海：复旦大学出版社，2004.

[14]　华中工学院. 物理实验[M]. 北京：高等教育出版社，1985.

[15]　张兆奎. 大学物理[M]. 上海：华东化工学院出版社，1990.

[16]　彭志华，陈九畴，管亮，等. 大学物理实验[M]. 长沙：湖南师范大学出版社，2001.

[17]　陆延济，胡敬德，陈铭南，等. 大学物理实验[M]. 上海：同济大学出版社，1996.

[18]　霍剑青，吴泳华，刘鸿图，等. 大学物理实验[M]. 北京：高等教育出版社，2001.

[19]　朱鹤年. 基础物理实验[M]. 北京：高等教育出版社，2003.

[20]　吕斯骅，段家忾. 基础物理实验[M]. 北京：北京大学出版社，2002.

[21]　饶益花，郭萍，管亮. 基于 MATLAB 的金属丝杨氏模量的数据处理[J]. 大学物理实验，2004(4)：76-78.

[22]　饶益花. 霍尔传感器及其在物理实验中的应用[J]. 物理与工程，2004(4)：32-34.

[23]　胡解生，等. 光电等厚干涉实验仪[J]. 大学物理，2004(10)：43-45.

[24]　饶益花，殷岚，李寰. AHP 在大学物理实验综合成绩评定中的应用[J]. 物理实验，2009(10)：8-10.

[25]　周孝安. 近代物理实验教程[M]. 武汉：武汉大学出版社，1998.

[26]　王祖铃. 近代物理实验[M]. 北京：北京大学出版社，1995.

[27]　吴思诚，王祖栓. 近代物理实验[M]. 北京：北京大学出版社，1995.

[28]　吴泳华. 大学近代物理实验[M]. 北京：中国科学技术大学出版社，1992.

[29]　褚圣麟. 原子物理学[M]. 北京：高等教育出版社，1999.

[30]　张天，董有尔. 近代物理实验[M]. 北京：科学出版社，2004.

[31]　于美文. 光全息学及其应用[M]. 北京：北京理工大学出版社，1996.

[32]　饶益花，胡解生. 基于数字标尺的等厚干涉实验仪[J]. 物理实验，2010(5)：19-21.

[33]　饶益花. 大学物理实验教程[M]. 上海：上海交通大学出版社，2012.

[34]　饶益花，高真辉，刘钰薇. 一体化静电场描绘仪研制[J]. 南华大学学报，2011(3)：54-57.

[35]　饶益花，尹岚. 一种物理实验数据的圆拟合方法[J]. 广西物理，2014(2)：24-27.

[36]　饶益花，唐益群. 大学物理实验数据处理可视化研究[J]. 广西物理，2014(3)：13 - 16.

[37]　http：//www. gov. cn/zhengce/zhengceku/2020-06/06/content_5517606. htm,《高等学校课程思政建设指导纲要》，教高(2020)3 号.

[38]　郭奕玲，沈慧君. 物理学史[M]. 北京：清华大学出版社，2020.8.

[39]　饶益花，管亮，唐益群，等. 基于组件开发及动画技术的快速电子动量与动能的相对论关系虚拟仿真实验[J]. 物理实验，2020，Vol. 40 No. 1：30 - 34.

[40]　饶益花，唐益群，刘应传，等. 快速电子动量与动能的相对论关系虚拟仿真实验的教学应用[J]. 物理实验，2020，Vol. 40 No. 10：47 - 50.

[41]　饶益花. 大学物理实验[M]. 西安：西安电子科技大学出版社，2020.3.

[42]　谢行恕，康世秀，霍剑青. 大学物理实验：第二册[M]. 北京：高等教育出版社，2001.1.